RESOLVENDO PROBLEMAS DE ENGENHARIA QUÍMICA COM SOFTWARE LIVRE SCILAB

REITOR   Targino de Araújo Filho
VICE-REITOR   Adilson J. A. de Oliveira
DIRETOR DA EDUFSCAR   Oswaldo Mário Serra Truzzi

EdUFSCar - Editora da Universidade Federal de São Carlos

CONSELHO EDITORIAL   Ana Claudia Lessinger
José Eduardo dos Santos
Marco Giulietti (*in memoriam*)
Nivaldo Nale
Oswaldo Mário Serra Truzzi (Presidente)
Roseli Rodrigues de Mello
Rubismar Stolf
Sergio Pripas
Vanice Maria Oliveira Sargentini
Walter José Botta Filho

UNIVERSIDADE FEDERAL DE SÃO CARLOS
Editora da Universidade Federal de São Carlos
Via Washington Luís, km 235
13565-905 - São Carlos, SP, Brasil
Telefax (16) 3351-8137
www.editora.ufscar.br
edufscar@ufscar.br
Twitter: @EdUFSCar
Facebook: facebook.com/editora.edufscar

Wu Hong Kwong

RESOLVENDO PROBLEMAS DE ENGENHARIA QUÍMICA COM SOFTWARE LIVRE SCILAB

São Carlos, 2016

© 2016, Wu Hong Kwong

Capa
Clarissa Bengtson/Vagner Serikawa

Projeto gráfico
Vítor Massola Gonzales Lopes

Preparação e revisão de texto
Marcelo Dias Saes Peres
Daniela Silva Guanais Costa
Vivian dos Anjos Martins

Editoração eletrônica
Felipe Martinez Gobato

Ficha catalográfica elaborada pelo DePT da Biblioteca Comunitária da UFSCar

```
W959r    Wu, Hong Kwong.
            Resolvendo problemas de engenharia química com
         software livre Scilab / Wu Hong Kwong. -- São Carlos :
         EdUFSCar, 2016.
            667 p.


            ISBN - 978-85-7600-425-7


            1. Engenharia química. 2. Métodos numéricos. 3.
         Simulação de processos. 4. Otimização. 5. Controle de
         processos. I. Título.


                                        CDD - 660 (20ª)
                                        CDU - 66
```

Todos os direitos reservados. Nenhuma parte desta obra pode ser reproduzida ou transmitida por qualquer forma e/ou quaisquer meios (eletrônicos ou mecânicos, incluindo fotocópia e gravação) ou arquivada em qualquer sistema de banco de dados sem permissão escrita do titular do direito autoral.

Dedicatória

À minha esposa Jandira (*in memoriam*).
A vida nos reserva grandes surpresas. Foi no período mais difícil da nossa vida que encontramos a solução da nossa equação do amor, o quanto nós nos amamos. O nosso amor verdadeiro.
Aos meus filhos Rita, Rodolfo e Frederico, que me acompanharam com muito amor e carinho nesse período.

SUMÁRIO

Apresentação   **11**
Prefácio   **15**

PARTE 1   17

CAPÍTULO 1
Scilab   19
    1.1 Introdução   19
    1.2 O ambiente Scilab   20
    1.3 Convenções básicas   23
    1.4 Definição de variáveis   24
    1.5 Variável `ans`   24
    1.6 Variáveis especiais   25
    1.7 Variáveis strings   25
    1.8 Outras variáveis   26
    1.9 Comando `whos`   27
    1.10 Manipulação de arquivos e diretórios   30
    1.11 Algumas utilidades   31
    1.12 Operações matemáticas   32
    1.13 Funções predefinidas   33
    1.14 Comando `help`   35
    1.15 Formato de visualização dos números   37
    1.16 Ambientes no Scilab   37

CAPÍTULO 2
Vetores e matrizes   39
    2.1 Introdução   39
    2.2 Criação e operação   39
    2.3 Matrizes especiais   42
    2.4 Operações envolvendo matrizes   43

2.5 Funções com vetores e matrizes — 45
2.6 Extração, inserção e eliminação — 48
2.7 Matrizes esparsas — 48
2.8 Matrizes simbólicas — 50

CAPÍTULO 3
Polinômios — 51
3.1 Introdução — 51
3.2 Criação de polinômio — 51
3.3 Raízes do polinômio — 52
3.4 Operações com polinômios — 52
3.5 Divisão polinomial — 53
3.6 Valores do polinômio — 54
3.7 Interpolação unidimensional — 55

CAPÍTULO 4
Programação — 57
4.1 Introdução — 57
4.2 Programas — 57
4.3 Comando de entrada de dados — 58
4.4 Comandos de saída de dados — 59
4.5 A função `printf` — 59
4.6 Programação — 60
4.7 Comparações e operadores lógicos — 64
4.8 Funções — 64
4.9 Variáveis locais e variáveis globais — 69

CAPÍTULO 5
Gráficos — 79
5.1 Introdução — 79
5.2 Gráficos bidimensionais — 79
5.3 Gráficos tridimensionais — 101
5.4 `Subplot` — 106
5.5 Janelas gráficas — 108

CAPÍTULO 6
Métodos numéricos — 111
6.1 Introdução — 111
6.2 Sistema de equações lineares — 111
6.3 Uma equação não linear — 113
6.4 Sistema de equações não lineares — 115
6.5 Uma equação diferencial ordinária — 116
6.6 Sistema de equações diferenciais ordinárias — 118
6.7 Rigidez numérica (stiff) — 121

6.8 Uma equação diferencial ordinária de ordem elevada	124
6.9 Diferenças finitas	130
6.10 Equações diferenciais parciais	134
6.11 Método das linhas	140
6.12 Medida de tempo	140

PARTE 2 — 143

CAPÍTULO 7
Balanços de massa e de energia — 145

7.1 Introdução	145
7.2 Balanços de massa	145
7.3 Balanços de energia	146
7.4 Simulação de plantas químicas	158

CAPÍTULO 8
Termodinâmica — 191

8.1 Introdução	191
8.2 Equações de estado	191
8.3 Temperatura adiabática de chama	197
8.4 Equilíbrio de reações químicas	202

CAPÍTULO 9
Fenômenos de transporte — 219

9.1 Introdução	219
9.2 Mecânica dos fluidos	219
9.3 Transporte de calor	252
9.4 Transporte de massa	295

CAPÍTULO 10
Cálculo de reatores — 321

10.1 Introdução	321
10.2 Cálculo de reatores	321

CAPÍTULO 11
Operações unitárias — 409

11.1 Introdução	409
11.2 Processos de escoamento de fluidos	410
11.3 Processos de transferência de calor	413
11.4 Processos de transferência de massa	448

CAPÍTULO 12
Otimização de processos — 493

12.1 Otimização não linear	493
12.2 Função `fminsearch`	494

12.3 Função `optim`	498
12.4 Função `NDcost`	499
12.5 Função `leastsq`	502
12.6 Passando parâmetros extras	503
12.7 Programação linear	512
12.8 Função `karmakar`	514
12.9 Programação quadrática	516
12.10 Função `qpsolve`	516

CAPÍTULO 13
Dinâmica e controle de processos — 571

13.1 Dinâmica de processos	571
13.2 Sistemas lineares	572
13.3 Sistemas lineares invariantes no tempo	572
13.4 Resposta de sistemas lineares	575
13.5 Sistemas de controle linear	626
13.6 Sistemas de controle não linear	634

Referências bibliográficas — 665

Apresentação

A redução do custo dos computadores e a melhora do seu desempenho permitiram a difusão do seu uso. Esse progresso de hardware vem acompanhado pelo desenvolvimento de softwares de alta qualidade e facilidade de uso para diversas aplicações. Particularmente, os computadores têm assumido um papel importante nas salas de aula e é cada vez mais comum o uso de softwares de computação numérica e simulação em diversas disciplinas dos cursos de engenharia. Assim, a necessidade de escrever programas para a resolução de problemas matemáticos tem sido reduzida, se não eliminada por esses pacotes de software matemáticos disponíveis. No entanto, enquanto o custo do hardware vem sendo reduzido, o alto custo de aquisição e manutenção de softwares proprietários dificulta a sua utilização quando os recursos financeiros são escassos, situação comum nas instituições de ensino e pesquisa brasileiras. Isto vem motivando a ampliação do uso acadêmico de softwares livres, como o software de cálculo numérico Scilab.

O Scilab é um software para cálculo numérico e inclui um grande número de bibliotecas (toolboxes) que englobam funções gráficas, integração numérica, álgebra linear, controle, otimização e outras.

Não é pretensão deste livro ser um texto completo sobre Scilab, e sim um texto introdutório sobre o Scilab e, principalmente, seu uso na solução de problemas de engenharia química. No site oficial do Scilab encontram-se informações gerais, manuais etc.

O livro é dividido em duas partes. A primeira parte (capítulos de 1 a 6) apresenta uma introdução ao Scilab e seus principais comandos usados na resolução de problemas numéricos. Na segunda parte (capítulos de 7 a 13), são resolvidos problemas encontrados na engenharia química divididos nos campos de termodinâmica, balanços de massa e de energia, fenômenos de transporte, cálculo de reatores e operações unitárias, finalizando com otimização e controle de processos.

No capítulo 1, apresentamos uma visão geral das principais características do Scilab. Descrevemos as suas diversas opções e comandos básicos utilizados na edição de linha de comandos. Mostramos, também, alguns exemplos de operações que podem ser realizadas com o software. O capítulo 2 é dedicado aos vários tipos de dados que podem ser manipulados pelo Scilab. O capítulo 3 mostra como se criam os polinômios e suas manipulações. No capítulo 4, apresentamos exemplos de desenvolvimento de programas no Scilab. No capítulo 5, utilizamos diversos comandos do Scilab voltados para a geração de gráficos e, finalizando, o capítulo 6 apresenta basicamente duas funções bastante úteis do Scilab que resolvem equações algébricas (fsolve) e equações diferenciais (ode).

Os capítulos da segunda parte são de aplicações do Scilab para resolver problemas encontrados na engenharia química. O capítulo 7 resolve problemas no campo da termodinâmica. O capítulo 8 resolve problemas de balanços de massa e de energia. O capítulo 9 resolve problemas de fenômenos de transporte (quantidade de movimento, calor e massa). O capítulo 10 resolve problemas de cálculo de reatores. O capítulo 11 resolve problemas de operações unitárias. O capítulo 12 apresenta algumas funções de otimização do Scilab aplicadas em processos químicos. O capítulo 13 apresenta algumas funções do Scilab voltadas para a análise e projeto de sistemas de controle e aplicações em controle de processos químicos. Muitos dos programas Scilab apresentados ao longo do livro são acompanhados de comentários, de forma a fazer com que o leitor possa seguir cada passo com facilidade. Assim, aqueles que não estiverem familiarizados com o programa vão achar o livro muito útil para a obtenção de soluções de problemas de engenharia usando o pacote Scilab.

Como não há uma notação comum que abrange todos os campos da engenharia química, adotou-se neste livro usar a notação usual de cada campo de conhecimento encontrada nos principais livros-textos do curso de engenharia química. Dessa forma, cada exemplo tem a sua própria notação.

Quero agradecer ao Departamento de Engenharia Química da UFSCar, porque grande parte do trabalho foi desenvolvida em suas dependências. Também pelo fato de ter tido a oportunidade de ministrar as disciplinas de graduação Análise e Simulação de Processos Químicos, Controle de Processos Químicos, Controle de Processos 1, Controle de Processos 2, Síntese e Otimização de Processos Químicos, Métodos de Otimização Aplicados à Engenharia Química, Fenômenos de Transporte 2, 4 e 5, Princípios de Operações Unitárias e Princípios dos Processos Químicos, as quais permitiram a consolidação do texto.

A ideia de escrever este livro nasceu a partir da atividade Modelagem e Simulação com Software Livre no Grupo PET-EQ da UFSCar em 2011, quando eu era tutor do grupo. O formato do texto é inspirado no livro *Problem solving in chemical engineering with numerical methods* de Michael B. Cutlip e Mordechai Shacham. A organização dos capítulos da Parte 2 é resultado dos comentários e sugestões do grupo PET.

Por fim, quero expressar a minha gratidão à professora Mônica Lopes Aguiar, Chefe do Departamento, e ao grupo PET pela compreensão e carinho durante o período mais difícil da minha vida.

Wu Hong Kwong

Prefácio

O uso de computadores eletrônicos veio revolucionar a ciência e a engenharia. Cálculos complexos tornaram-se possíveis e de realização em tempo curto. Cálculos precisos só podiam ser realizados dentro de limites muito estreitos. Com a digitalização das máquinas, o esforço computacional diminuiu mais ainda. Hoje, os cálculos científicos e da engenharia são realizados de forma rápida e confiável. Com isso, os programas de cálculo que eram feitos um a um passaram a ser suportados em plataformas robustas, aumentando em muito o poder de cálculo, possibilitando, inclusive, a realização de obras ousadas.

Em geral, os novos programas de cálculo, chamados de pacotes computacionais ou simplesmente softwares, desenvolvidos por companhias, passaram a ser comercializados e, portanto, são de acesso restrito. Os preços são muito elevados, o que faz com que o seu uso seja limitado a empresas e universidades para uso acadêmico. As novas versões revistas e ampliadas tornam esses programas cada vez mais potentes e de uso mais amigável, no entanto os preços não diminuem. Algumas iniciativas geram programas de livre acesso, os open softwares, que possibilitam o uso para qualquer interessado, dispensando o pagamento de licenças caras. Uma dessas iniciativas é o software livre Scilab, tratado neste ótimo livro.

Os programas matemáticos baseiam-se em programas-fonte desenvolvidos em linguagem de programação, em geral C++, que permanecem ocultos durante seu uso e muitas vezes não são abertos. Baseiam-se num tipo de área da matemática, simplificadamente algébrica ou da álgebra linear. Esse é o caso do Scilab, que faz todas as operações baseadas em vetores e matrizes.

O Scilab permite manipular matrizes, polinômios, funções e todo o ferramental matemático útil à engenharia. Possui funções primitivas básicas para álgebra, álgebra linear, equações lineares e não lineares, equações diferenciais ordinárias e parciais, otimização, controle de processos, processamento de sinais, entre outras. Fornece ao usuário a possibilidade de criar e usar novas funções, possibilitando o desenvolvimento de programas especializados que podem se integrar no pacote do Scilab de forma simples e modular por meio de bibliotecas.

O livro do professor Wu mostra como utilizar o Scilab em problemas simples de cálculo e em problemas complexos de engenharia. A primeira parte do livro mostra os princípios básicos da programação no Scilab e numa segunda parte a sua utilização nas várias áreas da Engenharia Química, mostrando essa utilização por meio de exemplos claros e de fácil reprodução. Assim, tem-se no livro o essencial para começar sua utilização e aprofundá-la em áreas mais complexas da Engenharia Química e suas correlatas, como a Mecânica, de Alimentos, de Materiais, entre outras.

O professor Wu leciona desde há muito tempo no Departamento de Engenharia Química da UFSCar, sobretudo nas áreas de controle, simulação e otimização de processos químicos, tendo publicado diversos livros da Coleção Apontamentos da EdUFSCar.

Excelente livro para começar e aprofundar a utilização do Scilab.

Prof. Marco Giulietti (in memoriam)
Membro do Conselho Editorial da EdUFSCar

PARTE 1

O propósito desta primeira parte do livro é revisar o Scilab para aqueles que já possuem algum conhecimento deste software, bem como também proporcionar uma breve introdução para aqueles que ainda não tiveram nenhum contato anterior com ele. É uma introdução tutorial. Após usar o tutorial, o leitor deve ser capaz de manusear matrizes, plotar gráficos, escrever arquivos de programa, realizar operações com matrizes, usar funções do Scilab, escrever arquivos de funções. O tutorial é direcionado para resolver modelos matemáticos compostos de equações algébricas e/ou equações diferenciais.

CAPÍTULO 1
Scilab

1.1 INTRODUÇÃO

O Scilab é um software para computação científica desenvolvido desde 1990 por pesquisadores do Institut Nationale de Recherche en Informatique et en Automatique (INRIA) e da École Nationale des Ponts et Chaussées (ENPC), na França, e mantido pelo Scilab Comsortium desde maio de 2003 até quando passou a ser mantido e desenvolvido pelo Scilab Enterprises em julho de 2012. É gratuito (free software) e é distribuído com o código fonte (open source software), sendo usado em ambientes educacionais e industriais pelo mundo. Pode ser baixado do endereço <www.scilab.org>.

O Scilab é uma linguagem de programação de alto nível e propicia um ambiente voltado para o desenvolvimento de programas para a resolução de problemas numéricos. Suas principais características são:

1. Capacidade de geração de gráficos bidimensionais e tridimensionais, inclusive com animação.

2. Implementa diversas funções para manipulação de matrizes. As operações de concatenação, acesso e extração de elementos, transposição, adição e multiplicação de matrizes são facilmente realizadas.

3. Permite trabalhar com polinômios, funções de transferência, sistemas lineares e grafos.

4. Implementa resolvedor de sistemas de equações diferenciais explícitos e implícitos.

5. Apresenta facilidades para a definição de funções. As funções podem ser passadas para outras funções como argumento de entrada ou de saída.

Além dessas características, possui diversos módulos ou toolboxes para diferentes tarefas. Uma lista desses módulos para aplicações voltadas para computação científica é dada a seguir:

- Equações diferenciais e integrais
- Funções elementares
- Álgebra linear
- Interpolação
- Identificação e controle
- Polinômios
- Processamento de sinais
- Transformada rápida de Fourier
- Estatística
- Matrizes esparsas
- Otimização e simulação
- Algoritmos genéticos
- Têmpera simulada
- Simbólico
- Gráficos

No capítulo 2, apresentamos uma visão geral das principais características do Scilab. Descrevemos as suas diversas opções e comandos básicos utilizados na edição de linha de comandos. Mostramos, também, alguns exemplos de operações que podem ser realizadas com o software. O capítulo 3 é dedicado aos vários tipos de dados que podem ser manipulados pelo Scilab. No capítulo 4, apresentamos exemplos de desenvolvimento de programas no Scilab e, finalizando, no capítulo 5 utilizamos diversos comandos do Scilab voltados para a geração de gráficos.

Acreditamos que a maneira mais adequada de ler este tutorial é em frente a um computador com o Scilab instalado e funcionando. Os exemplos apresentados e a própria funcionalidade do software poderão, desta forma, ser explorados com mais eficiência.

1.2 O AMBIENTE SCILAB

Uma vez instalado o Scilab, este já estará pronto para ser usado. Ao executá-lo, aparecerá a seguinte tela inicial:

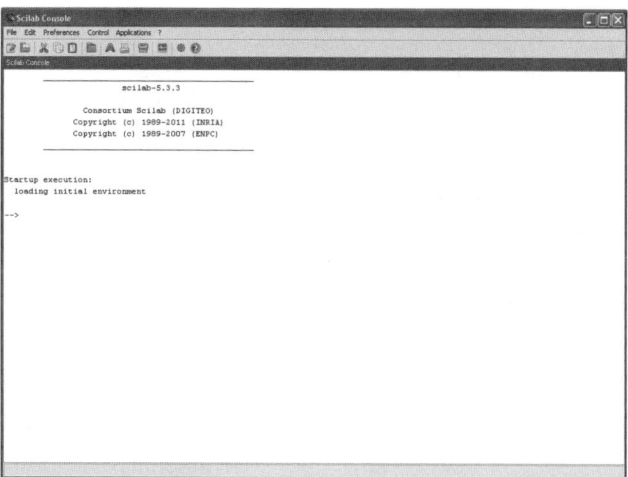

Figura 1.1 Janela principal do Scilab.

Neste capítulo, apresentamos algumas características do ambiente gráfico Scilab. A interação do usuário com o Scilab pode ocorrer de duas formas distintas. Na primeira, os comandos são digitados diretamente na linha de comando indicado pelo prompt do Scilab (-->). Por meio de alguns exemplos de operações que podem ser realizadas em linha de comando, mostramos o Scilab funcionando como uma calculadora. O objetivo é a familiarização com o software. Neste modo, o programa funciona como se fosse uma calculadora. Na segunda, um conjunto de instruções a serem executadas segundo uma ordem especificada é digitado em um arquivo texto chamado de código (script). Este arquivo, em seguida, é levado para o ambiente Scilab e executado. Neste modo, o Scilab funciona como um ambiente de programação numérica e é apresentado no capítulo 4.

Na parte superior da tela inicial estão presentes os menus drop down com seis opções: **File, Edit, Preferences, Control, Applications e ? (Help).**

Cada menu possui submenus que podem ser visualizados clicando com o botão esquerdo do mouse.

A opção **File** possui nove subopções:

- **Execute**   Executar programas
- **Open a file**   Abrir arquivos
- **Load environment**   Carregar o ambiente
- **Save environment**   Salvar o ambiente
- **Change current directory**   Mudar de diretório
- **Display current directory**   Mostrar o diretório corrente
- **Page setup**   Configuração da página
- **Print**   Impressão
- **Quit**   Sair do Scilab de forma normal

A opção **Edit** possui cinco subopções:

- **Cut**   Recortar
- **Copy**   Copiar
- **Paste**   Colar
- **Empty clipboard**   Apagar o clipboard
- **Select all**   Selecionar tudo

A opção **Preferences** possui cinco subopções:

- **Colors**   Escolher a cor
- **Font**   Escolher a fonte
- **Show/Hide Toolbar**   Mostrar/esconder a barra de ferramentas
- **Clear History**   Apagar o histórico
- **Clear Console**   Apagar a janela principal

A opção **Control** possui três subopções:

- **Resume**, continua a execução após uma pause ter sido dada por meio de um comando em uma função ou através de **Stop** ou **Ctrl-C**.
- **Abort**, aborta a execução após uma ou várias pause, retornando ao prompt de primeiro nível.
- **Interrupt**, interrompe a execução.

A opção **Applications** possui seis subopções:

- **SciNotes**   Abrir a janela do editor SciNotes
- **Xcos**   Abrir o aplicativo Xcos
- **Matlab to Scilab translator**   Tradutor de Matlab para Scilab
- **Module manager – ATOMS**   Gerenciamento de módulos de aplicação
- **Variable browse**   Procura variáveis
- **Command History**   Histórico de comandos

A opção **?** possui quatro subopções:

- **Scilab Help**, permite navegar para fins de ajuda.
- **Scilab Demonstrations**, permite executar os vários programas de demonstração que acompanham a distribuição Scilab.
- **Links**, permite ir para os links existentes relacionados com o Scilab.
- **About Scilab**, mostra informações sobre o Scilab.

Ainda na tela inicial, têm-se alguns botões de acesso rápido, que se localizam na barra de ferramentas.

	Launch SciNotes	Abrir a janela do editor SciNotes
	Open a file	Abrir um arquivo
	Cut	Recortar área de texto selecionada
	Copy	Copiar área de texto selecionada
	Paste	Colar área de texto selecionada
	Change Current Directory	Mudar o diretório de trabalho
	Choose Font	Escolher o tipo de fonte
	Print	Impressão
	Module manager – ATOMS	Gerenciamento de módulos de aplicação
	Xcos	Abrir o aplicativo Xcos
	Scilab demonstrations	Exemplos de demonstração
	Help Browser	Navegador de ajuda

1.3 CONVENÇÕES BÁSICAS

Para executar um comando digitado, basta pressionar a tecla **Enter**. A execução de um comando apresenta o resultado da sua avaliação. Se um comando for muito longo, a utilização de três pontos (. . .) seguidos do pressionamento da tecla **Enter** indica, então, que o comando continuará na próxima linha. Vários comandos podem ser colocados em uma mesma linha se eles forem separados por vírgulas ou pontos e vírgulas.

Um ponto e vírgula (;) no final do comando suprime a apresentação do resultado, mas não inibe o seu cálculo internamente.

O Scilab é case sensitive, isto é, letras maiúsculas e minúsculas são distintas dentro do Scilab.

Argumentos de funções devem vir entre parênteses.

Comentários podem ser inseridos em qualquer ponto utilizando-se duas barras (//).

1.4 DEFINIÇÃO DE VARIÁVEIS

O Scilab sempre interpreta uma letra como sendo uma variável. As variáveis podem ter até 24 caracteres e não podem se iniciar com número. São criadas no momento da atribuição de valores. Para atribuir um valor a uma variável a faz-se a=valor. Por exemplo, a sequência de comandos digitados na linha de comando atribui valor 1 para a variável a e 2 para a variável b.

```
-->a=1
 a   =

    1.

-->b=2
 b   =

    2.
```

No Scilab, as variáveis a e b são armazenadas em uma área da memória do Scilab denominada espaço de trabalho (workspace). O espaço de trabalho é uma parte da memória do computador que armazena as variáveis criadas pelo prompt e pelos arquivos de script.

1.5 VARIÁVEL ANS

A variável ans armazena o valor corrente de saída do Scilab. Pode-se usar ans para efetuar cálculos porque ela armazena o valor do último cálculo realizado. Por exemplo,

```
-->a=1;
-->b=2;
-->a+b
 ans   =

    3.
```

1.6 VARIÁVEIS ESPECIAIS

Existem variáveis especiais que são predefinidas no Scilab. Elas são protegidas e não podem ser apagadas. A maioria dessas variáveis é prefixada com o símbolo de porcentagem (%). A Tabela 1.1 apresenta algumas variáveis especiais mais usadas em cálculo numérico.

Tabela 1.1 Variáveis especiais.

Variável	Representa
%pi	$\pi = 3{,}1415927$
%i	$i = \sqrt{-1}$
%e	Constante neperiana e = 2,7182818 (base dos logaritmos naturais)
%inf	∞ (infinito)
%nan	Não é um número (not a number)
%t	Verdadeiro
%f	Falso

A notação de um número complexo é z = a + bi. Por exemplo, o número complexo z = 2i + 1 é criado por:

```
-->z=1+2*%i
 z  =

   1. + 2.i
```

1.7 VARIÁVEIS STRINGS

Strings (cadeias de caracteres) são usados para toda e qualquer informação composta de caracteres alfanuméricos e/ou caracteres especiais (!, @, #, $, % etc.). Os strings são envolvidos por aspas duplas ou simples.

```
-->a='abc'
 a  =

 abc

-->b='fgh'
 b  =

 fgh
```

Uma atividade comum em programação é a concatenação de strings, que é a junção de dois ou mais strings.

```
-->a='abc'
 a  =

 abc

-->b='fgh'
 b  =

 fgh

-->a+b
 ans  =

 abcfgh
```

A Tabela 1.2 descreve algumas das funções mais úteis na manipulação de strings.

Tabela 1.2 Funções de manipulação de string.

Função	Descrição
convstr	Retorna os caracteres de um string convertidos para maiúscula ou minúscula.
length	Comprimento de um string.
part	Extrai caracteres de um string.
strindex	Procura a posição de um string dentro de outro.
strcat	Concatena strings.
string	Converte número em string.
evstr	Converte string em número. Também avalia expressões matemáticas.
eval	Converte string em número. Também avalia expressões matemáticas.
strsubst	Substitui uma parte de um string por um outro string.

1.8 OUTRAS VARIÁVEIS

Temos mais duas importantes variáveis: as variáveis de localização de diretórios SCI e PWD.

- SCI: diretório onde o Scilab foi instalado.

- PWD: diretório onde o Scilab foi lançado, isto é, de onde seu script está rodando.

1.9 COMANDO WHOS

O comando whos lista todas as variáveis (nome, tipo e memória) que estão sendo usadas no momento, ou seja, que estão presentes no espaço de trabalho.

```
-->a=1
 a  =

    1.

-->A=[1 2; 3 4]
 A  =

    1.    2.
    3.    4.

-->whos
Name                            Type            Size        Bytes

$                               polynomial      1 by 1        56
%driverName                     string*         1 by 1        40
%e                              constant        1 by 1        24
%eps                            constant        1 by 1        24
%exportFileName                 constant*       0 by 0        16
%F                              boolean         1 by 1        24
%f                              boolean         1 by 1        24
%fftw                           boolean         1 by 1        24
%gui                            boolean         1 by 1        24
%i                              constant        1 by 1        32
%inf                            constant        1 by 1        24
%io                             constant        1 by 2        32
%modalWarning                   boolean*        1 by 1        24
%nan                            constant        1 by 1        24
%pi                             constant        1 by 1        24
%pvm                            boolean         1 by 1        32
%s                              polynomial      1 by 1        56
```

%T	boolean	1 by 1		24
%t	boolean	1 by 1		24
%tk	boolean	1 by 1		16
%toolboxes	constant*	0 by 0		16
%toolboxes_dir	string*	1 by 1		152
%z	polynomial	1 by 1		56
A	constant	2 by 2		48
a	constant	1 by 1		24
atomsguilib	library			320
atomslib	library			856
b	constant	1 by 1		24
cacsdlib	library			4000
compatibility_functilib	library			4216
corelib	library			688
data_structureslib	library			464
datatipslib	library			760
demo_toolslib	library			544
demolist	string*	14 by 2		4608
development_toolslib	library			496
differential_equationlib	library			448
dynamic_linklib	library			744
elementary_functionslib	library			2984
fileiolib	library			624
functionslib	library			752
genetic_algorithmslib	library			648
graphic_exportlib	library			392
graphicslib	library			3968
guilib	library			488
helptoolslib	library			752
home	string	1 by 1		144
integerlib	library			1416
interpolationlib	library			336
iolib	library			392
jvmlib	library			296
linear_algebralib	library			1448
m2scilib	library			352
maple2scilablib	library			288
matiolib	library			328
modules_managerlib	library			704

MSDOS	boolean	1 by 1	16
neldermeadlib	library		1168
optimbaselib	library		1024
optimizationlib	library		696
optimsimplexlib	library		1248
output_streamlib	library		360
overloadinglib	library		15712
parameterslib	library		424
polynomialslib	library		904
PWD	string	1 by 1	144
SCI	string	1 by 1	112
scicos_autolib	library		408
scicos_utilslib	library		576
SCIHOME	string	1 by 1	208
scinoteslib	library		272
signal_processinglib	library		1888
simulated_annealinglib	library		600
soundlib	library		544
sparselib	library		456
special_functionslib	library		304
spreadsheetlib	library		328
statisticslib	library		1360
stringlib	library		648
tclscilib	library		384
texmacslib	library		312
timelib	library		520
TMPDIR	string	1 by 1	200
uitreelib	library		512
umfpacklib	library		456
whos	function		15416
windows_toolslib	library		288
WSCI	string	1 by 1	144
xcoslib	library		928

Note que o comando lista não só as variáveis criadas pelo usuário, constante a (1×1) e a matriz **A** (2×2), como também as definidas pelo próprio Scilab.

Existem ainda duas funções para manipular arquivos e diretórios. A função pwd mostra qual diretório está sendo usado e chdir muda o diretório de trabalho. É importante lembrar que, depois de usado chdir, o valor de pwd muda, mas PWD permanece inalterado.

1.10 MANIPULAÇÃO DE ARQUIVOS E DIRETÓRIOS

As variáveis criadas no ambiente Scilab podem ser armazenadas em um arquivo. Vamos considerar as variáveis:

```
-->a=1
 a  =

    1.

-->b=2
 b  =

    2.

-->c=3
 c  =

    3.
```

Todas as variáveis criadas durante os trabalhos no ambiente podem ser armazenadas em um arquivo. O comando `save` é usado para tal, com a seguinte sintaxe:

`save('nome_do_arquivo.dat',variaveis)`

Para recuperar os valores das variáveis, usa-se o comando `load` e o comando `clear` é usado para limpar variáveis não protegidas.

`load('nome_do_arquivo','variaveis')`

Para salvar a, b e c em um arquivo chamado dados.dat, usamos o comando `save` com a sintaxe:

```
-->save('dados.dat',a,b,c)
```

O comando `save` cria o arquivo dados.dat no diretório de trabalho. O arquivo dados.dat é um arquivo binário. Para recuperar os valores de a e b, usamos o comando `load`, conforme mostrado no exemplo:

```
-->clear

-->a
 !--error 4
```

```
Undefined variable: a


-->b
  !--error 4
Undefined variable: b


-->c
  !--error 4
Undefined variable: c


-->load('dados.dat','a','b')
-->a
 a  =

     1.
-->b
 b  =

     2.
-->c
  !--error 4
Undefined variable: c
```

Além de armazenar variáveis, é possível criar uma memória de cálculo, salvando os comandos digitados em um arquivo, por meio do comando `diary`:

`diary('nome_do_arquivo')`

`diary(0) //fecha o comando`

1.11 ALGUMAS UTILIDADES

A seguir, são apresentados alguns comandos úteis na Tabela 1.3.

Tabela 1.3 Comandos úteis.

Comando	Descrição
clc	Limpa a janela de comando.
clf	Limpa ou redefine a figura de gráfico corrente nos valores padrões.
clear	Apaga as variáveis não protegidas do espaço de trabalho.
clearglobal	Apaga as variáveis globais do espaço de trabalho.
close	Fecha uma figura.

1.12 OPERAÇÕES MATEMÁTICAS

A Tabela 1.4 apresenta as operações matemáticas mais comuns.

Tabela 1.4 Operações matemáticas.

Símbolo	Operação
+	Adição
-	Subtração
*	Multiplicação
/	Divisão à direita
\	Divisão à esquerda
^	Potenciação

```
-->a=1
 a  =

    1.

-->b=2
 b  =

    2.

-->c=3
 c  =

    3.

-->a+b
 ans  =

    3.

-->b-a
```

```
 ans  =

    1.
-->b*c
 ans  =

    6.
-->c/b
 ans  =

    1.5
-->c\b
 ans  =

    0.6666667
-->b^c
 ans  =

    8.
```

A ordem de precedência, na realização dos cálculos, é a usual, mas parênteses podem ser empregados para indicar a ordem desejada, sempre que houver necessidade.

1.13 FUNÇÕES PREDEFINIDAS

O Scilab é carregado com algumas funções predefinidas, chamadas de primitivas. A Tabela 1.5 apresenta exemplos de funções matemáticas mais comuns.

Tabela 1.5 Funções matemáticas.

Função	Descrição
abs(x)	Valor absoluto de x.
acos(x)	Arco cosseno de x, em radianos.
acosh(x)	Arco cosseno hiperbólico de x, em radianos.
asin(x)	Arco seno de x, em radianos.
asinh(x)	Arco seno de hiperbólico de x, em radianos.
atan(x)	Arco tangente de x, em radianos, no intervalo $-\frac{\pi}{2} \le \tan^{-1} x \le \frac{\pi}{2}$.
atan(y,x)	Retorna o argumento (ângulo) do número complexo x + yi.
atanh(x)	Arco tangente hiperbólico de x, em radianos no intervalo $-\pi \le \tan^{-1} x \le \pi$.

Tabela 1.5 *Continuação...*

Função	Descrição
ceil(x)	Arredondamento de x para o inteiro mais próximo em direção a mais infinito.
cos(x)	Cosseno de x, com x em radianos.
cosh(x)	Cosseno hiperbólico de x, com x em radianos.
cotg(x)	Cotangente de x, com x em radianos.
coth(x)	Cotangente hiperbólica de x, com x em radianos.
conj(z)	Conjugado do número complexo z.
exp(x)	Exponencial euleriana de x.
fix(x)	Arredonda x para o inteiro mais próximo de zero.
floor(x)	Arredonda x para o inteiro mais próximo em direção a menos infinito.
imag(z)	Parte imaginária do número complexo z.
int(x)	Parte inteira de x.
log(x)	Logaritmo natural de x, base e.
log10(x)	Logaritmo de x na base 10.
log2(x)	Logaritmo de x na base 2.
real(x)	Parte real do número complexo z.
round(x)	Arredonda x para o inteiro mais próximo.
sign(x)	Função sinal, retorna o sinal de x: 1, se positivo, e −1, se negativo.
sin(x)	Seno de x, com x em radianos.
sinh(x)	Seno hiperbólico de x, com x em radianos.
sqrt(x)	Raiz quadrada de x.
tan(x)	Tangente de x, com x em radianos.
tanh(x)	Tangente hiperbólica de x, com x em radianos.

O significado da maioria das funções é absolutamente claro. A Tabela 1.6 mostra exemplos de uso de funções de arredondamento.

Tabela 1.6 Exemplos de funções de arredondamento.

x	ceil(x)	floor(x)	int(x)	round(x)
3.0	3.	3.	3.	3.
2.8	3.	2.	2.	3.
2.5	3.	2.	2.	3.
2.2	3.	2.	2.	2.
−3.2	−3.	−4.	−3.	−3.
−3.5	−3.	−4.	−3.	−4.
−3.8	−3.	−4.	−3.	−4.

Além dessas, o Scilab possui muito mais funções, como as de Bessel, a função gama etc. A lista completa de todas as funções disponíveis no Scilab pode ser acessada pelo botão **Help Browser** na barra de ferramentas. Ao clicar esse botão, será aberta a janela ilustrada pela Figura 1.2, em que o usuário pode navegar pelos tópicos disponíveis.

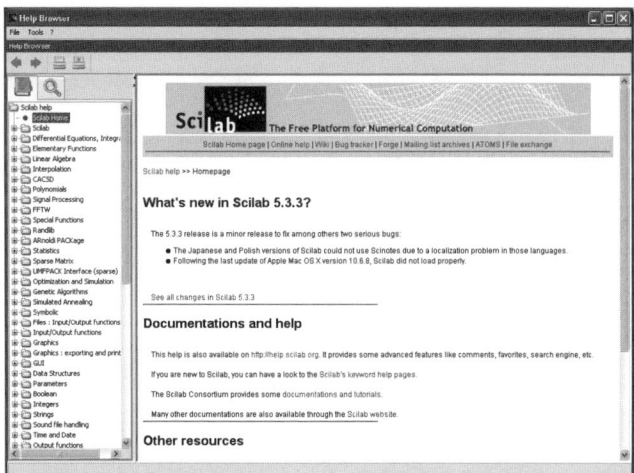

Figura 1.2 Janela do Help Browser.

No lado esquerdo da janela encontra-se uma lista contendo funções para resolver ou executar, por exemplo: equações diferenciais e integração, funções elementares, álgebra linear, interpolação, CACSD, polinômios, processamento de sinais, estatística, otimização e simulação.

1.14 COMANDO HELP

É possível a qualquer momento o usuário obter informações mais detalhadas sobre alguma função digitando o comando `help nome_da_funcao`. Isto abrirá uma janela com todas as informações a respeito da função (Figura 1.3). Por exemplo, para obter informações sobre a função seno:

```
-->help sin
```

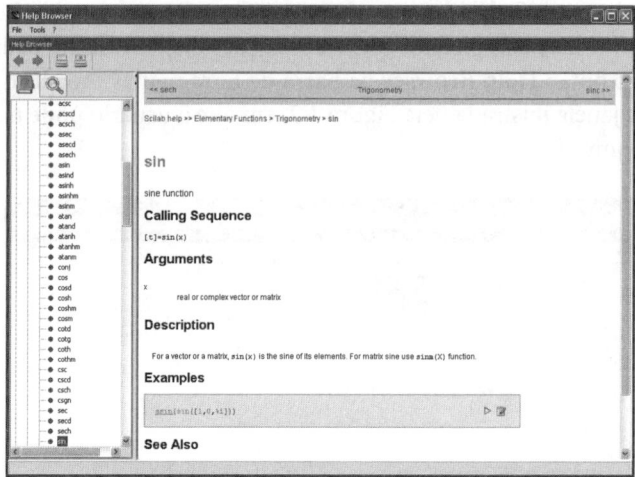

Figura 1.3 Janela do `help` da função seno.

Agora, se não se conhece o nome da função, mas deseja-se buscar algo sobre o assunto, utiliza-se `apropos`. Por exemplo, para saber o que tem de informações a respeito de polinômios,

```
-->apropos polynomial
```

que abrirá a janela como mostrada na Figura 1.4.

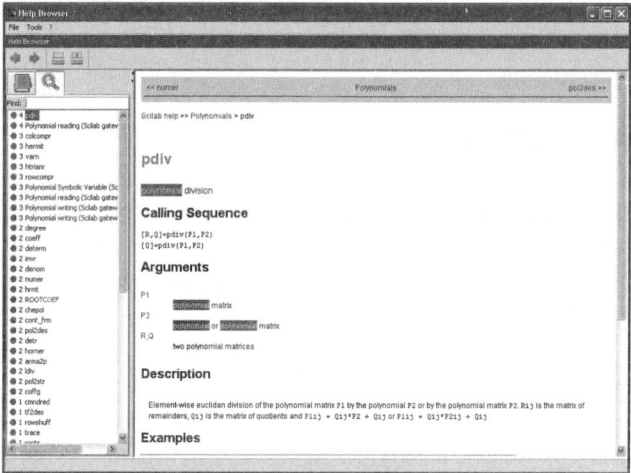

Figura 1.4 Janela do `apropos` sobre polinômios.

1.15 FORMATO DE VISUALIZAÇÃO DOS NÚMEROS

O Scilab usa um formato padrão de 10 posições para mostrar os números. Essas 10 posições incluem o espaço para o sinal, a parte inteira e o ponto. Para mudar a quantidade de dígitos com que os números são mostrados no Scilab, podemos usar o comando `format`.

```
-->a=-88888888888
 a  =

  - 8.889D+10

-->format(16)

-->a
 a  =

  - 88888888888.
```

1.16 AMBIENTES NO SCILAB

No Scilab existe o conceito de ambientes. Muda-se de ambiente por meio do comando `pause`. Todas as variáveis definidas no primeiro ambiente são válidas no novo ambiente. Observar que a mudança de ambiente modifica a forma do prompt, e este passa a indicar o ambiente no qual estão sendo efetuados os comandos. O retorno ao ambiente anterior dá-se por meio da utilização dos comandos `resume` ou `return`, e, com este tipo de retorno, perdem-se as variáveis definidas no novo ambiente. A utilização de ambientes é importante para a realização de testes. No exemplo a seguir, atribuímos a x o valor 1 e por meio do comando `pause` mudamos de ambiente.

```
-->x=1 //definindo x
 x  =

    1.

-->pause //mudando de ambiente

-1->x //mostrando x no novo ambiente
 x  =

    1.

-1->y=2 //definindo y
 y  =
```

```
         2.
-1->x,y //mostrando x e y
 x  =

     1.
 y  =

     2.
-1->resume //retornando ao ambiente anterior
-->x,y //mostrando x e y
 x  =

     1.
     !--error 4
Undefined variable: y
```

Observe que houve uma mudança no formato do prompt. A variável x, definida no ambiente anterior, ainda é válida no novo ambiente, como podemos verificar por meio da sequência de comandos. O retorno ao ambiente anterior usando o comando `resume` faz com que a variável y fique indefinida.

O valor da variável y pode ser preservado no ambiente original por meio da sequência de comandos.

```
-->x=1
 x  =

     1.
-->pause

-1->y=2
 y  =

     2.
-1->y=resume(y)
-->x,y
 x  =

     1.
 y  =

     2.
```

CAPÍTULO 2
Vetores e matrizes

2.1 INTRODUÇÃO

Neste capítulo, veremos a manipulação de matrizes dentro do ambiente Scilab.
O Scilab é dedicado à computação científica e o objeto básico é uma matriz de duas dimensões. Uma matriz é uma tabela de m linhas e n colunas, ou m × n.

$$A = \begin{bmatrix} a_{11} & a_{12} & \cdots & a_{1n} \\ a_{21} & a_{22} & \cdots & a_{2n} \\ & & \vdots & \\ a_{m1} & a_{m2} & \cdots & a_{mn} \end{bmatrix}$$

Uma matriz 1 × n é chamada de vetor linha e uma matriz m × 1, de vetor coluna. Um escalar nada mais é do que uma matriz 1 × 1.

2.2 CRIAÇÃO E OPERAÇÃO

Para inserir um vetor linha, pode-se usar um espaço em branco ou vírgula como separador de componentes. Por exemplo, para criar o vetor linha **a** e o vetor coluna **b**.

a = [1 2 3 4]

$$\mathbf{b} = \begin{bmatrix} 1 \\ 2 \\ 3 \\ 4 \end{bmatrix}$$

```
-->a=[1 2 3 4]
 a  =

    1.    2.    3.    4.

-->a=[1,2,3,4]
 a  =

    1.    2.    3.    4.

-->b=[1;2;3;4]
 b  =

    1.
    2.
    3.
    4.
```

A matriz

$$A = \begin{bmatrix} 1 & 2 & 3 \\ 4 & 5 & 6 \end{bmatrix}$$

pode ser criada por meio de:

```
-->A=[1 2 3; 4 5 6]
 A  =

    1.    2.    3.
    4.    5.    6.

-->A=[1,2,3;4,5,6]
 A  =

    1.    2.    3.
    4.    5.    6.

-->A=[1 2 3
-->3 4 5]
 A  =

    1.    2.    3.
    3.    4.    5.
```

A criação de uma matriz é por meio de filas. Os elementos de uma mesma fila se separam por meio de um espaço em branco ou vírgula. Uma fila se separa da seguinte por meio de ponto e vírgula ou mudança de linha.

Definida uma matriz **A**, o elemento da linha i e coluna j é acessado por meio da digitação de A(i, j). O caractere especial $ faz com que o último elemento de uma linha ou coluna seja acessado, ou ainda o último elemento da própria matriz.

```
-->A=[1 2 3; 4 5 6]
 A  =

    1.    2.    3.
    4.    5.    6.
-->A(2,2)
 ans  =

    5.
-->A($)
 ans  =

    6.
-->A(1,$)
 ans  =

    3.
```

Quando se quer varrer toda uma sequência de filas, usam-se os dois-pontos (:) entre o número das filas.

```
-->A=[1 2 3 4;5 6 7 8; 9 10 11 12]
 A  =

    1.    2.    3.    4.
    5.    6.    7.    8.
    9.    10.   11.   12.
-->A(2,:)
 ans  =

    5.    6.    7.    8.
-->A(:,2:3)
 ans  =

    2.    3.
    6.    7.
    10.   11.
```

É possível montar uma matriz pela combinação de vetores.

```
-->a=[1; 2; 3];

-->b=[4; 5; 6];

-->A=[a b]
 A  =

    1.    4.
    2.    5.
    3.    6.
```

2.3 MATRIZES ESPECIAIS

Alguns tipos especiais de matrizes podem ser criados facilmente. A Tabela 2.1 apresenta algumas dessas matrizes.

Tabela 2.1 Tipos especiais de matrizes.

Função	Descrição
A'	Transposta da matriz **A**.
diag(a)	Produz uma matriz diagonal com os elementos do vetor **a**.
eye(m,n)	Matriz de dimensão m × n com uns na diagonal principal. Se m = n, então matriz identidade.
linspace ou :	Vetor linearmente espaçado.
ones(m,n)	Matriz de dimensão m × n de uns.
zeros(m,n)	Matriz de dimensão m × n de zeros.

A seguir, é mostrado o uso desses comandos na criação dessas matrizes.

```
-->A=[1 2 3; 4 5 6]
 A  =

    1.    2.    3.
    4.    5.    6.

-->A'
 ans  =

    1.    4.
    2.    5.
    3.    6.

-->a=[1 2 3]
 a  =
```

```
    1.    2.    3.
-->diag(a)
 ans  =

    1.    0.    0.
    0.    2.    0.
    0.    0.    3.
-->eye(2,2)
 ans  =

    1.    0.
    0.    1.
-->ones(2,3)
 ans  =

    1.    1.    1.
    1.    1.    1.
-->zeros(2,3)
 ans  =

    0.    0.    0.
    0.    0.    0.
-->a=0:2:10
 a  =

    0.    2.    4.    6.    8.    10.
```

2.4 OPERAÇÕES ENVOLVENDO MATRIZES

As operações de adição, subtração, multiplicação, divisão e potenciação de matrizes podem ser realizadas facilmente. A Tabela 2.2 mostra essas operações:

Tabela 2.2 Operações de matrizes.

Operação	Descrição
A+B	Soma, **A** e **B** são de mesma dimensão.
A-B	Subtração, **A** e **B** são de mesma dimensão.
A*B	Multiplicação, o número de colunas de **A** deve ser igual ao número de linhas de **B**.
A.*B	Multiplicação elemento a elemento, **A** e **B** são de mesma dimensão.
A/B	Divisão à direita, **A** e **B** são de mesma dimensão.
A\B	Divisão à esquerda, **A** e **B** são de mesma dimensão.

A seguir, é mostrado o uso dessas operações sobre matrizes.

```
-->A=[1 2 3; 4 5 6]
 A  =

    1.    2.    3.
    4.    5.    6.

-->B=[7 8 9; 10 11 12]
 B  =

    7.    8.    9.
   10.   11.   12.

-->C=[7 8; 9 10; 11 12]
 C  =

    7.    8.
    9.   10.
   11.   12.

-->A+B
 ans  =

    8.   10.   12.
   14.   16.   18.

-->B-A
 ans  =

    6.    6.    6.
    6.    6.    6.

-->A*C
 ans  =

   58.   64.
  139.  154.

-->A.*B
 ans  =

    7.   16.   27.
   40.   55.   72.
```

Uma aplicação da divisão à esquerda é na resolução de sistemas lineares. Dado um sistema linear no formato matricial:

Ax = b

A solução do vetor de incógnitas **x** pode ser obtida por:

x = A\b

2.5 FUNÇÕES COM VETORES E MATRIZES

Existem algumas funções úteis no tratamento com vetores e matrizes, tanto como recurso de programação quanto para debugar um programa. A Tabela 2.3 traz uma lista dessas funções.

Tabela 2.3 Funções com vetores e matrizes.

Funções	Descrição
`det(A)`	Determinante de uma matriz quadrada **A**.
`diag(A)`	Produz um vetor coluna com os elementos da diagonal da matriz quadrada **A**.
`expm(A)`	Produz a matriz exponencial e^A.
`gsort(x)`	Ordena o vetor **x** em ordem decrescente.
`[b,k]=gsort(x)`	Ordena o vetor **x** em ordem decrescente e k é um vetor que contém os índices do ordenamento, ou seja, b = a(k).
`length(x)`	Tamanho do vetor **x**.
`linsolve(A,b)`	Resolve um sistema linear em que **A** é a matriz dos coeficientes e **b** é o vetor de constantes.
`max(x)`	Calcula o máximo do vetor **x**.
`[xmax,k]=max(x)`	Calcula o máximo do vetor **x** e k indica a posição do máximo.
`mean(x)`	Calcula a média do vetor **x**.
`min(x)`	Calcula o mínimo do vetor **x**.
`[xmin,k]=min(x)`	Calcula o mínimo do vetor **x** e k indica a posição do mínimo.
`norm(x)`	Calcula a norma euclidiana do vetor **x**.
`norm(x,p)`	Calcula a norma l_p do vetor **x** $$\left(\sum_{i=1}^{n}|x_i|^p\right)^{1/p}.$$
`norm(x,'inf')`	Calcula a norma do máximo do vetor **x** $$\max_{1\le i\le m}|x_i|.$$
`norm(A)=norm(A,2)`	Calcula, para a matriz **A**, a norma matricial gerada pela norma euclidiana, ou seja, o maior valor singular de **A**.
`norm(A,1)`	Calcula, para a matriz **A**, a norma matricial gerada pela norma l_1, isto é $$\max_{1\le i\le m}\sum_{j=1}^{m}|a_{ij}|.$$

Tabela 2.3 *Continuação...*

Funções	Descrição
norm(A,'inf')	Calcula, para a matriz **A**, a norma matricial gerada pela norma l_∞, isto é $$\max_{1 \le i \le m} \sum_{j=1}^{m} |a_{ij}|.$$
norm(A,'fro')	Calcula, para a matriz **A**, a norma de Frobenius $$\left(\sum_{i=1}^{n} \sum_{j=1}^{m} a_{ij}^2 \right)^{1/2}.$$
pinv(A)	Inversa generalizada de Moore-Penrose ou pseudoinversa de uma matriz **A**.
rank(A)	Rank da matriz **A** (rank é o número de filas linearmente independentes).
size(A)	Retorna as dimensões da matriz **A**.
[nr,nc]=size(A)	Retorna as dimensões da matriz **A** em que nr é o número de linhas e nc é o número de colunas.
spec(A)	Autovalores da matriz quadrada **A**.
svd(A)	Decomposição em valores singulares da matriz **A**.
[U,D,V]=svd(A)	Decomposição em valores singulares da matriz **A** $A = UDV^T$, em que **U** e **V** são matrizes ortogonais e **D** é uma matriz de mesmo tamanho de **A**, "diagonal" (não necessariamente quadrada), cujos elementos diagonais são os valores singulares de **A**.
trace(A)	Soma dos elementos da diagonal de uma matriz quadrada **A** (traço da matriz **A**).
tril(A)	Parte triangular inferior de uma matriz quadrada **A**.
triu(A)	Parte triangular superior de uma matriz quadrada **A**.
inv(A)	Inversa de uma matriz quadrada **A**.

Exemplos de aplicação de algumas dessas funções.

```
-->A=[1 2; 3 4]
 A  =

    1.    2.
    3.    4.
-->det(A)
 ans  =

  - 2.
-->x=[1 2 4 3]
```

```
 x  =

    1.    2.    4.    3.
-->[b,k]=gsort(x)
 k  =

    3.    4.    2.    1.
 b  =

    4.    3.    2.    1.
-->length(x)
 ans  =

    4.
-->[xmax,k]=max(x)
 k  =

    3.
 xmax  =

    4.
-->rank(A)
 ans  =

    2.
-->[nr,nc]=size(A)
 nc  =

    2.
 nr  =

    2.
-->trace(A)
 ans  =

    5.
-->tril(A)
 ans  =

    1.    0.
    3.    4.
-->triu(A)
 ans  =
```

```
      1.    2.
      0.    4.
-->inv(A)
 ans  =

  - 2.    1.
    1.5 - 0.5
```

2.6 EXTRAÇÃO, INSERÇÃO E ELIMINAÇÃO

Algumas operações que podem ser úteis quando se trabalha com matrizes são: extração, inserção e eliminação de linhas e/ou colunas. Alguns caracteres muito usados nessas operações são: [ ], : e $.

```
-->A=[1 2 3 4; 5 6 7 8; 9 10 11 12]
 A  =

    1.    2.    3.    4.
    5.    6.    7.    8.
    9.   10.   11.   12.

-->A1=A(:,2:3)
 A1  =

    2.    3.
    6.    7.
   10.   11.

-->A1(:,$+1)=[4; 8; 12]
 A1  =

    2.    3.    4.
    6.    7.    8.
   10.   11.   12.

-->A1(:,2)=[]
 A1  =

    2.    4.
    6.    8.
   10.   12.
```

2.7 MATRIZES ESPARSAS

O Scilab tem um tipo de dados especial projetado para trabalhar com matrizes esparsas chamado sparse, que é usado para construir uma matriz esparsa, em que apenas elementos não zeros de uma matriz são alocados em localizações de memória. O tipo de dados `sparse` grava três valores para cada elemento não zero: o valor do elemento e os números de linha e coluna onde o elemento está localizado. Para ilustrar o uso de matrizes esparsas, vamos criar uma matriz identidade 10 × 10.

```
-->A=eye(10,10)
 A  =

    1.    0.    0.    0.    0.    0.    0.    0.    0.    0.
    0.    1.    0.    0.    0.    0.    0.    0.    0.    0.
    0.    0.    1.    0.    0.    0.    0.    0.    0.    0.
    0.    0.    0.    1.    0.    0.    0.    0.    0.    0.
    0.    0.    0.    0.    1.    0.    0.    0.    0.    0.
    0.    0.    0.    0.    0.    1.    0.    0.    0.    0.
    0.    0.    0.    0.    0.    0.    1.    0.    0.    0.
    0.    0.    0.    0.    0.    0.    0.    1.    0.    0.
    0.    0.    0.    0.    0.    0.    0.    0.    1.    0.
    0.    0.    0.    0.    0.    0.    0.    0.    0.    1.
```

Se essa matriz for convertida em matriz esparsa usando a função `sparse`, os resultados serão:

```
-->Asp=sparse(A)
 Asp  =

(    10,    10) sparse matrix

(     1,     1)       1.
(     2,     2)       1.
(     3,     3)       1.
(     4,     4)       1.
(     5,     5)       1.
(     6,     6)       1.
(     7,     7)       1.
(     8,     8)       1.
(     9,     9)       1.
(    10,    10)       1.
```

O Scilab pode gerar matrizes esparsas diretamente a partir dos elementos não zeros.

```
-->sp=sparse([1,2;4,5;3,10],[1,2,3])
 sp  =

(     4,    10) sparse matrix

(     1,     2)       1.
(     3,    10)       3.
(     4,     5)       2.
```

As operações com matrizes esparsas seguem a mesma sintaxe que matrizes completas. O Scilab permite que matrizes completas e esparsas sejam livremente misturadas em qualquer combinação. O resultado de uma operação entre uma matriz completa e uma matriz esparsa pode ser uma matriz completa ou uma matriz esparsa, dependendo de qual resultado é mais eficiente.

2.8 MATRIZES SIMBÓLICAS

Uma matriz simbólica pode ser construída com elementos do tipo string.

```
-->A=['a','b';'c','d']
 A  =

!a   b  !
!       !
!c   d  !
```

Se atribuirmos valores às variáveis, podemos visualizar a forma numérica da matriz com a função `evstr()`.

```
-->a=1;

-->b=2;

-->c=3;

-->d=4;

-->M=evstr(A)
 M  =

    1.    2.
    3.    4.
```

CAPÍTULO 3
Polinômios

3.1 INTRODUÇÃO

Neste capítulo, veremos uma classe importante de funções, que são os polinômios.

Em matemática, funções polinomiais ou polinômios são uma classe importante de funções simples e infinitamente diferenciáveis. Um polinômio em x de grau n possui a forma:

$p(x) = a_n x^n + a_{n-1} x^{n-1} + \ldots + a_1 x + a_0$

3.2 CRIAÇÃO DE POLINÔMIO

No Scilab, um polinômio pode ser definido usando a função `poly` de duas maneiras: pelos seus coeficientes ou pelas suas raízes. É necessário ainda indicar a variável simbólica para o polinômio. Por exemplo, o polinômio em x

$p(x) = x^3 - 6x^2 + 11x - 6$

pode ser definido usando-se os seus coeficientes

```
-->p=poly([1 -6 11 -6],'x','coeff')
 p  =
                 2    3
    1 - 6x + 11x - 6x
```

ou usando as suas raízes, que são 1, 2 e 3.

```
-->p=poly([1 2 3],'x','roots')
 p  =

              2    3
 - 6 + 11x - 6x + x
```

Caso não se queira trabalhar extensamente com uma variável polinomial, pode-se trabalhar com as duas variáveis polinomiais disponibilizadas pelo Scilab: %s e %z.

```
-->s=%s
 s  =

     s

-->p=1-6*s+11*s^2-6*s^3
 p  =

              2     3
 1 - 6s + 11s - 6s
```

3.3 RAÍZES DO POLINÔMIO

As raízes de um polinômio, reais ou complexas, podem ser calculadas usando a função `roots`. Por exemplo, as raízes do polinômio:

$q(x) = x^3 - 15x^2 + 74x - 120$

```
-->q=poly([-120 74 -15 1],'x','coeff')
 q  =

                2    3
 - 120 + 74x - 15x + x

-->roots(q)
 ans  =

    6.
    5.
    4.
```

3.4 OPERAÇÕES COM POLINÔMIOS

Podemos efetuar operações de soma, multiplicação, divisão, potenciação etc. em polinômios, tomando o cuidado de que eles devem ser na mesma variável.

```
-->p=poly([1 -2 1],'x','coeff');

-->q=poly([1 -1],'x','coeff');

-->p+q
 ans  =

                2
    2 - 3x + x

-->p*q
 ans  =

                2     3
    1 - 3x + 3x  - x

-->p/q
 ans  =

    1 - x
    -----
      1

-->q^2
 ans  =

                2
    1 - 2x + x
```

3.5 DIVISÃO POLINOMIAL

No caso de divisão polinomial, um comando mais apropriado é o `pdiv`.

`[r,q]=pdiv(p1,p2)`

Matematicamente, a operação é:

$p_1 = p_2 q + r$

Exemplos de uso dessa função são dados a seguir.

```
-->x=poly(0,'x')
 x  =

    x

-->p1=(1+x^2)*(1-x)
```

```
 p1  =

              2   3
    1 - x + x - x
-->p2=1-x
 p2  =

    1 - x
-->[r,q]=pdiv(p1,p2)
 q  =

            2
    1 + x
 r  =

    0.
-->p2*q-p1
 ans  =

    0
-->p2=1+x
 p2  =

    1 + x
-->[r,q]=pdiv(p1,p2)
 q  =

              2
  - 3 + 2x - x
 r  =

    4.
-->p2*q+r-p1
 ans  =

    0
```

3.6 VALORES DO POLINÔMIO

Para calcular o polinômio em um valor, usa-se a função `horner`.

```
-->p=poly([1 -6 11 -6],'x','coeff')
 p  =

              2     3
    1 - 6x + 11x - 6x

-->horner(p,2)
 ans  =

    - 15.
```

3.7 INTERPOLAÇÃO UNIDIMENSIONAL

Dada uma tabela com pares (x_i, y_i) especificados nos vetores abcissa x e ordenada y, respectivamente, então a função interp1 calcula os valores de yp correspondentes ao xp por interpolação.

[yp]=interp1(x, y,xp [, method,[extrapolation]])

O parâmetro method especifica o método a ser utilizado na interpolação.

Parâmetro	Método
'linear'	Interpolação linear
'spline'	Interpolação por splines cúbicos
'nearest'	Interpolação usando o vizinho mais próximo

Quando o método não for especificado, será assumida uma interpolação linear (default).

CAPÍTULO 4
Programação

4.1 INTRODUÇÃO

O Scilab permite que o usuário crie seus próprios programas. Um programa de computador nada mais é do que um conjunto de instruções passo a passo.

4.2 PROGRAMAS

No Scilab, há dois tipos de programas: os códigos (scripts) e as funções. Um código é simplesmente uma sequência de comandos de Scilab, que não tem parâmetros (argumentos) de entrada e nem de saída. Uma função, ao contrário, tem.

As variáveis definidas em um comando num código, mesmo após a sua execução, continuam existindo. Ao contrário de uma função, as variáveis definidas dentro de uma função deixam de existir uma vez finalizada a execução da mesma.

Os códigos geralmente têm a extensão `.sce`, mas não é obrigatório. Agora, se o código contém apenas definições de funções, então usa-se o sufixo `.sci`, que pode ser colocado em qualquer diretório. O Scilab vem com um editor chamado de SciNotes e este pode ser ativado na barra de ferramentas clicando o botão **Launch SciNotes**, que abrirá a janela de edição, como mostra a Figura 4.1.

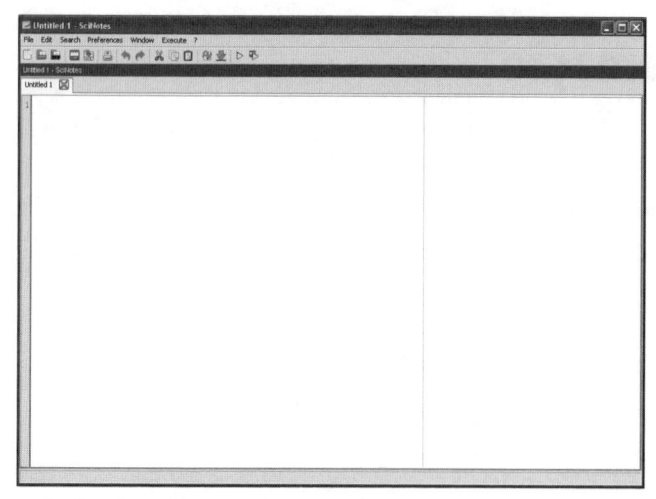

Figura 4.1 Janela do editor SciNotes do Scilab.

4.3 COMANDO DE ENTRADA DE DADOS

Programas de computador podem solicitar dados via teclado usando o comando input, cuja forma básica é:

x = input(message [, "string"])

O message é um texto fornecido ao usuário no prompt e o cursor então espera por entrada no teclado. Se x for uma variável numérica, então o comando é simplesmente:

x = input(message)

Se x for um string, então o comando é:

x = input(message , "string")

```
-->a=input('a =')
a =45
 a  =

    45.
```

4.4 COMANDOS DE SAÍDA DE DADOS

Comandos de saída de dados fornecem ao usuário um meio de visualizar dados e o resultado de algum processamento. A forma mais simples de visualizar dados no Scilab é suprimir o ponto e vírgula no final do comando.

Outra maneira de exibir dados é usar a função `disp`:

```
disp(x1,[x2,...xn])
```

em que os x são mostrados no seu formato corrente.

```
-->a=3;
-->disp(a)
    3.
-->disp(a,'a = ')
 a =
    3.
```

4.5 A FUNÇÃO PRINTF

A função `printf` é a forma mais flexível de exibir dados porque produz uma saída formatada. É um emulador da função `printf` da linguagem C.

```
printf(format,value_1,..,value_n)
```

O `format` é um string que descreve a forma com que a lista de dados será exibida.

O `printf` é mais flexível que `disp`, pois permite misturar texto e valores de variáveis sem recorrer ao comando `string`. Os números também podem ser formatados. Se escrever:

- %i, o número é formatado como inteiro.
- %e, com notação científica.
- %f ponto fixo, com o número de casas decimais que se queira.

```
-->a=45;

-->printf('Eu sou número 45\n')
Eu sou número 45

-->printf('Eu sou número\n45')
Eu sou número
45
-->dd=10;

-->mm=12;

-->aa=1975;

-->printf('Uma data muito especial: %g/%g/%g',dd,mm,aa)
Uma data muito especial: 10/12/1975
```

O caractere \n (chamado de new line) avisa o comando printf para gerar uma nova linha, ou seja, \n move o cursor para o começo da linha seguinte.

O símbolo %g (caractere de formatação) indica como cada variável da lista de dados será exibida dentro do string de formatação (format). No exemplo, o primeiro %g é substituído pelo valor de dd; o segundo, pelo valor de mm; e o terceiro, pelo valor de aa, no momento da impressão.

4.6 PROGRAMAÇÃO

Em geral, principalmente na resolução numérica de problemas científicos, ao se escrever um programa, são usadas instruções de iteração, ramificação e controle de fluxo.

As instruções de iteração e ramificação são partes fundamentais de programação. As principais estruturas de controle do Scilab são:

- for
- if
- select case
- while

Outros comandos relacionados com o controle de fluxo são:

- break
- continue
- return
- abort

A declaração `break` encerra a execução de um laço e passa o controle para a próxima instrução logo após o fim do laço; a declaração `continue` termina a passagem corrente pelo laço e retorna o controle para o início do laço. Em uma função, `return` encerra sua execução.

O laço `for`

O laço `for` executa um bloco de instruções durante um número especificado de vezes e tem a seguinte forma:

```
for indice=limite1:incremento:limite2
    instrucao 1
    instrucao 2

    instrucao l
end
```

Significa que a variável do laço `indice` começa com o valor `limite1` e é incrementado com o valor `incremento` até chegar ao valor `limite2`. Se o incremento for igual a 1, este pode ser omitido.

Uma estrutura `for` pode estar aninhada dentro de outro `for` ou de um `if`.

A estrutura `if`

Uma forma simples da estrutura `if` é a seguinte:

```
if condicao then
    instrucao 1
    instrucao 2

    instrucao l
end
```

Se a condição for satisfeita, o programa executa o bloco de instruções e salta para a primeira instrução depois de `end`. Podemos ter `if` combinado com `else`. Neste caso, se a condição não for satisfeita, o programa executa as instruções no bloco associado com a cláusula `else`. A construção `if then else` tem a forma

```
if condicao then
    instrucao 1
```

```
        instrucao 2

        instrucao l
else
        instrucao l+1
        instrucao l+2

        instrucao l+m
end
```

Podemos ter ainda a construção de `if` combinado ou com `elseif` ou com `else`. Pode haver qualquer número de cláusulas `elseif` em uma construção `if`, mas pode haver no máximo uma cláusula `else`.

```
if condicao1 then
        instrucao 1
        instrucao 2

        instrucao l
elseif condicao2 then
        instrucao l+1
        instrucao l+2

        instrucao l+m
else
        instrucao l+m+1
        instrucao l+m+2

        instrucao l+m+n
end
```

A estrutura `select`

A construção `select` permite que um bloco de instruções em particular seja executado com base no valor de uma variável. A forma geral de uma construção `select` é:

```
select variavel
case valor1
        instrucao 1
        instrucao 2
```

```
    instrucao l
case valor2
    instrucao l+1
    instrucao l+2

    instrucao l+m
case valor3
    instrucao l+m+1
    instrucao l+m+2

    instrucao l+m+n
else
    instrucao l+m+n+1
    instrucao l+m+n+2

    instrucao l+m+n+o
end
```

A parte `else` é opcional.

O laço `while`

O laço `while` realiza uma sequência de instruções enquanto uma determinada condição estiver sendo satisfeita. A forma geral de um laço `while` é:

```
while condicao
    instrucao 1
    instrucao 2

    instrucao n
end
```

Outros comandos

O comando `break` permite a saída forçada (em qualquer parte interna) de um laço `for` ou de um laço `while`.

O comando `return` permite sair de uma função antes de se chegar ao último comando. Todos os parâmetros de saída ou resultados devem estar definidos antes.

Outro comando que serve para interromper uma função, neste caso interrompendo a execução, é o abort.

4.7 COMPARAÇÕES E OPERADORES LÓGICOS

A Tabela 4.1 apresenta um conjunto de operadores lógicos usados em programação.

Tabela 4.1 Operadores lógicos.

Símbolo	Descrição
<	Menor
<=	Menor ou igual
>	Maior
>=	Maior ou igual
==	Igual
~=	Diferente
<>	Diferente
&	E
|	Ou
~	Não

4.8 FUNÇÕES

No Scilab, geralmente o nome dos arquivos das funções tem a extensão .sci. As funções recebem dados por meio de uma lista de argumentos de entrada e retorna os resultados por uma lista de argumentos de saída. O esquema geral de uma função é o seguinte:

```
function [saida1, saida2, ...]=nome_funcao(entrada1, entrada2, ...)
    instrucao 1
    instrucao 2

    instrucao n
endfunction
```

As `saida1, saida2, ...` são os argumentos de saída da função e `entrada1, entrada2, ...` são os argumentos de entrada da função.

Se uma função é chamada, o controle de execução das instruções é transferido para a função. Quando a função termina, o controle é devolvido ao programa chamador no mesmo local em que a função foi originalmente chamada, e o programa chamador continua executando as suas instruções a partir da linha imediatamente posterior à chamada da função.

A Figura 4.2 mostra o esquema geral de um código no qual o programa principal chama as funções `fun`, `func` e `fct`. O controle é transferido para as funções, mas sempre retornando para o programa principal. A função `fct` chama a `funcao`, transferindo o controle para `funcao`. A função `funcao`, quando termina, retorna o controle ao programa chamador, que é `fct`.

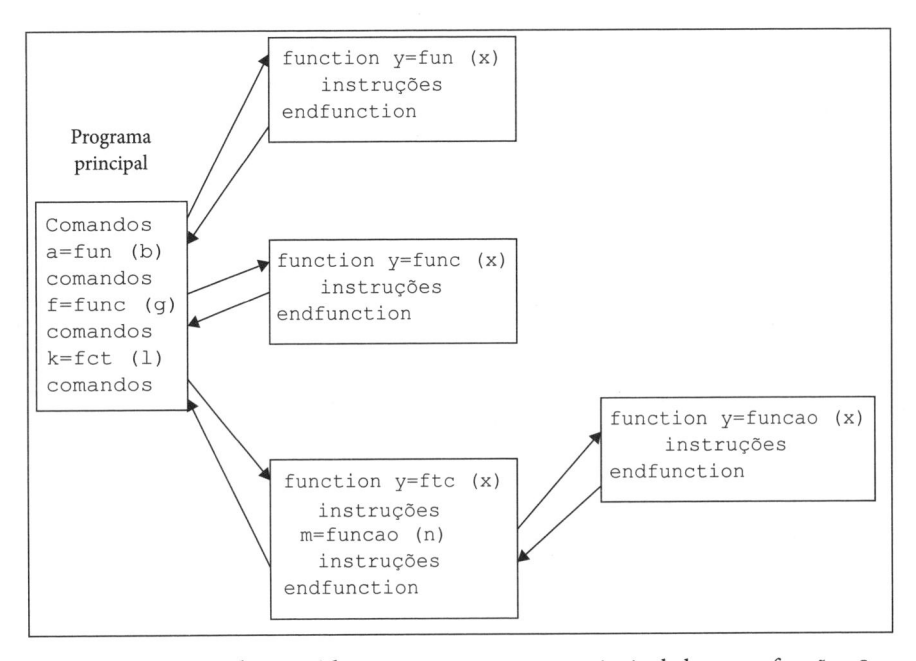

Figura 4.2 Esquema de um código em que o programa principal chama as funções `fun`, `func` e `fct`.

Exemplo 4.1

É dado a seguir um exemplo de um programa (Programa 4.1) que calcula as raízes de uma equação de segundo grau.

$ax^2 + bx + c = 0$

Os coeficientes do polinômio são passados para a função chamada de `equacao_segundo_grau` como argumentos de entrada, que, por sua vez, retorna as raízes do polinômio como argumentos de saída. As raízes são dadas por:

$$x = \frac{-b \pm \sqrt{\Delta}}{2a}$$

em que o discriminante da equação Δ é:

$\Delta = b^2 - 4ac$

Se $\Delta > 0$, há duas raízes reais distintas para a equação quadrática. Se $\Delta = 0$, há uma única raiz repetida para a equação quadrática. Se $\Delta < 0$, há duas raízes complexas para a equação quadrática.

```
//Programa 4.1
//
//Raízes de um polinômio de segundo grau
//
clear
clearglobal
clc
close

function x=equacao_segundo_grau(a,b,c)
    Delta=b^2-4*a*c
    if Delta>0 then
        x(1)=(-b+sqrt(Delta))/(2*a)
        x(2)=(-b-sqrt(Delta))/(2*a)
    elseif Delta==0
        x(1)=-b/(2*a)
        x(2)=-b/(2*a)
    else
        x(1)=(-b+sqrt(abs(Delta))*%i)/(2*a)
        x(2)=(-b-sqrt(abs(Delta))*%i)/(2*a)
    end
endfunction

a=1
b=-3
c=2
raiz=equacao_segundo_grau(a,b,c)

a=1
b=-2
c=1
raiz=equacao_segundo_grau(a,b,c)
```

```
a=1
b=1
c=1
raiz=equacao_segundo_grau(a,b,c)
```

Resultados

```
 a  =

    1.
 b  =

  - 3.
 c  =

    2.
 raiz  =

    2.
    1.
 a  =

    1.
 b  =

  - 2.
 c  =

    1.
 raiz  =

    1.
    1.
 a  =

    1.
 b  =

    1.
 c  =

    1.
 raiz  =

  - 0.5 + 0.8660254i
  - 0.5 - 0.8660254i

 Execution done.
```

Com as funções, é possível escrever um programa e chamá-lo quantas vezes quiser em diferentes pontos de um outro programa, geralmente, usando diferentes argumentos de entrada.

Uma função pode também ser digitada em um arquivo, e este arquivo, após ser carregado no ambiente Scilab, é executado. O comando getd é empregado para carregar todas as funções definidas em um diretório no Scilab. Uma vez carregadas, essas funções podem ser utilizadas como as outras funções do Scilab.

Exemplo 4.2

O Programa 4.2 exemplifica o uso do comando getd.

```
//Programa 4.2
//
//Raízes de um polinômio de segundo grau
//
clear
clearglobal
clc
close
getd

a=1;
b=-2;
c=1;
raiz=equacao_segundo_grau(a,b,c);
disp(raiz(1),'raiz 1')
disp(raiz(2),'raiz 2')
```

Resultados

```
raiz 1

    1.

raiz 2

    1.

 Execution done.
```

4.9 VARIÁVEIS LOCAIS E VARIÁVEIS GLOBAIS

No Scilab, uma variável pode ser definida como variável local ou variável global. Uma variável é dita local quando é definida dentro de uma função, e toda variável local deixa de existir quando a função é finalizada. As variáveis locais não podem alterar as variáveis do espaço de trabalho. Para alterar as variáveis do programa principal, temos que transformá-las em variáveis globais usando a declaração global. Ordinariamente, cada função no Scilab tem suas próprias variáveis locais e pode acessar variáveis criadas no espaço de trabalho pela chamada de argumento da função ou por meio de variáveis definidas como globais.

A declaração global deve ser usada tanto no programa chamador como na função (e em qualquer função que venha a compartilhar a mesma variável). A declaração global é opcional quando uma variável, apesar de ser global, não é modificada pela função.

Exemplo 4.3

O Programa 4.3 calcula as raízes de polinômio de segundo grau. Os coeficientes do polinômio são passados para a função chamada de equacao_segundo_grau como argumentos de entrada, que, por sua vez, retorna as raízes do polinômio como argumentos de saída. A variável Delta, criada na função e definida como global, passa a ser válida no ambiente do Scilab e não é apagada mesmo que a função esteja finalizada.

```
//Programa 4.3
//
//Raízes de um polinômio de segundo grau
//
clear
clearglobal
clc
close

function x=equacao_segundo_grau(a, b, c)
    global Delta
    Delta=b^2-4*a*c
    if Delta>0 then
        x(1)=(-b+sqrt(Delta))/(2*a)
        x(2)=(-b-sqrt(Delta))/(2*a)
    elseif Delta==0
        x(1)=-b/(2*a)
        x(2)=-b/(2*a)
    else
```

```
            x(1)=(-b+sqrt(abs(Delta))*%i)/(2*a)
            x(2)=(-b-sqrt(abs(Delta))*%i)/(2*a)
     end
endfunction

global Delta
a=1;
b=-5;
c=6;
raiz=equacao_segundo_grau(a,b,c)
Delta
```

Resultados

```
  raiz  =

    3.
    2.
  Delta =

    1.

  Execution done.
```

Exemplo 4.4

Seja o problema de ajustar um polinômio de grau n a um conjunto de dados experimentais:

$$p(x) = a_{n+1}x^n + a_n x^{n-1} + \ldots + a_2 x + a_1 = \sum_{i=1}^{n+1} a_i x^{i-1}$$

em que a_i i = 1,...,n + 1 são os coeficientes desconhecidos que podem ser determinados resolvendo-se o seguinte conjunto de equações lineares:

$$\begin{bmatrix} \sum x^0 & \sum x^1 & \sum x^2 & \ldots & \sum x^n \\ \sum x^1 & \sum x^2 & \sum x^3 & \ldots & \sum x^{n+1} \\ \sum x^2 & \sum x^3 & \sum x^4 & \ldots & \sum x^{n+2} \\ & & & \vdots & \\ \sum x^n & \sum x^{n+1} & \sum x^{n+2} & \ldots & \sum x^{2n} \end{bmatrix} \begin{bmatrix} a_1 \\ a_2 \\ a_3 \\ \vdots \\ a_{n+1} \end{bmatrix} = \begin{bmatrix} \sum y \\ \sum xy \\ \sum x^2 y \\ \vdots \\ \sum x^n y \end{bmatrix}$$

ou

Xa = b

Pode ser resolvido para **a**:

a = X⁻¹b

Uma vez determinados os coeficientes, os valores de y preditos nos valores de x podem ser calculados por:

$$y(x) = \sum_{i=1}^{n+1} a_i x^{i-1}$$

O Programa 4.4 ajusta um polinômio de quarto grau ao seguinte conjunto de dados experimentais da Tabela 4.2:

Tabela 4.2 Dados experimentais de y em função de x.

x	y
−1	−1
0	3
1	2,5
2	5
3	4
5	2
7	5
9	4

```
//Programa 4.4
//
//Ajuste de um polinômio de quarto grau
//
clear
clc
close

function [a, y]=polyfit(x_exp, y_exp, n)
//x_exp = vetor coluna dos valores experimentais da variável indepen-
dente
//y_exp = vetor coluna dos valores experimentais da variável dependente
//n = grau do polinômio
xx=zeros(length(x_exp),n+1)
```

```
for i=1:n+1
  xx(:,i)=x_exp.^(i-1)
end
X=xx'*xx
b=xx'*y_exp
a=inv(X)*b
y=xx*a
endfunction

x_exp=[-1 0 1 2 3 5 7 9]';
y_exp=[-1 3 2.5 5 4 2 5 4]';
[a4,y]=polyfit(x_exp,y_exp,4)
x=-1:0.1:9;
y=a4(1)+a4(2)*x+a4(3)*x.^2+a4(4)*x.^3+a4(5)*x.^4;
plot(x,y,'b',x_exp,y_exp,'b.')
xlabel('x')
ylabel('y')
```

Resultados

```
y    =

 -  1.0772119
    2.6855895
    3.9594905
    3.9040036
    3.3949678
    3.1012393
    4.41155
    4.1203711
 a4   =

    2.6855895
    2.3014597
 -  1.2326305
    0.2168915
 -  0.0118197

exec done
```

A Figura 4.3 mostra a curva do polinômio de quarto grau ajustado aos pontos experimentais.

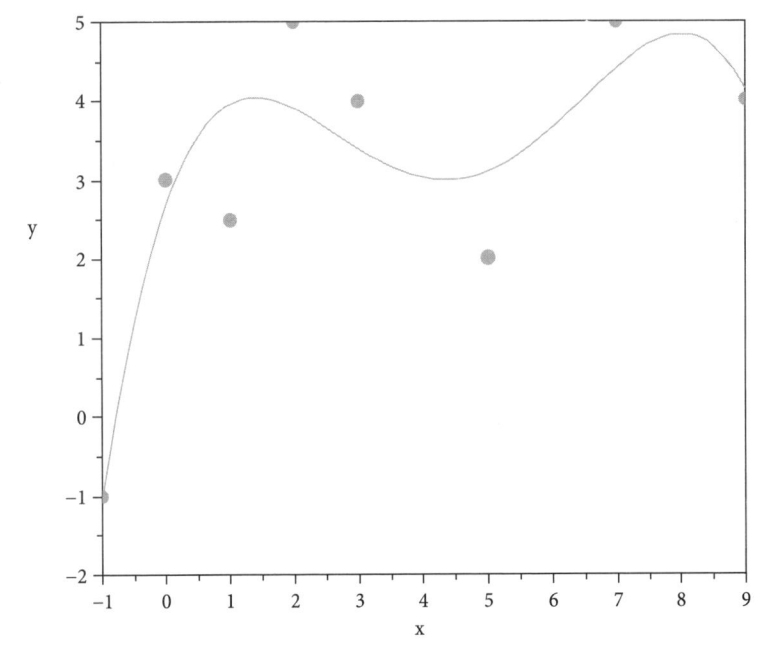

Figura 4.3 Curva do polinômio de quarto grau ajustado aos pontos experimentais.

Para entender um pouco melhor o funcionamento das variáveis locais e globais, o conjunto de instruções a seguir ilustra bem essa questão.

```
-->global a b c

-->a=1;b=2;c=3;

-->who('global')
 ans   =

!%modalWarning      !
!                   !
!demolist           !
!                   !
!%driverName        !
!                   !
!%exportFileName    !
!                   !
!%toolboxes         !
!                   !
!%toolboxes_dir     !
!                   !
!c                  !
!                   !
!b                  !
!                   !
```

```
!a                      !

-->clearglobal a

-->who('global')
 ans   =

!%modalWarning     !
!                  !
!demolist          !
!                  !
!%driverName       !
!                  !
!%exportFileName   !
!                  !
!%toolboxes        !
!                  !
!%toolboxes_dir    !
!                  !
!c                 !
!                  !
!b                 !

-->a
  !--error 228
Referência à variável global limpa a.



-->b
 b   =

    2.

-->c
 c   =

    3.

-->clear b

-->b
  !--error 4
Variável indefinida: b



-->c
 c   =

    3.

-->who('global')
```

```
 ans  =

!%modalWarning    !
!                 !
!demolist         !
!                 !
!%driverName      !
!                 !
!%exportFileName  !
!                 !
!%toolboxes       !
!                 !
!%toolboxes_dir   !
!                 !
!c                !
!                 !
!b                !

-->global b

-->b
 b  =

    2.
```

Exemplo 4.5

Os dados de equilíbrio de A na fase extrato, y, e na fase rafinado, x, em um processo de extração podem ser representados pelos pontos da Figura 4.4. Os valores desses pontos são dados na Tabela 4.3.

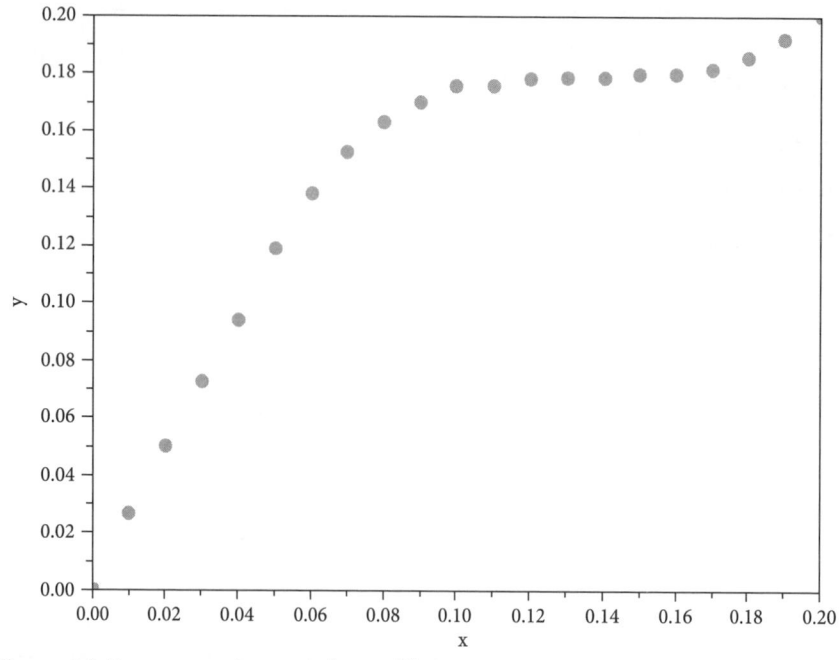

Figura 4.4 Pontos experimentais do equilíbrio.

Tabela 4.3 Dados de equilíbrio.

x	y
0,00	0,000
0,01	0,027
0,02	0,050
0,03	0,073
0,04	0,094
0,05	0,119
0,06	0,138
0,07	0,153
0,08	0,163
0,09	0,170
0,10	0,173
0,11	0,176
0,12	0,178
0,13	0,179
0,14	0,179
0,15	0,180
0,16	0,180

Tabela 4.3 *Continuação...*

x	y
0,17	0,182
0,18	0,186
0,19	0,192
0,20	0,200

O Programa 4.5 ajusta um polinômio de quarto grau aos dados experimentais da Tabela 4.3. Os resultados são coeficientes do polinômio cuja curva é mostrada na Figura 4.5. Pode-se ver que o ajuste por um polinômio de quarto grau é bastante satisfatório.

```
//Programa 4.5
//
//Ajuste de um polinômio de quarto grau a dados de equilíbrio
//
clear
clearglobal
clc
close

function [a, y]=polyfit(x_exp, y_exp, n)
//x_exp = vetor coluna dos valores experimentais da variável independente
//y_exp = vetor coluna dos valores experimentais da variável dependente
//n = grau do polinômio
xx=zeros(length(x_exp),n+1)
for i=1:n+1
   xx(:,i)=x_exp.^(i-1)
end
X=xx'*xx
b=xx'*y_exp
a=inv(X)*b
y=xx*a
endfunction

x_exp=[0 0.01 0.02 0.03 0.04 0.05 0.06 0.07 0.08 0.09 0.1 0.11 0.12 0.13 0.14 0.15 0.16 0.17 0.18 0.19 0.2]';
y_exp=[0 0.027 0.05 0.073 0.094 0.119 0.138 0.153 0.163 0.17 0.173 0.176 0.178 0.179 0.179 0.18 0.18 0.182 0.186 0.192 0.2]';
[a4,y]=polyfit(x_exp,y_exp,4);
disp(a4,'a4')
x=0:0.01:0.2;
y=a4(1)+a4(2)*x+a4(3)*x.^2+a4(4)*x.^3+a4(5)*x.^4;
scf(1);
clf
plot(x_exp,y_exp,'b.')
xlabel('x')
ylabel('y')
```

```
scf(2);
clf
plot(x,y,'b',x_exp,y_exp,'b.')
xlabel('x')
ylabel('y')
```

Resultados

```
Aviso:
A matriz é quase singular ou possui má escala. rcond =    0.0000D+00


 a4

 - 0.0015226
   2.7753098
 - 3.3848564
 - 107.75442
   403.95542

Execução completada.
```

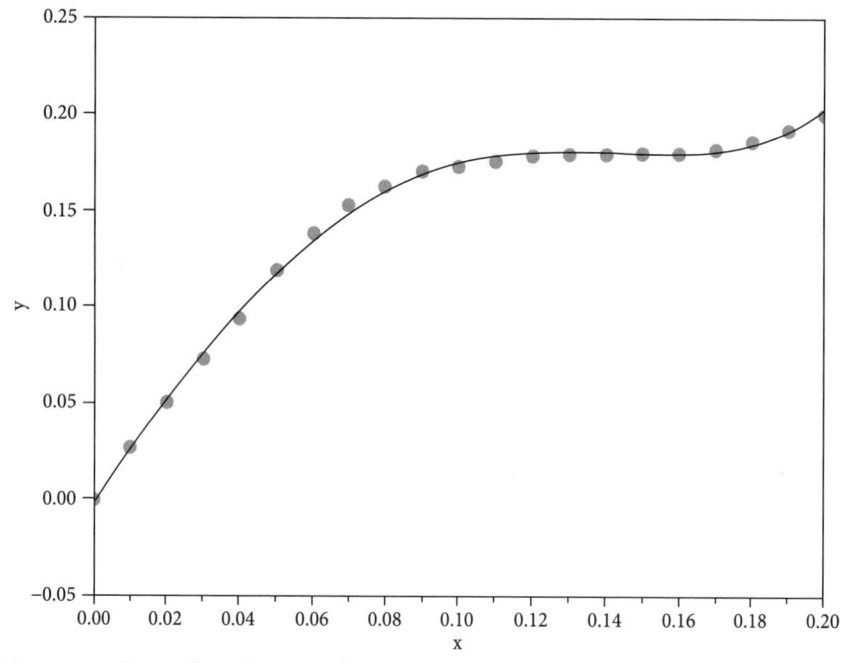

Figura 4.5 Curva do polinômio de quarto grau ajustado aos pontos experimentais de equilíbrio.

CAPÍTULO 5
Gráficos

5.1 INTRODUÇÃO

Os gráficos servem para visualizar o comportamento de uma função. Em geral, têm-se gráficos bidimensionais e tridimensionais.

5.2 GRÁFICOS BIDIMENSIONAIS

São constituídos de dois eixos, sendo necessários, portanto, dois argumentos de entrada para a execução, que, na verdade, são vetores com a mesma dimensão. As funções mais usadas para a plotagem de gráficos bidimensionais são: `plot`, `plot2d`, `fplot2d` e `countour2d`. É importante notar que, caso um eixo seja função do outro, todas as operações devem ser realizadas elemento a elemento.

5.2.1 `plot`

A sintaxe do comando `plot` é:

```
plot(x1,y1,<LineSpec1>,x2,y2,<LineSpec2>,...xN,yN,<LineSpecN>,<GlobalProperty1>,<GlobalProperty2>,..<GlobalPropertyM>)
```

em que `xi`, `yi` são vetores contendo as abscissas e ordenadas dos pontos a serem exibidos, respectivamente, e `LineSpeci` (tipo de linha) é uma cadeia de um a quatro caracteres que especifica a cor, o estilo da linha e o marcador dos pontos dados.

A Tabela 5.1 apresenta a escala de cores.

Tabela 5.1 Escala de cores.

Número	Cor
0 ou 1	Preta
2	Azul
3	Verde
4	Ciano
5	Vermelha
6	Lilás
7	Amarela
8	Branca
9	Azul-escuro
19	Café
⋮	⋮
32	Ocre

A Tabela 5.2 apresenta os tipos de linha e marcadores.

Tabela 5.2 Estilos de linhas, cores e marcadores.

Marcador	Descrição
-	Linha sólida (default)
--	Linha tracejada
:	Linha pontilhada
-.	Linha traço-pontilhada
r	Vermelho
g	Verde
b	Azul
c	Turquesa
m	Lilás
y	Amarelo
k	Preto
w	Branco
+	Mais
o	Círculo
*	Asterisco
.	Ponto
x	X
'square' ou 's'	Quadrado

Tabela 5.2 Continuação...

Marcador	Descrição
`'diamond'` ou `'d'`	Diamante
`^`	Triângulo apontando para cima
`v`	Triângulo apontando para baixo
`>`	Triângulo apontando para a direita
`<`	Triângulo apontando para a esquerda
`'pentagram'`	Pentágono
`'none'`	Sem marcador (default)

Exemplo 5.1

O Programa 5.1 gera um gráfico de sen(x) em função de x e é mostrado na Figura 5.1.

```
//Programa 5.1
//
// Gráfico da função seno no intervalo de 0 a 2%pi radianos
//
clc
clear
close

x=0:0.1:2*%pi;
y=sin(x);
plot(x,y)
```

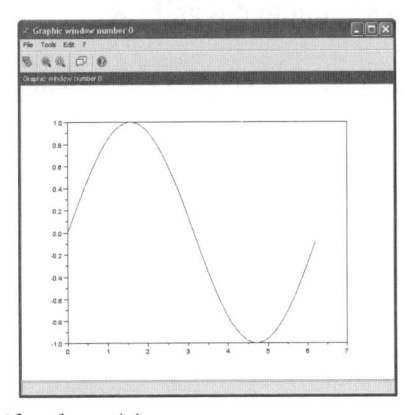

Figura 5.1 Janela do gráfico de sen(x).

Os gráficos são plotados em janelas de gráficos como a da Figura 5.1. No topo da janela encontra-se uma barra de menus, com os itens **File, Tools, Edit** e **?**.

O menu **File** é o local em que você pode acessar a opção de copiar o gráfico para o **clipboard** e posteriormente colar para algum documento. O gráfico copiado e colado é como mostra a Figura 5.2.

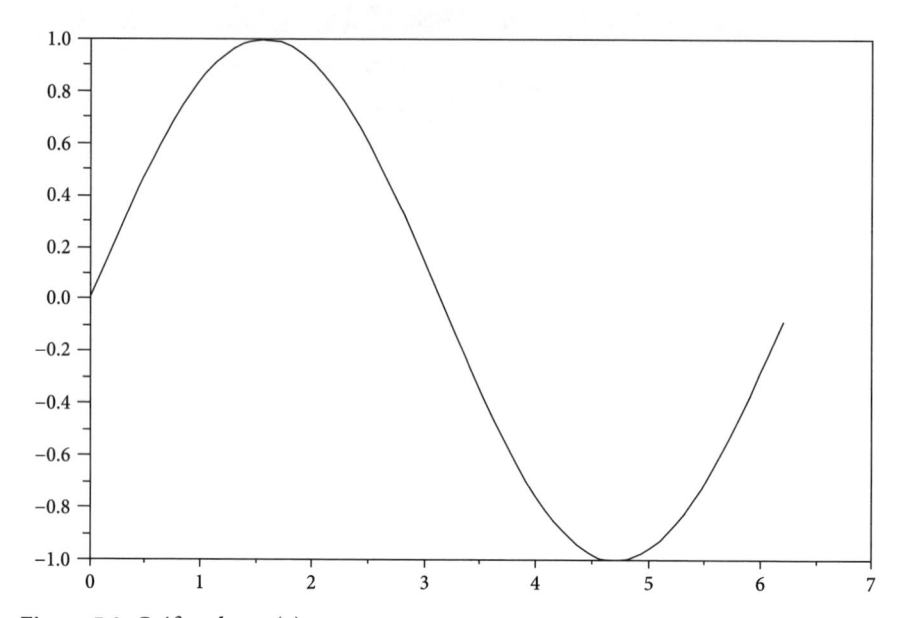

Figura 5.2 Gráfico de sen(x).

5.2.2 Funções para identificação dos gráficos

O Scilab oferece algumas funções para identificação dos gráficos.

Títulos e rótulos

A função

```
xtitle(title,[x_label,[y_label,[z_label]]],<opts_args>)
```

escreve a cadeia de caracteres (título) `title` no cabeçalho e a cadeia de caracteres (rótulo) `x_label`, `y_label` e `z_label` nos eixos x, y e z do gráfico, respectivamente. Os três rótulos são opcionais.

Outra opção de escrever título e rótulos em comandos separados é usar os comandos listados na Tabela 5.3.

Tabela 5.3 Comandos para inserir título e rótulos em gráficos.

Comando	Inserir
title	Título
xlabel	Rótulo no eixo x
ylabel	Rótulo no eixo y
zlabel	Rótulo no eixo z

Texto

O comando que permite escrever uma cadeia de caracteres (texto) str dentro do espaço do gráfico é o xstring:

xstring(x,y,str,[angle,box])

em que x,y são as coordenadas do canto inferior esquerdo do texto com inclinação de angle (ângulo) em graus, no sentido horário. O escalar inteiro box (caixa) informa se será desenhada uma caixa em torno do texto. Se angle = 0 e box = 1, então uma caixa será desenhada em torno do texto. Os argumento angle e box são opcionais.

Legenda

A função

hl=legend([h,] string1,string2, ... [,pos] [,boxed])

adiciona legendas ao esboço da figura, usando as cadeias de caracteres strings como rótulos. O argumento pos (posição) especifica onde as legendas serão colocadas, conforme a Tabela 5.4. Valores negativos de pos permitem colocar as legendas fora do quadro do gráfico. A variável lógica box (caixa) indica se uma caixa será ou não desenhada em torno das legendas, sendo o valor default igual a %t (sim); caso contrário, o valor é %f. Os argumentos pos e box são opcionais.

Tabela 5.4 Posição das legendas.

pos	Posição
1	Canto superior direito (default)
2	Canto superior esquerdo
3	Canto inferior esquerdo
4	Canto inferior direito
5	A legenda é colocada usando o mouse

Grade

A função

`xgrid([style])`

faz com que apareça uma grade no gráfico produzido de acordo com a constante inteira `style` (estilo), que define a forma e a cor da grade. O valor default é a cor preta.

Exemplo 5.2

O Programa 5.2 plota o gráfico em linha da função seno na cor azul e o gráfico em linha tracejada na cor turquesa da função cosseno no intervalo entre 0 e 4π radianos, além de colocar legendas no canto direito superior e rótulo no eixo x. Os gráficos são mostrados na Figura 5.3.

```
//Programa 5.2
//
// Gráfico das funções seno e cosseno no intervalo de 0 a 4%pi radianos
//
clc
clear
close

x=[0:0.1:4*%pi]';
y_1=sin(x);
y_2=cos(x);
plot(x,y_1,'-b',x,y_2,'--c')
title('Funções seno e cosseno')
xlabel('x, rad')
legend(['sen(x)','cos(x)'],1);
```

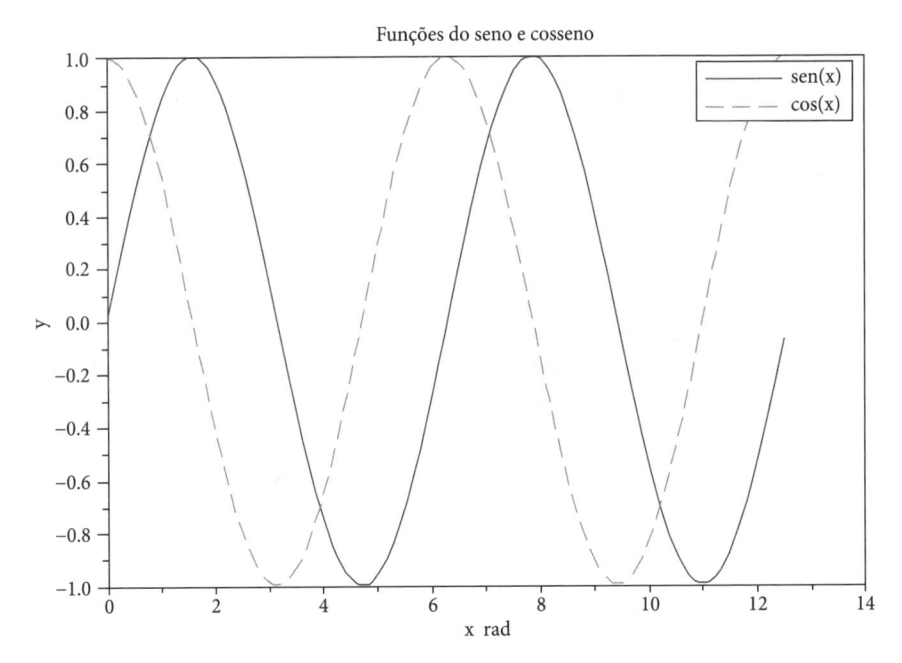

Figura 5.3 Gráficos de sen(x) e cos(x).

5.2.3 plot2d

Gráficos mais elaborados podem ser construídos com a função plot2d.

```
plot2d([logflag,][x,],y,<opt_args>)
```

logflag especifica a escala (linear ou logarítmica) ao longo dos dois eixos de coordenadas de acordo com os valores associados às cadeias de caracteres, como mostra a Tabela 5.5.

Tabela 5.5 Escala linear ou logarítmica nos dois eixos de coordenadas.

Valor associado	Especificação
nn	Linear linear
nl	Linear logarítmica
ln	Logarítmica linear
ll	Logarítmica logarítmica

<opt_args> representa um conjunto de argumentos que melhoram o aspecto de um gráfico, podendo ser:

style

Utiliza-se dando um valor inteiro positivo para mudar a cor, ou negativo para o estilo do gráfico.

strf

É uma cadeia de comprimento três, xyz (o default é strf=081). O x controla a exibição das legendas, y controla os limites das coordenadas atuais a partir dos valores mínimos requeridos e z controla a exibição das informações da moldura em torno do gráfico. Para mais informações sobre os valores de xyz, sugere-se que o leitor consulte o help plot2d.

leg

Este argumento é usado para colocar uma legenda para cada curva segundo seu estilo ou cor. Quando há várias curvas no argumento leg, as legendas de cada curva são separadas por @.

rect=[xmin,ymin,xmax,ymax]

Este comando permite visualizar os eixos com as coordenadas descritas pelos valores mínimos e máximos.

frameflag

Esta opção controla o cálculo dos limites das coordenadas atuais a partir dos valores mínimos requeridos. Este argumento pode assumir um valor inteiro, conforme a Tabela 5.6.

Tabela 5.6 Limites das coordenadas.

Valor	Descrição
0	Escala default (sem cálculos).
1	Limites dados pela opção rect.
2	Calculados pelos máximos e mínimos dos vetores de abscissas e ordenadas.
3	Dados pela opção rect, mas aumentados para se obter uma escala isométrica.

Tabela 5.6 *Continuação...*

Valor	Descrição
4	Calculados pelos máximos e mínimos dos vetores de abscissas e ordenadas, mas aumentados para se obter uma escala isométrica.
5	Dados pela opção rect, mas aumentados para se produzirem melhores rótulos dos eixos.
6	Calculados pelos máximos e mínimos dos vetores de abscissas e ordenadas, mas aumentados para se produzirem melhores rótulos dos eixos.
7	Como frameflag = 1, contudo, os gráficos anteriores são redesenhados para usar a nova escala.
8	Como frameflag = 2, contudo, os gráficos anteriores são redesenhados para usar a nova escala.
9	Como frameflag = 8, mas aumentados para se produzirem melhores rótulos dos eixos (default).

axesflag

Especifica as posições que queremos para os eixos. O valor associado deve ser um inteiro variando de 0 a 5. A Tabela 5.7 apresenta as especificações.

Tabela 5.7 Posições dos eixos num gráfico.

Valor	Especificação
0	Nada é desenhado em torno do gráfico.
1	Eixos desenhados com o eixo de ordenadas mostrado à esquerda.
2	Gráfico contornado por uma caixa sem marcadores.
3	Eixos desenhados com o eixo de ordenadas mostrado à direita.
4	Eixos desenhados centrados no meio do contorno da caixa.
5	Eixos desenhados de modo a cruzar o ponto (0,0).

nax

Atribui os rótulos e define as marcas nos eixos quando a opção axesflag = 1 for usada. Os valores são definidos por um vetor de quatro elementos inteiros [nx,Nx,ny,Ny], descritos na Tabela 5.8.

Tabela 5.8 Rótulos e definições de marcas nos eixos.

Inteiro	Descrição
nx	Número de submarcas a serem desenhadas entre marcas no eixo das abscissas.
Nx	Número de marcas principais a serem usadas no eixo das abscissas.
ny	Número de submarcas a serem desenhadas entre marcas no eixo das ordenadas.
Ny	Número de marcas principais a serem usadas no eixo das ordenadas.

O comando `plot2d` plota uma curva bidimensional e aceita quatro especificações. A seguir, apresentaremos alguns exemplos do uso desse comando.

Plotagem padrão (linear) – `plot2d`

Plota gráficos em linha contínua.

Exemplo 5.3

O Programa 5.3 plota o gráfico em linha contínua da função seno no intervalo entre 0 e 2π radianos. O gráfico é mostrado na Figura 5.4.

```
//Programa 5.3
//
// Gráfico da função seno no intervalo de 0 a 2%pi radianos
//
clc
clear
close

x=0:0.1:2*%pi;
y=sin(x);
plot2d(x,y)
xlabel('x, rad')
ylabel('y')
```

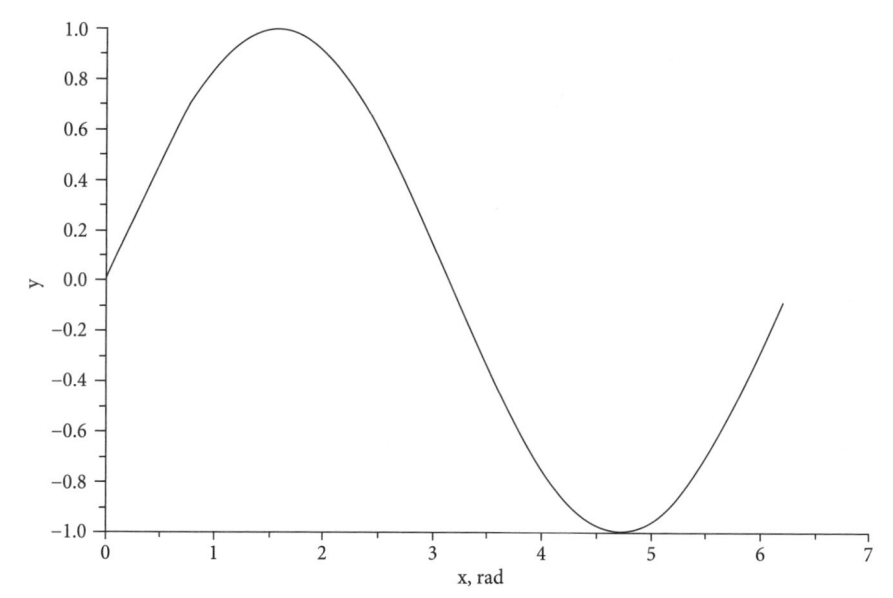

Figura 5.4 Gráfico em degraus de sen(x).

Plotagem discreta (degraus) – `plot2d2`

Plota gráficos em degraus.

Exemplo 5.4

O Programa 5.4 plota o gráfico em degraus da função seno no intervalo entre 0 e 2π radianos. O gráfico é mostrado na Figura 5.5.

```
//Programa 5.4
//
// Gráfico da função seno no intervalo de 0 a 2%pi radianos
//
clc
clear
close

x=0:0.1:2*%pi;
y=sin(x);
plot2d2(x,y)
xlabel('x, rad')
ylabel('y')
```

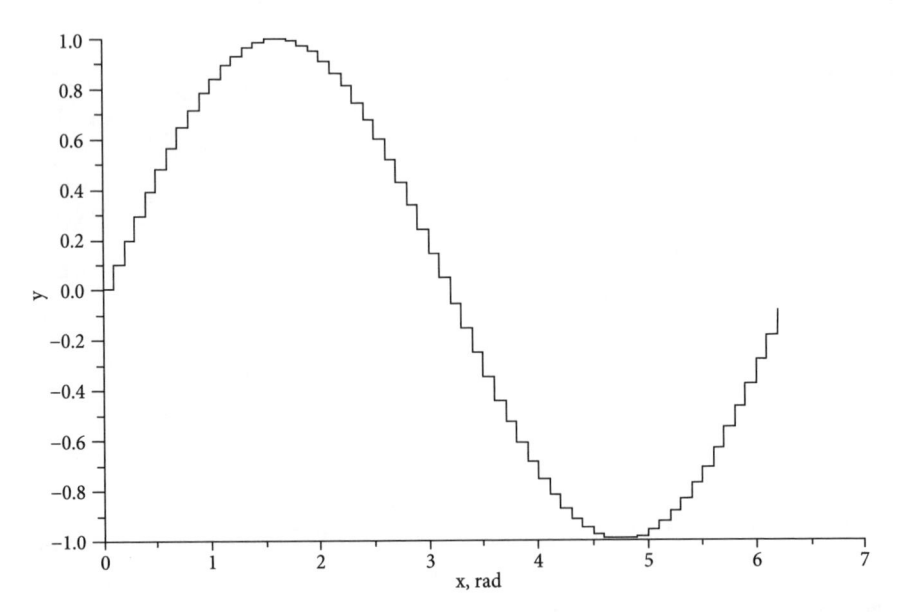

Figura 5.5 Gráfico em degraus de sen(x).

Plotagem em barras verticais – `plot2d3`

Plota gráficos em barras verticais.

Exemplo 5.5

O Programa 5.5 plota o gráfico em barras verticais da função seno no intervalo entre 0 e 2π radianos. O gráfico é mostrado na Figura 5.6.

```
//Programa 5.5
//
// Gráfico da função seno no intervalo de 0 a 2%pi radianos
//
clc
clear
close

x=0:0.1:2*%pi;
y=sin(x);
plot2d3(x,y)
xlabel('x, rad')
ylabel('y')
```

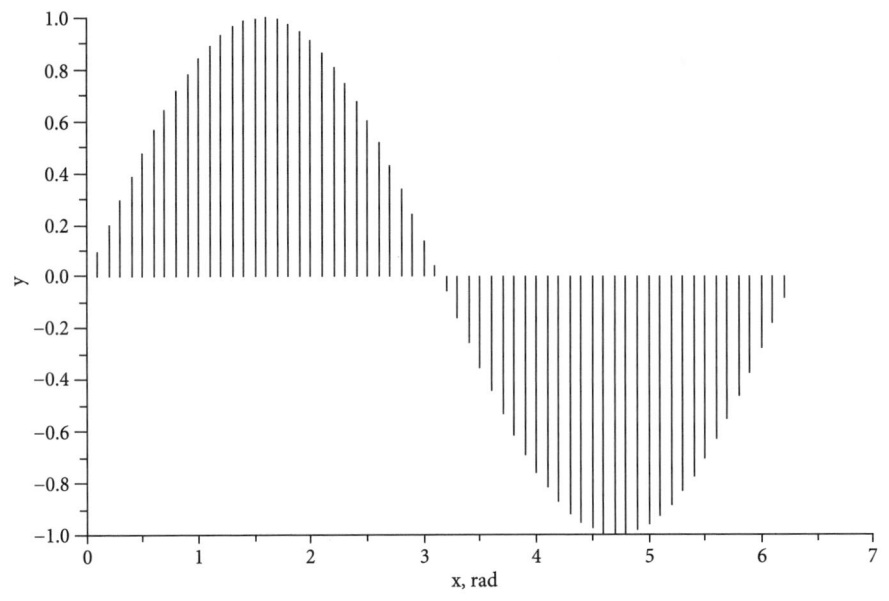

Figura 5.6 Gráfico em barras verticais de sen(x).

Plotagem em setas – `plot2d4`

Plota gráficos em setas.

Exemplo 5.6

O Programa 5.6 plota o gráfico em setas da função seno no intervalo entre 0 e 2π radianos. O gráfico é mostrado na Figura 5.7.

```
//Programa 5.6
//
// Gráfico da função seno no intervalo de 0 a 2%pi radianos
//
clc
clear
close

x=0:0.1:2*%pi;
y=sin(x);
plot2d4(x,y)
xlabel('x, rad')
ylabel('y')
```

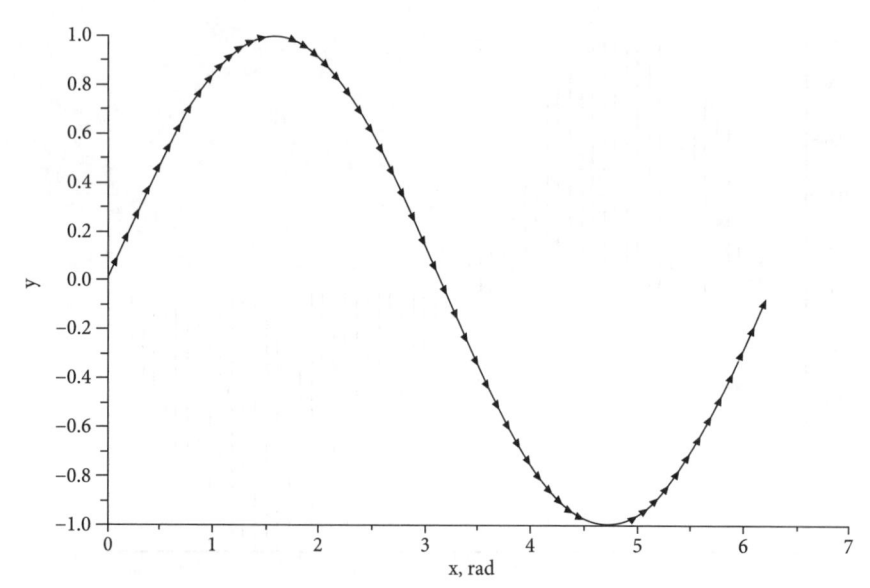

Figura 5.7 Gráfico de sen(x).

5.2.4 fplot2d

O comando `fplot2d` plota uma função definida por `function` ou `deff`. O comando `deff` define uma função em linha.

```
fplot2d(xr,f,[style,strf,leg,rect,nax])
```

Os argumentos `style`, `strf`, `leg`, `rect` e `nax` são opcionais.

Exemplo 5.7

O Programa 5.7 plota o gráfico da função seno no intervalo entre 0 e 4π radianos. O gráfico é mostrado na Figura 5.8.

```
//Programa 5.7
//
// Gráfico da função seno no intervalo de 0 a 4%pi radianos
//
clc
clear
close
```

```
deff('y=fct(x)','y=sin(x)')
x=0:0.1:4*%pi;
fplot2d(x,fct)
xlabel('x, rad')
ylabel('y')
```

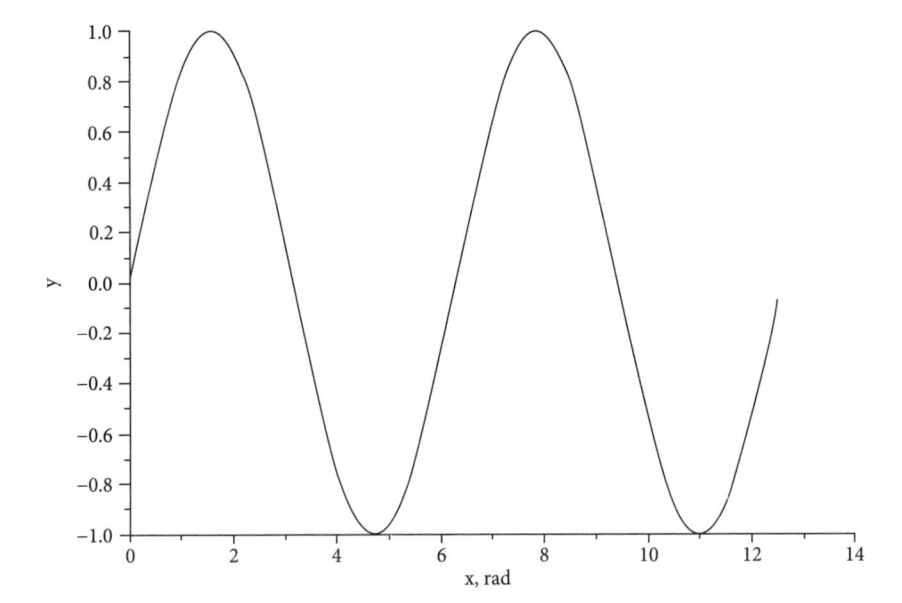

Figura 5.8 Gráfico de sen(x).

No exemplo, o nome da função foi chamado de fct.

5.2.5 contour2d

O comando contour2d plota curvas de nível com base numa matriz de dados geométricos da superfície.

Exemplo 5.8

Considere a função:

$$z = x^2 + y^2$$

Seja o traçado de seis curvas de nível nos intervalos $-1 \leq x \leq 1$ e $-1 \leq y \leq 1$, conforme o Programa 5.8. As curvas de nível são mostradas na Figura 5.9.

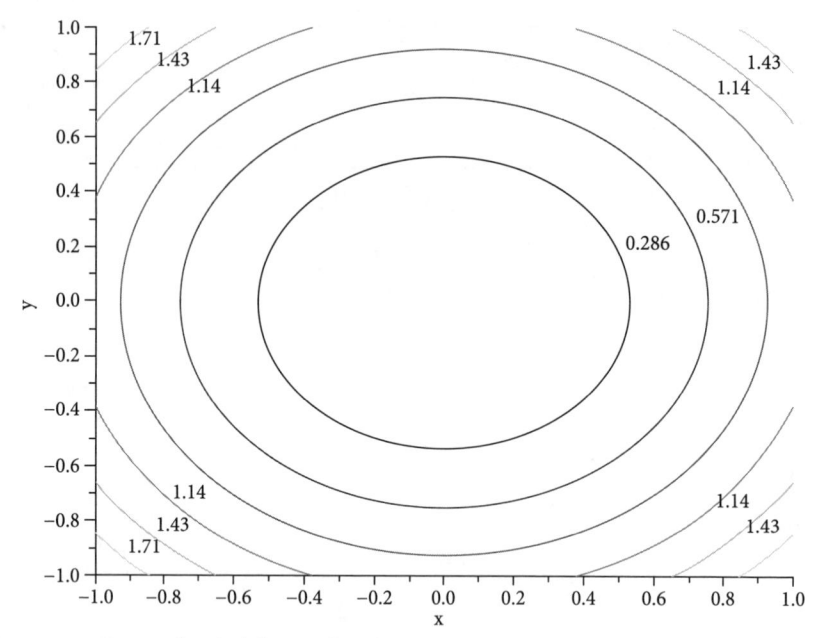

Figura 5.9 Curvas de nível de $z = x^2 + y^2$.

```
//Programa 5.8
//
//Curvas de nível de z=x^2+y^2
//
clc
clear
close

x=-1:0.1:1;
y=-1:0.1:1;
[X,Y]=meshgrid(x,y);
Z=X.^2+Y.^2;
contour(x,y,Z,6)
xlabel('x')
ylabel('y')
```

Exemplo 5.9

O Programa 5.9 para traçar as funções seno e cosseno no intervalo entre 0 e 4π radianos numa mesma figura é dado a seguir. Para identificar as curvas, são usadas legendas. O parâmetro de valor 1 no comando `legend` posiciona a caixa de legendas no canto superior direito. Os gráficos são mostrados na Figura 5.10.

```
//Programa 5.9
//
// Gráficos das funções seno e cosseno no intervalo de 0 a 4%pi radianos
//
clc
clear
close

x=[0:0.1:4*%pi]';
y_1=sin(x);
y_2=cos(x);
plot2d(x,[y_1 y_2])
h1=legend(['sen(x)','cos(x)'],1);
xlabel('x, rad')
```

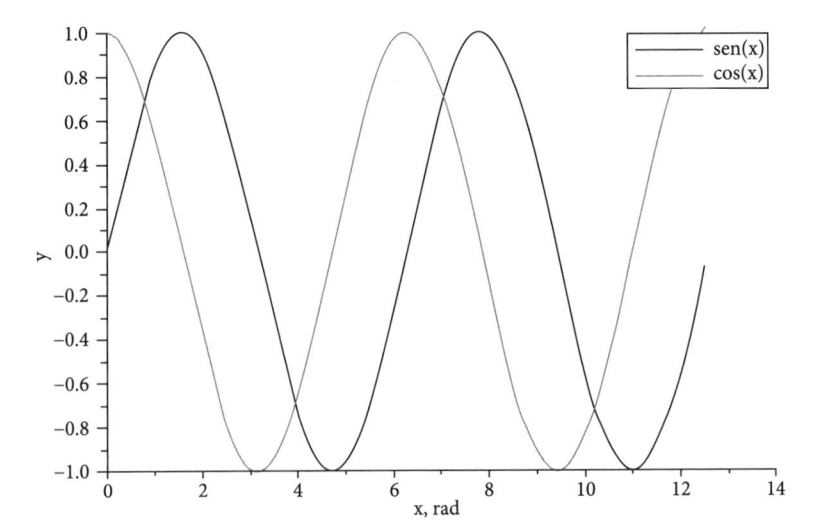

Figura 5.10 Gráficos de sen(x) e cos(x).

Exemplo 5.10

Acrescentando o comando xgrid(3) ao Programa 5.9, conforme o Programa 5.10, será colocada uma grade pontilhada, como mostra a Figura 5.11.

```
//Programa 5.10
//
// Gráfico das funções seno e cosseno no intervalo de 0 a 4%pi radianos
//
clc
clear
```

```
close

x=[0:0.1:4*%pi]';
y_1=sin(x);
y_2=cos(x);
plot2d(x,[y_1 y_2])
h1=legend(['sen(x)','cos(x)'],1);
xlabel('x, rad')
xgrid(3)
```

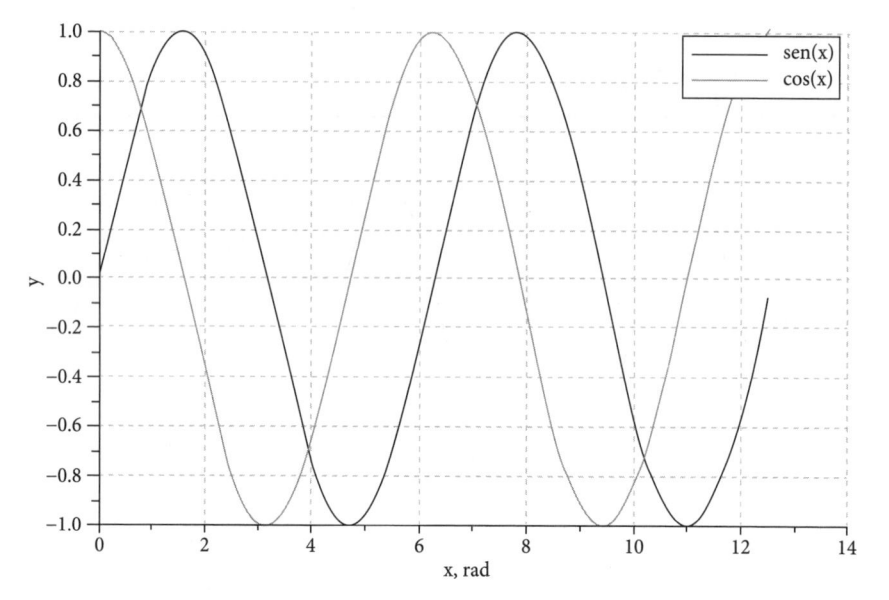

Figura 5.11 Gráficos de sen(x) e cos(x).

Exemplo 5.11

O Programa 5.11 escreve sen(x) e cos(x) para identificar as curvas, cujo resultado da execução é mostrado na Figura 5.12.

```
//Programa 5.11
//
// Gráfico das funções seno e cosseno no intervalo de 0 a 4%pi radianos
//
clc
clear
close

x=[0:0.1:4*%pi]';
```

```
y_1=sin(x);
y_2=cos(x);
plot2d(x,[y_1 y_2])
xlabel('x, rad')
xstring(9.2,0.3,'sen(x)')
xstring(11.4,0.3,'cos(x)')
```

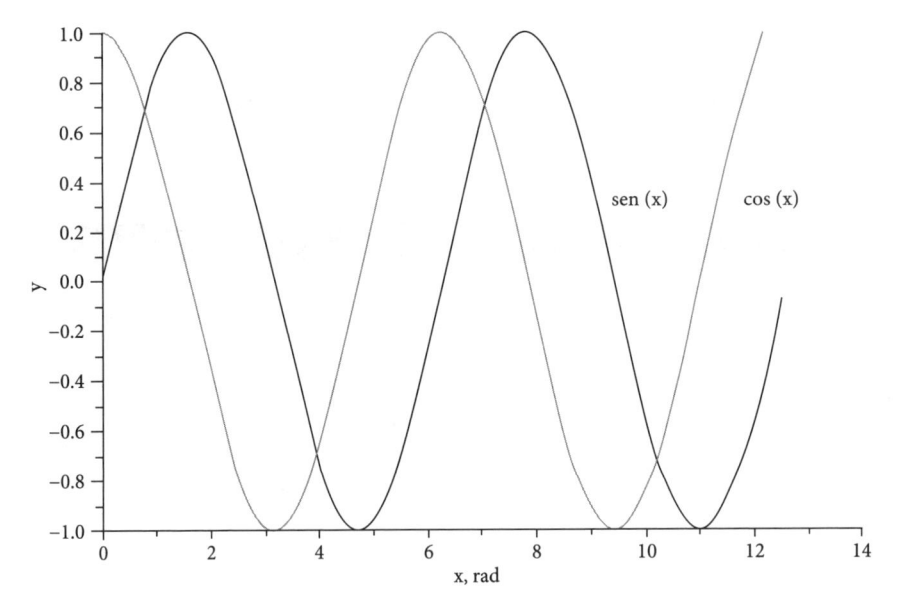

Figura 5.12 Gráficos de sen(x) e cos(x).

5.2.6 Melhorando o aspecto de um gráfico

O comando gca permite melhorar o aspecto dos gráficos. A maneira de usar gca é, após ter construído um gráfico, criar uma variável e igualá-la a gca(). Serão mostrados como alguns parâmetros permitem adequar certas variáveis de gráficos construídos previamente.

Utiliza-se qualquer uma das seguintes funções antecedidas da variável definida e seguida de um ponto (a.).

Algumas variáveis que podem ser mudadas:

grid=[y,x]

Mostra uma malha no gráfico. y e x são as cores das respectivas projeções dos eixos.

```
log_flags
```

Muda a escala dos eixos de acordo com os valores associados às cadeias de caracteres como: linear linear "nn", linear logarítmica "nl", logarítmica linear "ln", logarítmica logarítmica "ll".

```
x_location, y_location
```

Define a posição dos eixos num gráfico. A Tabela 5.9 apresenta as possibilidades de posicionamento dos eixos x e y num gráfico.

Tabela 5.9 Posição dos eixos.

Posição	Descrição
origin	Passando pela origem
middle	Centrado
left	Esquerda
right	Direita
top	Superior
bottom	Inferior

Exemplo 5.12

O Programa 5.12 traça a curva da função $y = x^3$, cuja execução resultará na Figura 5.13.

```
//Programa 5.12
//
// Gráfico da função y=x^3
//
clc
clear
close

x=[-1:0.1:1]';
y=x.^3;
plot2d(x,y)
a=gca(); //definição da janela de plotagem
a.x_location = "origin";
a.y_location = "origin";
xlabel('x','fontsize',3)
ylabel('y','fontsize',3)
```

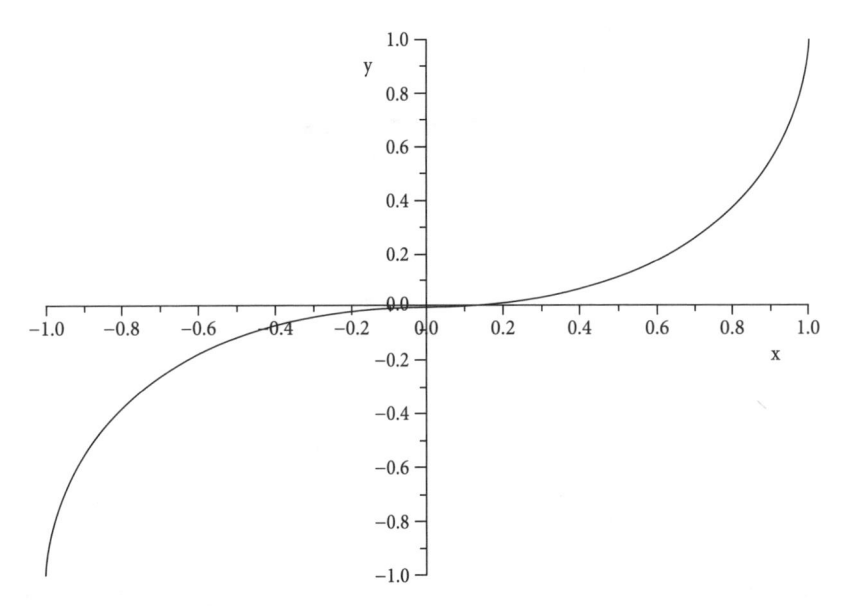

Figura 5.13 Gráfico de y = x³.

5.2.7 Pós-tratamento de gráficos

Mesmo que os gráficos já tenham sido plotados, é possível melhorá-los usando recursos de pós-tratamento disponíveis na janela de gráfico. Note que na Figura 5.11 os títulos dos eixos não ficaram visíveis. Isto pode ser corrigido usando esses recursos. Clicando o botão **Edit** da janela de gráfico, aparecerão as opções de edição do gráfico, como mostra a Figura 5.14.

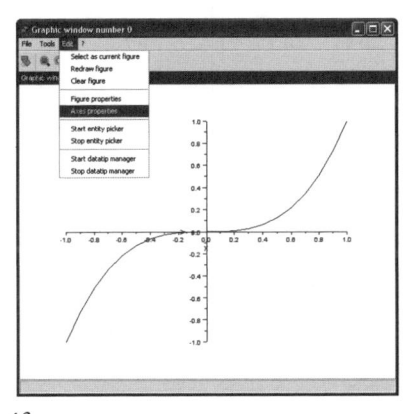

Figura 5.14 Janela de gráfico.

Uma das opções é o **Axes properties**. Clicando esse botão, aparecerá a janela para edição de eixos, como mostra a Figura 5.15.

Figura 5.15 Janela do editor de eixos.

Mudando os valores da posição do título do eixo x para, por exemplo, [0.9,−0.1841304] e do eixo y para [−0.1446230,0.9] e o ângulo da fonte para 0°, o gráfico resultante é mostrado na Figura 5.16.

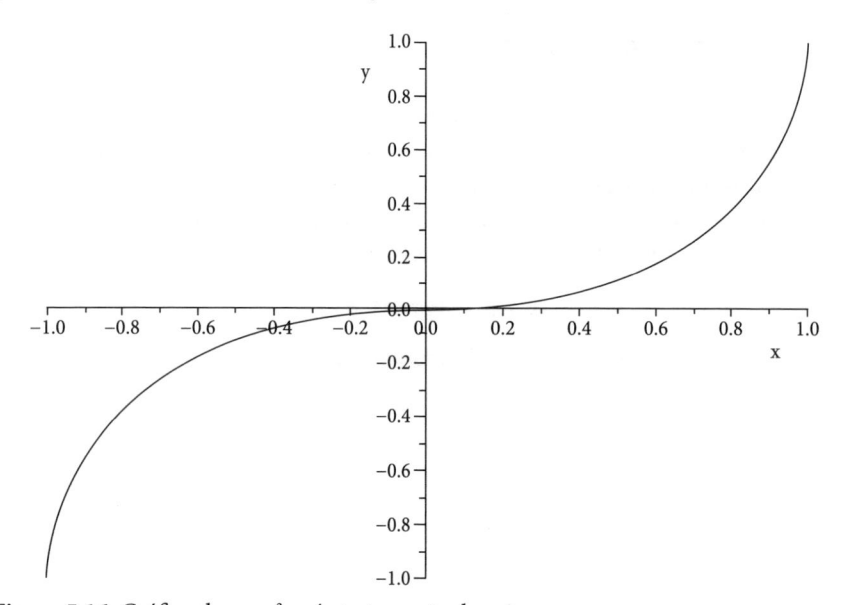

Figura 5.16 Gráfico de $y = x^3$ após tratamento dos eixos.

5.3 GRÁFICOS TRIDIMENSIONAIS

Considere uma função escalar de duas variáveis z = f(x,y). Esta função define uma superfície no espaço tridimensional. A função mais usada para construir gráficos tridimensionais é a `plot3d`.

Exemplo 5.13

Seja novamente a função $z = x^2 + y^2$. O Programa 5.13 plota o gráfico dessa função restrita aos intervalos $-1 \leq x \leq 1$ e $-1 \leq y \leq 1$. O resultado é uma superfície como mostra a Figura 5.17.

```
//Programa 5.13
//
//Superfície da função z=x^2+y^2
//
clc
clear
close

x=-1:0.1:1;
y=-1:0.1:1;
n=length(x);
m=length(y);
for i=1:n
    for j=1:m
        z(i,j)=x(i)^2+y(j)^2;
    end
end
plot3d(x,y,z)
xlabel('x')
ylabel('y')
zlabel('z')
```

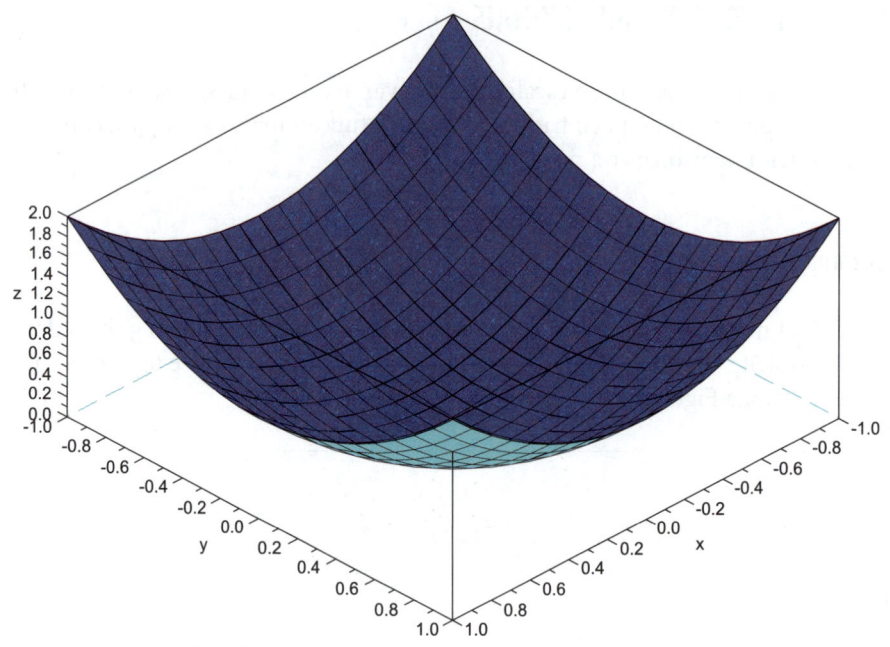

Figura 5.17 Superfície de $z = x^2 + y^2$.

Essa função tem uma derivação, plot3d1, que gera uma superfície com níveis coloridos. O Programa 5.14 mostra o uso dessa função para traçar a mesma superfície com cores diferentes para identificar níveis diferentes. O resultado é uma superfície como mostra a Figura 5.18.

```
//Programa 5.14
//
//Superfície da função z=x^2+y^2
//
clc
clear
close

x=-1:0.1:1;
y=-1:0.1:1;
n=length(x);
m=length(y);
for i=1:n
    for j=1:m
        z(i,j)=x(i)^2+y(j)^2;
    end
end
xset('colormap',jetcolormap(64))
plot3d1(x,y,z)
```

```
xlabel('x')
ylabel('y')
zlabel('z')
```

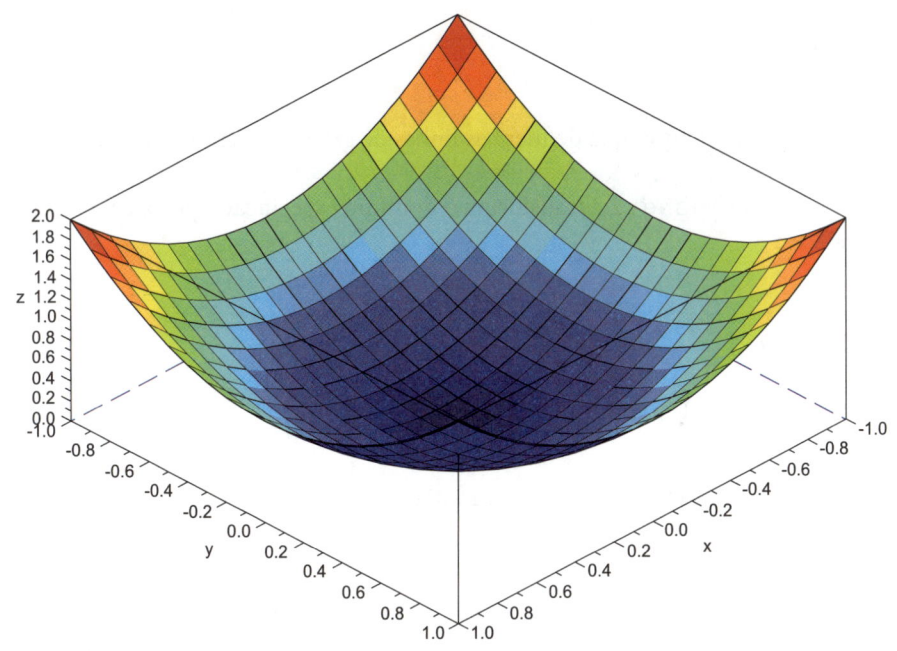

Figura 5.18 Superfície de z = x² + y².

Em Scilab, a superfície pode ser representada graficamente usando `mesh`, `surf` e outros comandos e funções. Em geral, a função z = f(x,y) é calculada e armazenada como uma matriz Z, e a malha é definida como Z(i,j) = f(x(i),y(j)). Para avaliar as funções, `meshgrid` é usado. Em particular, o dado (x,y) é gerado para avaliar z = f(x,y). O comando

`[X,Y]=meshgrid(x,y)`

cria matrizes dadas por:

$$\mathbf{X} = \begin{bmatrix} x_1 & x_2 & \cdots & x_n \\ x_1 & x_2 & \cdots & x_n \\ \vdots & \vdots & \ddots & \vdots \\ x_1 & x_2 & \cdots & x_n \end{bmatrix}$$

$$Y = \begin{bmatrix} y_1 & y_1 & \cdots & y_1 \\ y_2 & y_2 & \cdots & y_2 \\ \vdots & \vdots & \ddots & \vdots \\ y_m & y_m & \cdots & y_m \end{bmatrix}$$

em que **x** e **y** são vetores que definem as linhas de grade perpendiculares aos eixos x e y.

A função `meshgrid` transforma o domínio especificado por **x** e **y** nas matrizes **X** e **Y**.

Exemplo 5.14

Calcule e plote a função:

$$z(x,y) = \left(4 - 2{,}1x^2 + \frac{x^4}{3}\right)x^2 + xy + (-4 + 4y^2)y^2$$

O Programa 5.15 plota o gráfico dessa função usando `plot3d` restrita aos intervalos $-3 \le x \le 3$ e $-2 \le y \le 2$. O resultado é uma superfície como mostra a Figura 5.19.

```
//Programa 5.15
//
//Superfície da função z=(4-2.1x^2+x^4/3)x^2+xy+(-4+4y^2)y^2
//
clear
clc
close

x=-3:0.05:3;
y=-2:0.05:2;
[X_grid,Y_grid]=meshgrid(x,y);
z=(4-2.1*X_grid.^2+X_grid.^4/3).*X_grid.^2+X_grid.*Y_grid+...
(-4+4*Y_grid.^2).*Y_grid.^2
plot3d(X_grid,Y_grid,z)
```

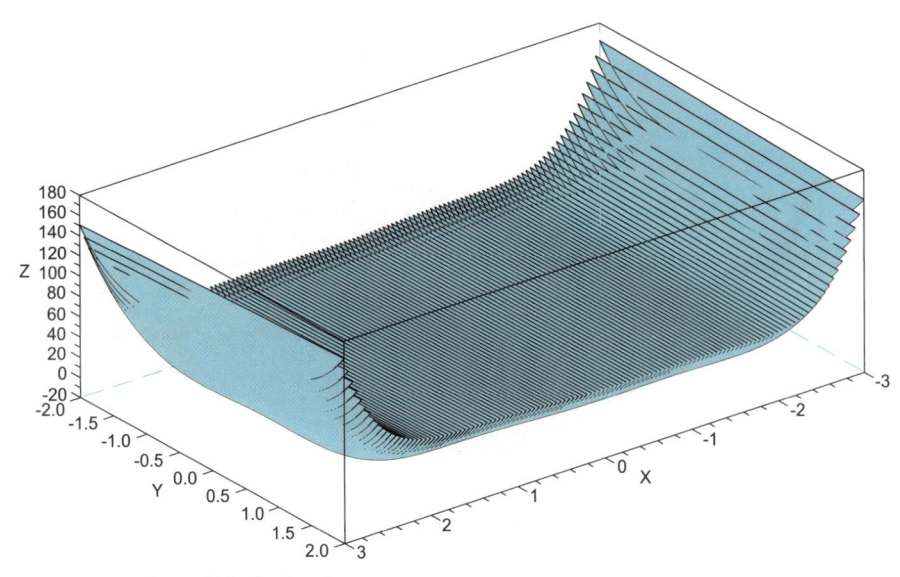

Figura 5.19 Superfície da função.

O Programa 5.16 plota o gráfico dessa função usando `surf` restrita aos intervalos $-3 \leq x \leq 3$ e $-2 \leq y \leq 2$. O resultado é uma superfície como mostra a Figura 5.20.

```
//Programa 5.16
//
//Superfície da função z=(4-2.1x^2+x^4/3)x^2+xy+(-4+4y^2)y^2
//
clear
clc
close

x=-3:0.1:3;
y=-2:0.1:2;
[X_grid,Y_grid]=meshgrid(x,y);
z=(4-2.1*X_grid.^2+X_grid.^4/3).*X_grid.^2+X_grid.*Y_grid+...
(-4+4*Y_grid.^2).*Y_grid.^2
surf(X_grid,Y_grid,z)
```

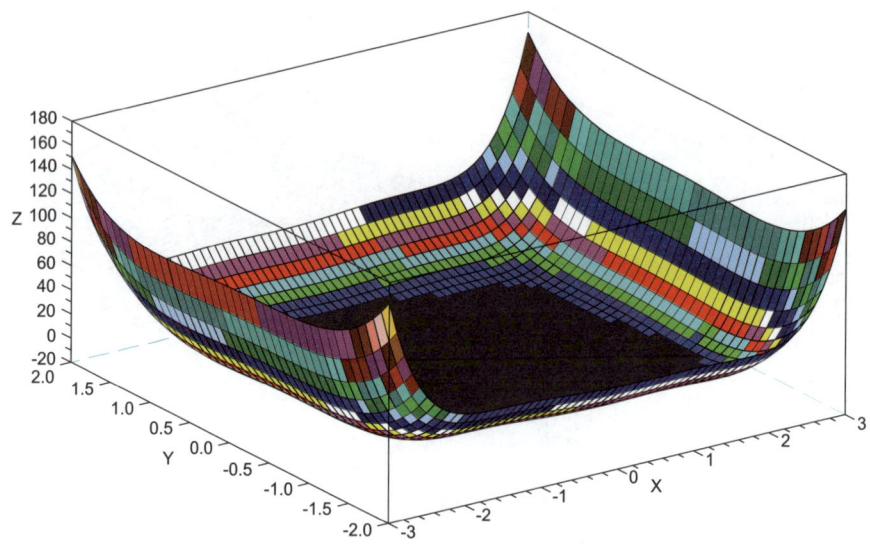

Figura 5.20 Superfície da função.

5.4 SUBPLOT

Muitas vezes, queremos plotar mais de um gráfico numa mesma figura. O Scilab oferece essa possibilidade com o comando `subplot`. Este comando divide a janela de gráficos em uma matriz de subjanelas.

Exemplo 5.17

O Programa 5.17 mostra quatro gráficos em curvas de nível e em superfícies da função $z = x^2 + y^2$ numa mesma janela, como pode ser visto na Figura 5.21.

```
//Programa 5.17
//
//Superfície da função z=x^2+y^2
//
clc
clear
close

x=-1:0.1:1;
y=-1:0.1:1;
n=length(x);
m=length(y);
for i=1:n
```

```
        for j=1:m
            z(i,j)=x(i)^2+y(j)^2;
        end
end
subplot(2,2,1)
contour(x,y,z,6)
xlabel('x')
ylabel('y')
subplot(2,2,2)
contour(x,y,z,[0.2 0.4 0.6 0.8 1])
xlabel('x')
ylabel('y')
subplot(2,2,3)
plot3d(x,y,z)
xlabel('x')
ylabel('y')
zlabel('z')
subplot(2,2,4)
xset('colormap',jetcolormap(64))
plot3d1(x,y,z)
xlabel('x')
ylabel('y')
zlabel('z')
```

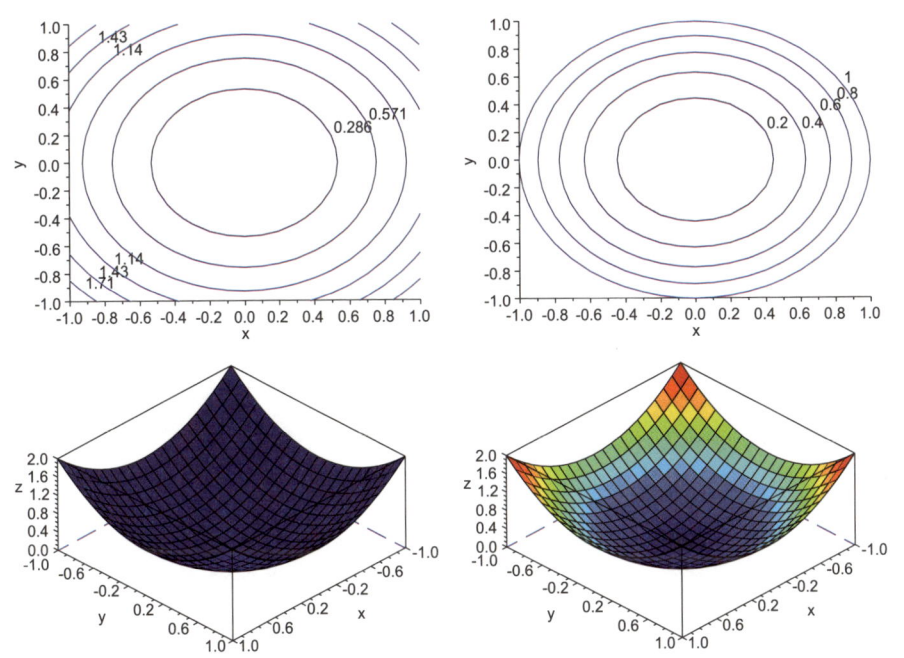

Figura 5.21 Diferentes perspectivas da função $z = x^2 + y^2$.

5.5 JANELAS GRÁFICAS

No Scilab, gráficos sucessivos são sobrepostos em uma mesma janela gráfica. Para plotar mais que um gráfico, mantendo-os ativos na tela, usa-se o comando scf().

Exemplo 5.18

Num mesmo programa, queremos plotar a função seno em um gráfico e a função cosseno no outro gráfico. O Programa 5.16 plota função seno na janela gráfica 1 (Figura 5.22) e a função cosseno na janela gráfica 2 (Figura 5.23).

```
//Programa 5.18
//
//Gráficos das funções seno e cosseno no intervalo de 0 a 4%pi
//radianos em diferentes janelas
//
clc
clear

x=[0:0.1:4*%pi]';
y_1=sin(x);
y_2=cos(x);
scf(1); //janela gráfica 1
clf
plot(x,y_1)
xlabel('x, rad')
ylabel('cos(x)')
scf(2); //janela gráfica 2
clf
plot(x,y_2)
xlabel('x, rad')
ylabel('cos(x)')
```

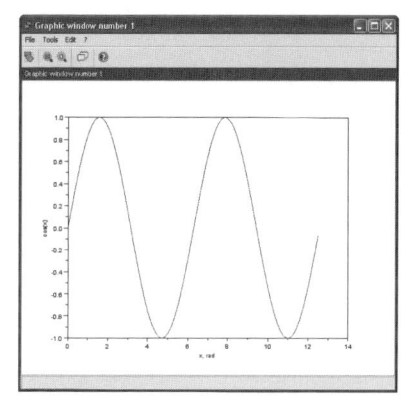

Figura 5.22 Gráfico de sen(x) na janela gráfica de número 1.

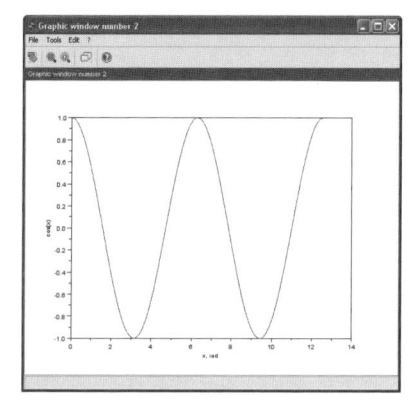

Figura 5.23 Gráfico de cos(x) na janela gráfica de número 2.

O comando `clf()` é usado para apagar o conteúdo de uma janela gráfica. Agora, para eliminar uma janela gráfica é usado o comando `xdel()`. Em ambos comandos, uma janela específica pode ser acessada indicando seu índice entre parênteses.

Comentários

As possibilidades de construção de gráficos são enormes e aconselha-se ao leitor que explore outras possibilidades de construção de gráficos além desses exemplos mostrados aqui, usando a ajuda `help plot`.

Exercícios

5.1 Calcule e plote a superfície e os contornos da função:

$$z(x,y) = \frac{1}{1+x^2+y^2}$$

para $-2 \leq x \leq 2$ e $-1 \leq y \leq 2$.

5.2 Calcule e plote a função:

$$z(x,y) = x^2 y e^{-x^2-y^2}$$

para $-4 \leq x \leq 4$ e $-4 \leq y \leq 4$.

CAPÍTULO 6
Métodos numéricos

6.1 INTRODUÇÃO

Neste capítulo, vamos apresentar algumas funções disponíveis no Scilab que resolvem sistemas de equações não lineares e sistemas de equações diferenciais ordinárias. Os exemplos mostram o uso dessas funções em problemas simples, de modo que o leitor possa entender a lógica por trás dos programas. Esse raciocínio lógico é então usado tanto para escrever programas mais sofisticados quanto para resolver problemas encontrados na engenharia, em particular na engenharia química, que é o foco deste texto.

6.2 SISTEMA DE EQUAÇÕES LINEARES

Um sistema de equações lineares pode ser representado por:

$$\begin{cases} a_{11}x_1 + a_{12}x_2 + \ldots + a_{1n}x_n = b_1 \\ a_{21}x_1 + a_{22}x_2 + \ldots + a_{2n}x_n = b_2 \\ \vdots \\ a_{n1}x_1 + a_{n2}x_2 + \ldots + a_{nn}x_n = b_n \end{cases}$$

ou na forma matricial compacta:

Ax = b

em que:

$$A = \begin{bmatrix} a_{11} & a_{12} & \cdots & a_{1n} \\ a_{21} & a_{22} & \cdots & a_{2n} \\ & & \vdots & \\ a_{n1} & a_{n2} & \cdots & a_{nn} \end{bmatrix}$$ Matriz dos coeficientes

$$\mathbf{x} = \begin{bmatrix} x_1 \\ x_2 \\ \vdots \\ x_n \end{bmatrix}$$ Vetor das variáveis

$$\mathbf{b} = \begin{bmatrix} b_1 \\ b_2 \\ \vdots \\ b_n \end{bmatrix}$$ Vetor dos termos independentes

Matematicamente, a solução é dada por:

$\mathbf{x} = \mathbf{A}^{-1}\mathbf{b}$

Uma maneira de resolver o sistema no Scilab é:

$\mathbf{x} = \mathbf{A} \backslash \mathbf{b}$

Exemplo 6.1

Considere o seguinte par de equações:

$$\begin{cases} 2x_1 + 3x_2 = 2 \\ 3x_1 + 2x_2 = 4 \end{cases}$$

ou:

$$\begin{bmatrix} 2 & 3 \\ 3 & 2 \end{bmatrix} \begin{bmatrix} x_1 \\ x_2 \end{bmatrix} = \begin{bmatrix} 2 \\ 4 \end{bmatrix}$$

O Programa 6.1 resolve esse sistema de duas equações lineares.

```
//Programa 6.1
//
//Solução de sistema linear
//
//Ax=b
//
clc
clear
close

A=[2 3;3 2]
b=[2;4]
x=A\b
```

Resultados

```
 A  =

    2.    3.
    3.    2.
 b  =

    2.
    4.
 x  =

    1.6
  - 0.4

Execução completada.
```

6.3 UMA EQUAÇÃO NÃO LINEAR

Para resolver uma equação não linear

f(x) = 0

em que f é uma função da variável x, usa-se a função `fsolve`. A forma mais simples de usar essa função é:

```
x=fsolve(x0,fct)
```

em que os parâmetros de entrada são dados na Tabela 6.1.

Tabela 6.1 Parâmetros da função `fsolve`.

Parâmetros	Significado
x0	Vetor com os chutes iniciais
fct	Nome da função que contém as equações

O argumento de saída é o valor da função f. Esse comando é basicamente um método numérico que realiza iterações da variável desconhecida até que seja satisfeita a equação, ou seja, o comando `fsolve` calcula as raízes de uma função.

Exemplo 6.2

Resolver:

$f(x) = x^2 - x - 2 = 0$

O Programa 6.2 resolve essa equação.

```
//Programa 6.2
//
//Solução de equação algébrica
//
//f(x)=0
//
clc
clear
clearglobal
close

function f=fct(x)
    f=x^2-x-2
endfunction

x0=1;
x=fsolve(x0,fct)
```

Resultados

```
x  =

    2.

Execução completada.
```

6.4 SISTEMA DE EQUAÇÕES NÃO LINEARES

Um conjunto de equações não lineares pode ser escrito como

$f_1(x_1, x_2, \ldots, x_n) = 0$
$f_2(x_1, x_2, \ldots, x_n) = 0$
$\vdots$
$f_n(x_1, x_2, \ldots, x_n) = 0$

ou na forma matricial compacta:

$\mathbf{f}(\mathbf{x}) = 0$

em que:

$$\mathbf{x} = \begin{bmatrix} x_1 \\ x_2 \\ \vdots \\ x_n \end{bmatrix}$$

$$\mathbf{f} = \begin{bmatrix} f_1 \\ f_2 \\ \vdots \\ f_n \end{bmatrix}$$

Para resolver esse sistema, pode-se usar o mesmo comando `fsolve`.

Exemplo 6.3

Considere as seguintes equações:

$$(x_1 x_2)^{1/3} + x_3^{1/2} = 4$$

$$x_1^2 + x_2^2 + x_3^2 = 81$$

$$x_1^{1/2} + x_2 x_3 = 33$$

O Programa 6.3 resolve esse sistema de três equações.

```
//Programa 6.3
//
//Solução de sistema de equações algébricas
//
//f1(x1,x2,x3)=0
//f2(x1,x2,x3)=0
//f3(x1,x2,x3)=0
//
clc
clear
clearglobal
close

function f=fct(x)
    f(1)=(x(1)*x(2))^(1/3)+x(3)^(1/2)-4
    f(2)=x(1)^2+x(2)^2+x(3)^2-81
    f(3)=x(1)^(1/2)+x(2)*x(3)-33
endfunction

x0=[2;10;5];
x=fsolve(x0,fct)
```

Resultados

```
 x  =

    1.
    8.
    4.

 Execução completada.
```

6.5 UMA EQUAÇÃO DIFERENCIAL ORDINÁRIA

Uma equação diferencial de primeira ordem de condição inicial é dada por:

$$\frac{dy}{dt} = f(t,y) \qquad\qquad y(t_0) = y_0$$

em que:
t = variável independente
y = variável dependente

O Scilab usa a função `ode` para resolver numericamente equações diferenciais ordinárias. A forma mais simples de usar essa função é:

`y=ode(y0,t0,t,fct)`

Os parâmetros de entrada da `ode` são dados na Tabela 6.2.

Tabela 6.2 Parâmetros da função `ode`.

Parâmetro	Significado
y0	Vetor com as condições iniciais
t0	Tempo inicial
t	Instantes em que queremos a solução
fct	Nome da função

Antes de usar a função `ode`, é necessário criar no Scilab a função `fct`. A função `ode` calcula os valores de y nos respectivos valores de t.

Exemplo 6.4

Considere a seguinte equação diferencial:

$$\frac{dy}{dt} = 1 - y$$

com a condição inicial:

y(0) = 0

O Programa 6.4 resolve essa equação diferencial para t entre 0 e 5, de 0,1 em 0,1, cuja solução gráfica é mostrada na Figura 6.1.

```
//Programa 6.4
//
//Solução de equação diferencial ordinária
//
//dy/dt=1-y
//y(0)=0
//
clc
clear
clearglobal
close

function ydot=fo(t, y)
    ydot=1-y
endfunction

t0=0;
t=0:0.1:5;
y0=0;
y=ode(y0,t0,t,fo);
plot(t,y)
xlabel('t')
ylabel('y')
```

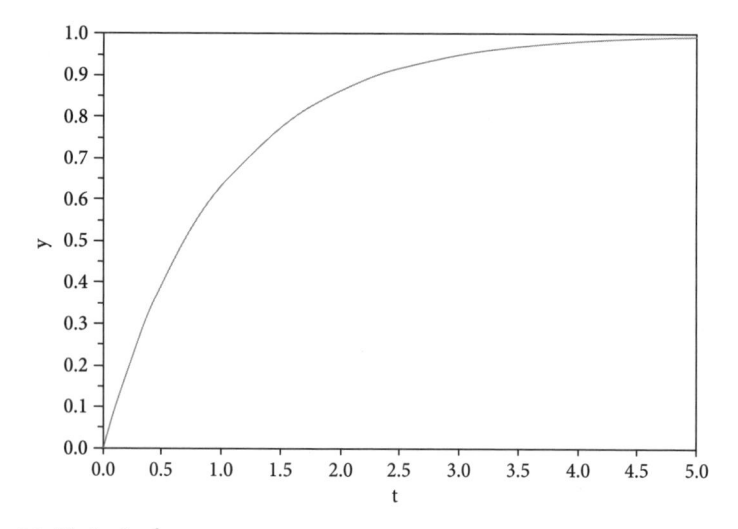

Figura 6.1 Variação de y com t.

6.6 SISTEMA DE EQUAÇÕES DIFERENCIAIS ORDINÁRIAS

Um sistema de equações diferenciais de primeira ordem de condições iniciais é dado por:

$$\frac{dy_1}{dt} = f_1(t, y_1, y_2, \ldots, y_n) \qquad y_1(t_0) = y_{1,0}$$

$$\frac{dy_2}{dt} = f_2(t, y_1, y_2, \ldots, y_n) \qquad y_2(t_0) = y_{2,0}$$

$$\frac{dy_n}{dt} = f_n(t, y_1, y_2, \ldots, y_n) \qquad y_n(t_0) = y_{n,0}$$

Esse sistema é chamado de forma canônica das equações. O sistema pode ser escrito na forma matricial compacta

$$\frac{d\mathbf{y}}{dt} = \mathbf{f}(t, \mathbf{y}) \qquad \mathbf{y}(t_0) = \mathbf{y}_0$$

em que:

$$\mathbf{y} = \begin{bmatrix} y_1 \\ y_2 \\ \vdots \\ y_n \end{bmatrix}$$

$$\mathbf{f} = \begin{bmatrix} f_1 \\ f_2 \\ \vdots \\ f_n \end{bmatrix}$$

O Scilab usa a mesma função ode com os mesmos parâmetros para resolver numericamente um sistema de equações diferenciais de primeira ordem.

Exemplo 6.5

Considere o seguinte sistema de duas equações diferenciais:

$$\frac{dy_1}{dt} = y_1(1 - 2y_2) \qquad y_1(0) = 4$$

$$\frac{dy_2}{dt} = y_2(y_1 - 2) \qquad y_2(0) = 0{,}2$$

Essas duas equações são bastante conhecidas e representam um modelo de presas e predadores em que y_1 é a população de presas e y_2 a população de predadores. A simulação das populações pelo Programa 6.5 é mostrada na Figura 6.2.

```
//Programa 6.5
//
// Modelo de presas e predatores
//
clear
clearglobal
clc
close

function ydot=preypredators(t, y)
    ydot(1)=y(1)*(1-2*y(2))
    ydot(2)=y(2)*(y(1)-2)
endfunction

t0=0;
t=0:0.01:10;
y0=[4;0.2];
y=ode(y0,t0,t,preypredators);
plot(t,y)
xlabel('t')
legend(['presa','predator'],1);
```

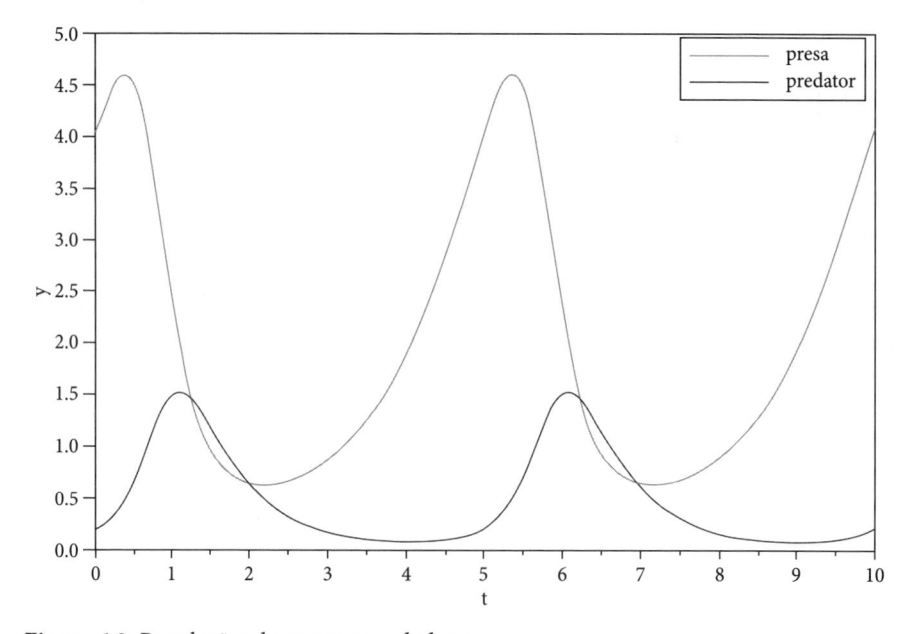

Figura 6.2 Populações de presas e predadores.

Note que a solução é oscilatória. Quando a população de presas cresce, a população de predadores também começa a crescer até tornar-se muito grande e destruir a população de presas. Com a diminuição na população de presas, começa a diminuir também a população de predadores. As presas sobreviventes, então, começam a recompor a sua população e em seguida a população de predadores volta a crescer, e o ciclo se repete.

6.7 RIGIDEZ NUMÉRICA (STIFF)

A chamada rigidez numérica ocorre em equações diferenciais ordinárias ou em sistemas de equações diferenciais ordinárias. No caso de um sistema de equações diferenciais ordinárias em que a variável independente é o tempo, t, ele é rígido se contém variáveis com comportamentos transientes que decaem com rapidez bem diferente. Esse sistema é difícil de ser resolvido numericamente. Neste caso, temos que tomar muito cuidado com o tamanho do passo de integração para evitar problemas de instabilidade e obter uma solução num tempo de computação razoável. Assim, o método numérico deve usar passos muito pequenos para obter resultados satisfatórios.

Um problema de valor inicial que ficou popular como teste para resolvedores (solvers) é o problema de Robertson, que diz respeito a uma reação química autocatalítica descrita por um sistema de equações diferenciais ordinárias.

$$\frac{dy_1}{dt} = -0,041 y_1 + 10^4 y_2 y_3$$

$$\frac{dy_2}{dt} = 0,041 y_1 - 10^4 y_2 y_3 + 3 \times 10^7 y_2^2$$

$$\frac{dy_3}{dt} = 3 \times 10^7 y_2^2$$

As condições iniciais são dadas por:

$y_1(0) = 1$

$y_2(0) = 0$

$y_3(0) = 0$

```
//Programa 6.6
//
// Problema de Robertson
//
clear
clearglobal
clc
close

function ydot=Robertson(t, y)
    ydot(1)=-0.041*y(1)+1e4*y(2)*y(3)
    ydot(2)=0.041*y(1)-1e4*y(2)*y(3)-3e7*y(2)^2
    ydot(3)=3e7*y(2)^2
endfunction

y0=[1;0;0];
yout=y0;
t0=0;
tf=1e2;
t=[t0:0.1:tf];
y=ode("stiff",y0,t0,t,Robertson);
clf
plot(t,[y(1,:);y(2,:)*1e4;y(3,:)])
xlabel('t')
ylabel('y')
legend(['y1','y2*1e4','y3'],1);
```

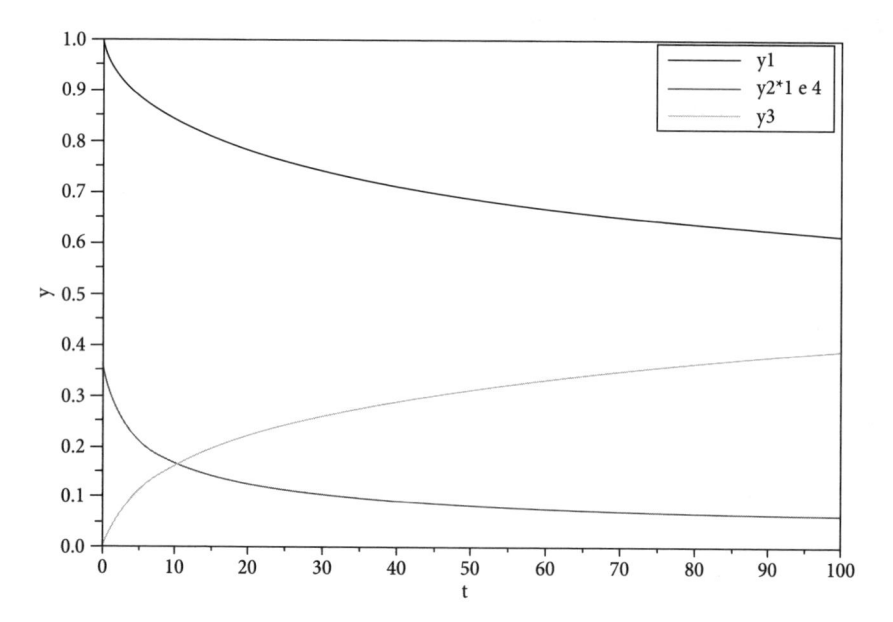

Figura 6.3 Gráfico da solução do problema de Robertson.

Pela Figura 6.3, o valor inicial da variável y_2 aparentemente não corresponde ao valor zero, embora seja um valor pequeno. Para visualizar melhor o comportamento das variáveis, as curvas foram traçadas em escala semilog, com o tempo em escala logarítmica e as variáveis em escala linear. Nesse novo gráfico, dá para ver que realmente a variável y_2 tem um crescimento e um decaimento muito rápido comparado com o das outras duas variáveis, y_1 e y_3, o que caracteriza um sistema stiff.

```
//Programa 6.7
//
//Problema de Robertson
//
clear
clearglobal
clc
close

function ydot=Robertson(t, y)
    ydot(1)=-0.041*y(1)+1e4*y(2)*y(3)
    ydot(2)=0.041*y(1)-1e4*y(2)*y(3)-3e7*y(2)^2
    ydot(3)=3e7*y(2)^2
endfunction

y0=[1;0;0];
yout=y0;
t=[0 logspace(-5,7,100)];
for i=1:length(t)-1
    t0=t(i);
    tf=t(i+1);
    y=ode(y0,t0,tf,Robertson);
    //y=ode("stiff",y0,t0,tf,Robertson);
    y0=y;
    yout=[yout y];
end

yout(2,:)=yout(2,:)*1e4;
plot2d('ln',t(2:$),yout(:,2:$)')
xlabel('t')
legend(['y1','y2*1e4','y3'],1);
```

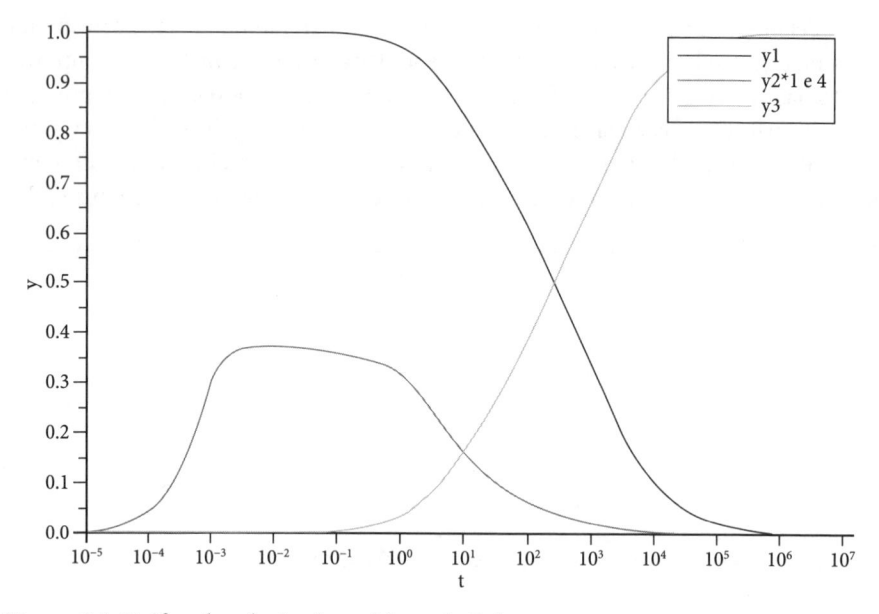

Figura 6.4 Gráfico da solução do problema de Robertson.

6.8 UMA EQUAÇÃO DIFERENCIAL ORDINÁRIA DE ORDEM ELEVADA

Equações diferenciais de ordem elevada, ou sistemas contendo equações de ordem mista, podem ser transformadas para a forma canônica por uma série de substituições.

6.8.1 Equação diferencial ordinária de segunda ordem de condições iniciais

Equação diferencial de segunda ordem de condições iniciais é aquela cujos valores da variável dependente e sua derivada primeira são conhecidos no mesmo ponto.

Exemplo 6.6

Considere a equação diferencial de segunda ordem:

$$\frac{d^2y}{dt^2} + \frac{dy}{dt} + y = 1$$

ou:

$$\ddot{y} + \dot{y} + y = 1$$

em que:

$$\dot{y} = \frac{dy}{dt}$$

$$\ddot{y} = \frac{d^2y}{dt^2}$$

As condições iniciais são dadas por:

$y(0) = 0$

$\dot{y}(0) = 0$

Vamos usar as seguintes transformações:

$y_1 = y$

$y_2 = \dot{y}$

Assim:

$\dot{y}_1 = \dot{y}$

$\dot{y}_2 = \ddot{y} = 1 - y - \dot{y}$

Fazendo as devidas substituições:

$\dot{y}_1 = y_2$ $\qquad\qquad y_1(0) = 0$

$\dot{y}_2 = 1 - y_1 - y_2$ $\qquad\qquad y_2(0) = 0$

Ao final dessas substituições, o resultado é um conjunto de equações diferenciais de primeira ordem, que pode ser resolvido agora com a função ode.

O Programa 6.8 resolve esse sistema de duas equações diferenciais de primeira ordem. A solução y é uma matriz de duas filas. Na primeira fila estão os valores de y_1 e na segunda fila estão os valores de y_2. A Figura 6.5 mostra a solução gráfica.

```
//Programa 6.8
//
//Solução de sistema de equações diferenciais ordinárias
//
clear
clearglobal
clc
close

function ydot=so(t, y)
    ydot(1)=y(2)
    ydot(2)=1-y(1)-y(2)
endfunction

t0=0;
t=0:0.1:10;
y10=0;
y20=0;
y=ode([y10;y20],t0,t,so);
plot(t,y(1,:),'-b',t,y(2,:),'--b')
xlabel('t')
legend(['y','dy/dt'],4);
```

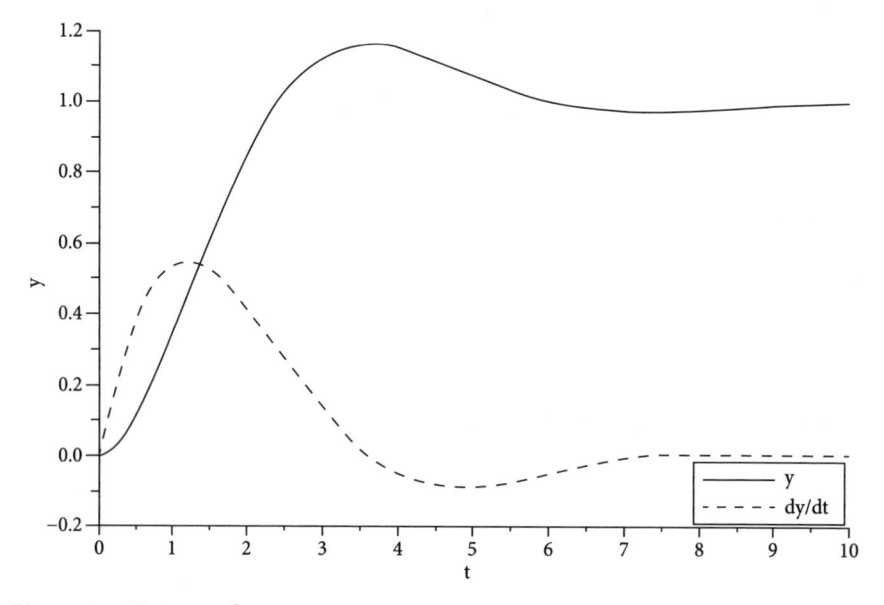

Figura 6.5 Variações de y e ẏ com t.

6.8.2 Equação diferencial ordinária de segunda ordem de condições de contorno em dois pontos

Equação diferencial de segunda ordem de condições de contorno é aquela cujos valores da variável dependente ou sua derivada primeira são conhecidos em dois pontos distintos.

Exemplo 6.7

Considere a equação diferencial de segunda ordem

$$\frac{d^2y}{dx^2} = y^2 - 1$$

definida no intervalo $0 \leq x \leq 1$ e com as condições de contorno dadas por:

$y(0) = 0$

$y(1) = 1$

Um método para resolver essa equação diferencial é o método do chute (shooting method). Vamos supor que conhecemos o valor de y'(0) = η. Então, podemos usar a função `ode` para resolver a equação diferencial com condições iniciais, como foi feito anteriormente. Cada valor de η determina uma solução diferente, digamos, y(x, η), e um valor diferente, y(1, η). A condição de contorno desejada y(1) = 1 leva à definição de

f(η) = y(1,η) − 1

que deve ser igual a zero. Assim, podemos usar a função `fsolve` para resolver essa equação e achar o valor de η* de modo que f(η*) = 0, e, finalmente, usar esse η* no problema de valor inicial para obter a solução desejada y(x).

$y'' - y^2 = -1$

em que:

$$y' = \frac{dy}{dx}$$

$$y" = \frac{d^2y}{dx^2}$$

As condições iniciais são dadas por:

$y'(0) = \eta$

$y(0) = 0$

Usando as seguintes transformações:

$y_1 = y$

$y_2 = y'$

Assim:

$y_1' = y'$

$y_2' = y" = y^2 - 1$

Fazendo as devidas substituições:

$y_1' = y_2$ $\qquad\qquad$ $y_1(0) = 0$

$y_2' = y_1^2 - 1$ $\qquad\qquad$ $y_2(0) = \eta$

O Programa 6.9 é usado para resolver o exemplo. A lógica do programa é usar a função `fsolve` para resolver a equação não linear $f(\eta) = y(1, \eta) - 1$, que está codificada na função `func`. Só que para calcular o valor de $f(\eta)$, precisamos do valor de $y(1,\eta)$, e este é proveniente da solução da equação diferencial. Para resolver, então, a equação diferencial, foi usada a função `ode`, que chama a função `fct`, em que estão as duas equações diferenciais. A solução gráfica é mostrada na Figura 6.6.

```
//Programa 6.9
//
//Solução de equação diferencial ordinária de segunda ordem com condi-
ções de
//contorno em dois pontos
//
```

```
clear
clearglobal
clc
close

function yprime=fct(t, y)
    yprime(1)=y(2)
    yprime(2)=y(1)^2-1
endfunction

function f=func(eta)
    x0=0
    xf=1
    y0=[0;eta]
    y=ode(y0,x0,xf,fct);
    f=y(1)-1     //equação não linear a ser resolvida
endfunction

//Solução numérica
y0=0;
eta0=1;      //chute inicial
dy0=fsolve(eta0,func);
x0=0;
x=0:0.1:1;
y0_=[y0;dy0];
y=ode(y0_,x0,x,fct);
plot(x,y(1,:),x,y(2,:),'b--')
xlabel('x')
legend(['y','dy/dx'],1);
```

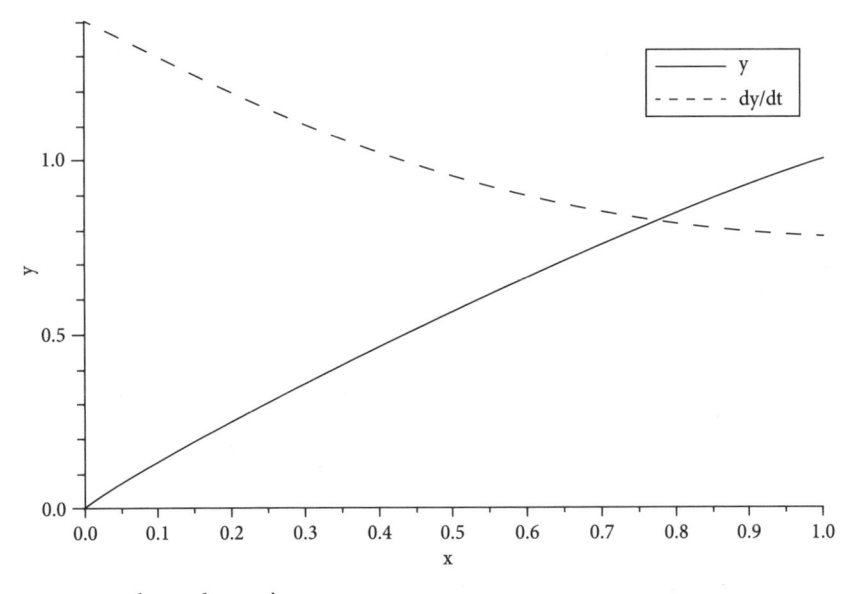

Figura 6.6 Solução de y e y' com x.

6.9 DIFERENÇAS FINITAS

A ideia desse método é dividir o intervalo todo do domínio $[x_0, x_f]$ em N segmentos de tamanho $\Delta x = (x_f - x_0)/N$ e aproximar as derivadas de primeira e de segunda ordem nas equações diferenciais nos pontos da malha (Figura 6.7) por fórmulas de diferenças finitas.

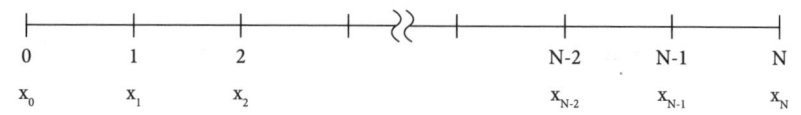

```
|-------|-------|-------|-----≀≀-----|-------|-------|
0       1       2                    N-2     N-1     N
x₀      x₁      x₂                   x_{N-2} x_{N-1} x_N
```

Figura 6.7 Domínio da solução e a malha de diferenças finitas.

Cada ponto i da malha corresponde à localização de x_i e a variável dependente neste ponto é denotada por:

$y(x_i) = y_i$

Uma vez especificada a malha de diferenças finitas, a aproximação das derivadas por diferenças finitas pode ser feita usando a expansão por série de Taylor. As aproximações por série de Taylor podem ser de vários tipos (à frente, à ré ou central) e de várias ordens (primeira ordem, segunda ordem etc.).

As tabelas de 6.3 a 6.5 trazem as fórmulas de aproximação para as derivadas de primeira e segunda ordem com os respectivos erros. As fórmulas na Tabela 6.3 são chamadas de diferenças à ré, pois nas aproximações são usados pontos antes do ponto i. As fórmulas na Tabela 6.4 são chamadas de diferenças à frente, pois nas aproximações são usados pontos depois do ponto i. As fórmulas na Tabela 6.5 são chamadas de diferenças centrais, pois se usam pontos antes e depois do ponto i, sendo este o ponto do meio, ou seja, do centro.

Tabela 6.3 Derivadas em termos de diferenças finitas à ré.

$$\frac{dy_i}{dx} = \frac{y_i - y_{i-1}}{\Delta x} + O(\Delta x)$$

$$\frac{dy_i}{dx} = \frac{3y_i - 4y_{i-1} + y_{i-2}}{2\Delta x} + O(\Delta x^2)$$

$$\frac{d^2 y_i}{dx^2} = \frac{y_i - 2y_{i-1} + y_{i-2}}{\Delta x^2} + O(\Delta x)$$

$$\frac{d^2 y_i}{dx^2} = \frac{2y_i - 5y_{i-1} + 4y_{i-2} - y_{i-3}}{\Delta x^2} + O(\Delta x^2)$$

Tabela 6.4 Derivadas em termos de diferenças finitas à frente.

$$\frac{dy_i}{dx} = \frac{y_{i+1} - y_i}{\Delta x} + O(\Delta x)$$

$$\frac{dy_i}{dx} = \frac{-y_{i+2} + 4y_{i+1} - 3y_i}{2\Delta x} + O(\Delta x^2)$$

$$\frac{d^2y_i}{dx^2} = \frac{y_{i+2} - 2y_{i+1} + y_i}{\Delta x^2} + O(\Delta x)$$

$$\frac{d^2y_i}{dx^2} = \frac{-y_{i+3} + 4y_{i+2} - 5y_{i+1} + 2y_i}{\Delta x^2} + O(\Delta x^2)$$

Tabela 6.5 Derivadas em termos de diferenças finitas centrais.

$$\frac{dy_i}{dx} = \frac{y_{i+1} - y_{i-1}}{2\Delta x} + O(\Delta x^2)$$

$$\frac{dy_i}{dx} = \frac{-y_{i+2} + 8y_{i+1} - 8y_{i-1} + y_{i-2}}{12\Delta x} + O(\Delta x^4)$$

$$\frac{d^2y_i}{dx^2} = \frac{y_{i+1} - 2y_i + y_{i-1}}{\Delta x^2} + O(\Delta x^2)$$

$$\frac{d^2y_i}{dx^2} = \frac{-y_{i+2} + 16y_{i+1} - 30y_i + 16y_{i-1} - y_{i-2}}{12\Delta x^2} + O(\Delta x^4)$$

A substituição das derivadas nas equações diferenciais ordinárias pelas suas aproximações por diferenças finitas leva a um sistema de equações algébricas que solucionam essas equações de forma aproximada.

Exemplo 6.8

Considere:

$$\frac{d^2y}{dx^2} = y^2 - 1$$

definida no intervalo $0 \leq x \leq 1$ e com as condições de contorno dadas por:

$y(0) = 0$

$y(1) = 1$

Para aplicar o método das diferenças finitas, dividimos o domínio em N seções de comprimento $\Delta x = (x_f - x_0)/N$ ao longo do eixo-x, conforme mostra a Figura 6.8.

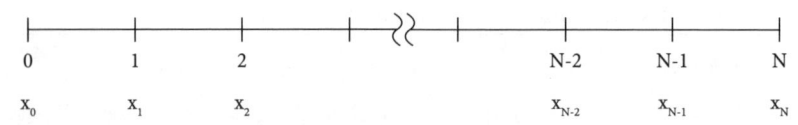

Figura 6.8 Discretização unidimensional.

Substituindo-se a derivada primeira por diferenças centrais de três pontos em todos os pontos em que y_i não é conhecido, isto é, $i = 1,2,3,\ldots,N-2, N-1$, leva-se ao seguinte sistema de equações algébricas:

$$\frac{y_{i+1} - 2y_i + y_{i-1}}{\Delta x^2} = y_i^2 - 1 \qquad i = 1,2,3\ldots,N-2, N-1$$

Nos pontos de contorno, tem-se:

$y_0 = 0$

$y_N = 1$

Com isso, o sistema de equações algébricas pode ser dividido em:

$$\frac{y_2 - 2y_1 + y_0}{\Delta x^2} - y_1^2 + 1 = 0$$

$$\frac{y_{i+1} - 2y_i + y_{i-1}}{\Delta x^2} - y_i^2 + 1 = 0 \qquad i = 2,3,\ldots N-2$$

$$\frac{y_N - 2y_{N-1} + y_{N-2}}{\Delta x^2} - y_{N-1}^2 + 1 = 0$$

em que as variáveis desconhecidas são $y_1, y_2, \ldots, y_{N-1}$.

O programa para resolver o exemplo é dado pelo Programa 6.10. Como as equações são algébricas, foi usada a função `fsolve` para resolvê-las. A Figura 6.9 mostra a curva de y em função de x.

```
//Programa 6.10
//
//Solução de equação diferencial pelo método de diferenças finitas
//
clear
clearglobal
```

```
clc
close

function f=fct(y)
    global N Deltax y0 yN
    f(1)=(y(2)-2*y(1)+y0)/Deltax^2-y(1)^2+1
    for i=2:N-2
        f(i)=(y(i+1)-2*y(i)+y(i-1))/Deltax^2-y(i)^2+1
    end
    f(N-1)=(yN-2*y(N-1)+y(N-2))/Deltax^2-y(N-1)^2+1
endfunction

global N Deltax y0 yN
x0=0;
xf=1;
N=input('Entre com o valor de N=');
Deltax=(xf-x0)/N;
y0=0;
yN=1;
y0_=ones(N-1,1)*0.5; //inicializa como a média dos valores nos contornos
y=fsolve(y0_,fct);
x=x0:Deltax:xf;
y=[y0;y;yN];
plot(x',y)
xlabel('x')
ylabel('y')
```

Entrada e resultados

```
Entre com o valor de N=50

 Execução completada.
```

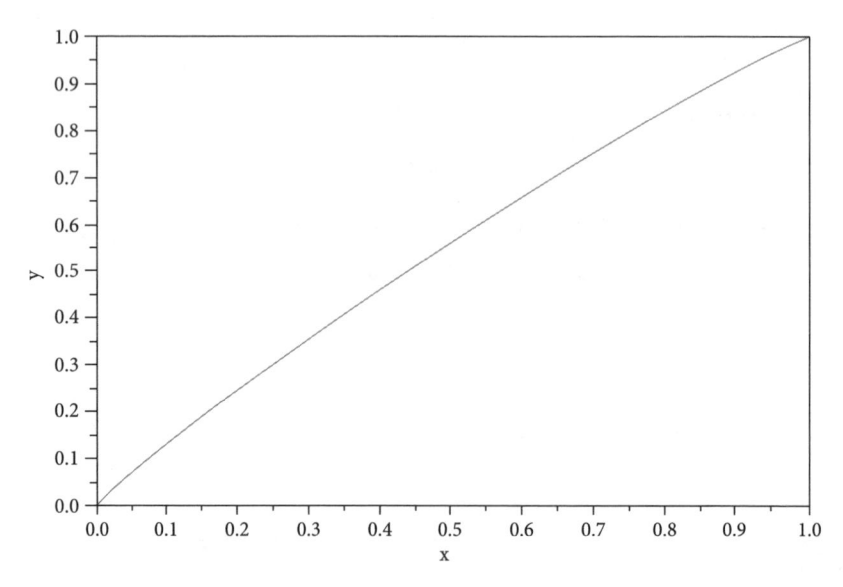

Figura 6.9 Solução de y com x.

6.10 EQUAÇÕES DIFERENCIAIS PARCIAIS

Equação diferencial parcial (PDE, partial differential equation) é uma classe de equações diferenciais envolvendo mais de uma variável independente. Vamos considerar uma PDE geral em duas variáveis independentes, x e y, escrita por:

$$A(x,y)\frac{\partial^2 u}{\partial x^2} + B(x,y)\frac{\partial^2 u}{\partial x \partial y} + C(x,y)\frac{\partial^2 u}{\partial y^2} = f\left(x,y,u,\frac{\partial u}{\partial x},\frac{\partial u}{\partial y}\right)$$

para:

$x_0 \leq x \leq x_f$ e $y_0 \leq y \leq y_f$

Com as condições de contorno dadas por:

$u(x_0,y) = b_{x0}(y)$ $\qquad$ $u(x_f,y) = b_{xf}(y)$

$u(x,y_0) = b_{y0}(x)$ $\qquad$ $u(x,y_f) = b_{yf}(x)$

Essas PDEs são classificadas como:

PDE elíptica: se $B^2 - 4AC < 0$

PDE parabólica: se $B^2 - 4AC = 0$

PDE hiperbólica: se $B^2 - 4AC > 0$

Esses três tipos de PDEs estão associados a estados em equilíbrio, estados em difusão e sistemas oscilatórios, respectivamente.

Exemplo 6.9

Distribuição de temperatura em uma placa quadrada.
Considere a equação de Laplace da distribuição de temperatura em uma placa quadrada de 1 m de lado.

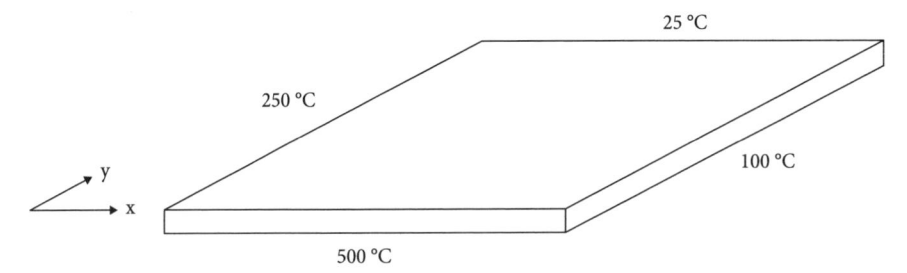

Figura 6.10 Placa quadrada de 1 m de lado.

$$\frac{\partial^2 u}{\partial x^2} + \frac{\partial^2 u}{\partial y^2} = 0$$

para

$0 \leq x \leq 1$ e $0 \leq y \leq 1$

com as condições de contorno:

$u(0,y) = 250\ °C$ $u(1,y) = 100\ °C$

$u(x,0) = 500\ °C$ $u(x,1) = 25\ °C$

Para aplicar o método das diferenças finitas, dividimos o domínio em N_x seções de comprimento $\Delta x = (x_f - x_0)/N_x$ em cada seção ao longo do eixo-x, e em N_y

seções de comprimento $\Delta y = (y_f - y_0)/N_y$ em cada seção ao longo do eixo-y, como mostrado na Figura 6.11.

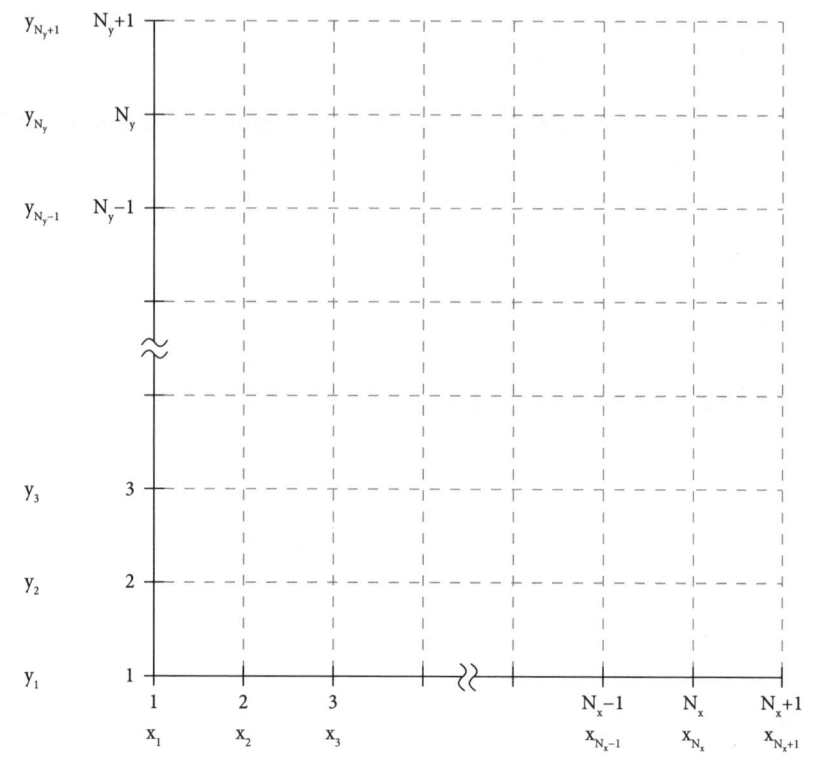

Figura 6.11 A malha para a placa.

Então, para cada nó interno da malha, substituímos as derivadas segundas por diferenças centrais de três pontos.

$$\frac{u_{i+1,j} - 2u_{i,j} + u_{i-1,j}}{\Delta x^2} + \frac{u_{i,j+1} - 2u_{i,j} + u_{i,j-1}}{\Delta y^2} = 0$$

com $i = 2,3,\ldots N_x - 2, N_x - 1, N_x$; e $j = 2,3,\ldots,N_y - 2, N_y - 1, N_y$.

E para os nós nos contornos, as condições de contorno ficam:

$u_{1,j} = 250\ °C$ $\qquad\qquad j = 2,3,\ldots,N_y - 2, N_y - 1, N_y$

$u_{Nx+1,j} = 100\ °C$ $\qquad\qquad j = 2,3,\ldots N_y - 2, N_y - 1, N_y$

$u_{i,1} = 500\,°C$ \qquad $i = 2,3,\ldots N_x - 2, N_x - 1, N_x$

$u_{i,Ny+1} = 25\,°C$ \qquad $i = 2,3,\ldots N_x - 2, N_x - 1, N_x$

Há contradições nos quatro cantos da placa, ou seja, $i = 1$ e $j = 1$; $i = N_x + 1$ e $j = 1$; $i = 1$ e $j = N_y + 1$; $i = N_x + 1$ e $j = N_y + 1$. Essa anomalia pode ser resolvida tomando o valor no canto como a média aritmética dos dois valores alternativos. É um artifício matemático encontrado pela experiência como uma forma de lidar com mudanças bruscas ocorrendo em qualquer contorno.

As equações discretizadas são equações algébricas e são resolvidas usando-se a função `fsolve`. O Programa 6.11 resolve essas equações, cujos resultados podem ser visualizados na Figura 6.13. No programa, as variáveis são numeradas da forma como mostra a Figura 6.12.

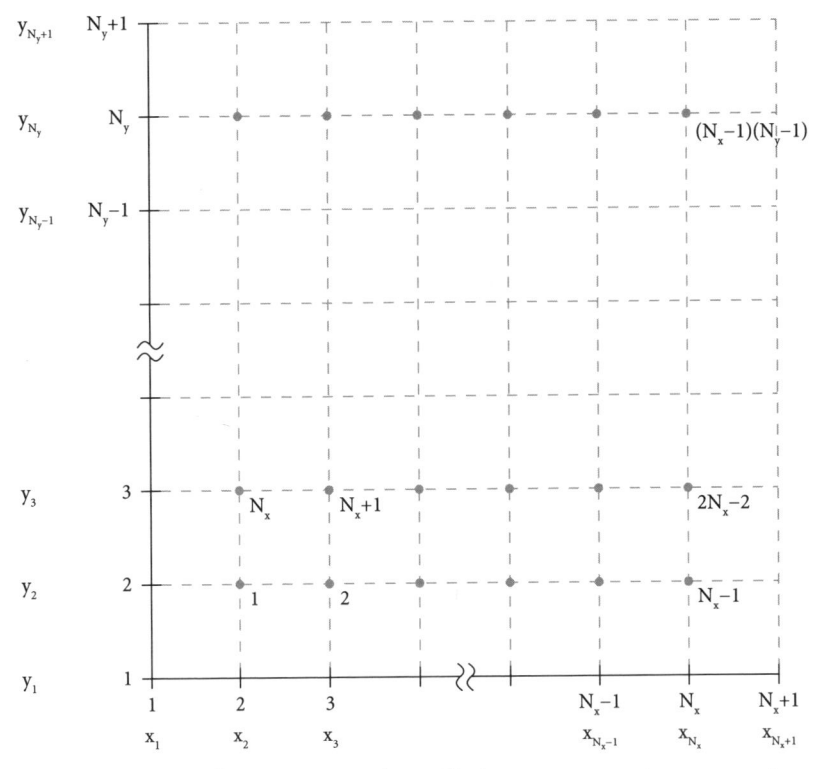

Figura 6.12 Esquema de renumeração das variáveis u_{ij} para converter em um vetor coluna no programa.

```
//Programa 6.11
//
//Distribuição de temperatura em uma placa quadrada
//
//Equação de Laplace da distribuição de temperatura em uma placa qua-
drada de
//1 m de lado. Condições de contorno do tipo 1 nos quatro lados. Solução
de
//sistema de equações algébricas.
//
clear
clearglobal
clc
close

function fp=poisson(p)
    global Nx Ny Deltax2 Deltay2 u
    for j=2:Ny
        for i=2:Nx
            u(i,j)=p((Nx-1)*(j-2)+(i-1))
        end
    end
    for j=2:Ny
        for i=2:Nx
            f(i,j)=(u(i+1,j)-2*u(i,j)+u(i-1,j))/Deltax2+...
            (u(i,j+1)-2*u(i,j)+u(i,j-1))/Deltay2
        end
    end
    for j=2:Ny
        for i=2:Nx
            fp((Nx-1)*(j-2)+(i-1))=f(i,j)
        end
    end
endfunction

global Nx Ny Deltax2 Deltay2 u
x0=0;
xf=1;
y0=0;
yf=1;
Nx=20;
Ny=20;
Nx1=Nx+1;
Ny1=Ny+1;
Deltax=(xf-x0)/Nx;
Deltay=(yf-y0)/Ny;
Deltax2=Deltax^2;
Deltay2=Deltay^2;
x=[0:Nx]*Deltax;
y=[0:Ny]*Deltay;

bx0=250*ones(1,length(y));  //u(x0,y)
```

```
bxf=100*ones(1,length(y));  //u(xf,y)
by0=500*ones(1,length(x));  //u(x,y0)
byf=25*ones(1,length(x));   //u(x,yf)

//contorno x=x0
for j=1:Ny1
    u(1,j)=bx0(j);
end
//contorno x=xf
for j=1:Ny1
    u(Nx1,j)=bxf(j);
end
//contorno y=y0
for i=1:Nx1
    u(i,1)=by0(i);
end
//contorno y=yf
for i=1:Nx1
    u(i,Ny1)=byf(i);
end
//cantos
u(1,1)=(u(2,1)+u(1,2))/2;
u(Nx1,1)=(u(Nx,1)+u(Nx1,2))/2;
u(1,Ny1)=(u(2,Ny1)+u(1,Ny))/2;
u(Nx1,Ny1)=(u(Nx1,Ny)+u(Nx,Ny1))/2;

sum_bv=sum(bx0)+sum(bxf)+sum(by0)+sum(byf);
average=sum_bv/(length(bx0)+length(bxf)+length(by0)+length(byf));
p0(1:(Nx-1)*(Ny-1))=average; //inicializa como a média dos valores nos contornos
p=fsolve(p0,poisson);
for j=2:Ny
    for i=2:Nx
        u(i,j)=p((Nx-1)*(j-2)+(i-1));
    end
end
disp(u,'u')
plot3d(x,y,u)
xlabel('x')
ylabel('y')
zlabel('u(x,y)')
```

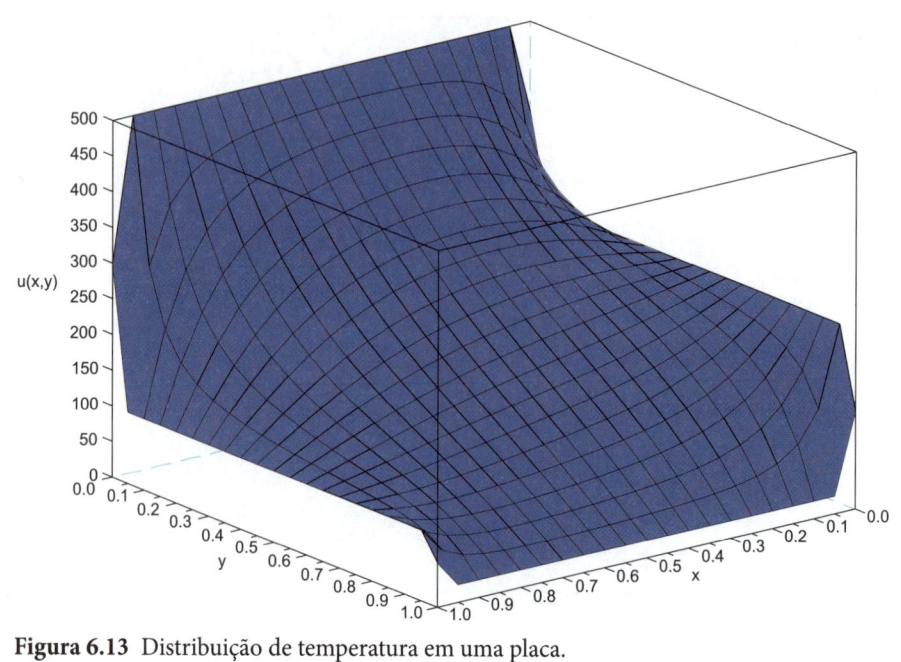

Figura 6.13 Distribuição de temperatura em uma placa.

6.11 MÉTODO DAS LINHAS

O método das linhas consiste na discretização parcial de uma equação diferencial parcial, em que todas as coordenadas, exceto uma, são discretizadas. A coordenada que não é discretizada deve aparecer apenas como uma derivada primeira, isto é, a equação diferencial parcial é de primeira ordem em relação a esta coordenada. Essa discretização parcial leva a um sistema de equações diferenciais ordinárias, que pode ser resolvido por um método de solução de problemas de valor inicial. Uma aplicação comum desse método é na simulação dinâmica, em que a equação diferencial parcial é convertida em um conjunto de equações diferenciais ordinárias discretizando somente as derivadas espaciais, usando diferenças finitas e deixando as derivadas no tempo inalteradas.

6.12 MEDIDA DE TEMPO

Em computação científica, é muito importante saber o tempo gasto para executar um determinado programa. Uma maneira de medir o tempo de CPU (unidade central de processamento) gasto para execução de operações aritméticas e lógicas é usar o comando `timer()`. Pode ser usado na forma:

```
variavel1=timer()
<instrucao 1>
<instrucao 2>

<instrucao l>
variavel2=timer()-variavel1
```

Logicamente, esse tempo dependerá do computador utilizado.

Comentários

Note que neste capítulo foram usadas duas notações diferentes para os termos de derivada. Geralmente, quando a derivada é temporal, usa-se $\dot{y}$, $\ddot{y}$ etc. Do contrário, usa-se y', y" etc.

No método das diferenças finitas, a acuidade das variáveis dependentes calculadas pode ser aumentada com o uso de malhas mais estreitas. Contudo, as variáveis dependentes calculadas com o auxílio da malha larga fornecem uma boa base para escolher as variáveis iniciais da malha estreita. Vale lembrar que quanto mais estreita for a malha, maior é o tempo computacional.

PARTE 2

Os engenheiros trabalham em muitas indústrias nas quais as matérias-primas são convertidas em produtos por reações químicas e mudanças físicas.

A maioria das operações industriais consiste em uma sequência de transformações físicas e químicas, e esta sequência é denominada processo.

O trabalho de muitos engenheiros na indústria envolve o desenvolvimento de processo, o projeto e a operação de plantas. Desenvolvimento de processo é um termo empregado por engenheiros para descrever a procura do equipamento e das condições ótimas para o processo.

As operações unitárias podem ser consideradas como combinações dos transportes de calor, massa e de escoamento de fluidos. Estes são agrupados sob a designação genérica de fenômenos de transporte, e são as bases das operações unitárias.

A maioria das operações unitárias importantes se relaciona com o comportamento de fluidos no equipamento de processo. O reator químico é o centro do processo e o engenheiro pode utilizar, simultaneamente, os princípios da mecânica dos fluidos, do transporte de calor, do transporte de massa, bem como de cinética química e termodinâmica. No preparo dos reagentes e na separação dos produtos são importantes operações como destilação, extração, absorção, filtração, lixiviação etc. Na base de cada processo estão os princípios de escoamento de fluidos e transporte de calor: o fluido deve ser transportado e sua temperatura deve ser controlada. Num processo químico, em que a composição é uma variável, os princípios do transporte de massa são essenciais para o projeto do equipamento de reação ou separação.

Em uma planta controlada por computador, as condições de operação podem ser alteradas com maior frequência, em resposta a variações nas matérias-primas, atividade dos catalisadores, incrustações no equipamento, condições atmosféricas ou demanda do mercado. Desta forma, é preciso que o engenheiro compreenda o comportamento em estado não estacionário ou regime transiente do processo e a matemática, que se torna ainda mais difícil. Este assunto é denominado dinâmica de processo.

Problemas típicos em projeto de processos da engenharia química ou operação de plantas químicas geralmente apresentam muitas soluções, e a otimização permite selecionar a melhor dentre elas.

O desempenho exigido das plantas de processo para satisfazer as necessidades de qualidade do produto, segurança, questões ambientais, variações de mercado vem tornando cada vez mais difícil a operação das plantas em atender todas elas. O controle de plantas por computador passa a ser primordial nessa tarefa e a operação das mesmas nas condições desejadas é tratada em controle de processos.

CAPÍTULO 7
Balanços de massa e de energia

7.1 INTRODUÇÃO

Os balanços de massa e de energia são aplicações dos princípios de conservação de massa e de energia, respectivamente, e constituem ferramentas que auxiliam o engenheiro a conhecer um processo identificando os fluxos de materiais e energia que atravessam o processo.

A aplicação desses balanços vem sendo cada vez maior e hoje essa prática tornou-se um recurso padrão para os sistemas de informação como parte do esforço em manter o bom funcionamento de plantas operantes.

7.2 BALANÇOS DE MASSA

A lei da conservação de massa proposta por Antoine Laurent Lavoisier diz o seguinte: *Na natureza nada se perde, nada se cria, tudo se transforma.*

A análise dos processos químicos baseia-se na lei de Lavoisier, que rege a ciência e a engenharia.

Pode-se escrever uma equação que descreva a contabilidade de matéria num dado volume de controle envolvido num processo químico. Esta equação é conhecida como equação geral de balanço e é dada como se segue:

Acumula = Entra − Sai + Gera − Consome

A equação geral de balanço pode ser escrita para qualquer material que entra ou deixa o sistema e pode ser aplicada para a massa total ou para qualquer espécie molecular ou atômica envolvida no processo.

7.3 BALANÇOS DE ENERGIA

O princípio que rege os balanços de energia é a lei de conservação de energia, também chamada de 1ª lei da termodinâmica, que estabelece que a energia não pode ser criada nem destruída.

A equação que descreve a contabilidade de energia num dado volume de controle envolvido num processo químico é conhecida como balanço de energia, e é dada por:

Acumula = Entra − Sai + Gera − Troca

Exemplo 7.1 Balanços materiais em uma bateria de colunas de destilação no estado estacionário

Conceitos envolvidos

Balanços materiais em estado estacionário, sem reciclo.

Métodos numéricos usados

Solução de sistema de equações lineares.

Enunciado do problema

70 mols/min de uma mistura contendo xileno, estireno, tolueno e benzeno devem ser separados por meio de uma sequência de colunas de destilação mostrada na Figura 7.1, em que F, D_1, B_1, D_2, B_2, D_3 e B_3 são vazões molares em mols/min.

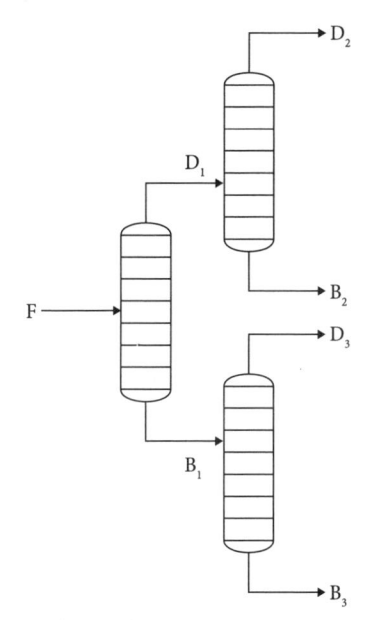

Figura 7.1 Bateria de colunas de destilação.

As composições das correntes F, D_2, B_2, D_3 e B_3 são dadas na Tabela 7.1.

Tabela 7.1 Composição das correntes de processo.

Corrente	Composição			
	% Xileno	% Estireno	% Tolueno	% Benzeno
F	15	25	40	20
D_2	7	4	54	35
B_2	18	24	42	16
D_3	15	10	54	21
B_3	24	65	10	1

Solução

Um esquema de notação para os vários componentes é:

Componente	Índice
Xileno	1
Estireno	2
Tolueno	3
Benzeno	4

Balanço global

Para o volume de controle compreendido pela caixa pontilhada conforme a Figura 7.2, os balanços materiais de cada componente são:

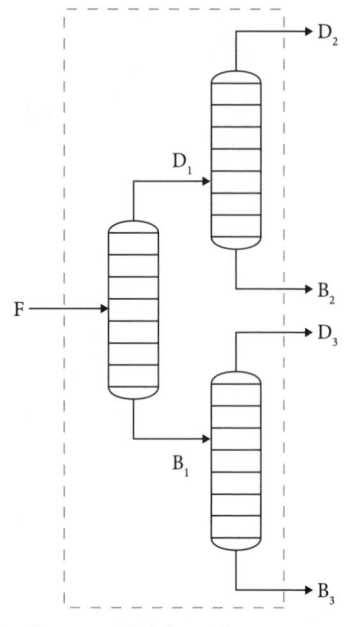

Figura 7.2 Volume de controle com múltiplas colunas.

Xileno: $Fz_1 = D_2y_{21} + B_2x_{21} + D_3y_{31} + B_3x_{31}$

Estireno: $Fz_2 = D_2y_{22} + B_2x_{22} + D_3y_{32} + B_3x_{32}$

Tolueno: $Fz_3 = D_2y_{23} + B_2x_{23} + D_3y_{33} + B_3x_{33}$

Benzeno: $Fz_4 = D_2y_{24} + B_2x_{24} + D_3y_{34} + B_3x_{34}$

Reescrevendo essas quatro equações para a forma matricial, chega-se ao seguinte:

$$\begin{bmatrix} y_{21} & x_{21} & y_{31} & x_{31} \\ y_{22} & x_{22} & y_{32} & x_{32} \\ y_{23} & x_{23} & y_{33} & x_{33} \\ y_{24} & x_{24} & y_{34} & x_{34} \end{bmatrix} \begin{bmatrix} D_2 \\ B_2 \\ D_3 \\ B_3 \end{bmatrix} = \begin{bmatrix} Fz_1 \\ Fz_2 \\ Fz_3 \\ Fz_4 \end{bmatrix}$$

A solução desse sistema linear fornecerá os valores das vazões D_2, B_2, D_3 e B_3. Para calcular as vazões D_1 e B_1 e suas respectivas composições, vamos escrever os balanços de massa total e de componente para cada coluna.

Balanço na coluna 1

A Figura 7.3 ilustra o volume de controle envolvendo a coluna 1.

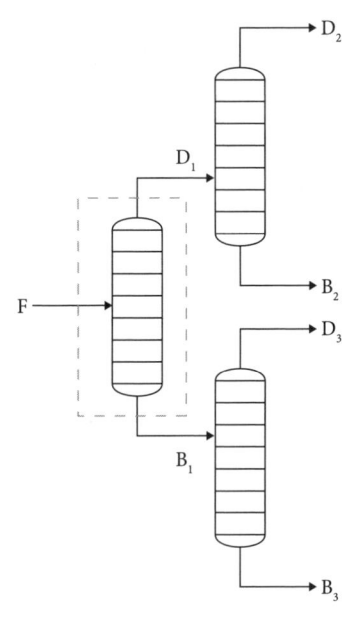

Figura 7.3 Volume de controle da coluna 1.

Para o volume de controle da Figura 7.3, os balanços são:

Xileno: $Fz_1 = D_1 y_{11} + B_1 x_{11}$

Estireno: $Fz_2 = D_1 y_{12} + B_1 x_{12}$

Tolueno: $Fz_3 = D_1 y_{13} + B_1 x_{13}$

Benzeno: $Fz_4 = D_1 y_{14} + B_1 x_{14}$

Balanço na coluna 2

A Figura 7.4 ilustra o volume de controle envolvendo a coluna 2.

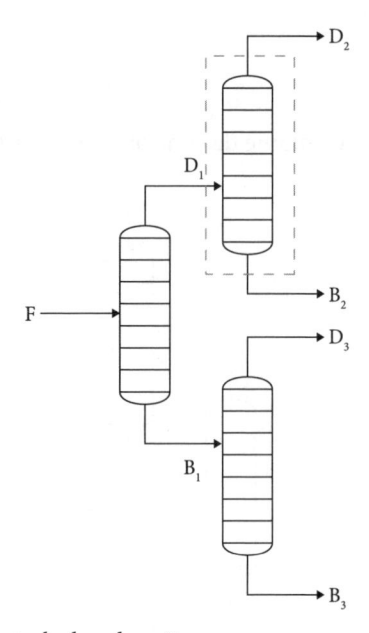

Figura 7.4 Volume de controle da coluna 2.

Para o volume de controle da Figura 7.4, os balanços são:

Massa total: $D_1 = D_2 + B_2$

Xileno: $D_1 y_{11} = D_2 y_{21} + B_2 x_{21}$

Estireno: $D_1 y_{12} = D_2 y_{22} + B_2 x_{22}$

Tolueno: $D_1 y_{13} = D_2 y_{23} + B_2 x_{23}$

Benzeno: $D_1 y_{14} = D_2 y_{24} + B_2 x_{24}$

Balanço na coluna 3

A Figura 7.5 ilustra o volume de controle envolvendo a coluna 3.

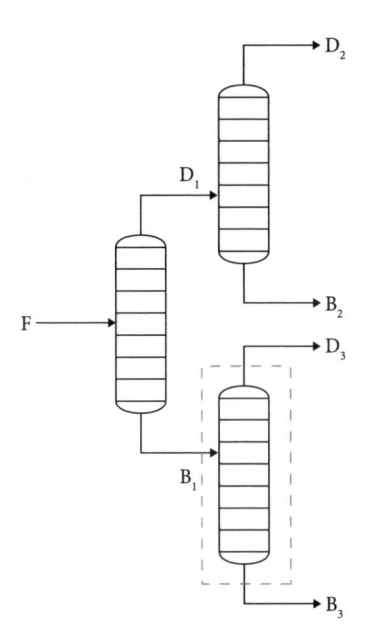

Figura 7.5 Volume de controle da coluna 3.

Para o volume de controle da Figura 7.5, os balanços são:

Massa total: $B_1 = D_3 + B_3$

Xileno: $B_1 x_{11} = D_3 y_{31} + B_3 x_{31}$

Estireno: $B_1 x_{12} = D_3 y_{32} + B_3 x_{32}$

Tolueno: $B_1 x_{13} = D_3 y_{33} + B_3 x_{33}$

Benzeno: $B_1 x_{14} = D_3 y_{34} + B_3 x_{34}$

```
//Programa 7.1a
//
//Balanços materiais de uma sequência de colunas de destilação em estado
//estacionário
//
//Solução de um sistema linear e cálculos simples das quantidades des-
conhecidas
//
clear
clearglobal
clc
```

```
//Corrente de alimentação
F=70      //F, moles/min

//Balanços globais dos componentes
A=[0.07 0.18 0.15 0.24
   0.04 0.24 0.10 0.65
   0.54 0.42 0.54 0.10
   0.35 0.16 0.21 0.01];
b=[0.15*F
   0.25*F
   0.40*F
   0.20*F];
x=inv(A)*b;
D2=x(1)
B2=x(2)
D3=x(3)
B3=x(4)

//Coluna 2
//
//Balanço de massa total na coluna 2
D1=D2+B2
//Balanços dos componentes na coluna 2
D1y11=0.07*D2+0.18*B2
D1y12=0.04*D2+0.24*B2
D1y13=0.54*D2+0.42*B2
D1y14=0.35*D2+0.16*B2
//Composição da corrente D1
y11=D1y11/D1
y12=D1y12/D1
y13=D1y13/D1
y14=D1y14/D1

//Coluna 3
//
//Balanço de massa total na coluna 3
B1=D3+B3
//Balanços dos componentes na coluna 3
B1x11=0.15*D3+0.24*B3
B1x12=0.10*D3+0.65*B3
B1x13=0.54*D3+0.10*B3
B1x14=0.21*D3+0.01*B3
//Composição da corrente B1
x11=B1x11/B1
x12=B1x12/B1
x13=B1x13/B1
x14=B1x14/B1
```

Resultados

```
F    =
     70.
D2   =
     26.25
B2   =
     17.5
D3   =
     8.75
B3   =
     17.5
D1   =
     43.75
D1y11 =
     4.9875
D1y12 =
     5.25
D1y13 =
     21.525
D1y14 =
     11.9875
y11  =
     0.114
y12  =
     0.12
y13  =
     0.492
y14  =
     0.274
B1   =
     26.25
B1x11 =
     5.5125
B1x12 =
```

```
     12.25
 B1x13   =

     6.475
 B1x14   =

     2.0125
 x11  =

     0.21
 x12  =

     0.4666667
 x13  =

     0.2466667
 x14  =

     0.0766667

 Execução completada.
```

Um programa alternativo que usa os recursos de vetores e matrizes no Scilab é dado a seguir.

```
//Programa 7.1b
//
//Balanços materiais de uma sequência de colunas de destilação em estado
//estacionário
//
//Solução de um sistema linear e cálculos simples das quantidades des-
conhecidas
//
clear
clearglobal
clc

F=70;    //F, moles/min
z=[0.15;0.25;0.4;0.2];      //z

y(:,2)=[0.07;0.04;0.54;0.35];     //y2
x(:,2)=[0.18;0.24;0.42;0.16];     //x2
y(:,3)=[0.15;0.1;0.54;0.21];      //y3
x(:,3)=[0.24;0.65;0.1;0.01];      //x3

//Balanços globais dos componentes
A=[y(:,2) x(:,2) y(:,3) x(:,3)];    //matriz A
b=F*z;    //vetor b
x_=inv(A)*b;
D2=x_(1);
B2=x_(2);
```

```
D3=x_(3);
B3=x_(4);

//Coluna 2
//
//Balanço de massa total na coluna 2
D1=D2+B2;
//
//Balanços dos componentes na coluna 2
D1y1=D2*y(:,2)+B2*x(:,2);
//
//Composição da corrente D1
y(:,1)=D1y1/D1;

//Coluna 3
//
//Balanço de massa total na coluna 3
B1=D3+B3;
//
//Balanços dos componentes na coluna 3
B1x1=D3*y(:,3)+B3*x(:,3);
//
//Composição da corrente B1
x(:,1)=B1x1/B1;

//Impressão dos resultados
disp('Componente          Índice')
printf('\n')
printf(' Xileno                 1\n')
printf(' Estireno               2\n')
printf(' Tolueno                3\n')
printf(' Benzeno                4\n')
disp('')
format('v',6)
disp('Corrente de alimentação')
printf('\n')
printf(' Vazão = %f moles/min\n',F)
disp('Composição da alimentação')
disp(z)
disp('')
disp('Coluna 1')
printf('\n')
printf(' Vazão de destilado = %f moles/min\n',D1)
printf(' Vazão do fundo = %f moles/min\n',B1)
disp('Composição do vapor')
disp(y(:,1))
disp('Composição do líquido')
disp(x(:,1))
disp('')
disp('Coluna 2')
printf('\n')
printf(' Vazão de destilado = %f moles/min\n',D2)
printf(' Vazão do fundo = %f moles/min\n',B2)
```

```
disp('Composição do vapor')
disp(y(:,2))
disp('Composição do líquido')
disp(x(:,2))
disp('')
disp('Coluna 3')
printf('\n')
printf(' Vazão de destilado = %f moles/min\n',D3)
printf(' Vazão do fundo = %f moles/min\n',B3)
disp('Composição do vapor')
disp(y(:,3))
disp('Composição do líquido')
disp(x(:,3))
```

Resultados

```
Componente           Índice

Xileno                 1
Estireno               2
Tolueno                3
Benzeno                4




Corrente de alimentação

Vazão = 70.000000 moles/min

Composição da alimentação

    0.15
    0.25
    0.4
    0.2




Coluna 1

Vazão de destilado = 43.750000 moles/min
Vazão do fundo = 26.250000 moles/min

Composição do vapor

    0.114
    0.12
    0.492
    0.274
```

Composição do líquido

0.21
0.467
0.247
0.077

Coluna 2

Vazão de destilado = 26.250000 moles/min
Vazão do fundo = 17.500000 moles/min

Composição do vapor

0.07
0.04
0.54
0.35

Composição do líquido

0.18
0.24
0.42
0.16

Coluna 3

Vazão de destilado = 8.750000 moles/min
Vazão do fundo = 17.500000 moles/min

Composição do vapor

0.15
0.1
0.54
0.21

Composição do líquido

0.24
0.65
0.1
0.01

Notação

B_j	Vazão do fundo da coluna j
D_j	Vazão de destilado da coluna j
F	Vazão de alimentação
x_{ji}	Fração molar do componente i no fundo da coluna j
y_{ji}	Fração molar do componente i no destilado da coluna j
z_{ji}	Fração molar do componente i na alimentação da coluna j

7.4 SIMULAÇÃO DE PLANTAS QUÍMICAS

Uma planta química consiste de várias unidades processadoras interconectadas por correntes de processo. A representação matemática do sistema inclui o seguinte:

a) Equações de interconexão; essas são as equações de balanços materiais e de energia.
b) Equações do modelo; o modelo pode ser de um misturador, reator, trocador de calor, coluna de destilação etc.

Vamos mostrar como podem ser feitas simulações de plantas químicas usando as duas principais abordagens para a resolução do conjunto de equações da planta. Na abordagem simultânea, escrevemos as equações dos balanços materiais em forma geral e criando um conjunto de equações lineares e/ou não lineares que devem ser resolvidas simultaneamente. A dificuldade está na complexidade das unidades. Misturadores, reatores simples e separadores simples levam a equações simples. Mas trocadores de calor, unidades de destilação e reatores de escoamento pistonado (plug flow), estes não. Na abordagem sequencial modular, a ideia é resolver o problema obtendo soluções sequenciais de cada unidade processadora.

7.4.1 Planta química sem reciclo

Exemplo 7.2 Balanços materiais em uma bateria de colunas de destilação no estado estacionário

Conceitos envolvidos

Balanços materiais em estado estacionário, sem reciclo.

Métodos numéricos usados

Solução pela abordagem simultânea e utilizando a função fsolve para resolver as equações.

Enunciado do problema

70 mols/min de uma mistura contendo 15% de xileno, 25% de estireno, 40% de tolueno e 20% de benzeno em fração molar devem ser separados por meio de uma sequência de colunas de destilação mostrada na Figura 7.6.

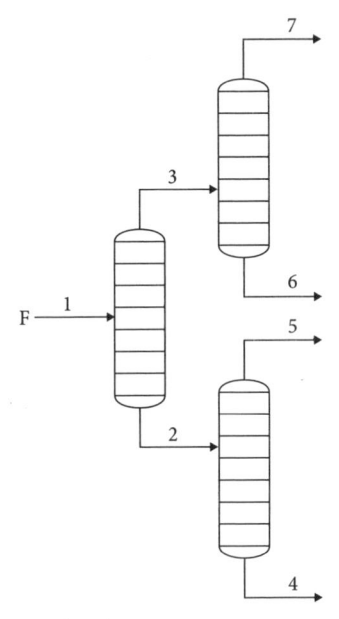

Figura 7.6 Bateria de colunas de destilação.

Os fatores de separação nas três colunas são dados na Tabela 7.2.

Tabela 7.2 Fatores de separação, α, dos componentes nas colunas.

	Coluna 1	Coluna 2	Coluna 3
Xileno	0,475	0,369	0,278
Estireno	0,3	0,2	0,139
Tolueno	0,769	0,659	0,429
Benzeno	0,856	0,766	0,438

O fator de separação é definido como a relação entre a vazão molar que sai no topo sobre a vazão molar que entra no separador de um dado componente.

Solução

Um esquema de notação para os vários componentes é:

Componente	Índice
Xileno	1
Estireno	2
Tolueno	3
Benzeno	4

A vazão molar e as frações molares na alimentação são:

F = 70 mols/min

$$z = \begin{bmatrix} 0,15 \\ 0,25 \\ 0,40 \\ 0,20 \end{bmatrix}$$

A vazão molar do componente i na corrente j é n_{ji} e na alimentação é calculada por:

$n_{1i} = Fz_i$

Agora, vamos escrever os balanços materiais dos componentes nas três colunas.

Balanços materiais

Coluna 1

Balanço material de xileno: $n_{11} = n_{21} + n_{31}$

Balanço material de estireno: $n_{12} = n_{22} + n_{32}$

Balanço material de tolueno: $n_{13} = n_{23} + n_{33}$

Balanço material de benzeno: $n_{14} = n_{24} + n_{34}$

$$\alpha_{11} = \frac{n_{31}}{n_{11}}$$

$$\alpha_{12} = \frac{n_{32}}{n_{12}}$$

$$\alpha_{13} = \frac{n_{33}}{n_{13}}$$

$$\alpha_{14} = \frac{n_{34}}{n_{14}}$$

Coluna 2

Balanço material de xileno: $n_{21} = n_{41} + n_{51}$

Balanço material de estireno: $n_{22} = n_{42} + n_{52}$

Balanço material de tolueno: $n_{23} = n_{43} + n_{53}$

Balanço material de benzeno: $n_{24} = n_{44} + n_{54}$

$$\alpha_{21} = \frac{n_{51}}{n_{21}}$$

$$\alpha_{22} = \frac{n_{52}}{n_{22}}$$

$$\alpha_{23} = \frac{n_{53}}{n_{23}}$$

$$\alpha_{24} = \frac{n_{54}}{n_{24}}$$

Coluna 3

Balanço material de xileno: $n_{31} = n_{61} + n_{71}$

Balanço material de estireno: $n_{32} = n_{62} + n_{72}$

Balanço material de tolueno: $n_{33} = n_{63} + n_{73}$

Balanço material de benzeno: $n_{34} = n_{64} + n_{74}$

$$\alpha_{31} = \frac{n_{71}}{n_{31}}$$

$$\alpha_{32} = \frac{n_{72}}{n_{32}}$$

$$\alpha_{33} = \frac{n_{73}}{n_{33}}$$

$$\alpha_{74} = \frac{n_{74}}{n_{34}}$$

Abordagem simultânea

Reescrevendo as equações dos balanços materiais de modo que os termos com valores conhecidos sejam colocados no lado direito de cada equação.

Coluna 1

$n_{21} + n_{31} = n_{11}$

$n_{22} + n_{32} = n_{12}$

$n_{23} + n_{33} = n_{13}$

$n_{24} + n_{34} = n_{14}$

$n_{31} = \alpha_{11} n_{11}$

$n_{32} = \alpha_{12} n_{12}$

$n_{33} = \alpha_{13}n_{13}$

$n_{34}\alpha_{14}n_{14}$

Coluna 2

$n_{21} - n_{41} - n_{51} = 0$

$n_{22} - n_{42} - n_{52} = 0$

$n_{23} - n_{43} - n_{53} = 0$

$n_{24} - n_{44} - n_{54} = 0$

$\alpha_{21}n_{21} - n_{51} = 0$

$\alpha_{22}n_{22} - n_{52} = 0$

$\alpha_{23}n_{23} - n_{53} = 0$

$\alpha_{24}n_{24} - n_{54} = 0$

Coluna 3

$n_{31} - n_{61} - n_{71} = 0$

$n_{32} - n_{62} - n_{72} = 0$

$n_{33} - n_{63} - n_{73} = 0$

$n_{34} - n_{64} - n_{74} = 0$

$\alpha_{31}n_{31} - n_{71} = 0$

$\alpha_{32}n_{32} - n_{72} = 0$

$\alpha_{33}n_{33} - n_{73} = 0$

$\alpha_{34}n_{34} - n_{74} = 0$

Todas as equações são lineares e formam um sistema de equações lineares; assim, podem ser colocadas na forma matriz vetor,

Ax = b

em que a matriz **A** é formada pelos coeficientes que multiplicam as variáveis. As variáveis desconhecidas são agrupadas em um vetor **x**.

$$\mathbf{x} = \begin{bmatrix} x_1 \\ x_2 \\ x_3 \\ x_4 \\ x_5 \\ x_6 \\ x_7 \\ x_8 \\ x_9 \\ x_{10} \\ x_{11} \\ x_{12} \\ x_{13} \\ x_{14} \\ x_{15} \\ x_{16} \\ x_{17} \\ x_{18} \\ x_{19} \\ x_{20} \\ x_{21} \\ x_{22} \\ x_{23} \\ x_{24} \end{bmatrix} = \begin{bmatrix} n_{21} \\ n_{22} \\ n_{23} \\ n_{24} \\ n_{31} \\ n_{32} \\ n_{33} \\ n_{34} \\ n_{41} \\ n_{42} \\ n_{43} \\ n_{44} \\ n_{51} \\ n_{52} \\ n_{53} \\ n_{54} \\ n_{61} \\ n_{62} \\ n_{63} \\ n_{64} \\ n_{71} \\ n_{72} \\ n_{73} \\ n_{74} \end{bmatrix}$$

No caso geral, as equações são não lineares, e neste caso temos que resolver um sistema não linear:

$f_1(x_1, x_2, \ldots, x_n) = 0$
$f_2(x_1, x_2, \ldots, x_n) = 0$
$\vdots$
$f_n(x_1, x_2, \ldots, x_n) = 0$

ou na forma compacta:

f(x) = 0

```
//Programa 7.2
//
//Bateria de colunas de destilação
//Solução simultânea
//
clear
clc

function f=fun(x)
    global n11 n12 n13 n14
    global alpha11 alpha12 alpha13 alpha14
    global alpha21 alpha22 alpha23 alpha24
    global alpha31 alpha32 alpha33 alpha34
    n21=x(1)
    n22=x(2)
    n23=x(3)
    n24=x(4)
    n31=x(5)
    n32=x(6)
    n33=x(7)
    n34=x(8)
    n41=x(9)
    n42=x(10)
    n43=x(11)
    n44=x(12)
    n51=x(13)
    n52=x(14)
    n53=x(15)
    n54=x(16)
    n61=x(17)
    n62=x(18)
    n63=x(19)
    n64=x(20)
    n71=x(21)
    n72=x(22)
    n73=x(23)
    n74=x(24)
    f(1)=n21+n31-n11
    f(2)=n22+n32-n12
    f(3)=n23+n33-n13
    f(4)=n24+n34-n14
```

```
        f(5)=n31-alpha11*n11
        f(6)=n32-alpha12*n12
        f(7)=n33-alpha13*n13
    f(8)=n34-alpha14*n14
        f(9)=n21-n41-n51
        f(10)=n22-n42-n52
        f(11)=n23-n43-n53
        f(12)=n24-n44-n54
        f(13)=alpha21*n21-n51
        f(14)=alpha22*n22-n52
        f(15)=alpha23*n23-n53
        f(16)=alpha24*n24-n54
        f(17)=n31-n61-n71
        f(18)=n32-n62-n72
        f(19)=n33-n63-n73
        f(20)=n34-n64-n74
        f(21)=alpha31*n31-n71
        f(22)=alpha32*n32-n72
        f(23)=alpha33*n33-n73
        f(24)=alpha34*n34-n74
endfunction

global n11 n12 n13 n14
global alpha11 alpha12 alpha13 alpha14
global alpha21 alpha22 alpha23 alpha24
global alpha31 alpha32 alpha33 alpha34
F=70;
n11=F*0.15;
n12=F*0.25;
n13=F*0.4;
n14=F*0.2;
alpha11=0.475; alpha12=0.3; alpha13=0.769; alpha14=0.856;
alpha21=0.369; alpha22=0.2; alpha23=0.659; alpha24=0.766;
alpha31=0.278; alpha32=0.139; alpha33=0.429; alpha34=0.438;
x0=ones(24,1)*0.5;
x=fsolve(x0,fun);
n21=x(1); n22=x(2); n23=x(3); n24=x(4)
n31=x(5); n32=x(6); n33=x(7); n34=x(8)
n41=x(9); n42=x(10); n43=x(11); n44=x(12)
n51=x(13); n52=x(14); n53=x(15); n54=x(16)
n61=x(17); n62=x(18); n63=x(19); n64=x(20)
n71=x(21); n72=x(22); n73=x(23); n74=x(24)

    //Impressão dos resultados
disp('Componente          Índice')
printf('\n')
printf(' Xileno                1\n')
printf(' Estireno              2\n')
printf(' Tolueno               3\n')
printf(' Benzeno               4\n')
disp('')
format('v',6)
disp('Corrente 1 (alimentação)')
```

```
printf('\n')
printf('Vazão molar (moles/min)\n')
disp([n11;n12;n13;n14])
disp('')
disp('Corrente 2')
printf('\n')
printf('Vazão molar (moles/min)\n')
disp([n21;n22;n23;n24])
disp('')
disp('Corrente 3')
printf('\n')
printf('Vazão molar (moles/min)\n')
disp([n31;n32;n33;n34])
disp('')
disp('Corrente 4')
printf('\n')
printf('Vazão molar (moles/min)\n')
disp([n41;n42;n43;n44])
disp('')
disp('Corrente 5')
printf('\n')
printf('Vazão molar (moles/min)\n')
disp([n51;n52;n53;n54])
disp('')
disp('Corrente 6')
printf('\n')
printf('Vazão molar (moles/min)\n')
disp([n61;n62;n63;n64])
disp('')
disp('Corrente 7')
printf('\n')
printf('Vazão molar (moles/min)\n')
disp([n71;n72;n73;n74])
```

Resultados

```
Componente          Índice

Xileno               1
Estireno             2
Tolueno              3
Benzeno              4



 Corrente 1 (alimentação)

Vazão molar (moles/min)

    10.5
```

```
        17.5
        28.
        14.


 Corrente 2

Vazão molar (moles/min)

        5.513
       12.25
        6.468
        2.016


 Corrente 3

Vazão molar (moles/min)

        4.987
        5.25
       21.53
       11.98


 Corrente 4

Vazão molar (moles/min)

        3.478
        9.8
        2.206
        0.472


 Corrente 5

Vazão molar (moles/min)

        2.034
        2.45
        4.262
        1.544



 Corrente 6
```

```
Vazão molar (moles/min)

    3.601
    4.52
   12.29
    6.735


 Corrente 7

Vazão molar (moles/min)

    1.387
    0.730
    9.237
    5.249
```

Notação

n_{ji} Vazão molar do componente i na corrente j
α Fator de separação

7.4.2 Planta química com reciclo

Exemplo 7.3 Planta química com reciclo

Conceitos envolvidos

Balanços materiais em estado estacionário, com reciclo.

Métodos numéricos usados

Solução pela abordagem simultânea e também pela abordagem sequencial modular.

Enunciado do problema

No sistema com reciclo mostrado na Figura 7.7, uma alimentação de 1000 mols/h, constituída de 1/3 de A e 2/3 de B, é misturada com a corrente de reciclo e reage de acordo com a seguinte estequiometria:

$$A + B \rightarrow C$$

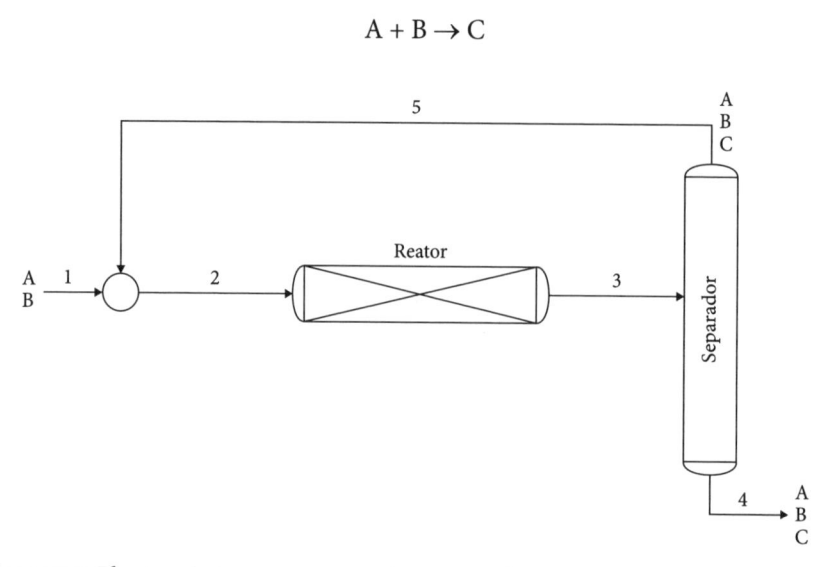

Figura 7.7 Planta química com as correntes numeradas.

No reator, 20% de A que entram são convertidos em produto. A corrente resultante é separada de modo que a corrente de reciclo contenha 80% de A, 90% de B e 10% de C da corrente que entra no separador. Determine todas as correntes do processo e suas composições.

Vamos adotar um índice para cada componente conforme o quadro a seguir.

Componente	Índice
A	1
B	2
C	3

Balanços materiais

Misturador

Balanço material de A: $n_{11} + n_{51} = n_{21}$

Balanço material de B: $n_{12} + n_{52} = n_{22}$

Balanço material de C: $n_{53} = n_{23}$

Reator

Balanço material de A: $n_{31} = (1 - X_A)n_{21}$

Balanço material de B: $n_{32} = -X_A n_{21} + n_{22}$

Balanço material de C: $n_{33} = X_A n_{21} + n_{23}$

Separador

Balanço material de A: $n_{31} = n_{41} + n_{51}$

Balanço material de B: $n_{32} = n_{42} + n_{52}$

Balanço material de C: $n_{33} = n_{43} + n_{53}$

$$\alpha_1 = \frac{n_{51}}{n_{31}}$$

$$\alpha_2 = \frac{n_{52}}{n_{32}}$$

$$\alpha_3 = \frac{n_{53}}{n_{33}}$$

Os dados são:

$$n_{11} = \frac{1000}{3} \text{ mols/h}$$

$$n_{12} = \frac{2000}{3} \text{ mols/h}$$

$X_A = 0,2$

$\alpha_1 = 0,8$

$\alpha_2 = 0,9$

$\alpha_3 = 0,1$

Abordagem simultânea

Reescrevendo as equações dos balanços materiais de modo que os termos com valores conhecidos sejam colocados no lado direito de cada equação.

$-n_{21} + n_{51} = -n_{11}$

$-n_{22} + n_{52} = -n_{12}$

$-n_{23} + n_{53} = 0$

$-(1 - X_A)n_{21} + n_{31} = 0$

$X_A n_{21} - n_{22} + n_{32} = 0$

$-X_A n_{21} - n_{23} + n_{33} = 0$

$n_{31} - n_{41} - n_{51} = 0$

$n_{32} - n_{42} - n_{52} = 0$

$n_{33} - n_{43} - n_{53} = 0$

$\alpha_1 n_{31} - n_{51} = 0$

$\alpha_2 n_{32} - n_{52} = 0$

$\alpha_3 n_{33} - n_{53} = 0$

Todas as equações são lineares e formam um sistema de equações lineares; assim, podem ser colocadas na forma matriz vetor.

$$\begin{bmatrix}
-1 & 0 & 0 & 0 & 0 & 0 & 0 & 0 & 0 & 1 & 0 & 0 \\
0 & -1 & 0 & 0 & 0 & 0 & 0 & 0 & 0 & 0 & 1 & 0 \\
0 & 0 & -1 & 0 & 0 & 0 & 0 & 0 & 0 & 0 & 0 & 1 \\
-(1-X_A) & 0 & 0 & 1 & 0 & 0 & 0 & 0 & 0 & 0 & 0 & 0 \\
X_A & -1 & 0 & 0 & 1 & 0 & 0 & 0 & 0 & 0 & 0 & 0 \\
-X_A & 0 & -1 & 0 & 0 & 1 & 0 & 0 & 0 & 0 & 0 & 0 \\
0 & 0 & 0 & 1 & 0 & 0 & -1 & 0 & 0 & -1 & 0 & 0 \\
0 & 0 & 0 & 0 & 1 & 0 & 0 & -1 & 0 & 0 & -1 & 0 \\
0 & 0 & 0 & 0 & 0 & 1 & 0 & 0 & -1 & 0 & 0 & -1 \\
0 & 0 & 0 & \alpha_1 & 0 & 0 & 0 & 0 & 0 & -1 & 0 & 0 \\
0 & 0 & 0 & 0 & \alpha_2 & 0 & 0 & 0 & 0 & 0 & -1 & 0 \\
0 & 0 & 0 & 0 & 0 & \alpha_3 & 0 & 0 & 0 & 0 & 0 & -1
\end{bmatrix}
\begin{bmatrix} n_{21} \\ n_{22} \\ n_{23} \\ n_{31} \\ n_{32} \\ n_{33} \\ n_{41} \\ n_{42} \\ n_{43} \\ n_{51} \\ n_{52} \\ n_{53} \end{bmatrix}
=
\begin{bmatrix} -n_{11} \\ -n_{12} \\ 0 \\ 0 \\ 0 \\ 0 \\ 0 \\ 0 \\ 0 \\ 0 \\ 0 \\ 0 \end{bmatrix}$$

```
//Programa 7.3a
//
//Abordagem simultânea
//
clear
clc

n11=1000/3;
n12=2000/3;
XA=0.2;
alpha1=0.8;
alpha2=0.9;
alpha3=0.1;
A=sparse ([1,1;1,10;2,2;2,11;3,3;3,12;4,1;4,4;5,1;5,2;5,5;6,1;6,3;6,6;
...
7,4;7,7;7,10;8,5;8,8;8,11;9,6;9,9;9,12;10,4;10,10;11,5;11,11;12,6;12,1
2],...
[-1,1,-1,1,-1,1,-(1-XA),1,XA,-1,1,-XA,-1,1,1,-1,-1,1,-1,-1,...
1,-1,1,alpha1,-1,alpha2,-1,alpha3,-1]);
b=zeros(12,1);
b(1,1)=-n11;
b(2,1)=-n12;
x=inv(A)*b
```

Resultados

```
x  =

   925.92593
```

```
      5000.
        20.576132
       740.74074
      4814.8148
       205.76132
       148.14815
       481.48148
       226.33745
       592.59259
      4333.3333
        20.576132

Execução completada.
```

Então, a solução é:

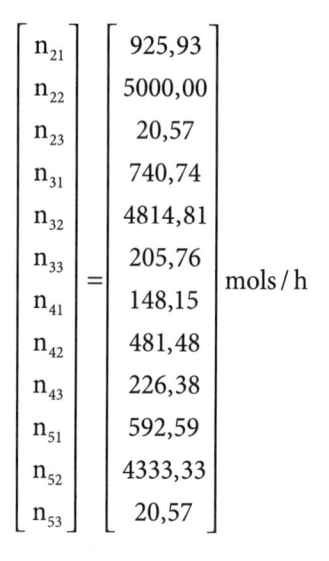

$$\begin{bmatrix} n_{21} \\ n_{22} \\ n_{23} \\ n_{31} \\ n_{32} \\ n_{33} \\ n_{41} \\ n_{42} \\ n_{43} \\ n_{51} \\ n_{52} \\ n_{53} \end{bmatrix} = \begin{bmatrix} 925{,}93 \\ 5000{,}00 \\ 20{,}57 \\ 740{,}74 \\ 4814{,}81 \\ 205{,}76 \\ 148{,}15 \\ 481{,}48 \\ 226{,}38 \\ 592{,}59 \\ 4333{,}33 \\ 20{,}57 \end{bmatrix} \text{mols/h}$$

Abordagem sequencial modular

Nessa abordagem, cada unidade processadora possui as próprias equações, que podem ser resolvidas uma vez conhecidas sua entrada. O conjunto de equações forma o que chamamos de módulo computacional. No exemplo, temos então módulos computacionais para o misturador (MIXR), reator (REAC) e separador (SEPR). As correntes do processo são rotuladas como S1, S2, S3, S4 e S5, para as correntes 1, 2, 3, 4 e 5, respectivamente.

O módulo MIXR simplesmente soma todas as correntes de entrada para dar a corrente de saída, conforme a Figura 7.8. A equação de balanço material para a unidade MIXR é:

$$n_{out,i} = \sum_{j=1}^{N_{STRM}} n_{j,I}$$

em que $n_{j,i}$ é a vazão molar do componente i na corrente j e $n_{out,i}$ é a vazão molar do componente i na corrente de saída. N_{STRM} é o número de correntes de entrada.

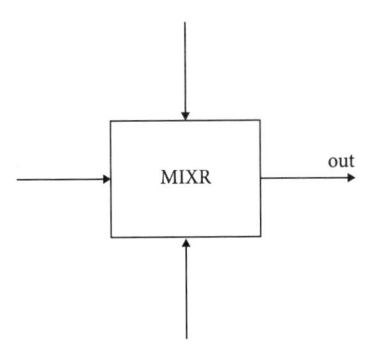

Figura 7.8 Unidade MIXR.

A segunda unidade é um reator. No módulo REAC (Figura 7.9) temos apenas uma corrente de entrada e uma corrente de saída, e ocorre uma reação; no caso, de uma reação com a seguinte estequiometria:

aA + bB → cC + dD

E considerando A como o reagente limitante, então a conversão X_A com relação ao componente A é definida como:

$$X_A = \frac{n_{in,A} - n_{out,A}}{n_{in,A}}$$

Portanto, as equações para cada componente são:

$$n_{out,A} = n_{in,A} - X_A n_{in,A}$$

$$n_{out,B} = n_{in,B} - \frac{b}{a} X_A n_{in,A}$$

$$n_{out,C} = n_{in,C} + \frac{c}{a} X_A n_{in,A}$$

$$n_{out,D} = n_{in,D} + \frac{d}{a} X_A n_{in,A}$$

![Figura 7.9 Unidade REAC]

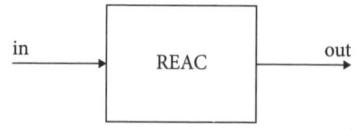

Figura 7.9 Unidade REAC.

A última unidade é um separador. No separador, temos uma corrente de entrada e duas correntes de saída, como mostra a Figura 7.10. A fração de separação α_i é a fração do componente i que vai para a corrente do topo. O balanço material para cada componente i é:

$$n_{2,i} = \alpha_i n_{in,i}$$

$$n_{1,i} = (1 - \alpha_i) n_{in,i}$$

Se as frações de separação dos componentes e a vazão de entrada são conhecidas, podemos calcular as vazões de saída de cada componente nas correntes 1 e 2.

![Figura 7.10 Unidade SEPR]

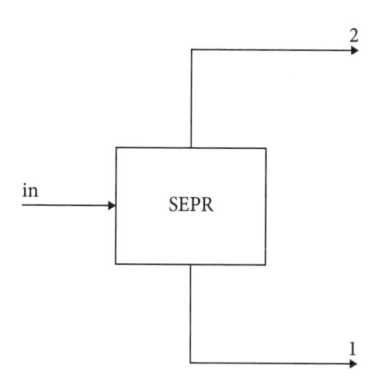

Figura 7.10 Unidade SEPR.

Podemos iniciar o procedimento com a alimentação S1 e resolver os balanços materiais para o misturador. Como não sabemos ainda as quantidades de A, B e C na corrente de reciclo S5, vamos assumir zero (chute inicial) e resolver o módulo MIXR. A próxima unidade processadora é o reator. Como a entrada do reator S2 agora é conhecida, podemos resolver as equações do reator no módulo REAC e calcular a sua saída S3, que corresponde então à entrada do separador. Resolvendo-se o módulo SEPR, as correntes S4 e S5 ficam conhecidas. O valor calculado para a corrente de reciclo, S5C, será comparado com o valor chutado S5 anteriormente. Se os valores forem próximos, podemos considerar que atingiu a convergência. Caso contrário, teremos que dar outro chute para S5 e repetir todo o procedimento. Assim, precisamos de um método numérico para fazer a convergência. Geralmente, esses cálculos são feitos por um módulo computacional (CONV). Muitos simuladores de processos usam esse procedimento.

A seguir, é apresentado um programa que resolve o problema seguindo a ideia da abordagem sequencial modular. O programa foi montado um pouco diferente por não usar o módulo CONV, e no lugar dele usou-se a função `fsolve` para efetuar a convergência.

```
//Programa 7.3b
//
//Abordagem sequencial modular
//
clear
clearglobal
clc

function f=planta(S5)
    global STRM alfa XA
    //Corrente de reciclo S5
    STRM(5,:)=S5
    //MIXR
    STRM(2,:)=STRM(1,:)+STRM(5,:)
    //RECT
    STRM(3,1)=(1-XA)*STRM(2,1)
    STRM(3,2)=-XA*STRM(2,1)+STRM(2,2)
    STRM(3,3)=XA*STRM(2,1)+STRM(2,3)
    //SEPR
    for i=1:3
        STRM(5,i)=alfa(i)*STRM(3,i)
    end
    STRM(4,:)=STRM(3,:)-STRM(5,:)
    //Critério de convergência S5C-S5
    f=STRM(5,:)-S5
endfunction

global STRM alfa XA
XA=0.2;
alfa(1)=0.8;
alfa(2)=0.9;
alfa(3)=0.1;
//Dados da alimentação S1
STRM(1,1)=1000/3;
STRM(1,2)=2000/3;
STRM(1,3)=0;
//Chute inicial
S5(1)=0;
S5(2)=0;
S5(3)=0;
S5C=fsolve(S5',planta);
disp('Componente         Índice')
printf('\n')
printf('    A              1\n')
```

```
printf('         B                2\n')
printf('         C                3\n')
disp('')
disp(STRM(1,:),'Corrente S1');disp('')
disp(STRM(2,:),'Corrente S2');disp('')
disp(STRM(3,:),'Corrente S3');disp('')
disp(STRM(4,:),'Corrente S4');disp('')
disp(STRM(5,:),'Corrente S5')
```

Resultados

```
 Componente         Índice

     A                1
     B                2
     C                3


 Corrente S1

    333.33333    666.66667    0.


 Corrente S2

    925.92593    5000.        20.576132


 Corrente S3

    740.74074    4814.8148    205.76132


 Corrente S4

    148.14815    481.48148    185.18519


 Corrente S5

    592.59259    4333.3333    20.576132
```

Notação

F	Vazão molar da alimentação
n_{ji}	Vazão molar do componente i na corrente j
N_{STRM}	Número de correntes de entrada
X_A	Conversão
z	Fração molar na alimentação
α	Fator de separação

Exemplo 7.4 Planta de amônia

Conceitos envolvidos

Balanços materiais em estado estacionário, com reciclo.

Métodos numéricos usados

Solução pela abordagem sequencial modular.

Enunciado do problema

No processo Haber-Bosch de produção de amônia, esquematizado de forma simplificada na Figura 7.11, hidrogênio (H_2) proveniente de gás natural e nitrogênio (N_2) proveniente do ar reagem, na presença de um catalisador adequado, em condições elevadas de pressão (800 a 1000 atm) e temperatura (500 a 600 °C), de acordo com a seguinte reação:

$$\frac{1}{2}N_2 + \frac{3}{2}H_2 \Leftrightarrow NH_3$$

A reação entre nitrogênio e hidrogênio é reversível, portanto, o rendimento na produção de amônia depende das condições de temperatura e pressão.

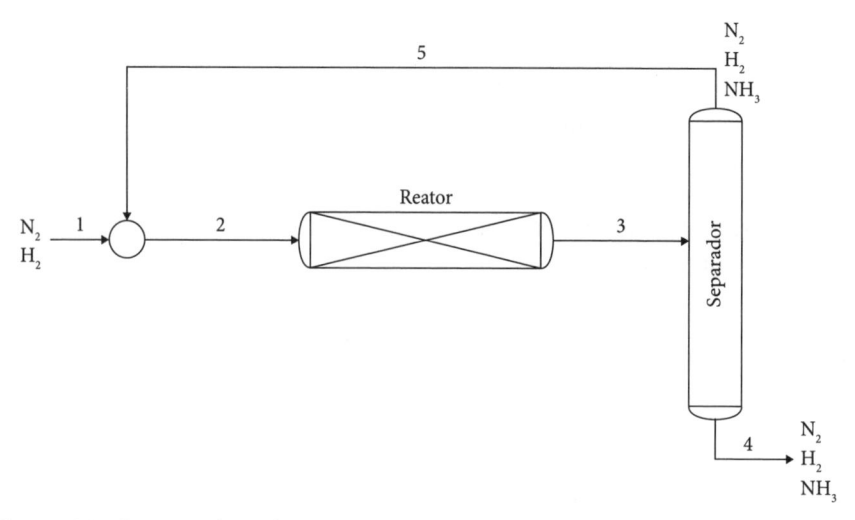

Figura 7.11 Processo de amônia.

Os reagentes são alimentados no processo na razão molar de 3 mols de H_2 por mol de N_2 e a conversão é de 25% por passagem no reator. Considerando que a unidade de separação recicla 2% de amônia e 99,5% de nitrogênio e hidrogênio, calcule todas as correntes do processo da planta.

Considere que a alimentação para o processo é constituída de 100 mols de N_2 e 300 mols de H_2 por unidade de tempo.

Solução

Vamos adotar um índice para cada componente conforme o quadro a seguir.

Componente	Índice
N_2	1
H_2	2
NH_3	3

Misturador

Balanço material de N_2: $n_{11} + n_{51} = n_{21}$

Balanço material de H_2: $n_{12} + n_{52} = n_{22}$

Balanço material de NH_3: $n_{53} = n_{23}$

Reator

Balanço material de N_2: $n_{31} = n_{21} - X_A n_{21}$

Balanço material de H_2: $n_{32} = n_{22} - 3 X_A n_{21}$

Balanço material de NH_3: $n_{33} = n_{23} + X_A n_{21}$

Separador

Balanço material de N_2: $n_{31} = n_{41} + n_{51}$

Balanço material de H_2: $n_{32} = n_{42} + n_{52}$

Balanço material de NH_3: $n_{33} = n_{43} + n_{53}$

$$\alpha_1 = \frac{n_{51}}{n_{31}}$$

$$\alpha_2 = \frac{n_{52}}{n_{32}}$$

$$\alpha_3 = \frac{n_{53}}{n_{33}}$$

Os dados são:

$n_{11} = 100$ mols/h

$n_{12} = 300$ mols/h

$X_A = 0,25$

$\alpha_1 = 0,995$

$\alpha_2 = 0,995$

$\alpha_3 = 0,02$

```
//Programa 7.4
//
//Planta de amônia
//
clear
clearglobal
clc

function f=planta(S5)
    global STRM alfa gama
    //Corrente de reciclo S5
    STRM(5,:)=S5
    //MIXR
    STRM(2,:)=STRM(1,:)+STRM(5,:)
    //RECT
    //Reação: N2 + 3H2 <==> 2NH3
    STRM(3,1)=STRM(2,1)-gama*STRM(2,1)
    STRM(3,2)=STRM(2,2)-3*gama*STRM(2,1)
    STRM(3,3)=STRM(2,3)+2*gama*STRM(2,1)
    //SEPR
    for i=1:3
        STRM(5,i)=alfa(i)*STRM(3,i)
    end
    STRM(4,:)=STRM(3,:)-STRM(5,:)
    //Critério de convergência S5C-S5
    f=STRM(5,:)-S5
endfunction

global STRM alfa gama
gama=0.25;
alfa(1)=0.995;
alfa(2)=0.995;
alfa(3)=0.02;
//Dados da alimentação S1
STRM(1,1)=100;
STRM(1,2)=300;
STRM(1,3)=0;
//Chute inicial
S5(1)=0;
S5(2)=0;
S5(3)=0;
S5C=fsolve(S5',planta);
disp('Componente         Índice')
printf('\n')
printf(' Nitrogênio           1\n')
printf(' Hidrogênio           2\n')
printf(' Amônia               3\n')
disp('')
format('v',6)
disp('Vazões molares das correntes')
disp(STRM(1,:),'Corrente S1');printf('\n')
disp(STRM(2,:),'Corrente S2');printf('\n')
disp(STRM(3,:),'Corrente S3');printf('\n')
```

```
disp(STRM(4,:),'Corrente S4');printf('\n')
disp(STRM(5,:),'Corrente S5')
```

Resultados

```
Componente          Índice

Nitrogênio            1
Hidrogênio            2
Amônia                3


Vazões molares das correntes

Corrente S1

   100.    300.     0.


Corrente S2

   394.1   1182.    4.021


Corrente S3

   295.6   886.7   201.1


Corrente S4

   1.478   4.433   197.


Corrente S5

   294.1   882.3   4.021
```

A Tabela 7.3 mostra os resultados da simulação estacionária da planta de amônia.

Tabela 7.3 Vazão molar dos componentes em cada corrente.

	1	2	3	4	5
Nitrogênio	100	394,1	295,6	1,478	294,1
Hidrogênio	300	1182,0	886,7	4,433	882,3
Amônia	0	4,021	201,1	197,0	4,021

Notação

n_{ji} Vazão molar do componente i na corrente j
X_A Conversão
α Fator de separação

Exemplo 7.5 Planta de metanol

Conceitos envolvidos

Balanços materiais em estado estacionário, com reciclo.

Métodos numéricos usados

Solução pela abordagem sequencial modular.

Enunciado do problema

Metanol é produzido pela reação

$$CO + 2H_2 \Leftrightarrow CH_3OH$$

que ocorre quando uma mistura gasosa dos reagentes é passada sobre um catalisador de $ZnO\text{-}Cr_2O_3$ a 200 atm e 375 °C. A Figura 7.12 mostra um esquema simplificado. A alimentação para o processo é constituída de 66% em mols de H_2 (hidrogênio), 33% em mols de CO (monóxido de carbono) e 1% em mols de Ar (argônio). No reator mostrado na figura, as condições foram ajustadas de modo que a conversão de CO seja de 18%. Todo o metanol do produto do reator é removido no separador e não existem reações secundárias. A velocidade de purga é 0,022 mol por mol de gás que sai do separador. Calcule a composição do gás reciclado e a relação entre os mols de metanol produzido e os mols de alimentação.

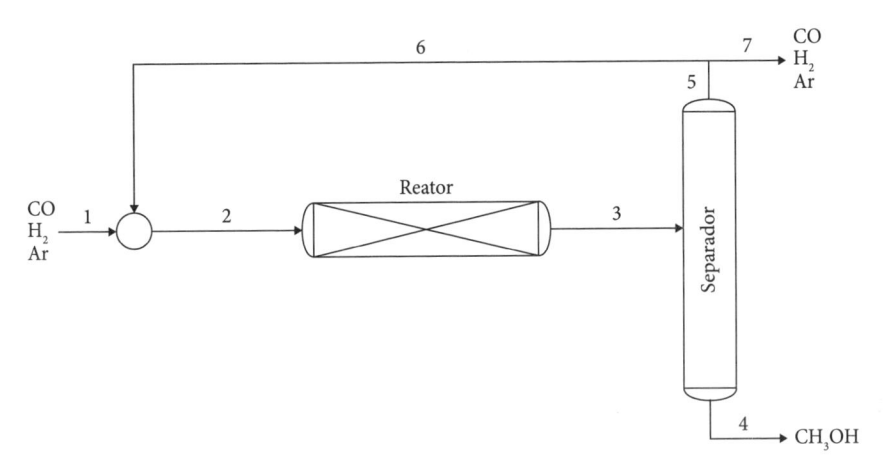

Figura 7.12 Planta de metanol.

Solução

Vamos adotar um índice para cada componente conforme o quadro a seguir.

Componente	Índice
CO	1
H_2	2
CH_3OH	3
CH_4	4

Misturador

Balanço material de CO: $n_{11} + n_{51} = n_{21}$

Balanço material de H_2: $n_{12} + n_{52} = n_{22}$

Balanço material de CH_3OH: $n_{53} = n_{23}$

Balanço material de CH_4: $n_{54} = n_{24}$

Reator

Balanço material de CO: $n_{31} = n_{21} - X_A n_{21}$

Balanço material de H_2: $n_{32} = n_{22} - 3X_A n_{21}$

Balanço material de CH_3OH: $n_{33} = n_{23} + X_A n_{21}$

Balanço material de CH_4: $n_{34} = n_{24}$

Separador

Balanço material de CO: $n_{31} = n_{41} + n_{51}$

Balanço material de H_2: $n_{32} = n_{42} + n_{52}$

Balanço material de CH_3OH: $n_{33} = n_{43} + n_{53}$

Balanço material de CH_4: $n_{34} = n_{44} + n_{54}$

$$\alpha_1 = \frac{n_{51}}{n_{31}}$$

$$\alpha_2 = \frac{n_{52}}{n_{32}}$$

$$\alpha_3 = \frac{n_{53}}{n_{33}}$$

$$\alpha_4 = \frac{n_{54}}{n_{34}}$$

Purgador

Balanço material de CO: $n_{51} = n_{61} + n_{71}$

Balanço material de H_2: $n_{52} = n_{62} + n_{72}$

Balanço material de CH_3OH: $n_{53} = n_{63} + n_{73}$

Balanço material de CH_4: $n_{54} = n_{64} + n_{74}$

$n_{71} = \beta n_{51}$

$n_{72} = \beta n_{52}$

$n_{73} = \beta n_{53}$

$n_{74} = \beta n_{54}$

Os dados são:

n_{11} = 100 mols/h

n_{12} = 300 mols/h

X_A = 0,25

$\alpha_1 = 1,0$

$\alpha_2 = 1,0$

$\alpha_3 = 0,0$

$\alpha_4 = 1,0$

$\beta = 0,022$

```
//Programa 7.5
//
//Planta de metanol
//
//Reação: CO + 2H2 <==> CH3OH
//
//    Componentes:
//    1 - CO
//    2 - H2
//    3 - CH3OH
//    4 - Ar
//
clear
clearglobal
clc

function f=planta(S6)
    global STRM beta_ gama
    //Corrente de reciclo S6
    STRM(6,:)=S6
    //MIXR
    STRM(2,:)=STRM(1,:)+STRM(6,:)
    //RECT
```

```
    //Reação: CO + 2H2 <==> CH3OH
    STRM(3,1)=STRM(2,1)-gama*STRM(2,1)
    STRM(3,2)=STRM(2,2)-2*gama*STRM(2,1)
    STRM(3,3)=STRM(2,3)+gama*STRM(2,1)
    STRM(3,4)=STRM(2,4)
    //SEPR
    STRM(4,1)=0
    STRM(4,2)=0
    STRM(4,3)=STRM(3,3)
    STRM(4,4)=0
    STRM(5,1)=STRM(3,1)
    STRM(5,2)=STRM(3,2)
    STRM(5,3)=0
    STRM(5,4)=STRM(3,4)
    //SPLT
    STRM(7,:)=beta_*STRM(5,:)       //the purge stream
    STRM(6,:)=STRM(5,:)-STRM(7,:)

    //Critério de convergência S6C-S6
    f=STRM(6,:)-S6
endfunction

global STRM beta_ gama
//Dados da alimentação S1
STRM(1,1)=33;
STRM(1,2)=66;
STRM(1,3)=0;
STRM(1,4)=1;
//Parâmetros
beta_=0.022;
gama=0.18;
//Chute inicial
S6(1)=0;
S6(2)=0;
S6(3)=0;
S6(4)=0;
S6C=fsolve(S6',planta);
disp('Vazões molares das correntes')
disp(STRM(1,:),'Corrente S1');printf('\n')
disp(STRM(2,:),'Corrente S2');printf('\n')
disp(STRM(3,:),'Corrente S3');printf('\n')
disp(STRM(4,:),'Corrente S4');printf('\n')
disp(STRM(5,:),'Corrente S5');printf('\n')
disp(STRM(6,:),'Corrente S6');printf('\n')
disp(STRM(7,:),'Corrente S7');printf('\n')
disp('Gás de reciclagem')
printf('\n')
printf('Vazão = %f mol\n',sum(STRM(6,:)))
disp('Composição')
disp(STRM(6,:)/sum(STRM(6,:)))
disp('Relação entre os moles de metanol produzido e os moles de alimentação')
disp(STRM(4,3)/sum(STRM(1,:)))
```

Resultados

```
Vazões molares das correntes

Corrente S1

   33.     66.      0.       1.

Corrente S2

  166.633   333.26601   0.    45.454545

Corrente S3

  136.63906  273.27813  29.993941  45.454545

Corrente S4

    0.       0.     29.993941   0.

Corrente S5

  136.63906  273.27813    0.     45.454545

Corrente S6

  133.633   267.26601    0.     44.454545

Corrente S7

    3.0060594   6.0121188   0.      1.

Gás de reciclagem

Vazão = 445.353556 mol

Composição

   0.3000605   0.6001210   0.    0.0998185

Relação entre os moles de metanol produzido e os moles de alimentação

    0.2999394
```

A Tabela 7.4 mostra os resultados da simulação estacionária da planta de metanol.

Tabela 7.4 Vazão molar dos componentes em cada corrente.

	1	2	3	4	5	6	7
CO	33	166,6	136,6	0	136,6	133,6	3,006
H_2	66	333,3	273,3	0	273,3	267,3	6,012
CH_3OH	0	0	29,99	29,99	0	0	0
CH_4	1	45,45	45,45	0	45,45	44,45	1

O gás de reciclagem é constituído de 10% em mols de argônio, 60% em mols de H_2 e 30% em mols de CO, e é produzido 0,30 mol de metanol por mol de alimentação.

Notação

n_{ji} Vazão molar do componente i na corrente j
X_A Conversão
α Fator de separação
β Fator de divisão de corrente

CAPÍTULO 8
Termodinâmica

8.1 INTRODUÇÃO

A termodinâmica aplicada é um tema central na engenharia química. Um estudo aprofundado dos fundamentos e o cálculo de equilíbrio entre fluidos e propriedades termodinâmicas de fluidos são um dos aspectos característicos da engenharia química com relação a outros campos de engenharia. Isto é devido à relevância dessas propriedades em aplicações de engenharia química, tais como separações baseadas em equilíbrio de fases, operações de transferência de calor etc.

8.2 EQUAÇÕES DE ESTADO

Em um gás ideal, todas as colisões entre moléculas são perfeitamente elásticas. Podemos considerar as moléculas de um gás ideal como bolas de bilhar perfeitamente rígidas que colidem e ricocheteiam sem perda de energia cinética.

Um gás ideal pode ser caracterizado por três quantidades: pressão absoluta, volume e temperatura. A relação entre essas quantidades em um gás ideal é conhecida como lei dos gases ideais,

$PV = nRT$

em que P é a pressão do gás, V é o volume do gás, n é o número de moléculas do gás em unidades de mol (1 mol = $6,02 \times 10^{23}$ moléculas), R é a constante universal dos gases e T é a temperatura absoluta.

Para n = 1, o valor de V corresponde ao volume molar do gás, e a lei dos gases ideais é simplificada para:

$PV = RT$

A lei dos gases ideais só relaciona pressão, volume e temperatura de maneira satisfatória para gases a baixas pressões, ou seja, próximas da pressão atmosférica. No entanto, em muitas situações na engenharia química o processo ocorre a pressões elevadas muito maiores que a pressão atmosférica. Nesses casos, a relação entre pressão, volume e temperatura deve ser abordada de modo mais complexo, sendo necessária a utilização de equações de estado como as equações de Van der Waals, Redlich-Kwong, Soave-Redlich-Kwong, Benedict-Webb-Rubin e Virial.

A equação de Van der Waals é descrita pela equação:

$$\left(P + \frac{a}{V^2}\right)(V-b) = RT$$

Nessa equação, a e b são constantes expressas por:

$$a = \frac{27}{64}\left(\frac{R^2 T_c^2}{P_c}\right)$$

$$b = \frac{RT_c}{8P_c}$$

em que P_c é a pressão crítica do gás e T_c é a temperatura crítica do gás.

Percebe-se que a equação de Van der Waals é uma equação não linear, e, portanto, é de se esperar que seja usada uma solução numérica para o cálculo do volume molar de uma substância a uma pressão e temperatura conhecidas.

O fator de compressibilidade, Z, é a relação entre o volume que um gás ocupa em certa pressão e temperatura e o volume que esse mesmo gás ocuparia nas mesmas condições de pressão e temperatura se tivesse comportamento de gás ideal. Logo, para gases ideais, Z = 1, enquanto para gases reais a equação de estado torna-se a seguinte expressão:

PV = ZRT

Isolando Z nessa equação, obtém-se:

$$Z = \frac{PV}{RT}$$

Exemplo 8.1 Volume molar e fator de compressibilidade da amônia pela equação de Van der Waals

Conceitos envolvidos

Uso da equação de estado de Van der Waals para calcular o volume molar e o fator de compressibilidade de um gás.

Métodos numéricos usados

Solução de uma equação algébrica simples. Uso da função `fsolve`.

Enunciado do problema

Vamos considerar o caso em que são conhecidas a pressão, P = 56 atm, e a temperatura de operação, T = 450 K, da amônia na fase gasosa, e deseja-se calcular seu volume molar. Como a pressão é elevada, o cálculo do volume molar não pode ser feito aplicando-se simplesmente a lei dos gases ideais, e uma solução é utilizar a equação de Van der Waals. Os valores das propriedades críticas da amônia (Apêndice B de Smith e Van Ness) e da constante dos gases são:

T_c = 405,5 K
P_c = 111,3 atm
R = 0,08206 atm litro/gmol K

Solução

A equação de Van der Waals mostra que quando são conhecidas a pressão P e a temperatura T, a obtenção de V não é possível de forma direta, portanto, a equação é implícita em V. Assim, para o cálculo do volume molar, utiliza-se o comando `fsolve`. O `fsolve` exige que a função especificada tenha valor nulo, dessa forma, é necessário que a equação seja rearranjada.

$$f(V) = \left(P + \frac{a}{V^2}\right)(V - b) - RT = 0$$

Uma aproximação razoável para o volume molar V, em muitos casos, utilizando a lei dos gases ideais é boa pelo menos para a primeira tentativa.

Após o cálculo do volume molar, o fator de compressibilidade, Z, pode ser calculado facilmente.

```
//Programa 8.1a
//
//Cálculo do volume molar pela equação de estado de Van der Waals
//
//Conhecidas a pressão e a temperatura, calcula o volume molar. Solução de
//uma equação algébrica.
//
clear
clearglobal
clc

function f=fct(V)
    global P T R Tc Pc
    a=27/64*(R^2*Tc^2/Pc);
    b=R*Tc/(8*Pc);
    f=(P+a/V^2)*(V-b)-R*T;
endfunction

global P T R Tc Pc
P=56;       //atm
T=450;      //K
R=0.08206;      //atm.l/g-mol.K
//ideal gas law
V_ideal=R*T/P;
//Van der Waals equation
Tc=405.5;   //K
Pc=111.3;   //atm
V0=1;
V=fsolve(V0,fct);
disp('Volume molar')
disp('')
printf('V ideal = %f l/gmol\n',V_ideal)
printf('\n')
printf('V = %f l/gmol\n',V)
```

Resultados

```
 Volume molar

V ideal = 0.659411 l/gmol

V = 0.574892 l/gmol
```

Deseja-se, agora, determinar os valores de volume molar para diferentes pressões reduzidas, P_r. P_r é a razão entre a pressão do sistema, P, e a pressão crítica, P_c.

$$P_r = \frac{P}{P_c}$$

```
//Programa 8.1b
//
//Cálculo do volume molar pela equação de estado de Van der Waals
//
//Conhecidas a temperatura, a pressão crítica, a temperatura crítica e a
//pressão reduzida, calcula o volume molar. Solução de uma equação al-
gébrica.
//
clear
clearglobal
clc
close

function f=fct(V)
    global P T R Tc Pc
    a=27/64*(R^2*Tc^2/Pc);
    b=R*Tc/(8*Pc);
    f=(P+a/V^2)*(V-b)-R*T;
endfunction

global P T R Tc Pc
T=450; //K
R=0.08206; //atm.l/g-mol.K
Tc=405.5; //K
Pc=111.3; //atm
V0=1;
Pr=[1 2 4 10 20];
for i=1:length(Pr)
    P=Pr(i)*Pc;
    V_ideal(i)=R*T/P; //ideal gás law
    V_(i)=fsolve(V0,fct); //Van der Waals equation
    Z_(i)=P*V_(i)/(R*T);
end
disp('    Pr      V_ideal       V')
disp([Pr' V_ideal V_])
```

Resultados

```
    Pr     V_ideal         V

    1.     0.3317790     0.2335086
    2.     0.1658895     0.0772676
    4.     0.0829447     0.0606543
   10.     0.0331779     0.0508753
   20.     0.0165889     0.0461750

 Execução completada.
```

A variação do fator de compressibilidade com a pressão pode ser acompanhada pela Figura 8.1.

```
//Programa 8.1c
//
//Cálculo do volume molar pela equação de estado de Van der Waals
//
//Conhecidas a temperatura, a pressão crítica, a temperatura crítica e a
//pressão reduzida, calcula o volume molar. Solução de uma equação al-
gébrica.
//
clear
clearglobal
clc
close

function f=fct(V)
    global P T R Tc Pc
    a=27/64*(R^2*Tc^2/Pc);
    b=R*Tc/(8*Pc);
    f=(P+a/V^2)*(V-b)-R*T;
endfunction

global P T R Tc Pc
T=450;       //K
R=0.08206;   //atm.l/g-mol.K
Tc=405.5;    //K
Pc=111.3;    //atm
V0=1;
Pr=1:0.1:20;
for i=1:length(Pr)
    P=Pr(i)*Pc;
    V_(i)=fsolve(V0,fct);    //Van der Waals equation
    Z_(i)=P*V_(i)/(R*T);
end
plot(Pr,Z_)
xlabel('$P_r$','fontsize',3)
ylabel('Z')
```

Resultados

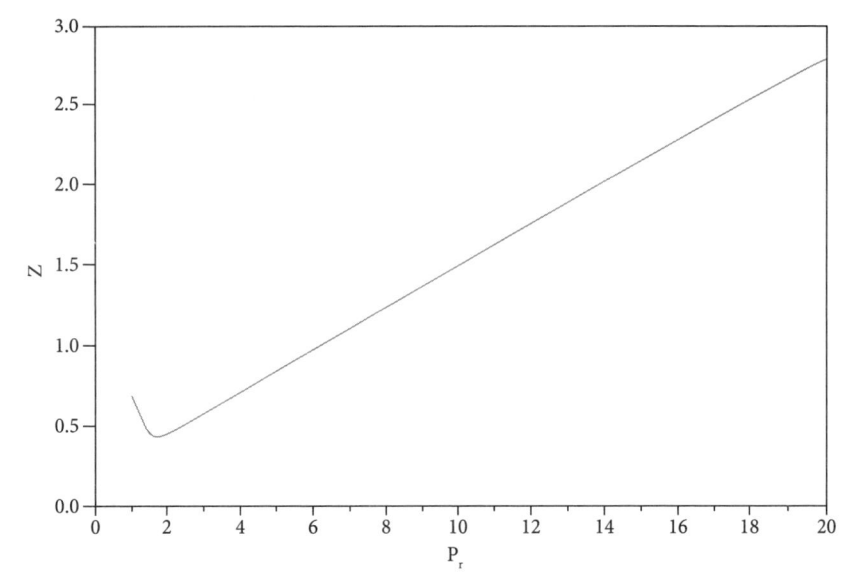

Figura 8.1 Fator de compressibilidade versus pressão reduzida.

Notação

a	Constante da equação de Van der Waals
b	Constante da equação de Van der Waals
P	Pressão
P_c	Pressão crítica
P_r	Razão entre a pressão do sistema e a pressão crítica
R	Constante dos gases
T	Temperatura
V	Volume
Z	Fator de compressibilidade

8.3 TEMPERATURA ADIABÁTICA DE CHAMA

As reações industriais são raramente realizadas em condições padrões (25 °C e 1 atm). Além disto, nas reações reais, os reagentes podem não estar nas proporções estequiométricas, a reação pode não se completar, e a temperatura final pode ser diferente da temperatura inicial. É possível também que estejam presentes substâncias inertes ou que diversas reações ocorram simultaneamente.

Exemplo 8.2 Temperatura adiabática de chama da combustão do metano

Conceitos envolvidos

Temperatura adiabática de chama da combustão completa de um gás com excesso de ar.

Métodos numéricos usados

Solução de uma equação algébrica simples. Uso da função `fsolve`.

Enunciado do problema

Qual a temperatura máxima que pode ser alcançada na combustão do metano com 20% de ar em excesso? O metano e o ar seco entram no queimador a 25 °C. Admita a combustão completa. A reação é:

$CH_4 + 2O_2 \rightarrow CO_2 + 2H_2O(g)$

As capacidades caloríficas molares dos gases são dadas por:

$C_p = a + bT + cT^2 + dT^3$ J/gmol.K

A Tabela 8.1 mostra as constantes da equação de capacidade calorífica e o calor de formação.

Tabela 8.1 Constantes da equação de capacidade calorífica e calor de formação.

Composto	Fórmula	a	$b \times 10^2$	$c \times 10^5$	$d \times 10^9$	$\Delta H^0_{r,298}$ (kJ/gmol)
Metano	CH_4	34,31	5,469	0,3661	−11,00	−17889
Oxigênio	O_2	29,10	1,158	−0,6076	1,311	0,0
Nitrogênio	N_2	29,00	0,2199	0,5723	−2,871	0,0
Dióxido de carbono	CO_2	36,11	4,233	−2,887	7,464	−393,51

Assume-se a composição molar do ar seco como 21% em O_2 e 79% em N_2.

Solução

Em virtude de se desejar a temperatura máxima atingível e admitindo que o processo seja adiabático, então:

$\Delta H = 0$

A base de cálculo será um mol de metano queimado.

Mols de O_2 necessários à queima = 2,0

Mols de O_2 em excesso = 0,2(2,0) = 0,4

Mols de N_2 entrando no queimador = 2,4(79/21) = 9,03

Os gases que deixam o queimador contêm 1 mol de CO_2, 2 mols de $H_2O(g)$, 0,4 mol de O_2 e 9,03 mols de N_2.

A Figura 8.2 mostra esquematicamente o caminho escolhido entre o estado inicial e o estado final para calcular a temperatura. O estado inicial corresponde aos reagentes a 1 atm e a 25 °C e o estado final aos produtos a 1 atm e na temperatura máxima.

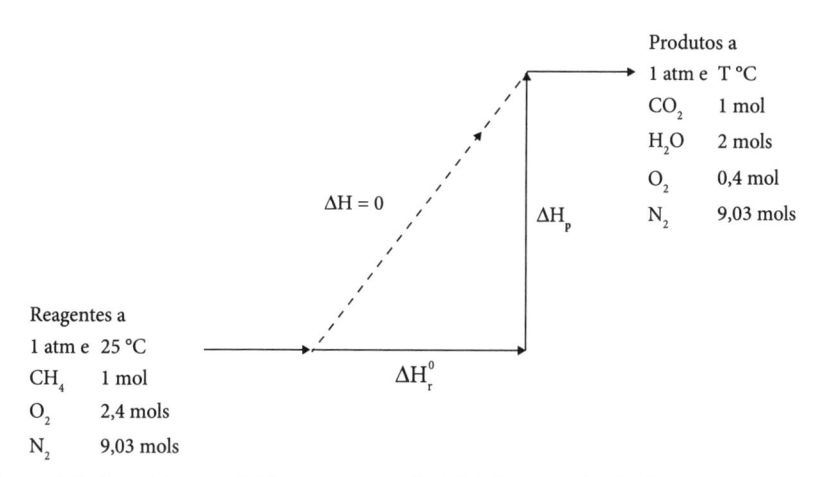

Figura 8.2 Caminho escolhido entre o estado inicial e o estado final.

Uma vez que a variação de entalpia deve ser a mesma, independentemente do caminho considerado, para o caminho escolhido:

$\Delta H^0_{r,298} + \Delta H_{produtos} = \Delta H = 0$

e

$$\Delta H_{produtos} = \sum_{produtos} (n \int_{298}^{T} C_p dT)$$

Portanto,

$$\Delta H = \Delta H_{r,298}^0 + \sum_{produtos} (n \int_{298}^{T} C_p dT) = 0$$

$$\Delta H = \Delta H_{r,298}^0 + \sum_{produtos} \left[n \left(aT + b\frac{T^2}{2} + c\frac{T^3}{3} + \frac{d}{T} \right)^T_{298} \right] = 0$$

Devido ao ar em excesso,

$$CH_4 + 2(1+x)O_2 + 2(1+x)\frac{79}{21}N_2 \rightarrow CO_2 + 2H_2O + 2xO_2 + 2(1+x)\frac{79}{21}N_2$$

x = excesso

```
/Programa 8.2
//
//Temperatura adiabática de chama
//
//Metano e o ar seco entram no queimador a 25°C
//
//Reação:
//
//CH4 + 2O2 ==> CO2 + 2H2O
//
clear
clearglobal
clc
close

function f=fct(TK)
    global a b c d DeltaHr0_298 n
    DeltaH_p=0 //DeltaH dos produtos
    for i=1:length(n)
        DeltaH_p=DeltaH_p+n(i)*(a(i)*(TK-298)+b(i)/2*(TK^2-298^2)+...
        c(i)/3*(TK^3-298^3)+d(i)*(1/TK-1/298))
    end
    f=DeltaHr0_298+DeltaH_p
endfunction

global a b c d DeltaHr0_298
```

```
//Composto
//1 - Metano, 2 - Oxigênio, 3 - Nitrogênio, 4 - Água, 5 - Dióxido de
carbono
//
//Capacidade calorífica Cp
//
//Cp=a+bT+cT^2+d/T^2       T em K
//
a=[5.34 8.27 6.5 8.22 10.34];
b=[0.0115 0.000258 0.001 0.00015 0.00274];
c=[0 0 0 1.34e-6 0];
d=[0 -187700 0 0 -195500];
//Calor padrão de formação a 25 deg C
DeltaHf0_298=[-17889 0 0 -57798 -94052];  //cal/gmol
//Calor padrão de reação a 25 deg C
DeltaHr0_298=DeltaHf0_298(5)+2*DeltaHf0_298(4)-DeltaHf0_298(1)-
-2*DeltaHf0_298(2);

//Composição do gás que deixa o queimador com base em um mol de metano
queimado
x=0.2;     //excesso
/n=[0 2*x 2*(1+x)*79/21 2 1];


T0=298;       //temperatura padrão, K
TK0=1000;     //chute inicial, K
TK=fsolve(TK0,fct);
TC=TK-273;    //deg C

disp('Resultados')
disp('')
printf('Porcentagem de ar em excesso = %f\n',x*100)
printf('\n')
printf('Composição do gás que deixa o queimador com base em um mol de
metano queimado\n')
printf('Metano              %f\n',n(1)/sum(n))
printf('Oxigênio            %f\n',n(2)/sum(n))
printf('Nitrogênio          %f\n',n(3)/sum(n))
printf('Água                %f\n',n(4)/sum(n))
printf('Dióxido de carbono  %f\n',n(5)/sum(n))
printf('\n')
printf('Temperatura adiabática de chama = %f graus Celsius\n',TC)
```

Resultados

```
Resultados


Porcentagem de ar em excesso = 20.000000
```

```
Composição do gás que deixa o queimador com base em um mol de metano
queimado
Metano              0.000000
Oxigênio            0.032184
Nitrogênio          0.726437
Água                0.160920
Dióxido de carbono  0.080460

Temperatura adiabática de chama = 1798.893848 graus Celsius
```

Notação

a	Constante
b	Constante
c	Constante
C_p	Capacidade calorífica
d	Constante
n	Composição do gás
T	Temperatura
x	Excesso
ΔH	Variação de entalpia

8.4 EQUILÍBRIO DE REAÇÕES QUÍMICAS

Um dos ramos industriais mais importantes é o da transformação de matérias-primas em produtos de maior valor mediante uma reação química.

É importante que o engenheiro químico compreenda os problemas envolvidos no projeto e na operação do equipamento destinado às reações. A consideração primordial no desenvolvimento de uma reação química industrial refere-se ao efeito que as variáveis controláveis têm sobre o progresso e o grau de avanço da reação. Por exemplo, são necessários dados relativos à influência do tempo de residência dos reagentes no vaso reacional sobre a conversão desses reagentes ao produto desejado. A temperatura, a pressão e a composição dos reagentes afetam a velocidade da reação e a conversão no equilíbrio. O equilíbrio dá o limite superior para a conversão, assim, um dado importante no desenvolvimento de uma reação química industrial é conhecer a conversão no equilíbrio. Equilíbrio de reações químicas leva a uma ou mais equações algébricas que devem ser resolvidas simultaneamente.

Exemplo 8.3 Reação de deslocamento do gás de água

Conceitos envolvidos

Cálculo das conversões no equilíbrio em reações isoladas.

Métodos numéricos usados

Solução de uma equação algébrica simples. Uso da função `fsolve`.

Enunciado do problema

A reação de deslocamento do gás de água

$$CO(g) + H_2O(g) \rightarrow CO_2(g) + H_2(g)$$

é realizada em diferentes condições, conforme a descrição abaixo. Calcule a fração de vapor-d'água que, em cada caso, sofre conversão. Admita que a mistura se comporte como um gás ideal.

a) Os reagentes são constituídos por 1 mol de H_2O na forma de vapor e 1 mol de CO. A temperatura é 1530 °F e a pressão total é de 1 atm. A 1530 °F, K = 1.
b) Condições análogas a (a), exceto a pressão total de 10 atm.
c) Condições análogas a (a), exceto em que se incluem 2 mols de N_2 nos reagentes.
d) Os reagentes são 2 mols de H_2O e 1 mol de CO. As outras condições são as mesmas que em (a).
e) Os reagentes são 1 mol de H_2O e 2 mols de CO.
f) A mistura reagente inicial tem 1 mol de H_2O, 1 mol de CO e 1 mol de CO_2. As outras condições são as mesmas que em (a).
g) As mesmas condições que em (a), exceto a temperatura, que é elevada para 2500 °F. A 2500 °F, K = 0,316.

Solução

a) Para misturas que se comportam como gases ideais, a constante de equilíbrio é:

$$K = \frac{P_{H_2} P_{CO_2}}{P_{CO} P_{H_2O}}$$

em que as pressões parciais são:

$P_{H_2O} = y_{H_2O} P$

$P_{H_2} = y_{H_2} P$

$P_{CO_2} = y_{CO_2} P$

$P_{CO} = y_{CO} P$

Portanto,

$$K = \frac{y_{H_2} y_{CO_2}}{y_{CO} y_{H_2O}}$$

Com base na conversão de CO, γ, o número de mols dos componentes na mistura é:

$n_{CO} = n_{CO,in} - \gamma n_{CO,in}$

$n_{H_2O} = n_{H_2O,in} - \gamma n_{CO,in}$

$n_{CO_2} = n_{CO_2,in} + \gamma n_{CO,in}$

$n_{H_2} = n_{H_2,in} + \gamma n_{CO,in}$

O número total de mols na mistura é:

$n = n_{CO} + n_{H_2O} + n_{CO_2} + n_{H_2}$

$n = n_{CO,in} - \gamma n_{CO,in} + n_{H_2O,in} - \gamma n_{CO,in} + n_{CO_2,in} + \gamma n_{CO,in} + n_{H_2,in} + \gamma n_{CO,in}$

$n = n_{CO,in} + n_{H_2O,in} + n_{CO_2,in} + n_{H_2,in}$

Os valores das frações molares dos componentes na mistura são calculados por:

$$y_{CO} = \frac{n_{CO}}{n}$$

$$y_{H_2O} = \frac{n_{H_2O}}{n}$$

$$y_{CO_2} = \frac{n_{CO_2}}{n}$$

$$y_{H_2} = \frac{n_{H_2}}{n}$$

Pela substituição das expressões de frações molares dos componentes e do número total de mols, chega-se a:

$$y_{CO} = \frac{n_{CO,in} - \gamma n_{CO,in}}{n_{CO,in} + n_{H_2O,in} + n_{CO_2,in} + n_{H_2,in}}$$

$$y_{H_2O} = \frac{n_{H_2O,in} - \gamma n_{CO,in}}{n_{CO,in} + n_{H_2O,in} + n_{CO_2,in} + n_{H_2,in}}$$

$$y_{CO_2} = \frac{n_{CO_2,in} + \gamma n_{CO,in}}{n_{CO,in} + n_{H_2O,in} + n_{CO_2,in} + n_{H_2,in}}$$

$$y_{H_2} = \frac{n_{H_2,in} + \gamma n_{CO,in}}{n_{CO,in} + n_{H_2O,in} + n_{CO_2,in} + n_{H_2,in}}$$

Dada a constante de equilíbrio K, o problema é resolver a equação em γ.

$$f(\gamma) = K - \frac{p_{H_2} p_{CO_2}}{p_{CO} p_{H_2O}} = 0$$

```
//Programa 8.3
//
//Conversão de equilíbrio
//
//Reação de deslocamento do gás de água:
//
//CO(g) + H2O(g) ==> CO2(g) + H2(g)
//
clear
clc

function f=equilibrio(x)
    global nCOin nH2Oin nCO2in nH2in nN2in P Kp
    gama=x
    //Saída do reator
    nCO=nCOin-gama*nCOin;
    nH2O=nH2Oin-gama*nCOin;
    nCO2=nCO2in+gama*nCOin;
```

```
       nH2=nH2in+gama*nCOin;
       nN2=nN2in;
       n=nCO+nH2O+nCO2+nH2+nN2;
       yCO=nCO/n
       yH2O=nH2O/n
       yCO2=nCO2/n
       yH2=nH2/n
      yN2=nN2/n
      pCO=yCO*P
       pH2O=yH2O*P
       pCO2=yCO2*P
       pH2=yH2*P
       f=Kp-pH2*pCO2/(pCO*pH2O)
endfunction

global nCOin nH2Oin nCO2in nH2in nN2in P Kp
P=1;      //atm
Kp=1;    //a 1530oF
//Kp=0.316;    //a 2500oF
//Entrada do reator
nCOin=1;
nH2Oin=1;
nCO2in=0;
nH2in=0;
nN2in=0;
gama0=0.2;    //<--chutando 0.25, não converge (bug!)
gama=fsolve(gama0,equilibrio);
nCO=nCOin-gama*nCOin;
nH2O=nH2Oin-gama*nCOin;
nCO2=nCO2in+gama*nCOin;
nH2=nH2in+gama*nCOin;
nN2=nN2in;
n=nCO+nH2O+nCO2+nH2+nN2;
yCO=nCO/n;
yH2O=nH2O/n;
yCO2=nCO2/n;
yH2=nH2/n;
yN2=nN2/n;
disp('No início da reação')
disp('')
printf('nCO = %f mol\n',nCOin)
printf('nH2O = %f mol\n',nH2Oin)
printf('nCO2 = %f mol\n',nCO2in)
printf('nH2 = %f mol\n',nH2in)
printf('nN2 = %fmol\n',nN2in)
disp('')
disp('No equilíbrio')
disp('')
printf('Pressão = %f\n',P)
printf('\n')
printf('Conversão de equilíbrio = %f\n',gama)
printf('\n')
printf('Composição\n')
```

```
printf('\n')
printf('yCO  = %f\n',yCO)
printf('yH2O = %f\n',yH2O)
printf('yCO2 = %f\n',yCO2)
printf('yH2  = %f\n',yH2)
printf('yN2  = %f\n',yN2)
```

Resultados

```
 No início da reação


nCO  = 1.000000 mol
nH2O = 1.000000 mol
nCO2 = 0.000000 mol
nH2  = 0.000000 mol
nN2  = 0.000000mol



No equilíbrio
Pressão = 1.000000

Conversão de equilíbrio = 0.500000

Composição

yCO  = 0.250000
yH2O = 0.250000
yCO2 = 0.250000
yH2  = 0.250000
yN2  = 0.000000
```

b) É só substituir a linha que aparece no programa:

P=1;   //atm

por:

P=10;   //atm

```
 No início da reação

nCO  = 1.000000 mol
nH2O = 1.000000 mol
nCO2 = 0.000000 mol
```

```
nH2 = 0.000000 mol
nN2 = 0.000000mol



 No equilíbrio


Pressão = 10.000000

Conversão de equilíbrio = 0.500000

Composição

yCO = 0.250000
yH2O = 0.250000
yCO2 = 0.250000
yH2 = 0.250000
yN2 = 0.000000
```

c) É só substituir a linha que aparece no programa:

nN2in=0;

por:

nN2in=2;

```
 No início da reação


nCO = 1.000000 mol
nH2O = 1.000000 mol
nCO2 = 0.000000 mol
nH2 = 0.000000 mol
nN2 = 2.000000mol



 No equilíbrio


Pressão = 1.000000

Conversão de equilíbrio = 0.500000

Composição

yCO = 0.125000
yH2O = 0.125000
```

```
yCO2 = 0.125000
yH2  = 0.125000
yN2  = 0.500000
```

d) É só substituir a linha que aparece no programa:

`nH2Oin=1;`

por:

`nH2Oin=2;`

```
 No início da reação

nCO  = 1.000000 mol
nH2O = 2.000000 mol
nCO2 = 0.000000 mol
nH2  = 0.000000 mol
nN2  = 0.000000mol

No equilíbrio

Pressão = 1.000000

Conversão de equilíbrio = 0.666667

Composição

yCO  = 0.111111
yH2O = 0.444444
yCO2 = 0.222222
yH2  = 0.222222
yN2  = 0.000000
```

e) É só substituir a linha que aparece no programa:

`nCOin=1;`

por:

`nCOin=2;`

```
 No início da reação

nCO = 2.000000 mol
nH2O = 1.000000 mol
nCO2 = 0.000000 mol
nH2 = 0.000000 mol
nN2 = 0.000000mol


 No equilíbrio

Pressão = 1.000000

Conversão de equilíbrio = 0.333333

Composição

yCO = 0.444444
yH2O = 0.111111
yCO2 = 0.222222
yH2 = 0.222222
yN2 = 0.000000
```

f) É só substituir a linha que aparece no programa:

`nCO2in=0;`

por:

`nCO2in=1;`

```
 No início da reação

nCO = 1.000000 mol
nH2O = 1.000000 mol
nCO2 = 1.000000 mol
nH2 = 0.000000 mol
nN2 = 0.000000mol


 No equilíbrio

Pressão = 1.000000
```

```
Conversão de equilíbrio = 0.333333

Composição

yCO  = 0.222222
yH2O = 0.222222
yCO2 = 0.444444
yH2  = 0.111111
yN2  = 0.000000
```

g) É só substituir a linha que aparece no programa:

Kp=1;   //a 1530oF

por:

Kp=0.316;   //a 2500oF

```
 No início da reação


nCO  = 1.000000 mol
nH2O = 1.000000 mol
nCO2 = 0.000000 mol
nH2  = 0.000000 mol
nN2  = 0.000000mol


 No equilíbrio


Pressão = 1.000000

Conversão de equilíbrio = 0.359852

Composição

yCO  = 0.320074
yH2O = 0.320074
yCO2 = 0.179926
yH2  = 0.179926
yN2  = 0.000000
```

Notação

K   Constante de equilíbrio

n   Número de mols
p   Pressão parcial
P   Pressão
y   Fração molar
γ   Conversão

Exemplo 8.4 Equilíbrio químico envolvendo múltiplas reações

Conceitos envolvidos

Equilíbrio químico envolvendo duas ou mais reações químicas simultâneas.

Métodos numéricos usados

Solução de um sistema de equações algébricas. Uso da função `fsolve`.

Enunciado do problema

Um leito de carvão (por hipótese, de carbono puro) num gaseificador recebe uma carga de vapor-d'água e de ar e produz uma corrente de gás contendo H_2, CO, O_2, H_2O, CO_2 e N_2. Quando a carga gasosa para o gaseificador é constituída por 1 mol de vapor-d'água para 2,38 mols de ar, calcule a composição da corrente efluente a P = 20 atm, nas temperaturas de 1000, 1100, 1200, 1300, 1400 e 1500 K. São conhecidos os seguintes dados:

T (K)	ΔG_f (cal/mol)			ΔH_f^0 (cal/mol)		
	H_2O	CO	CO_2	H_2O	CO	CO_2
1000	−46040	−47859	−94628	−59246	−26771	−94321
1100	−44712	−49962	−94658	−59391	−26914	−94371
1200	−43371	−52049	−94681	−59519	−27062	−94419
1300	−42022	−54126	−94701	−59634	−27218	−94469
1400	−40663	−56189	−94716	−59734	−27376	−94515
1500	−39297	−58241	−94728	−59824	−27537	−94562

O ar é composto de 21% molar de O_2 e 79% molar de N_2.
As espécies presentes e em equilíbrio são o C, o H_2, o N_2, o H_2O, o CO e o CO_2. As reações de formação dos compostos presentes são:

$$H_2 + \frac{1}{2}O_2 \rightarrow H_2O$$

$$C + \frac{1}{2}O_2 \rightarrow CO$$

$$C + O_2 \rightarrow CO_2$$

Todas as espécies estão presentes como gases, exceto o carbono, que está presente como uma fase sólida pura. Na pressão de 20 atm, a atividade do carbono sólido pode ser omitida das expressões das constantes de equilíbrio. Com a hipótese de que as espécies remanescentes sejam gases ideais, as constantes de equilíbrio das reações em fase gasosa são:

$$K_1 = \frac{y_{H_2O}}{y_{O_2}^{1/2} y_{H_2}} \frac{1}{P^{1/2}}$$

$$K_2 = \frac{y_{CO}}{y_{O_2}^{1/2}} P^{1/2}$$

$$K_3 = \frac{y_{CO_2}}{y_{O_2}}$$

Os graus de avanço de cada uma das três reações são denotados por ε_1, ε_2 e ε_3.

$$dn_{H_2} = -d\varepsilon_1$$

$$dn_{CO} = d\varepsilon_2$$

$$dn_{O_2} = -\frac{1}{2}d\varepsilon_1 - \frac{1}{2}d\varepsilon_2 - d\varepsilon_3$$

$$dn_{H_2O} = d\varepsilon_1$$

$$dn_{CO_2} = d\varepsilon_3$$

$$dn_{N_2} = 0$$

A integração dessas equações, de um estado inicial (para o qual $\varepsilon_1 = \varepsilon_2 = \varepsilon_3 = 0$ e $n_{H_2} = n_{CO} = n_{CO_2} = 0$, $n_{H_2O} = 1$, $n_{O_2} = 0,5$ e $n_{N_2} = 1,88$) até um estado final de equilíbrio, dá:

$$n_{H_2} = -\varepsilon_1$$

$$n_{CO} = \varepsilon_2$$

$$n_{O_2} = 0{,}5 - \frac{1}{2}\varepsilon_1 - \frac{1}{2}\varepsilon_2 - \varepsilon_3$$

$$n_{H_2O} = 1 + \varepsilon_1$$

$$n_{CO_2} = \varepsilon_3$$

$$n_{N_2} = 1{,}88$$

$$n = n_{H_2} + n_{CO} + n_{O_2} + n_{H_2O} + n_{CO_2} + n_{N_2}$$

As frações molares das espécies são:

$$y_{H_2} = \frac{n_{H_2}}{n}$$

$$y_{CO} = \frac{n_{CO}}{n}$$

$$y_{O_2} = \frac{n_{O_2}}{n}$$

$$y_{H_2O} = \frac{n_{H_2O}}{n}$$

$$y_{CO_2} = \frac{n_{CO_2}}{n}$$

$$y_{N_2} = \frac{n_{N_2}}{n}$$

Solução

A resolução simultânea das três equações em ε_1, ε_2 e ε_3, dados os valores de K_1, K_2 e K_3:

$$K_1 - \frac{y_{H_2O}}{y_{O_2}^{1/2} y_{H_2}} \frac{1}{P^{1/2}} = 0$$

$$K_2 - \frac{y_{CO}}{y_{O_2}^{1/2}} P^{1/2} = 0$$

$$K_3 - \frac{y_{CO_2}}{y_{O_2}} = 0$$

As três equações da forma como estão escritas apresentam problema de convergência, uma vez que cada uma das constantes de equilíbrio K é um número grande e positivo. A forma desses K serem tão grandes é porque a fração molar do oxigênio y_{O_2} na mistura é muito pequena. Uma maneira de lidar com isso é combinar as expressões de K de modo a eliminar essa grandeza muito pequena.

$$f_1(\varepsilon_1, \varepsilon_2, \varepsilon_3) = \frac{K_1}{K_2} - \frac{y_{H_2O}}{y_{H_2} y_{CO}} \frac{1}{P} = 0$$

$$f_2(\varepsilon_1, \varepsilon_2, \varepsilon_3) = \frac{K_3}{K_1 K_2} - \frac{y_{CO_2} y_{H_2}}{y_{H_2O} y_{CO}} = 0$$

$$f_3(\varepsilon_1, \varepsilon_2, \varepsilon_3) = K_3 y_{O_2} - y_{CO_2} = 0$$

```
//Programa 8.4
//
//Gaseificador
//
//Equilíbrio químico
//
clear
clc

function f=equilibrio(x)
    global P K1 K2 K3
    epson1=x(1)
    epson2=x(2)
    epson3=x(3)
    //No equilíbrio
    nH2=-epson1;
    nCO=epson2;
    nO2=0.5-epson1/2-epson2/2-epson3
    nH2O=1+epson1
    nCO2=epson3;
    nN2=1.88;
    n=nH2+nCO+nO2+nH2O+nCO2+nN2
    yH2=nH2/n
    yCO=nCO/n
    yO2=nO2/n
    yH2O=nH2O/n
```

```
        yCO2=nCO2/n
        yN2=nN2/n
        pH2=yH2*P
        pCO=yCO*P
        pO2=yO2*P
        pH2O=yH2O*P
        pCO2=yCO2*P
        pN2=yN2*P
        f(1)=K1/K2-pH2O/(pH2*pCO)
        f(2)=K3/(K1*K2)-pCO2*pH2/(pH2O*pCO)
        f(3)=K3*pO2-pCO2
endfunction

global P K1 K2 K3
P=20;       //atm
K1=exp(13.2);    //a 1500K
K2=exp(19.6);    //a 1500K
K3=exp(31.8);    //a 1500K
//Estado final de equilíbrio
//epson0=[-0.986 1.964 0.011];
epson0=[-0.5 2 0.01];
//epson0=[-0.2 3 0.05];
epson=fsolve(epson0,equilibrio,1e-16)
    epson1=epson(1);
    epson2=epson(2);
    epson3=epson(3);
    nH2=-epson1;
    nCO=epson2;
    nO2=0.5-epson1/2-epson2/2-epson3;
    nH2O=1+epson1;
    nCO2=epson3;
    nN2=1.88;
    n=nH2+nCO+nO2+nH2O+nCO2+nN2;
    yH2=nH2/n;
    yCO=nCO/n;
    yO2=nO2/n;
    yH2O=nH2O/n;
    yCO2=nCO2/n;
    yN2=nN2/n;
disp('No equilíbrio')
disp('')
printf('Graus de avanço')
disp(epson)
printf('\n')
printf('Composição\n')
printf('\n')
printf('yH2 = %f\n',yH2)
printf('yCO = %f\n',yCO)
printf('yO2 = %f\n',yO2)
printf('yH2O = %f\n',yH2O)
printf('yCO2 = %f\n',yCO2)
printf('yN2 = %f\n',yN2)
```

Resultados

```
No equilíbrio


Graus de avanço
  - 0.9867190    1.9672373    0.0097409

Composição

yH2  = 0.203155
yCO  = 0.405033
yO2  = 0.000000
yH2O = 0.002734
yCO2 = 0.002006
yN2  = 0.387072
```

     Os resultados mostram que, realmente, a fração molar do oxigênio é praticamente nula.

Notação

K   Constante de equilíbrio
n   Número de mols
p   Pressão parcial
P   Pressão
y   Fração molar
ε Grau de avanço de reação

CAPÍTULO 9
Fenômenos de transporte

9.1 INTRODUÇÃO

Os fenômenos de transporte são básicos na engenharia química e são divididos em mecânica dos fluidos, transporte de calor e transporte de massa.

9.2 MECÂNICA DOS FLUIDOS

A mecânica dos fluidos é o estudo dos fluidos em movimento (dinâmica dos fluidos) ou em repouso (estática dos fluidos) e dos efeitos subsequentes do fluido sobre os contornos, que podem ser superfícies sólidas ou interfaces com outros fluidos.

As várias aplicações da mecânica dos fluidos transformam-na em um dos mais vitais e básicos estudos da engenharia e da ciência aplicada. O escoamento em tubos faz com que a mecânica dos fluidos seja importante para os engenheiros químicos, por exemplo, no cálculo da perda de pressão provocada pelo atrito nos tubos e da potência necessária das bombas nos sistemas de tubulações.

Exemplo 9.1 Velocidade terminal de partículas em queda

Conceitos demonstrados

Velocidade terminal de partículas em queda livre.

Métodos numéricos utilizados

Solução numérica de uma equação algébrica simples. Utilização da função `fsolve`.

Descrição do problema

A fluidização é a operação pela qual as partículas sólidas são transformadas em um estado como de um líquido, por meio da suspensão em um gás ou líquido. Nesse processo, é importante conhecer a velocidade terminal de partículas em queda livre. Quando uma partícula de tamanho D_p cai através de um fluido, a velocidade de queda livre pode ser estimada pela mecânica dos fluidos pela expressão:

$$v_t = \sqrt{\frac{4g(\rho_p - \rho)D_p}{3C_D\rho}}$$

em que o coeficiente de arraste C_D em partículas esféricas na velocidade terminal varia com o número de Reynolds:

$C_D = \dfrac{24}{Re}$ \qquad\qquad Re < 0,1

$C_D = \dfrac{24}{Re}(1 + 0,14 Re^{0,7})$ \qquad\qquad $0,1 \leq Re \leq 1000$

$C_D = 0,44$ \qquad\qquad $1000 < Re \leq 350000$

$C_D = 0,19 - \dfrac{8 \times 10^4}{Re}$ \qquad\qquad $350000 < Re$

O número de Reynolds é dado por:

$$Re = \frac{\rho v_t D_p}{\mu}$$

Para evitar ou reduzir o arraste de partículas em um leito fluidizado, deve-se manter a velocidade entre a velocidade mínima de fluidização v_{mf}, quando ocorre o início da fluidização, e v_t.

Dados numéricos

Calcule a velocidade terminal para partículas de carvão com $\rho_p = 1800$ kg/m^3 e $D_p = 0,208 \times 10^{-3}$ m em queda livre na água a 25 °C. As propriedades da água são: $\rho = 994,6$ kg/m^3 e $\mu = 8,931 \times 10^{-4}$ kg/m.s.

Solução

Na verdade, a expressão de v_t é uma equação implícita nesta variável, pois o coeficiente C_D é função de Re, que por sua vez é função de v_t. A dificuldade em resolver a equação está no fato de que a expressão de C_D em função do número de Re varia de acordo com a faixa de valores desse número. Assim, a estrutura if combinada com elseif e else facilita a programação para achar a solução utilizando a função fsolve. A equação implícita que deve ser resolvida é:

$$f(v_t) = v_t - \sqrt{\frac{4g(\rho_p - \rho)D_p}{3C_D\rho}} = 0$$

```
//Programa 9.1
//
//Velocidade terminal de partícula em queda
//
clear
clearglobal
clc

function f=fct(vt)
    global g rhop Dp rho mu
    Re=Dp*vt*rho/mu;
    if Re<0.1 then
        CD=24/Re;
    elseif 1<=Re & Re<=1000
        CD=24/Re*(1+0.14*Re^0.14);
    elseif 1000<=Re & Re<=35000
        CD=0.44;
    else
        CD=0.19-8e4/Re;
    end
    f=vt-sqrt(4*g*(rhop-rho)*Dp/(3*CD*rho))
endfunction

global g rhop Dp rho mu
g=9.80665;   //m/s^2
rhop=1800;   //kg/m^3
Dp=0.208e-3; //m
rho=994.6;   //kg/m^3
mu=8.931e-4; //kg/m.s
vt0=1;       //chute
vt=fsolve(vt0,fct);
printf('Velocidade terminal vt = %f m/s\n',vt)
```

Resultados

Ao final da execução do programa, o console do Scilab mostra o seguinte resultado:

```
Velocidade terminal vt = 0.018149 m/s
```

Notação

C_D	Coeficiente de arraste, adimensional
D_p	Diâmetro da partícula esférica, m
g	Aceleração da gravidade, m²/s
Re	Número de Reynolds, adimensional
v_{mf}	Velocidade mínima de fluidização, m/s
v_t	Velocidade terminal, m/s
μ	Viscosidade dinâmica, Pa ou kg/m.s
ρ	Densidade do fluido, kg/m³
ρ_p	Densidade da partícula, kg/m³

Exemplo 9.2 Escoamento laminar em um tubo circular

Conceitos demonstrados

Perfil de velocidade de um fluido newtoniano incompressível em escoamento laminar em um tubo circular e velocidade média.

Métodos numéricos utilizados

Solução numérica de equação diferencial ordinária de segunda ordem de condições de contorno em dois pontos e empregando a técnica do chute. Utilização das funções `fsolve` e `ode`.

Descrição do problema

Considere o escoamento laminar unidimensional, em regime estacionário, de um fluido newtoniano incompressível no interior de uma canalização horizontal, circular, de diâmetro constante e determine a distribuição de velocidades. A solução deste problema inicia-se com um balanço de forças sobre o elemento tubular cilíndrico de fluido δr, como é mostrado na Figura 9.1.

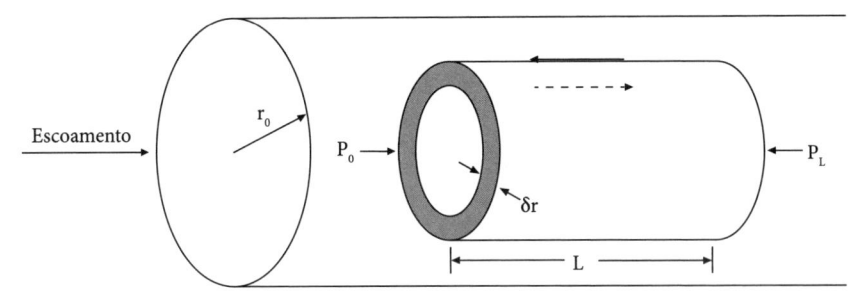

Figura 9.1 Forças que agem sobre um elemento de fluido escoando no interior de uma tubulação circular.

O número de Reynolds do escoamento em tubo é definido como:

$$Re = \frac{\rho u_b D}{\mu}$$

O escoamento é laminar quando $Re \leq 2100$.

Balanço de forças

O balanço de forças sobre o elemento tubular cilíndrico de fluido δr é:

Força de pressão nas extremidades + Força de resistência nas superfícies cilíndricas = 0

Força de pressão na extremidade esquerda: $2\pi r \delta r P_0$

Força de pressão na extremidade direita: $- 2\pi r \delta r P_L$ (com sinal de menos, a força atua no sentido contrário)

Força de resistência na superfície cilíndrica interna do elemento tubular: $- 2\pi r L \tau$ (o fluido no interior do elemento tubular empurra o elemento no sentido do escoamento)

Força de resistência na superfície cilíndrica externa do elemento tubular:

$$-\left[2\pi rL\tau + \frac{d(2\pi rL\tau)}{dr}\delta r\right]$$ (com sinal de menos, o fluido exterior à superfície externa do elemento tubular tende a frear o escoamento)

Substituindo essas expressões no balanço de forças, tem-se:

$$2\pi r\delta rP_0 - 2\pi r\delta rP_L + 2\pi rL\tau - \left[2\pi rL\tau + \frac{d(2\pi rL\tau)}{dr}\delta r\right] = 0$$

$$2\pi r\delta rP_0 - 2\pi r\delta rP_L - \frac{d(2\pi rL\tau)}{dr}\delta r = 0$$

$$2\pi rP_0 - 2\pi rP_L - \frac{d(2\pi rL\tau)}{dr} = 0$$

$$2\pi rP_0 - 2\pi rP_L - 2\pi L\frac{d(r\tau)}{dr} = 0$$

$$r(P_0 - P_L) - L\frac{d(r\tau)}{dr} = 0$$

Denominando a diferença de pressão no comprimento L como:

$$\Delta P = P_0 - P_L$$

e substituindo no balanço, tem-se:

$$r\Delta P - L\frac{d(r\tau)}{dr} = 0$$

$$\frac{d}{dr}(r\tau) = \frac{\Delta P}{L}r$$

Para fluidos não newtonianos, a tensão de cisalhamento (força aplicada por unidade de área) é relacionada com a viscosidade μ pela expressão:

$$\tau = -\mu\frac{du}{dr}$$

No centro, du/dr = 0, e na parede interna da canalização, a velocidade u = 0, devido à condição de não escorregamento do fluido na superfície da parede. Assim, tem-se:

r = 0 $\qquad\qquad$ τ = 0

r = r_0 $\qquad\qquad$ u = 0

A velocidade média de escoamento u_b é definida como:

$$u_b = \frac{1}{\pi r_0^2} \int_0^{r_0} u 2\pi r\, dr$$

Assim:

$$\frac{du_b}{dr} = \frac{1}{\pi r_0^2} \frac{d}{dr}\left(\int_0^{r_0} u 2\pi r\, dr\right)$$

$$\frac{du_b}{dr} = \frac{1}{\pi r_0^2}(u 2\pi r)$$

$$\frac{du_b}{dr} = \frac{u 2r}{r_0^2}$$

A condição de contorno para essa equação diferencial é:

r = 0 $\qquad\qquad$ u_b = 0

cuja solução analítica é dada por:

$$u = u_{máx}\left[1 - \left(\frac{r}{r_0}\right)^2\right]$$

com:

$$u_{máx} = \frac{\Delta P}{4\mu L} r_0^2$$

A velocidade máxima dá-se no centro da canalização e está relacionada com a velocidade média por:

$$u_b = \frac{u_{máx}}{2}$$

Dados numéricos

Determine o perfil de velocidades e a velocidade média da água a 25 °C escoando no interior de uma canalização de raio interno 0,0092295 m. A queda de pressão num comprimento de 10 m de canalização é de 500 Pa. A viscosidade da água é $\mu = 8{,}937 \times 10^{-4}$ kg/m.s.

L = 10 m
r_0 = 0,009295 m
ΔP = 500 Pa
$\mu = 8{,}937 \times 10^{-4}$ kg/m.s

Solução

O modelo matemático é formado pelas equações com suas respectivas condições de contorno:

$$\frac{d}{dr}(r\tau) = \frac{\Delta P}{L} r \qquad \tau(0) = 0$$

$$\frac{du}{dr} = -\frac{\tau}{\mu} \qquad u(r_0) = 0$$

$$\frac{du_b}{dr} = \frac{u 2 r}{r_0^2} \qquad u_b(0) = 0$$

São três equações diferenciais com valores conhecidos em dois pontos diferentes de r, quais sejam, em r = 0 e r = r_0. Para integrar as equações, vamos definir o seguinte vetor de variáveis dependentes **y** formado por:

$$\mathbf{y} = \begin{bmatrix} y_1 \\ y_2 \\ y_3 \end{bmatrix} = \begin{bmatrix} \tau \\ u \\ u_b \end{bmatrix}$$

Se u fosse conhecido em r = 0, era só integrar as três equações diferenciais de condições iniciais de zero a r_0 usando, por exemplo, a função ode. Mas u é conhecido em r = r_0. Portanto, temos que aplicar um método de convergência para achar o valor de u em r = 0, tal como o método do chute. Neste caso, chuta-se um valor para u(0) e inicia-se a integração das equações, agora com todos os valores das variáveis dependentes conhecidos em r =0. A integração vai até r_0. Neste ponto, teremos os valores de τ, u e u_b. Assim, poderemos comparar o valor de u com o valor verdadeiro, que é zero. Para convergir, podemos usar a função fsolve.

f($u_0$chute) − u(r_0) = 0

f($u_0$chute) − 0 = 0

f($u_0$chute) = 0

```
//Programa 9.2
//
//Perfil de velocidades de um fluido Newtoniano incompressível,
//escoando no interior de uma canalização horizontal, circular,
//em regime estacionário
//
clear
clearglobal
clc

function dy=laminar(r, y)
    global DeltaP mu L R
    rtau=y(1)
    if r>0 then
        tau=rtau/r
    else
        tau=0
    end
    u=y(2)
    ub=y(3)
    dy(1)=DeltaP*r/L
    dy(2)=-tau/mu
    dy(3)=u*2*r/R^2
endfunction

function f=fun(y20)
    global DeltaP mu L R y2R
    r0=0;
    rf=R;
    y0(1)=0
    y0(2)=y20     //chute
    y0(3)=0
    y=ode(y0,r0,rf,laminar)
    f=y(2)-y2R
```

```
endfunction

global DeltaP mu L R y2R
DeltaP=500;     //Pa
mu=8.937e-4;    //kg/m.s
L=10;   //m
R=0.009295;     //m
y10=0;    //condição de contorno y1(0)
y2R=0;    //condição de contorno y2(R)
y30=0;    //condição de contorno y3(0)

//Solução numérica
r0=0;
r=0:0.00001:R;
y0(1)=y10;
eta=0.5;    //chute
y20=fsolve(eta,fun);
y0(2)=y20;
y0(3)=0;
y=ode("stiff",y0,r0,r,laminar);
rtau=y(1,:);
for i=1:length(rtau)
    if r(i)>0 then
        tau(i)=rtau(i)/r(i);
    else
        tau(i)=0;
    end
end
u=y(2,:);
ub=y(3,:);
scf(1);
clf
plot(r,u(1,:),r,tau,'b--')
xlabel('r (m)')
ylabel('u e tau')
legend('u (m/s)','tau (N/m2)',2);
title('Solução numérica')
printf('Velocidade média ub = %f m/s\n',ub($))

//Solução analítica
clear u tau
umax=DeltaP/(4*mu*L)*R^2;
u=umax*(1-(r/R).^2);
tau=DeltaP/(2*L)*r;
scf(2);
clf
plot(r,u(1,:),r,tau,'b--')
xlabel('r (m)')
ylabel('u e tau')
legend('u (m/s)','tau (N/m2)',2);
title('Solução analítica')
```

Resultados

Ao final da execução do programa, o console do Scilab mostra a seguinte tela:

```
Velocidade média ub = 0.604208 m/s
-->
```

As figuras 9.2 e 9.3 mostram os perfis de velocidade e da tensão de cisalhamento obtidos pela solução numérica e solução analítica, respectivamente. Pode-se notar a boa concordância entre as duas soluções. Mostram ainda que no escoamento laminar existe uma variação parabólica da velocidade desde o valor zero, na parede, até $u_{máx}$ no centro da canalização.

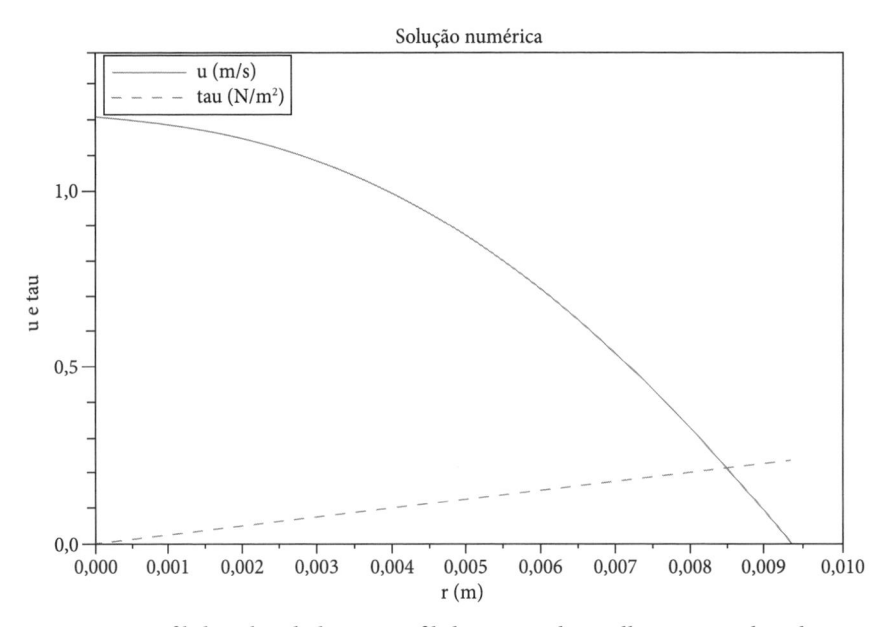

Figura 9.2 Perfil de velocidade u e perfil da tensão de cisalhamento τ da solução numérica.

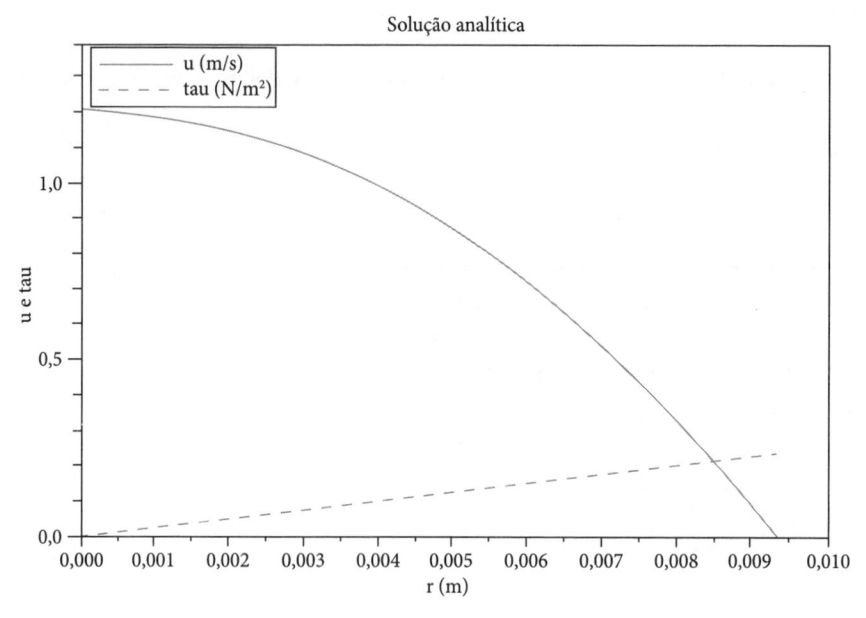

Figura 9.3 Perfil de velocidade u e perfil da tensão de cisalhamento τ da solução analítica.

Notação

L	Comprimento do tubo
P	Pressão
r	Distância radial
r_0	Raio do tubo
Re	Número de Reynolds
u	Velocidade na direção do escoamento
$u_{máx}$	Velocidade máxima
u_b	Velocidade média
δr	Espessura do elemento tubular
ΔP	Diferença de pressão
μ	Viscosidade dinâmica
ρ	Densidade
τ	Tensão de cisalhamento

Exemplo 9.3 Camada limite de um fluido em escoamento laminar sobre uma placa plana

Conceitos demonstrados

Solução numérica das equações da continuidade e de movimento para o escoamento de um fluido newtoniano dentro da camada limite laminar sobre uma placa plana.

Métodos numéricos utilizados

Transformação de equações diferenciais parciais em uma equação diferencial ordinária, redução de uma equação diferencial de ordem elevada em um sistema de equações diferenciais ordinárias de primeira ordem, e solução numérica de equações diferenciais ordinárias empregando-se a técnica do chute. Utilização das funções `fsolve` e `ode`.

Descrição do problema

Um dos progressos mais importantes na mecânica dos fluidos foi a contribuição de Prandtl em 1904. Ele sugeriu que o movimento do fluido em torno de objetos poderia ser dividido em duas regiões: uma delgada, próxima do objeto, onde os efeitos do atrito são importantes, e uma externa, onde o atrito pode ser desprezado. A região em que o atrito é de importância é denominada camada limite, enquanto a região em que o atrito é desprezível é denominada escoamento potencial. Não existe uma linha divisória precisa entre a região de escoamento potencial e a camada limite, mas é costume defini-la como a região em que a velocidade do fluido (paralela à superfície) é inferior a 99% da velocidade da corrente livre, que é descrita pela teoria do escoamento potencial. A espessura da camada limite, δ, aumenta ao longo da superfície a partir do bordo de ataque. O escoamento na camada limite inicia-se como laminar e, à medida que a camada aumenta ao longo da superfície, aparece uma região de transição e o escoamento na camada limite pode tornar-se turbulento. A sequência laminar-transição-turbulento ocorre em todos os escoamentos, se a superfície for suficientemente longa, independentemente de ser a corrente livre laminar ou turbulenta, mas com o aumento do grau de turbulência na corrente livre, a transição ocorre mais cedo.

Para o escoamento sobre uma placa plana, define-se o número de Reynolds local do escoamento ao longo da superfície da placa como:

$$Re_x = \frac{\rho u_0 x}{\mu}$$

A transição de escoamento laminar para turbulento, em uma placa lisa, ocorre na faixa de número de Reynolds entre 2×10^5 e 3×10^6. O número crítico de Reynolds Re_c para a transição numa placa plana é geralmente tomado como

$5×10^5$, este valor, na prática, é fortemente dependente das condições de rugosidade superficial e do "nível de turbulência" da corrente livre.

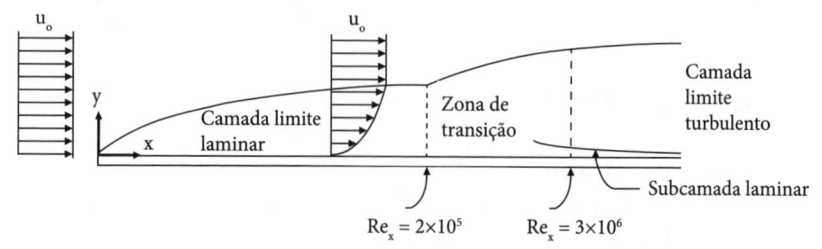

Figura 9.4 Escoamento nas camadas limite laminar, de transição e turbulenta sobre uma placa plana.

Sabe-se que quando um fluido escoa a uma velocidade u_0 sobre uma placa plana colocada horizontalmente ao fluxo, a experiência mostra que a velocidade do fluido na superfície da placa é zero, e que uma camada limite, dentro da qual as velocidades são menores que u_0, aumenta à medida que o fluxo avança ao longo da placa.

Assumindo regime permanente, fluido incompressível, escoamento laminar com as propriedades do fluido constante e dissipação viscosa desprezível e reconhecendo que dp/dx = 0, as equações da camada limite são reduzidas em:

Continuidade:

$$\frac{\partial u_x}{\partial x} + \frac{\partial u_y}{\partial y} = 0$$

Quantidade de movimento:

$$u_x \frac{\partial u_x}{\partial x} + u_y \frac{\partial u_y}{\partial y} = \nu \frac{\partial^2 u_x}{\partial y^2}$$

A solução deste problema, fornecendo u_x e u_y como função de x e y, foi obtida por Blasius.

Para determinar a velocidade dentro da camada limite, uma função corrente ψ (x,y) que satisfaz automaticamente a equação de continuidade é definida por:

$$u_x = \frac{\partial \psi}{\partial y}$$

$$u_y = -\frac{\partial \Psi}{\partial x}$$

O uso dessas variáveis reduz a equação diferencial parcial em uma equação diferencial ordinária.

Para simplificar mais ainda, novas variáveis, dependente e independente, f e η, respectivamente, são definidas como:

$$f(\eta) = \frac{\Psi}{\sqrt{x \nu u_0}} \qquad \text{função corrente adimensional}$$

$$\eta = y\sqrt{\frac{u_0}{\nu x}} \qquad \text{variável adimensional de posição}$$

Utilizando-se as regras de diferenciação parcial e as novas quantidades acima, pode-se, por um longo processo de transformação, chegar à forma final dada como uma equação diferencial ordinária de terceira ordem.

$$\frac{d^3 f}{d\eta^3} + \frac{f}{2}\frac{d^2 f}{d\eta^2} = 0$$

com as seguintes condições de contorno:

$\eta = 0$	$f(\eta) = 0$
$\eta = 0$	$f'(\eta) = 0$
$\eta = \infty$	$f'(\eta) = 1$

em que η é a distância adimensional envolvendo x, y, u_0 e a viscosidade cinemática, ν, do fluido. A função f(η) é conhecida como função de Blasius, e f'(η) é o perfil de velocidade no interior da camada limite sobre uma placa plana. Em termos de f(η), os componentes da velocidade são:

$$u_x = \frac{\partial \Psi}{\partial y} = \frac{\partial \Psi}{\partial \eta}\frac{\partial \eta}{\partial y} = u_0 f'$$

$$u_y = -\frac{\partial \Psi}{\partial x} = \frac{1}{2}\sqrt{\frac{\nu u_0}{x}}(\eta f' - f)$$

Esse é um problema de valor no contorno, porque f = 0 e f' = 0 em η = 0, enquanto f' = 1 em η = ∞. A abordagem desse problema é por tentativas, obtendo-se soluções para diversos ajustes de f"(0) até que f'(∞) se aproxime de 1. Entretanto, não podemos usar η = ∞ como um contorno; assim, a integração é feita até um valor de η suficientemente grande (η = 6 a η = 10), de modo que não haja variações significativas quando ele é incrementado.

Solução

Para converter a equação diferencial de terceira ordem em três equações diferenciais de primeira ordem, vamos usar as seguintes transformações:

$g_1 = f$

$g_2 = f'$

$g_3 = f''$

Assim:

$g'_1 = f'$

$g'_2 = f''$

$g'_3 = f'''$

Fazendo as devidas substituições:

$g'_1 = g_2$ $\quad\quad\quad\quad g_1(0) = 0$

$g'_2 = g_3$ $\quad\quad\quad\quad g_2(0) = 0$

$g'_3 = -\dfrac{g_1}{2} g_3$ $\quad\quad g_3(0) = ?$

A condição $g_3(0)$ é desconhecida, portanto, deve-se chutar um valor para $g_3(0)$ e resolver o sistema de equações diferenciais de condições iniciais até chegar a um valor de η suficientemente grande e comparar o valor de $g_2(\infty, \text{chute})$ com o valor verdadeiro $g_2(\infty) = 1$. O chute correto é quando:

$g_2(\infty, \text{chute}) - g_2(\infty) = 0$

Uma solução em série para a função de Blasius, $f(\eta)$, pode ser encontrada em Bennett e Myers:[1]

---
[1] Bennett e Myers (1978).

$$f = 0{,}16603\eta^2 - 4{,}5943\times10^{-4}\,\eta^5 + 2{,}4972\times10^{-6}\,\eta^8 - 1{,}4277\times10^{-8}\,\eta^{11} + \ldots$$

Essa série truncada a partir do quinto termo funciona apenas para valores pequenos de η, como pode ser visto nas figuras 9.8 e 9.9. Isto não é um problema sério, desde que o interesse maior seja o estudo dos fenômenos que ocorrem na superfície.

A resistência sobre uma placa plana é calculada a partir da tensão de cisalhamento na superfície. Em qualquer ponto da superfície a uma distância x do bordo de ataque, a tensão de cisalhamento pode ser obtida a partir do gradiente de velocidade em $y = 0$:

$$\tau_s = \mu \left(\frac{\partial u_x}{\partial y} \right)_{y=0}$$

A relação entre u_x e f é dada por:

$$f' = \frac{u_x}{u_0}$$

Assim,

$$\frac{\partial f'}{\partial y} = \frac{1}{u_0}\frac{\partial u_x}{\partial y}$$

$$\frac{\partial u_x}{\partial y} = u_0 \frac{\partial f'}{\partial y}$$

Agora:

$$\frac{\partial f'}{\partial y} = \frac{\partial f'}{\partial \eta}\frac{\partial \eta}{\partial y}$$

Pela definição da variável adimensional η, então:

$$\frac{\partial \eta}{\partial y} = \sqrt{\frac{u_0}{\nu x}}$$

Portanto,

$$\frac{\partial f'}{\partial y} = \frac{\partial f'}{\partial \eta}\sqrt{\frac{u_0}{\nu x}}$$

Como f é função apenas de η, pode-se substituir $\partial f'/\partial \eta$ por $df'/d\eta$:

$$\frac{\partial f'}{\partial y} = \frac{df'}{d\eta}\sqrt{\frac{u_0}{\nu x}}$$

$$\frac{\partial f'}{\partial y} = \frac{d}{d\eta}\left(\frac{df}{d\eta}\right)\sqrt{\frac{u_0}{\nu x}}$$

$$\frac{\partial f'}{\partial y} = \frac{d^2 f}{d\eta^2}\sqrt{\frac{u_0}{\nu x}}$$

Substituindo esse resultado em $\partial u_x/\partial y$, chega-se a:

$$\frac{\partial u_x}{\partial y} = u_0 \sqrt{\frac{u_0}{\nu x}} \frac{d^2 f}{d\eta^2}$$

Portanto, a tensão de cisalhamento na superfície é dada por:

$$\tau_s = \mu u_0 \sqrt{\frac{u_0}{\nu x}} \frac{d^2 f}{d\eta^2}\bigg|_{y=0}$$

```
//Programa 9.3
//
//Camada limite de um fluido em escoamento laminar sobre uma placa
//plana
//
//Solução numérica das equações da continuidade e de quantidade de mo-
vimento
//para o escoamento de um fluido Newtoniano dentro da camada limite la-
minar
//sobre uma placa plana. Redução de uma equação diferencial de ordem
elevada
//em um sistema de equações diferenciais de primeira ordem e solução
numérica
//de equações diferenciais ordinárias empregando o método do chute. A
//integração é feita até um valor alto de eta=10.
//
clear
clearglobal
clc

function dg=f(eta, g)
    dg(1)=g(2)
    dg(2)=g(3)
```

```
        dg(3)=-1/2*g(1)*g(3)
endfunction

function f=fun(g30)
    global g10 g20 g2inf etainf
    eta0=0;
    etaf=etainf;
    g0(1)=g10
    g0(2)=g20
    g0(3)=g30
    g=ode(g0,eta0,etaf,f)
    f=g(2)-g2inf
endfunction

global g10 g20 g2inf etainf
//Dados
eta0=0;
etainf=10;
etaf=etainf;
eta=eta0:0.001:etaf;

//Condições de contorno
g10=0;
g20=0;
g2inf=1;
g0(1)=g10;
g0(2)=g20;
g30=fsolve(0.1,fun);
g0(3)=g30;
g=ode(g0,eta0,eta,f);
uy_=1/2*(eta.*g(2,:)-g(1,:));

//Plota os resultados
scf(1);
clf
plot(eta,g)
xlabel('eta')
legend('f','df','d2f',2);
scf(2);
clf
plot(eta,g(2,:))
xlabel('eta')
ylabel('ux/u0')
scf(3);
clf
plot(eta,uy_)
xlabel('eta')
ylabel('uy/u0*sqrt(u0.x)/mu')

//Espessura da camada limite
for i=1:length(eta)
   if g(2,i)>=0.99 then
       break
```

```
        end
end
printf('Espessura da camada limite = %f\n',eta(i))
printf('\n')
printf('ux/u0 = %f\n',g(2,i))
printf('\n')

//f" em y=0
printf('d2f(0) = %f\n',g30)

//Solução de Blasius
eta_=0:0.001:4;
feta=0.16603*eta_.^2-4.5943e-4*eta_.^5+2.4972e-6*eta_.^8-1.4277e-
-8*eta_.^11;
fprimeeta=0.16603*2*eta_-4.5943e-4*5*eta_.^4+2.4972e-6*8*eta_.^7-
-1.4277e-8*11*eta_.^10;
uyBlasius_=1/2*(eta_.*fprimeeta-feta);

scf(4);
clf
plot(eta_,fprimeeta)
xlabel('eta')
ylabel('ux/u0')
scf(5);
clf
plot(eta_,uyBlasius_)
xlabel('eta')
ylabel('uy/u0*sqrt(u0.x)/mu')
```

Resultados

Ao final da execução do programa, têm-se os resultados na forma de gráficos nas figuras 9.5-9.9 e o console do Scilab mostra a seguinte tela:

```
Espessura da camada limite = 4.910000

ux/u0 = 0.990000

d2f(0) = 0.332057
```

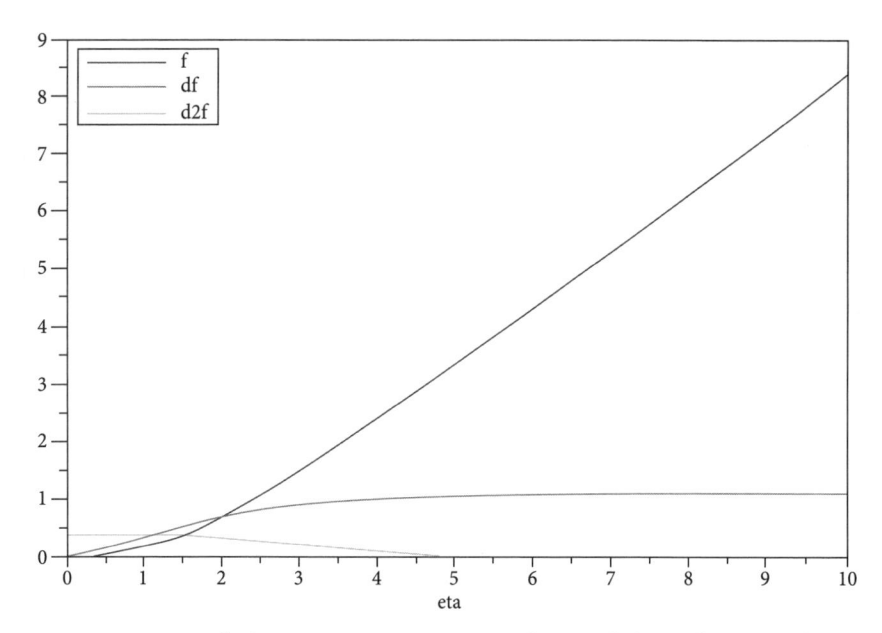

Figura 9.5 Variação de f com a posição no interior da camada limite laminar sobre uma placa plana.

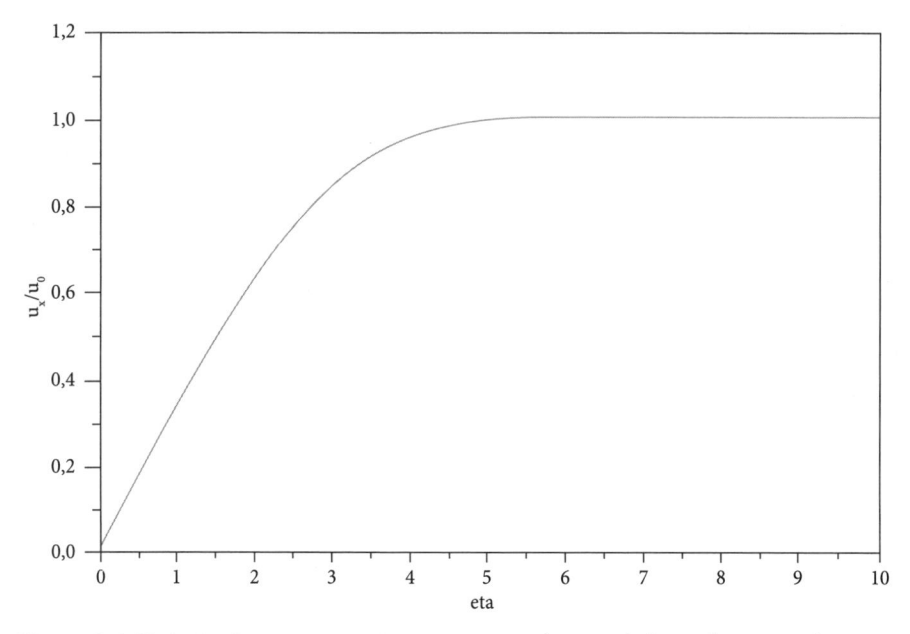

Figura 9.6 Variação de u_x com a posição no interior da camada limite laminar sobre uma placa plana.

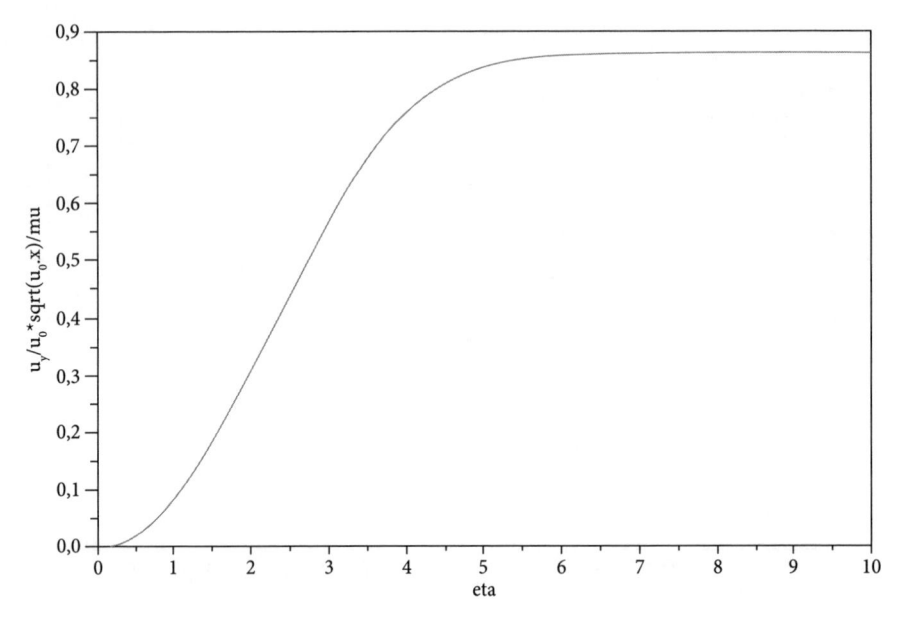

Figura 9.7 Variação de u_y com a posição no interior da camada limite laminar sobre uma placa plana.

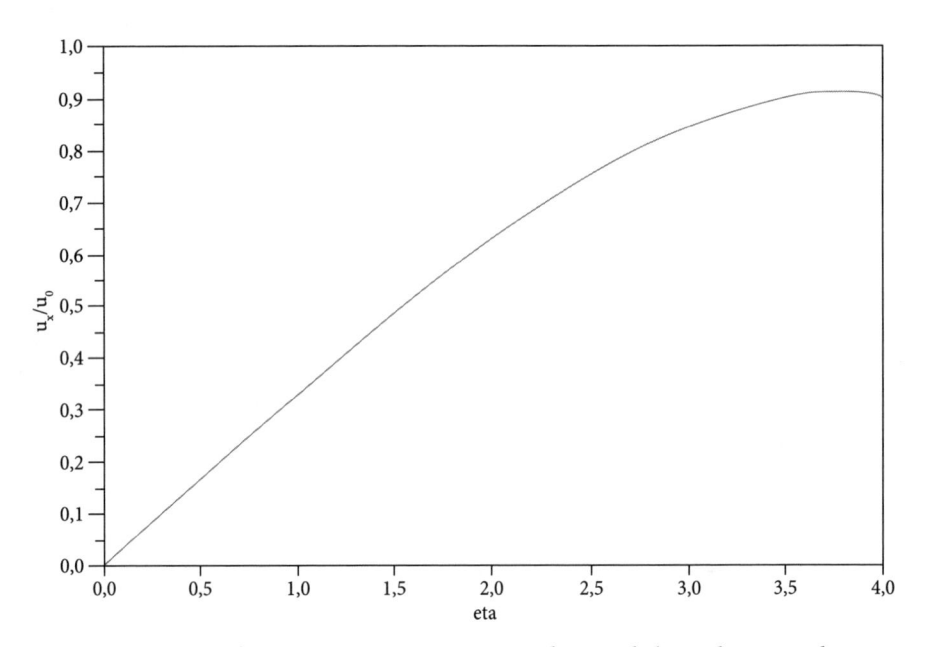

Figura 9.8 Variação de u_x com a posição no interior da camada limite laminar sobre uma placa plana pela solução em série.

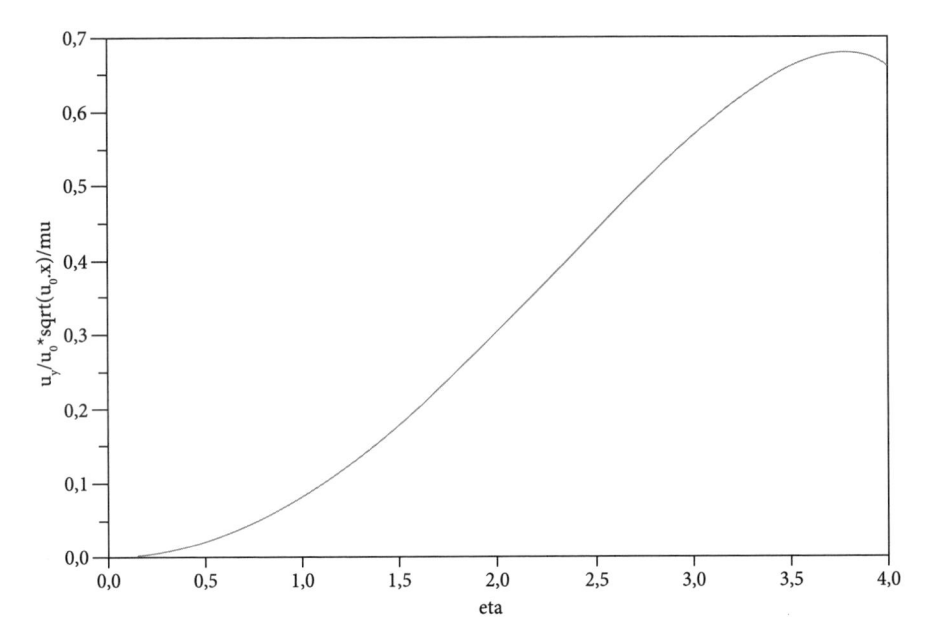

Figura 9.9 Variação de u_y com a posição no interior da camada limite laminar sobre uma placa plana pela solução em série.

Pelos resultados, a espessura da camada limite δ é dada por $\eta = 4{,}91$, ou seja:

$$4{,}91 = \delta\sqrt{\frac{u_0}{\nu x}}$$

$$\delta = 4{,}91\sqrt{\frac{\nu x}{u_0}}$$

Esse resultado é bem próximo da expressão encontrada nos livros de mecânica dos fluidos, que é:

$$\delta = 5\sqrt{\frac{\nu x}{u_0}}$$

A tensão de cisalhamento na superfície é:

$$\tau_s = \mu u_0 \sqrt{\frac{u_0}{\nu x}} \left.\frac{d^2 f}{d\eta^2}\right|_{y=0}$$

Assim, com o resultado da derivada f"(0) = 0,332080, podemos escrever:

$$\tau_s = 0{,}332\mu u_0 \sqrt{\frac{u_0}{\nu x}}$$

que é a expressão comumente encontrada nos livros de fenômenos de transporte.

Notação

f	Função corrente adimensional
p	Pressão
Re_c	Número de Reynolds crítico
Re_x	Número de Reynolds local
u_x	Velocidade na direção x
u_y	Velocidade na direção y
u_0	Velocidade de aproximação
x	Distância x
y	Distância y
δ	Espessura da camada limite
η	Variável adimensional de posição
μ	Viscosidade dinâmica
ν	Viscosidade cinemática
τ_s	Tensão de cisalhamento na superfície
ψ	Função corrente

Exemplo 9.4 Fator de atrito em escoamento turbulento pela equação de Colebrook

Conceitos demonstrados

Determinação do fator de atrito quando são dados o número de Reynolds e a rugosidade relativa pela equação de Colebrook.

Métodos numéricos utilizados

Solução de equação algébrica não linear.

Descrição do problema

Sistemas de tubulações são encontrados em quase todos os projetos de engenharia e, por isso, foram e têm sido estudados extensivamente. O problema básico das tubulações é o seguinte: dada a geometria dos tubos e de seus componentes adicionais (tais como válvulas, curvas etc.), mais a vazão desejada para o escoamento e as propriedades do fluido, qual é a queda de pressão necessária para se manter o escoamento? O problema, é claro, pode ser formulado de outra maneira: dada a queda de pressão e mantida, digamos, por uma bomba, qual vazão irá ocorrer?

Para calcular a perda por atrito, l_{wf}, de um fluido incompressível escoando em duto ou tubo circular reto, precisamos conhecer o fator de atrito f. A fórmula de cálculo de l_{wf} é:

$$l_{wf} = \frac{2fLu_b^2}{D}$$

O fator de atrito relacionado com a perda por atrito dado por essa equação é usualmente chamado de fator de atrito de Fanning. Na literatura encontramos outro fator de atrito dado por:

$$f_D = 4f$$

conhecido como fator de atrito de Darcy. Entre os dois, o fator de atrito Fanning é o mais utilizado por engenheiros químicos.

O fator de atrito f_D em escoamento turbulento de fluidos incompressíveis em um tubo rugoso (Figura 9.10), em que a rugosidade da superfície é caracterizada pela razão e/D, é dado pela equação de Colebrook.

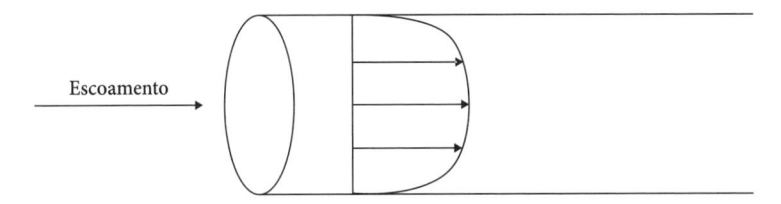

Figura 9.10 Escoamento turbulento totalmente desenvolvido em um tubo.

$$\frac{1}{\sqrt{f_D}} = -2,0 \log\left(\frac{e}{3,7D} + \frac{2,51}{Re\sqrt{f_D}}\right)$$

O número de Reynolds para o escoamento em tubos é:

$$Re = \frac{\rho u_b D}{\mu}$$

Dados numéricos

Determine o fator de atrito de um escoamento com $Re = 1 \times 10^5$ e rugosidade relativa $e/D = 0,0001$.

Solução

Para usar a função `fsolve`, a equação implícita é reescrita para:

$$f(f_D) = \frac{1}{\sqrt{f_D}} + 2,0 \log\left(\frac{e}{3,7D} + \frac{2,51}{Re\sqrt{f_D}}\right) = 0$$

```
//Programa 9.4
//
//Fator de atrito em escoamento turbulento em um tubo circular
//
//Determinação do fator de atrito de Darcy, fD, em escoamento
//turbulento de fluidos incompressíveis em um tubo circular pela
//equação de Colebrook.
//
//Solução de equação algébrica.
//
clear
clearglobal
clc

function f=Colebrook(fD)
    global Re eratioD
    f=1/sqrt(fD)+2*log10(eratioD/3.7+2.51/(Re*sqrt(fD)))
endfunction

global Re eratioD
Re=1e5;
eratioD=0.0001;
fD0=0.001;
fD=fsolve(fD0,Colebrook);
f=fD/4;
printf('Fator de atrito de Darcy fD = %f\n',fD)
printf('\n')
printf('Fator de atrito de Fanning f = %f\n',f)
```

Resultados

Os resultados da execução do programa são:

```
Fator de atrito de Darcy fD = 0.018514
Fator de atrito de Fanning f = 0.004628
```

Notação

D	Diâmetro interno do tubo
e	Rugosidade do tubo
f	Fator de atrito de Fanning
f_D	Fator de atrito de Darcy
l_{wf}	Perda por atrito
L	Comprimento do tubo
Re	Número de Reynolds
u_b	Velocidade média

Exemplo 9.5 Cálculo da vazão de escoamento

Conceitos demonstrados

Determinação do fator de atrito e da vazão num tubo quando é dada a diferença de pressão, comprimento, diâmetro e rugosidade do tubo. Uso da fórmula de Colebrook para a determinação do fator de atrito.

Métodos numéricos utilizados

Solução de equação algébrica não linear. Uso da função `fsolve`.

Descrição do problema

Uma queda de pressão $\Delta p = 700$ kPa é medida sobre um comprimento de 300 m de um tubo em ferro forjado de 10 cm de diâmetro que transporta óleo ($\rho = 900$ kg/m^3 e $\nu = 10^{-6}$ m^2/s). A rugosidade do tubo é e = 0,00015 ft. Calcule a vazão de óleo.

O problema de determinar a vazão quando é conhecido Δp requer iteração. A vazão ($w_v = u_b A$) em um tubo está relacionada com Δp pela fórmula de Darcy-Weisbach.

$$\frac{\Delta p}{\rho} = \frac{2fLu_b^2}{D}$$

A equação de Colebrook é:

$$\frac{1}{\sqrt{f_D}} = -2{,}0\log\left(\frac{e}{3{,}7D} + \frac{2{,}51}{\mathrm{Re}\sqrt{f_D}}\right)$$

A relação entre o fator de atrito de Fanning e o fator de atrito de Darcy é:

$f_D = 4f$

Solução

Para calcular u_b pela equação de Darcy-Weisbach, precisamos conhecer o fator de atrito f. Para obter o valor desse fator, precisamos do número de Reynolds Re, que depende da velocidade u_b, o que requer um processo iterativo para obter f. O processo iterativo inicia-se com um chute para u_b, e calculamos Re. Com o valor de Re e de e/D, resolvemos a equação de Colebrook para f_D e, por consequência, f. Com esse resultado, podemos calcular u_b pela equação de Darcy-Weisbach e compará-la com o valor chutado. Caso não for satisfeito o erro, continua-se o processo iterativo. É como se fosse resolver uma equação algébrica, em que se pode utilizar a função fsolve.

```
//Programa 9.5
//
//Cálculo da vazão em um tubo.
//
//Solução de equações algébricas.
//
clear
clearglobal
clc

function f=tubo(x)
    global rho mu A deltap L D
    global Re eratioD
    ub=x
```

```
    Re=rho*ub*D/mu
    fD0=0.001
    fD=fsolve(fD0,Colebrook)
    fF=fD/4
    f=Deltap/rho-2*fF*L*ub^2/D
endfunction

function f=Colebrook(fD)
    global Re eratioD
    f=1/sqrt(fD)+2*log10(eratioD/3.7+2.51/(Re*sqrt(fD)))
endfunction

global rho mu A deltap L D
global Re eratioD
rho=900;       //kg/m3
nu=1e-6;       //m2/s
mu=nu*rho;     //kg/(m.s)
Deltap=700*1e3;  //Pa
L=300;    //m
D=0.1;    //m
e=0.00015;     //ft
e=e/3.2808;    //m
eratioD=e/D;
A=%pi*D^2/4;   //m2
ub0=1;    //chute
ub=fsolve(ub0,tubo)
wv=ub*A;       //m3/s
printf('Velocidade = %f m/s\n\n',ub)
printf('')
printf('Vazão = %f m3/h\n',wv)
```

Resultados

```
Velocidade = 5.472875 m/s

Vazão = 0.042984 m3/h
```

Notação

A	Área de escoamento
D	Diâmetro interno do tubo
e	Rugosidade do tubo
f	Fator de atrito de Fanning
f_D	Fator de atrito de Darcy
L	Comprimento do tubo
p	Pressão

Re   Número de Reynolds
u_b Velocidade média
w_v Vazão volumétrica
Δp Diferença de pressão
μ Viscosidade dinâmica
ρ Densidade

Exemplo 9.6 Sistemas com múltiplos tubos

Conceitos demonstrados

Determinação dos fatores de atrito e das vazões nos tubos de um sistema com múltiplos tubos, quando são dados diferença de pressão, comprimento, diâmetro e rugosidade de cada tubo. Uso da fórmula de Colebrook para a determinação do fator de atrito.

Métodos numéricos utilizados

Solução de equações algébricas não lineares. Uso da função `fsolve`.

Descrição do problema

A Figura 9.11 mostra o escoamento em paralelo num sistema com múltiplos tubos. A perda é a mesma em cada tubo e a vazão total é a soma das vazões individuais.

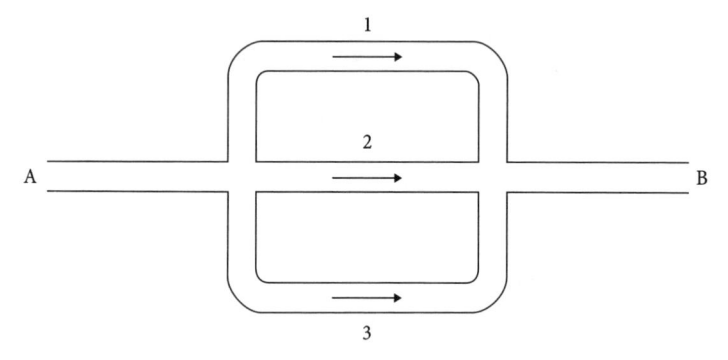

Figura 9.11 Sistema com múltiplos tubos em paralelo.

O problema é que determinar Δp, quando a vazão total é conhecida, requer iteração. A vazão em cada tubo está relacionada com Δp pela fórmula de Darcy-Weisbach.

$$\frac{\Delta p}{\rho} = \frac{2fLu_b^2}{D}$$

A equação de Colebrook é:

$$\frac{1}{\sqrt{f_D}} = -2,0\log\left(\frac{e}{3,7D} + \frac{2,51}{Re\sqrt{f_D}}\right)$$

A relação entre o fator de atrito de Fanning e o fator de atrito de Darcy é:

$f_D = 4f$

Dados numéricos

Seja o escoamento de água no sistema. Considere que a perda total seja de 20,3 m. Calcule a vazão total, desprezando as perdas localizadas (expansões repentinas, válvulas, curvas, cotovelos etc.). A Tabela 9.1 apresenta os dados do problema.

Tabela 9.1 Dados do problema.

Tubo	L, m	D, cm	e, mm	e/D
1	100	8	0,24	0,003
2	150	6	0,12	0,002
3	80	4	0,20	0,005

Solução

A equação de Darcy-Weisbach reescrita para Δp é:

$$\frac{\Delta p}{\rho} = \frac{2fLu_b^2}{D}$$

O Δp em cada tubo é o mesmo, assim:

$$p_A - p_B = \Delta p_1 = \Delta p_2 = \Delta p_3$$

A vazão total é a soma das vazões nos tubos.

$$w_v = w_{v1} + w_{v2} + w_{v3}$$

A vazão volumétrica está relacionada com a velocidade de escoamento por:

$$w_{vi} = u_{bi} A_i$$

$$u_{bi} = \frac{w_{vi}}{A_i}$$

A área de escoamento é:

$$A_i = \frac{\pi D_i^2}{4}$$

O número de Reynolds para escoamento em tubos é definido como:

$$Re_i = \frac{D_i u_{bi} \rho}{\mu}$$

Precisamos dos seguintes fatores de conversão de unidades:

1 cm H_2O = 9,806×10^{-2} kPa

1 m H_2O = 9,806 kPa

Portanto, a perda de pressão total é:

20,3 m H_2O = 199062 Pa

A equação de Darcy-Weisbach reescrita para u_b é:

$$u_b = \sqrt{\frac{D \Delta p}{2 f L \rho}}$$

```
//Programa 9.6
//
//Sistemas com múltiplos tubos
//
```

```
//Cálculo de vazões em um sistema com múltiplos tubos em paralelo.
//
//Solução de um sistema de equações algébricas.
//
clear
clearglobal
clc

function f=friction(fD)
    global rho mu A deltap L D
    global Re eratioD i
    fF=fD/4
    ub=sqrt(D(i)*deltap/(2*fF*L(i)*rho))
    Re=ub*D(i)*rho/mu
    f=1/sqrt(fD)+2*log10(eratioD(i)/3.7+2.51/(Re*sqrt(fD)))
endfunction

global rho mu A deltap L D
global Re eratioD i
rho=998;        //kg/m3
mu=1e-3;        //kg/(m.s)
deltap=199062;  //Pa
L=[100 150 80]; //m
D=[0.08 0.06 0.04];  //m
eratioD=[0.003 0.002 0.005];
A=%pi*D.^2/4;   //m2
for i=1:3
    fD0=0.02;
    fD(i)=fsolve(fD0,friction);
    fF(i)=fD(i)/4;
    ub(i)=sqrt(D(i)*deltap/(2*fF(i)*L(i)*rho));   //m/s
    wv(i)=ub(i)*A(i);   //m3/s
    printf('Vazão no tubo %i is %f m3/h\n\n',i,wv(i)*3600)
    printf('')
end
wv_total=sum(wv)*3600;   //m3/h
printf('Vazão total = %f m3/h\n',wv_total)
```

Resultados

Os resultados da execução do programa são:

```
Vazão no tubo 1 is 62.608321 m3/h

Vazão no tubo 2 is 25.942145 m3/h

Vazão no tubo 3 is 11.420178 m3/h

Vazão total = 99.970644 m3/h
```

Notação

A	Área de escoamento
D	Diâmetro interno do tubo
e	Rugosidade do tubo
f	Fator de atrito de Fanning
f_D	Fator de atrito de Darcy
L	Comprimento do tubo
p	Pressão
Re	Número de Reynolds
u_b	Velocidade média
w_v	Vazão volumétrica
Δp	Diferença de pressão
μ	Viscosidade dinâmica
ρ	Densidade

9.3 TRANSPORTE DE CALOR

Transporte de calor é o transporte de energia de uma região a outra resultante de uma diferença de temperatura entre elas. O transporte de calor se dá pelos mecanismos da condução, convecção e radiação. Raramente, o calor é transportado por um só mecanismo; geralmente, ocorre a associação de mecanismos, em série ou em paralelo.

O objetivo de qualquer análise de transporte de calor é a previsão da taxa do fluxo de calor, da distribuição de temperaturas, ou ambos. Nessa análise, o balanço de energia é escrito em regime permanente, isto é, as variáveis de processo, como temperaturas, não têm seus valores alterados com o tempo.

A condução de calor em regime transiente é importante para engenheiros em várias circunstâncias. É o regime transiente que determina a velocidade com que o equipamento de processo atinge as condições de operação, e é também importante na determinação do tempo de processamento de muitos objetos sólidos. Por exemplo, o tempo de cura de objetos moldados em plástico ou borracha depende do tempo necessário para que a linha de centro do objeto atinja uma temperatura especificada, sem provocar danos térmicos ao material da superfície. A teoria da condução em regime transiente tem, ainda, várias aplicações no tratamento térmico e na fundição de metais.

Exemplo 9.7 Condução unidimensional em regime permanente

Conceitos demonstrados

Determinação do perfil de temperatura numa placa plana em que um lado está exposto a um fluido a uma temperatura elevada e o outro lado está exposto a um fluido a uma temperatura baixa. Condução de calor unidimensional em regime permanente.

Métodos numéricos utilizados

Solução de equações algébricas não lineares. Uso da função `fsolve`.

Descrição do problema

Um gás de fornalha à temperatura T_g irradia uma quantidade de calor Q para a superfície externa de um tubo, cuja temperatura é T_s. O calor é conduzido através da parede do tubo para a sua superfície interna a T_w, e então através de um filme para a corrente de processo à temperatura T_p. Analisando o sistema, as seguintes relações são obtidas:

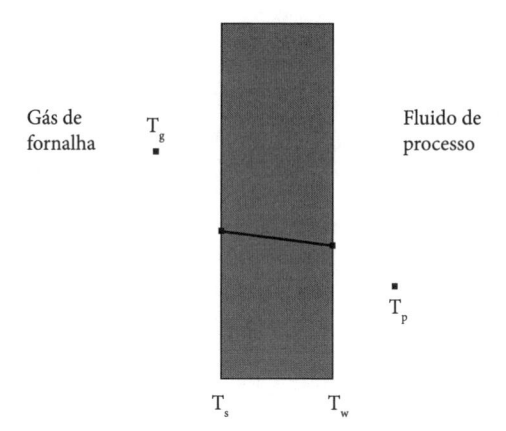

Figura 9.12 Transporte de calor através de uma parede.

O fluxo de calor, em regime permanente, é:

Fluxo de calor radiante: $Q = a(T_g^4 - T_s^4)$

Condução através da parede do tubo: $Q = b(T_s - T_w)$

Condução através do filme: $Q = c(T_w - T_p)$

em que:

$a = 1{,}2 \times 10^{-9}$
$b = 70 + 0{,}07(T_s + T_w)$
$c = 6$

Dados numéricos

Calcule Q, T_s e T_w para $T_p = 900$ K e T_g variando de 1.200 a 2.000 K a cada 50 K.

Solução

As três equações podem ser resolvidas simultaneamente.

$f_1 = a(T_g^4 - T_s^4) - Q = 0$

$f_2 = b(T_s - T_w) - Q = 0$

$f_3 = c(T_w - T_p) - Q$

Para resolver as equações, vamos definir o seguinte vetor de variáveis **x** formado por:

$$\mathbf{x} = \begin{bmatrix} x_1 \\ x_2 \\ x_3 \end{bmatrix} = \begin{bmatrix} Q \\ T_s \\ T_w \end{bmatrix}$$

Para convergir, vamos usar a função fsolve.

```
//Programa 9.7
//
//Transporte de calor em placa plana
//
//Transporte de calor radiante através de uma placa plana, condução
//de calor unidimensional e transporte de calor por convecção para um
fluido.
//
//Solução de um sistema de equações algébricas.
clear
clearglobal
clc
close
```

```
function f=fornalha(x)
    global a c Tp Tg
    Q=x(1)
    Ts=x(2)
    Tw=x(3)
    b=70+0.07*(Ts+Tw)
    f(1)=a*(Tg^4-Ts^4)-Q
    f(2)=b*(Ts-Tw)-Q
    f(3)=c*(Tw-Tp)-Q
endfunction

global a c Tp Tg
a=1.2e-9;
c=6;
Tp=900;
Tg_=1200:50:2000;
for i=1:length(Tg_)
    Tg=Tg_(i)
    Q0=1000;
    Ts0=1100;
    Tw0=1000;
    x0=[Q0;Ts0;Tw0];
    x=fsolve(x0,fornalha)
    Q(i)=x(1)
    Ts(i)=x(2)
    Tw(i)=x(3)
end

scf(1);
clf
plot(Tg_',Q)
xlabel('Tg (K)')
ylabel('Q')
scf(2);
clf
plot(Tg_',Ts,Tg_',Tw)
xlabel('Tg (K)')
ylabel('Ts,Tw (K)')
legend('Ts','Tw',4);
```

Resultados

A Figura 9.13 mostra o fluxo de calor Q em função da temperatura T_g do gás. Pode-se ver que Q aumenta com o aumento de T_g, uma vez que a temperatura de processo T_p é constante.

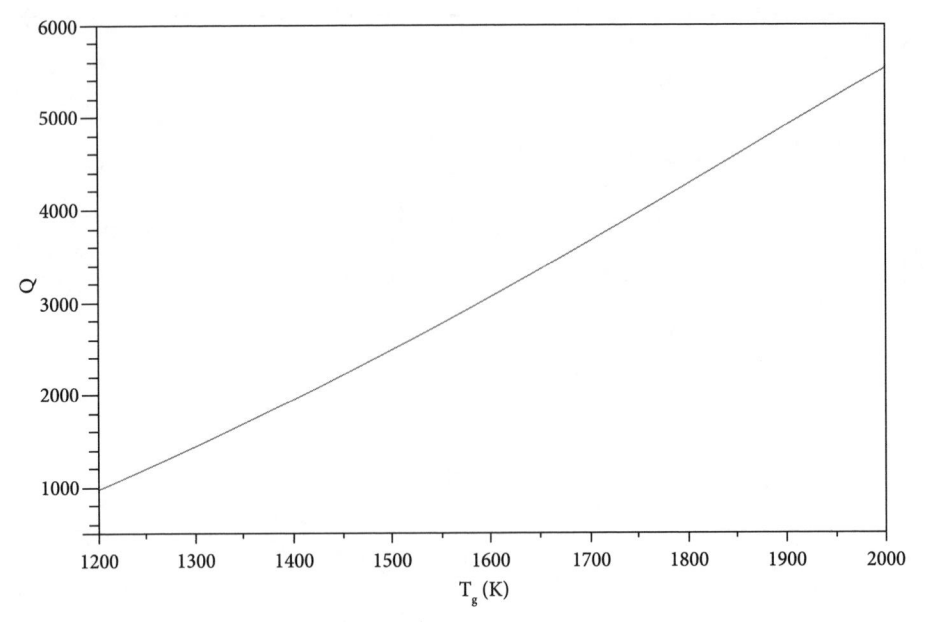

Figura 9.13 Fluxo de calor em função de T_g.

A Figura 9.14 mostra as temperaturas T_s e T_w em função de T_g. Pode-se ver que a diferença entre as duas temperaturas aumenta com o aumento de T_g, uma vez que Q aumenta com T_g.

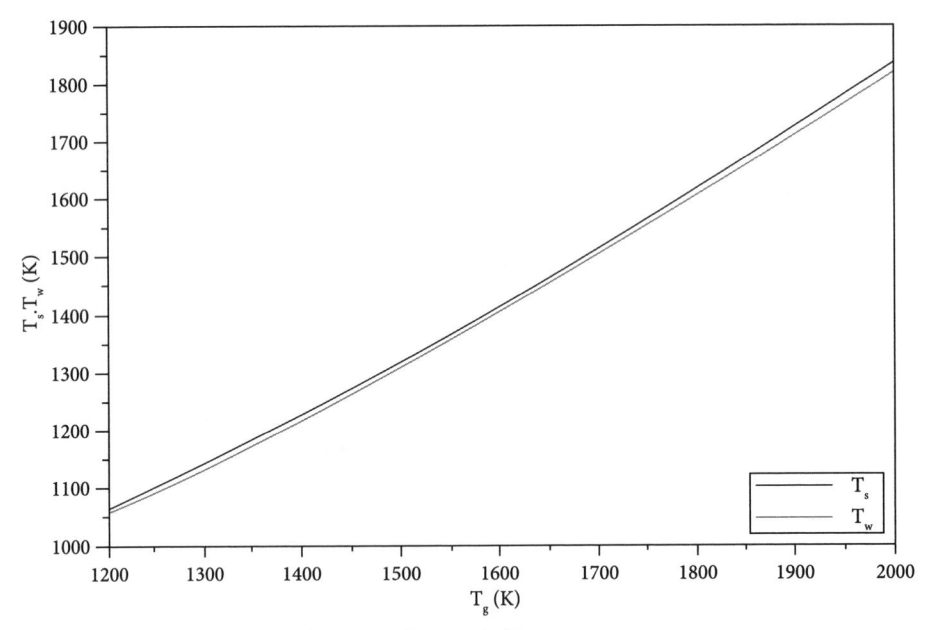

Figura 9.14 Temperaturas T_s e T_w em função de T_g.

Notação

a	Constante
b	Constante
c	Constante
Q	Fluxo de calor
T_g	Temperatura do gás
T_p	Temperatura do fluido de processo
T_s	Temperatura da superfície externa do tubo
T_w	Temperatura da superfície interna do tubo

Exemplo 9.8 Condução no sólido semi-infinito

Conceitos demonstrados

Condução de calor unidimensional no sólido semi-infinito com propriedades constantes e sujeito a condições de contorno dependentes do tempo.

Métodos numéricos utilizados

Aplicação do método das linhas para resolver uma equação diferencial parcial e solução de equações diferenciais ordinárias simultâneas e de equação algébrica.

Descrição do problema

Uma configuração simples é o sólido semi-infinito, que se estende ao infinito em todas as direções, exceto uma, e pode, portanto, ser caracterizado por uma superfície única (Figura 9.15). Um sólido semi-infinito é uma aproximação para muitos exemplos práticos. Ele pode ser utilizado para calcular os efeitos do transporte de calor em regime transiente próximo à superfície da Terra ou uma aproximação à resposta transiente do sólido semi-infinito, como uma placa espessa, durante o primeiro período de um regime transiente, quando a temperatura no interior da placa ainda não é influenciada pelas mudanças das condições na superfície.

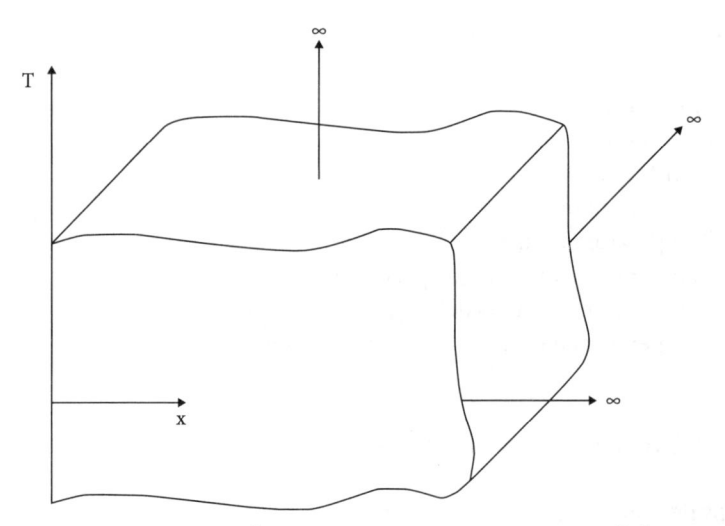

Figura 9.15 Esquema para a condução em regime transiente em um sólido semi-infinito.

Considere um bloco de algum material que recebe energia vinda de uma fonte externa, através de uma das suas superfícies. Sabemos que, gradualmente, a energia entrando (chamamos de frente de onda) atinge posições dentro do material cada vez mais afastadas da superfície de entrada.

Dependendo da natureza do material e da espessura da peça, a frente de onda poderá demorar algum tempo para atingir a outra face do bloco. Nestas condições, ou seja, até que a frente de onda alcance a outra face, a espessura pode ser considerada muito grande, não afetando o balanço de energia, pois não participa do processo térmico.

Considere um sólido, inicialmente à temperatura uniforme T_0 desde $x = 0$ até $x = \infty$. A temperatura da superfície em $x = 0$ é bruscamente alterada para uma temperatura maior T_s, alteração esta que atinge uniforme e instantaneamente toda a superfície considerada. Assume-se que a condução de calor ocorre apenas na direção x, devido ao isolamento perfeito das superfícies normais aos eixos y e z ou devido ao sólido se estender infinitamente nestas direções. A equação diferencial para condução de calor em regime variável, em uma direção, é:

$$\frac{\partial T}{\partial t} = \frac{k}{\rho C_p} \frac{\partial^2 T}{\partial x^2}$$

ou

$$\frac{\partial T}{\partial t} = \alpha \frac{\partial^2 T}{\partial x^2}$$

em que α é a difusividade térmica dada por:

$$\alpha = \frac{k}{\rho C_p}$$

A condição inicial e as condições de contorno são:

t = 0 $T = T_0$

x = 0 $T = T_s$

x = ∞ $T = T_0$

Pode ser mostrado que a distribuição de temperaturas na placa é dada por:

$$\frac{T_s - T}{T_s - T_0} = \text{erf}\, \frac{x}{\sqrt{4\alpha t}}$$

em que:

erf = função Gaussiana de erro

Caso para t > 0, um fluxo de calor constante q é fornecido ao sólido pela superfície x = 0, então a temperatura T = T(x,t) é dada por:

$$T = T_0 + \frac{q}{k}\left[2\sqrt{\frac{\alpha t}{\pi}} e^{-x^2/4\alpha t} - x\,\text{erfc}\,\frac{x}{2\sqrt{\alpha t}} \right]$$

erfc = função de erro complementar

Dados numéricos

Como a temperatura T é uma função do tempo t e da distância x, um problema é calcular o tempo necessário para que a temperatura a uma determinada distância atinja um valor T*. Para os seguintes dados,

T_0 = 70 °F
q = 300 Btu/h.ft^2
k = 1,0 Btu/h.ft.°F

$\alpha = 0{,}04$ ft^2/h
x = 1,0 ft
T* = 120 °F

calcule o tempo t.

Solução

A equação algébrica que deve ser resolvida é:

$$f(t) = T_0 - T^* + \frac{q}{k}\left[2\sqrt{\frac{\alpha t}{\pi}} e^{-x^2/4\alpha t} - x\,\mathrm{erfc}\frac{x}{2\sqrt{\alpha t}} \right] = 0$$

```
//Programa 9.8a
//
//Condução em regime transiente em um sólido semi-infinito
//
//Condução de calor unidimensional em regime transiente no sólido
//semi-infinito com propriedades constantes e sujeito a condições de
//contorno dependentes do tempo. Solução de equação algébrica.
//
clear
clearglobal
clc

function f=solido_semi_infinito(t)
    global T0 q k alpha x Tstar
        f=(T0-Tstar)+q/k*(2*sqrt(alpha*t/%pi)*exp(-x^2/(4*alpha*t))-
-x*erfc(x/(2*sqrt(alpha*t)))))
endfunction

global T0 q k alpha x Tstar
T0=70;      //oF
q=300;      //Btu/(h.ft^2)
k=1;        //Btu/(h.ft.oF)
alpha=0.04; //ft^/h
x=1;        //ft
Tstar=120;  //oF
t0=1;       //chute
t=fsolve(t0,solido_semi_infinito);
printf('Tempo necessário para que a temperatura a uma distância de 1 ft ...
atinja 120 deg F = %f h\n',t)
```

Resultados

```
Tempo necessário para que a temperatura a uma distância de 1 ft atinja
120 deg F = 12.501846 h

Execução completada.
```

Solução alternativa (sugestão)

O mesmo problema pode ser resolvido por diferenças finitas a partir da equação diferencial parcial:

$$\frac{\partial T}{\partial t} = \alpha \frac{\partial^2 T}{\partial x^2}$$

com condição inicial e condições de contorno dadas por:

t = 0 $T = T_0$

x = 0 $q = -kA \left.\frac{\partial T}{\partial x}\right|_{x=0}$

x = ∞ $T = T_0$

Entretanto, não podemos usar x = ∞ como um contorno, assim, a distância x vai até um valor suficientemente grande, de modo que não haja variações significativas quando ela é incrementada. A distância escolhida é então discretizada como mostra a Figura 9.16. O domínio é dividido em N intervalos, do ponto 1 até o ponto N + 1. O ponto 0 é um ponto fictício auxiliar, mas que, posteriormente, será eliminado.

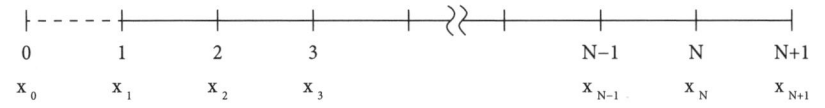

Figura 9.16 Discretização unidimensional.

Usando diferenças finitas centrais na aproximação da derivada segunda, tem-se:

$$\frac{dT_i}{dt} = \alpha \frac{T_{i+1} - 2T_i + T_{i-1}}{\Delta x^2} \qquad i = 1,2,3,\ldots,N-1,N$$

A temperatura no ponto N + 1 é conhecida e igual a T_0.

$$T_{N+1} = T_0$$

Para i = 1, isto é, na superfície, a aproximação por diferença finita central é:

$$\frac{dT_1}{dt} = \alpha \frac{T_2 - 2T_1 + T_0}{\Delta x^2}$$

Neste caso, a temperatura T_0 no ponto fictício x_0, que é um ponto fora do domínio de x, não é conhecida. Para obter essa temperatura, será usada a condição de contorno na superfície x = 0.

$$q = -kA \frac{dT}{dx}\bigg|_{x=0}$$

A aproximação da derivada primeira por diferença finita central no ponto 1 é:

$$\frac{dT_1}{dx} = \frac{T_2 - T_0}{2\Delta x}$$

Portanto, a aproximação para a condição de contorno fica:

$$q = -kA \frac{T_2 - T_0}{2\Delta x}$$

e resolvendo para T_0, chega-se ao seguinte:

$$T_0 = T_2 + \frac{2\Delta x q}{kA}$$

que substituirá o T_0 presente na aproximação de dT_1/dt.

```
//Programa 9.8b
//
//Condução em regime transiente em um sólido semi-infinito
//
//Condução de calor unidimensional em regime transiente no sólido
//semi-infinito com propriedades constantes e sujeito a condições de
//contorno dependentes do tempo. Solução da equação diferencial parcial pelo
//método das linhas.
//
```

```
clear
clearglobal
clc

function Tdot=fct(t, T)
    global N Deltax TNp1 q k alpha
    T0=T(2)+2*Deltax*q/k
    Tdot(1)=alpha*(T(2)-2*T(1)+T0)/Deltax^2
    for i=2:N-1
        Tdot(i)=alpha*(T(i+1)-2*T(i)+T(i-1))/Deltax^2
    end
    Tdot(N)=alpha*(TNp1-2*T(N)+T(N-1))/Deltax^2
endfunction

global N Deltax TNp1 q k alpha
//dados de entrada
Ti=70;     //deg F
q=300;     //Btu/h ft^2
k=1;       //Btu/h.ft.deg F
alpha=0.04;    //ft2/h

//Malha unidimensional
x0=0;
xf=5;      //ft
N=50;
Deltax=(xf-x0)/N;
TNp1=Ti;
Ti_=ones(N,1)*Ti;    //condição inicial
x=x0:Deltax:xf;

//Tempo de simulação
t0=0;
tf=20;     //h
t=t0:0.1:tf;
T=ode(Ti_,t0,t,fct);
T=[T;ones(1,length(t))*TNp1];

//Plota os resultados
scf(1);
clf
//plot(x,T')
Tout=[T(:,1) T(:,11) T(:,51) T(:,101) T(:,201)];
plot(x,Tout)
xlabel('x (ft)')
ylabel('T (deg F)')
legend('0 h','1 h','5 h','10 h','20h')
scf(2);
clf
t_=t(1:10:$);
T_=T(:,1:10:$);
plot3d(t_,x,T_',flag=[2,2,4])
xlabel('t (h)')
ylabel('x (ft)')
```

```
zlabel('T')

//Profundidade de 1 ft
x_=1; //ft
n=round(x_/Deltax)+1;
scf(3);
clf
plot(t,T(n,:))
xlabel('t (h)')
ylabel('T (deg F)')
for i=1:length(t)
    if T(n,i)>=120 then
        break
    end
end
printf('tempo necessário para que a temperatura a uma distância de 1 ft ...
atinja 120 deg F = %f h\n',t(i))
```

Resultados

```
Tempo necessário para que a temperatura a uma distância de 1 ft atinja
120 deg F = 12.600000 h

 Execução completada.
```

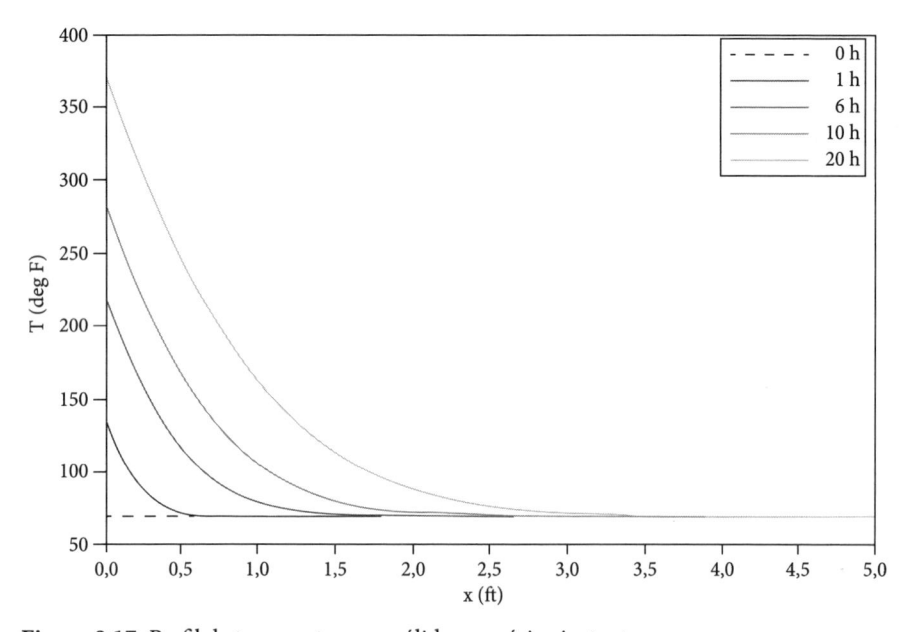

Figura 9.17 Perfil de temperatura no sólido em vários instantes.

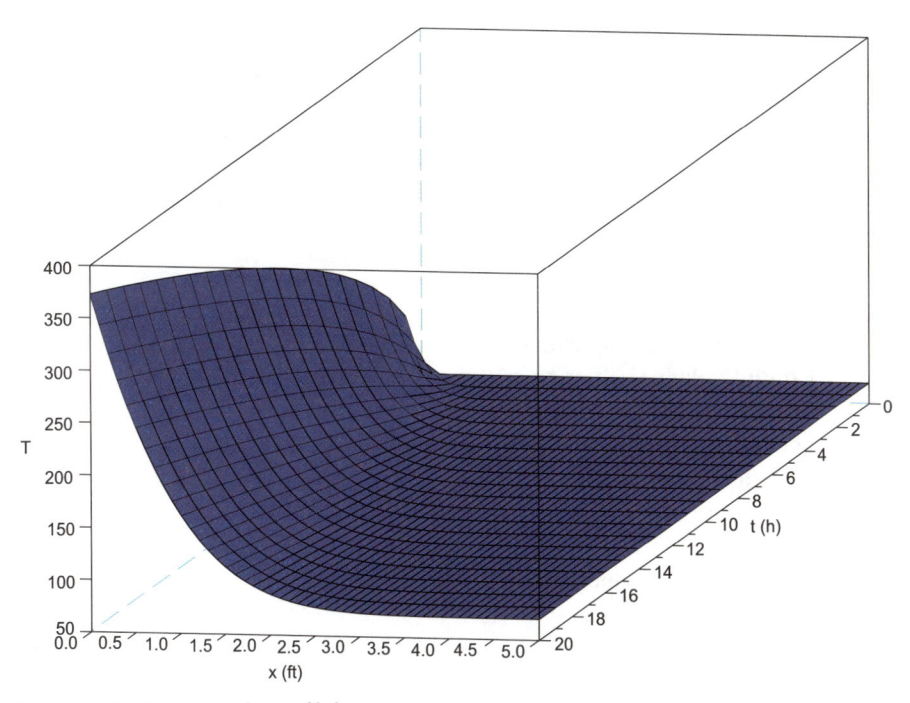

Figura 9.18 Variação do perfil de temperatura com o tempo.

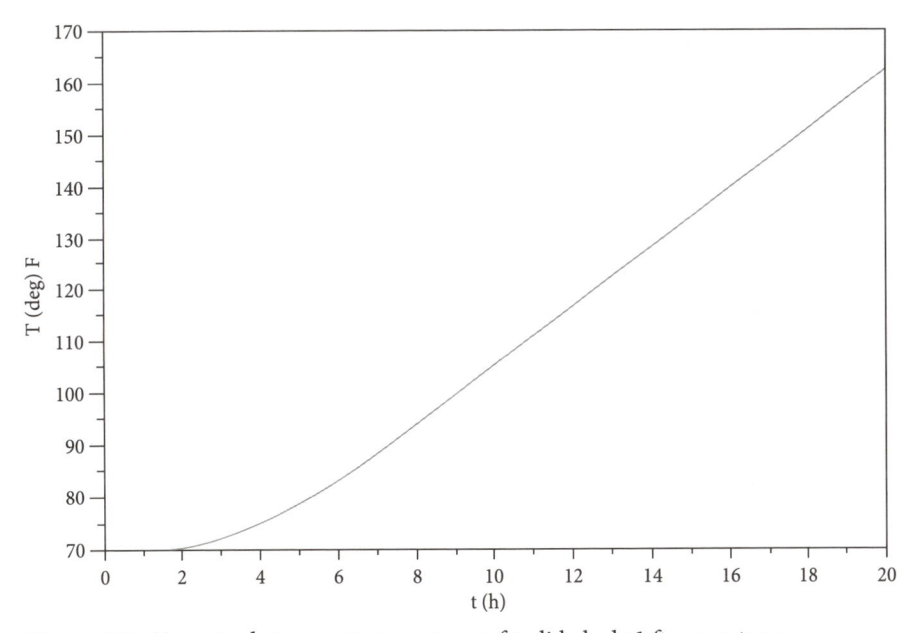

Figura 9.19 Variação da temperatura a uma profundidade de 1 ft com o tempo.

O tempo necessário para que a temperatura a uma distância de 1 ft atinja a temperatura de 120 °F é de 12,6 h, bem próximo do valor encontrado pela solução analítica, que é de 12,5 h. Deve-se lembrar que o valor fornecido pela função fsolve também usa um método numérico de solução de equação algébrica.

Notação

A	Área
erfc	Função erro complementar
k	Condutividade térmica
N	Número de pontos de discretização
q	Fluxo de calor
x	Distância
T	Temperatura
T_0	Temperatura inicial
T_s	Temperatura da superfície
C_p	Capacidade calorífica
α	Difusividade térmica
ρ	Densidade

Exemplo 9.9 Condução na placa plana de espessura finita

Conceitos envolvidos

Transporte de calor por condução unidimensional em uma placa plana de espessura finita.

Métodos numéricos utilizados

Solução de equação diferencial parcial transformada em um conjunto de equações diferenciais ordinárias combinada com um método de chute com vista a convergir sob uma variedade de condições de contorno; solução pelo método das diferenças finitas.

Descrição do problema

Uma placa de borracha especial, de 1,25 cm de espessura, resistente a altas temperaturas, deve ser curada a 292 °C por 50 minutos. Caso a borracha se encontre inicialmente a 70 °C e o calor for aplicado simultaneamente a ambas superfícies, calcule o tempo necessário para que o centro da borracha atinja 290 °C. Pode-se admitir que as superfícies atinjam 292 °C assim que o processo comece e se mantenham nesta temperatura até o final. Pode-se adotar a difusividade térmica da borracha como 0,000252 m²/h.

A equação diferencial para condução de calor em regime variável em uma direção é:

$$\frac{\partial T}{\partial t} = \alpha \frac{\partial^2 T}{\partial x^2}$$

A origem é o centro da placa, portanto, x é a distância do centro, como mostra a Figura 9.20, e x_0 é a metade da espessura.

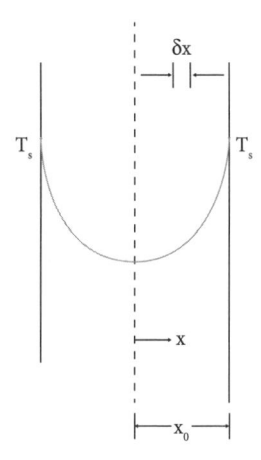

Figura 9.20 Condução de calor em regime transiente em uma placa de borracha.

Dados numéricos

Considere os seguintes dados para o problema:

$T_s = 292$ °C
$T_0 = 70$ °C
$x_0 = 0,625$ cm
$\alpha = 0,000252$ m²/h

Solução

Como o perfil de temperatura é simétrico em relação ao centro, vamos considerar o domínio apenas a metade da espessura e dividi-lo em N seções, como mostra a Figura 9.21, sendo o ponto 1 no centro e N + 1 na superfície.

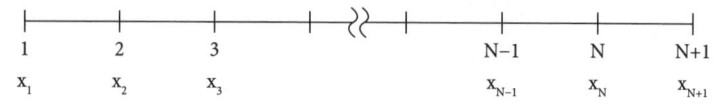

```
|-------|-------|-------|---≀≀---|-------|-------|
1       2       3              N-1     N      N+1
x₁      x₂      x₃             x_{N-1} x_N    x_{N+1}
```

Figura 9.21 Discretização unidimensional.

$$\frac{dT_i}{dt} = \alpha \frac{T_{i+1} - 2T_i + T_{i-1}}{\Delta x^2} \qquad i = 1,2,3,\ldots,N-1,N,N+1$$

$$\frac{dT_1}{dx} = 0 \qquad x = 0$$

$$T_{N+1} = T_s \qquad x = x_0$$

A discretização da condição de contorno, aproximando a derivada de primeira ordem por diferença finita central, permite calcular o valor da variável dependente no ponto fictício T_0, que aparece na aproximação para $i = 1$.

$$\frac{dT_1}{dx} = 0$$

$$\frac{T_2 - T_0}{2\Delta x} = 0$$

$$T_0 = T_2$$

Fazendo a substituição na aproximação para $i = 1$, obtém-se:

$$\frac{dT_1}{dt} = \alpha \frac{T_2 - 2T_1 + T_2}{\Delta x^2}$$

Assim, as equações que devem ser resolvidas e mais a condição de contorno na superfície são:

$$\frac{dT_1}{dt} = \alpha \frac{2T_2 - 2T_1}{\Delta x^2}$$

$$\frac{dT_i}{dt} = \alpha \frac{T_{i+1} - 2T_i + T_{i-1}}{\Delta x^2} \qquad i = 2,3,\ldots,N-1,N$$

$T_{N+1} = T_s$

```
//Programa 9.9
//
//Condução de calor em regime transiente em uma placa plana
//
//Condução de calor em regime transiente em uma placa plana com simetria no
//centro e temperatura da superfície mantida constante em Ts. Solução da
//equação diferencial parcial pelo método das linhas.
//
clc
clear
clearglobal

function Tdot=fct(t, T)
    global alpha N Deltax2 Ts
    Tdot(1)=alpha*(2*T(2)-2*T(1))/Deltax2;
    for i=2:N-1
        Tdot(i)=alpha*(T(i+1)-2*T(i)+T(i-1))/Deltax2
    end
    Tdot(N)=alpha*(Ts-2*T(N)+T(N-1))/Deltax2;
endfunction

//Solução numérica
global alpha N Deltax2 Ts
//Dados de entrada
Ts=292;     //deg C
T0=70;      //deg C
x0=0.625;   //cm
x0=x0*1e-2;   //m
alpha=0.000252;   //m2/h
alpha=alpha/60;   //m2/min

//Malha unidimensional
N=50;
Deltax=x0/N;
Deltax2=Deltax^2;
x=[0:N]*Deltax;

//Tempo de simulação
t0=0;
tf=30;    //min
Deltat=0.1;
t=0:Deltat:tf;

//Condições iniciais
T0_=ones(N,1)*T0;
```

```
T_=ode(T0_,t0,t,fct);
T=[T_; [T0 ones(1,length(t)-1)*Ts]];

//Plota os resultados
Tout=[T(:,1) T(:,11) T(:,51) T(:,101) T(:,201)];
scf(1);
clf
plot(x*1e2,Tout)
xlabel('x (cm)')
ylabel('T (deg C)')
legend('0min','1min','5min','10min','20min',4);
scf(2);
clf
plot(t,T(1,:))
xlabel('t (min)')
ylabel('T1 (deg C)')

//Tempo necessário para que o centro da borracha atinja 290°C
for i=1:length(t)
    if T(1,i)>=290 then
        break
    end
end
printf('Tempo necessário para que o centro da borracha atinja 290°C = %f ...
min\n',t(i))
printf('\n')
printf('Tempo necessário para que o centro da borracha atinja 290°C = %f ...
h\n',t(i)/60)
```

Resultados

```
Tempo necessário para que o centro da borracha atinja 290°C = 18.700000 min

Tempo necessário para que o centro da borracha atinja 290°C = 0.311667 h
```

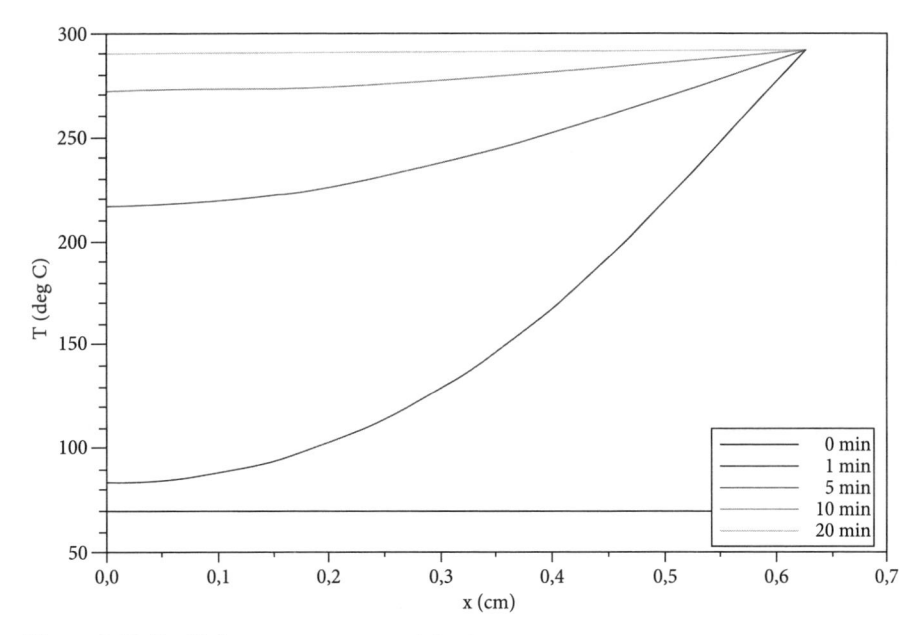

Figura 9.22 Perfil de temperatura em vários instantes.

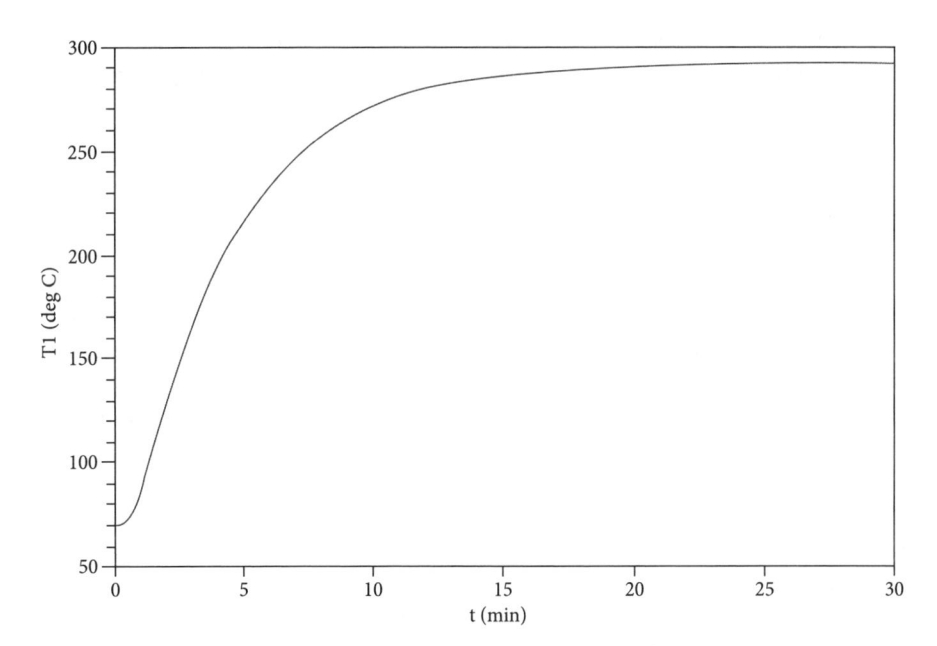

Figura 9.23 Variação da temperatura no centro com o tempo.

Notação

T	Temperatura
T_0	Temperatura inicial
T_s	Temperatura da superfície
x	Distância
x_0	Metade da espessura da placa
α	Difusividade térmica

Exemplo 9.10 Superfícies estendidas

Conceitos envolvidos

Transporte de calor por condução unidimensional em uma aleta retangular sujeita à convecção na superfície.

Métodos numéricos utilizados

Solução de equações diferenciais ordinárias com o método de chute com vista a convergir sob uma variedade de condições de contorno; solução pelo método das diferenças finitas.

Descrição do problema

As superfícies estendidas são comumente encontradas na forma de aletas presas à superfície da estrutura com o objetivo de aumentar a área disponível para a troca de calor e, consequentemente, aumentar a taxa de aquecimento ou resfriamento entre a estrutura e o fluido que a envolve (Figura 9.24). Essas superfícies estendidas têm larga aplicação industrial como aletas instaladas nas paredes de equipamentos de transporte de calor. Elas podem ser de vários tipos, variando quanto ao perfil, ao tipo de seção reta etc. Um exemplo é o radiador de automóvel, que consiste de um banco de tubos no interior dos quais circula água quente proveniente do motor e que perde calor para o ambiente. Os tubos atravessam orifícios de uma série de placas paralelas, as quais recebem calor das paredes dos tubos e o transmitem ao ar pelo mecanismo de convecção forçada. Uma parte do calor é trocada diretamente através das paredes do tubo, mas a maior parte é dissipada através das placas.

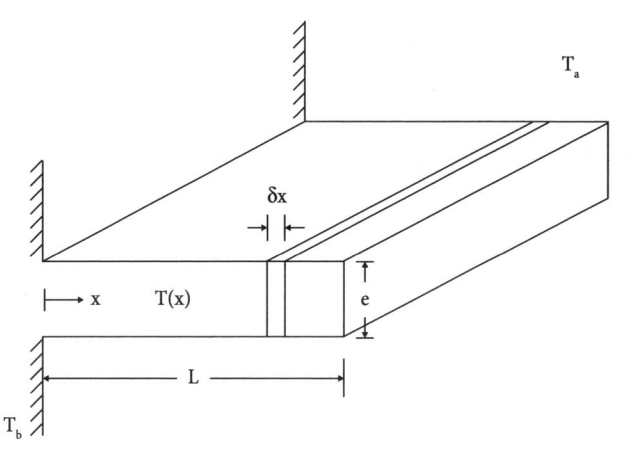

Figura 9.24 Aleta retangular.

Para simplificar o problema, suponha que:

1. O regime é permanente.
2. A temperatura do fluido longe da aleta se mantém constante.
3. A aleta é fina, indicando que podemos modelar a situação como unidimensional T(x).

O balanço de energia para um elemento diferencial δx em regime permanente é:

Entra − Sai = 0

Fluxo por condução para dentro: $-ke\dfrac{dT}{dx}$

Fluxo por condução para fora: $-ke\dfrac{dT}{dx} + \dfrac{d}{dx}\left(-ke\dfrac{dT}{dx}\right)\delta x$

Fluxo por convecção para fora: $h2\delta x(T - T_a)$

Fazendo-se a substituição no balanço de energia, tem-se:

$$-ke\frac{dT}{dx} - \left[-ke\frac{dT}{dx} + \frac{d}{dx}\left(-ke\frac{dT}{dx}\right)\delta x\right] - h2\delta x(T - T_a) = 0$$

$$-\frac{d}{dx}\left(-ke\frac{dT}{dx}\right)\delta x - h2\delta x(T-T_a) = 0$$

$$-\frac{d}{dx}\left(-ke\frac{dT}{dx}\right) - h2(T-T_a) = 0$$

$$ke\frac{d}{dx}\left(\frac{dT}{dx}\right) - h2(T-T_a) = 0$$

$$ke\frac{d^2T}{dx^2} = 2h(T-T_a)$$

em que T_a é a temperatura média do ar circundante.

Quais as condições de contorno de T?
Uma condição é que, na base (x = 0), a temperatura da aleta é igual à temperatura da parede, ou:

$T = T_b$

A outra condição de contorno depende da condição física na extremidade da aleta. Os três casos mais comuns são:

Tipo 1. O valor da variável dependente é dado no contorno (T = c). A aleta é muito longa e a temperatura na extremidade se aproxima da temperatura do fluido.

$T = T_a$

Tipo 2. O valor da derivada da variável dependente é dado no contorno (T' = c). A troca de calor na ponta é desprezível ou a extremidade é isolada.

$$\left.\frac{dT}{dx}\right|_{x=L} = 0$$

Tipo 3. A condição de contorno tem a forma $aT' + bT = c$. A ponta troca calor por convecção.

$$-k\left.\frac{dT}{dx}\right|_{x=L} = h(T_L - T_a)$$

Normalmente, estamos interessados não só na distribuição de temperaturas, mas também na taxa total de transporte de calor para ou a partir da aleta. A taxa de transporte de calor pode ser obtida como o calor conduzido através da base da aleta, que deve ser igual ao calor trocado por convecção a partir da superfície da aleta para o fluido.

Dados numéricos

Considere uma aleta retangular unidimensional de aço inoxidável (k = 13,8 W/m.K) de 0,64 cm de espessura, comprimento de 2,54 cm na direção x, como mostrado na Figura 9.24. O coeficiente de transporte de calor por convecção é h = 544,3 W/m².K, a temperatura ambiente é T_a = 26,7 °C, a temperatura da base (x = 0) da aleta é T_b = 93,3 °C.

Solução

Usando as seguintes transformações:

$y_1 = T$

$y_2 = T'$

Assim:

$y'_1 = T'$

$y'_2 = T''$

Fazendo as devidas substituições:

$y'_1 = y_2$ $y_1(0) = 93{,}3\ °C$

$y'_2 = \dfrac{2h}{ke}(y_1 - T_a)$ $y_2(0) = \eta$ (chute)

A condição de contorno na extremidade da aleta pode ser:

Tipo 1. A aleta é muito longa e a temperatura na extremidade se aproxima da temperatura do fluido.

$T(L) = T_a$

Ou seja:

$y_1(L) = T_s$

Tipo 2. A troca de calor na ponta é desprezível ou a extremidade é isolada.

$$\left.\frac{dT}{dx}\right|_{x=L} = 0$$

Ou seja:

$y_2(L) = 0$

Tipo 3. A ponta troca calor por convecção.

$$-k\left.\frac{dT}{dx}\right|_{x=L} = h(T_L - T_a)$$

Ou seja:

$-ky_2(L) = h[y_1(L) - T_a]$

A taxa de transporte de calor pode ser obtida como o calor conduzido através da base da aleta e calculada como:

$$q = -kA\left.\frac{dT}{dx}\right|_{x=0}$$

Ou seja:

$q = -kAy_2(0)$

```
//Programa 9.10a
//
//Aleta retangular
//
//Determina e plota o perfil de temperatura de uma aleta retangular re-
solvendo
//a equação diferencial ordinária de segunda ordem pelo método de chute
e
```

```
//calcula a quantidade de calor trocado entre a aleta e o meio ambiente.
//
clear
clearglobal
clc
close

function dy=aleta(x, y)
    global Tb Ta e L k
    dy(1)=y(2)
    dy(2)=2*h/(k*e)*(y(1)-Ta)
endfunction

function f=fun(y20)
    global Ta L y10 y1L y2L tipo
    x0=0;
    xf=L;
    y0(1)=y10
    y0(2)=y20       //chute
    y=ode(y0,x0,xf,aleta)
    select tipo
      case 1                            //compara com Ta
        f=y(1)-y1L
      case 2                            //compara com dT(L)/dx=0
        f=y(2)-y2L
      case 3                            //compara -k.dT/dx(L)=h(T(L)-Ta)
        f=k*y(2)+h*(y(1)-Ta)
    end
endfunction

global Tb Ta e L k h y10 y1L y2L tipo
//Dados de entrada
disp('Entre com os seguintes dados')
disp('')
Tb=input('temperatura da base, oC              = ');
Ta=input('temperatura do ambiente, oC          = ');
e=input('espessura, cm                         = ');
L=input('largura, cm                           = ');
k=input('condutividade térmica, W/m.K          = ');
k=k*1e-2;                           //condutividade térmica, W/cm.K
h=input('coeficiente de convecção, W/m2.K      = ');
h=h*1e-4;                           //coeficiente de convecção, W/cm2.K

//Condições de contorno
y10=Tb;                             //temperatura da base, oC
y1L=Ta;                             //temperatura do ambiente, oC
y2L=0;                              //dT(L)/dx=0

x0=0;
x=0:0.01:L;

//Processo iterativo
```

```
y0(1)=y10;                              //valor inicial de T(0)
disp('')
disp('Entre com o tipo de condição de contorno')
disp('Tipo 1 - Dirichlet')
disp('Tipo 2 - Neumann')
disp('Tipo 3 - Robbins')
disp('')
tipo=input('tipo = ');                  //tipo de condição de contorno
eta=-1;                                 //chute inicial para dT(0)/dx
y20=fsolve(eta,fun);                    //valor convergido

//Solução final
y0(2)=y20;
y=ode(y0,x0,x,aleta);
T=y(1,:);
dT=y(2,:);

//Plota os resultados
subplot(2,1,1)
plot(x,T,'b-')
xlabel('x (cm)',"fontsize",2)
ylabel('T (oC)',"fontsize",2)
title('Condição de contorno tipo "+string(tipo)+"',"color","k","fonts
ize",2)
subplot(2,1,2)
plot(x,dT,'b-')
xlabel('x (cm)',"fontsize",2)
ylabel('dT/dx (oC/cm)',"fontsize",2)

//Taxa de calor total por unidade de comprimento
A=e*1;                                  //área de condução, cm2
q=-k*A*y(2,1);                          //calor conduzido na base, W
disp('')
printf('q total = %f W/cm de comprimento\n',q)
```

Entradas e resultados

Condição de contorno tipo 1

```
 Entre com os seguintes dados


temperatura da base, oC                         = 93.3
temperatura do ambiente, oC                     = 26.7
espessura, cm                                   = 0.64
largura, cm                                     = 2.54
condutividade térmica, W/m.K                    = 13.8
coeficiente de convecção, W/m2.K                = 544.3
```

```
Entre com o tipo de condição de contorno

Tipo 1 - Dirichlet

Tipo 2 - Neumann

Tipo 3 - Robbins

tipo = 1

q total = 6.576947 W/cm de comprimento

Execução completada.
```

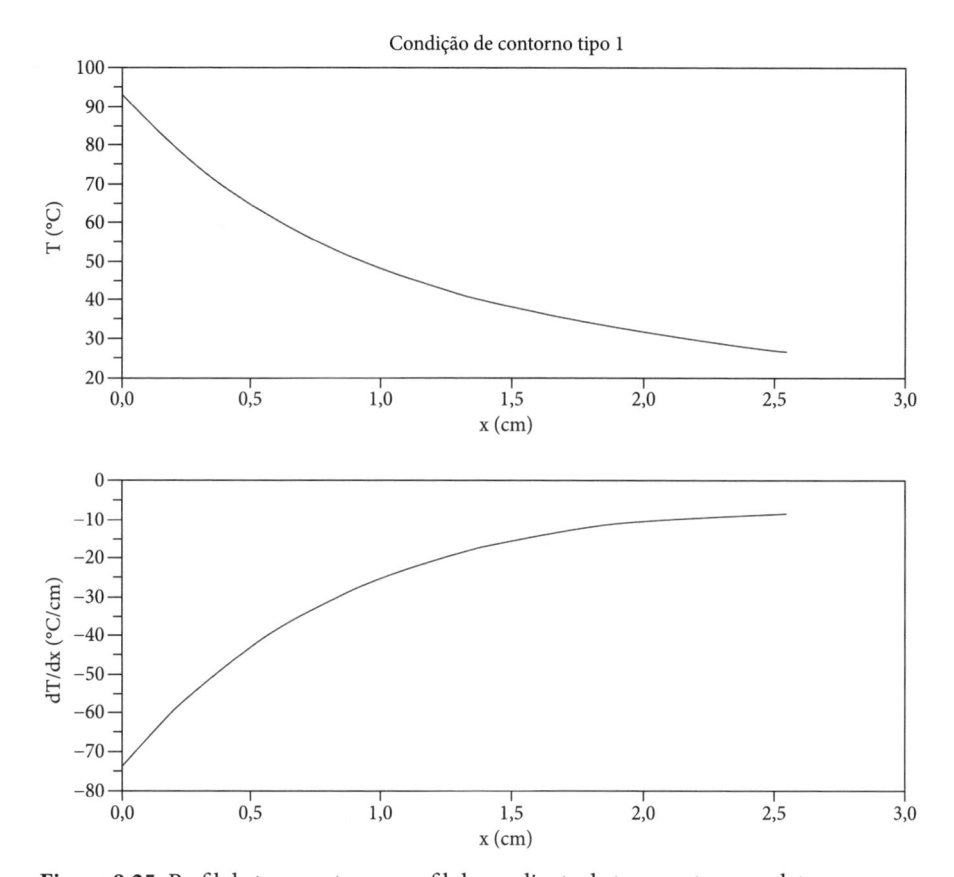

Figura 9.25 Perfil de temperatura e perfil do gradiente de temperatura na aleta.

Entradas e resultados

Condição de contorno tipo 2

```
Entre com os seguintes dados


temperatura da base, oC                = 93.3
temperatura do ambiente, oC            = 26.7
espessura, cm                          = 0.64
largura, cm                            = 2.54
condutividade térmica, W/m.K           = 13.8
coeficiente de convecção, W/m2.K       = 544.3


Entre com o tipo de condição de contorno

 Tipo 1 - Dirichlet

 Tipo 2 - Neumann

 Tipo 3 - Robbins

tipo = 2

q total = 6.484127 W/cm de comprimento

 Execução completada.
```

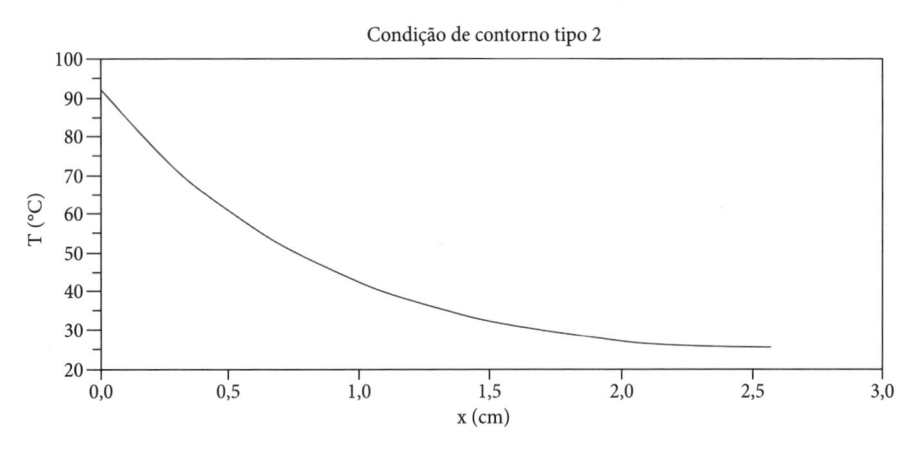

Condição de contorno tipo 2

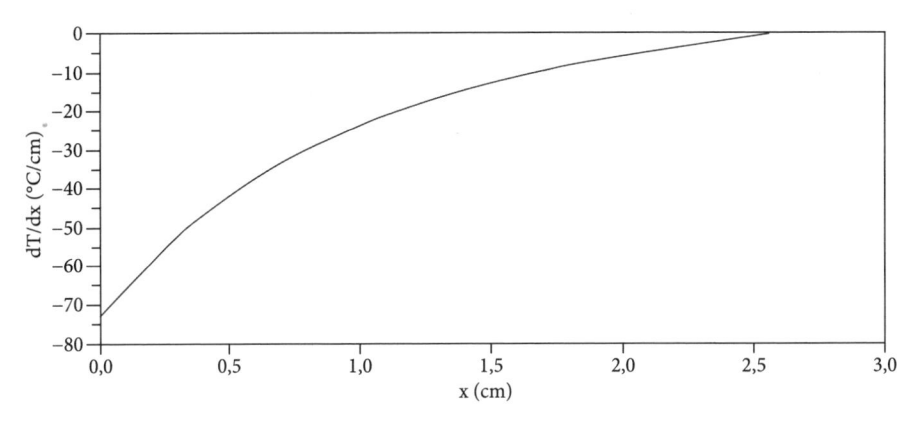

Figura 9.26 Perfil de temperatura e perfil do gradiente de temperatura na aleta.

Entradas e resultados

Condição de contorno tipo 3

```
 Entre com os seguintes dados


temperatura da base, oC                        = 93.3
temperatura do ambiente, oC                    = 26.7
espessura, cm                                  = 0.64
largura, cm                                    = 2.54
condutividade térmica, W/m.K                   = 13.8
coeficiente de convecção, W/m2.K               = 544.3



 Entre com o tipo de condição de contorno

 Tipo 1 - Dirichlet

 Tipo 2 - Neumann

 Tipo 3 - Robbins

tipo = 3


q total = 6.508331 W/cm de comprimento

 Execução completada.
```

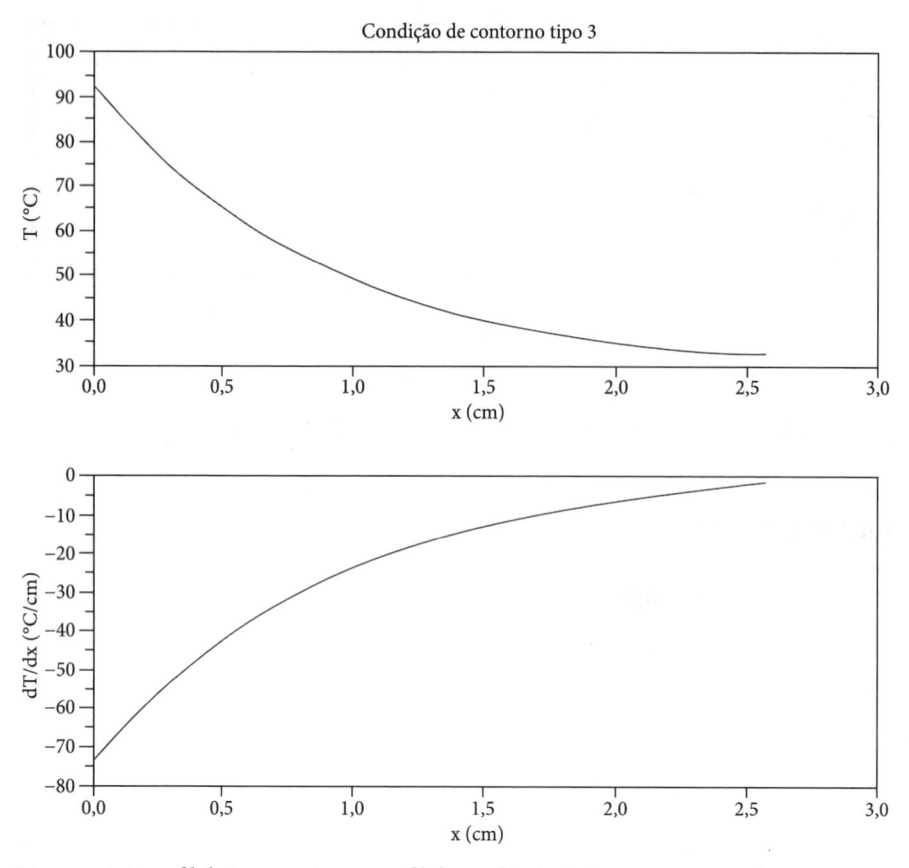

Figura 9.27 Perfil de temperatura e perfil do gradiente de temperatura na aleta.

Solução alternativa

Alternativamente, pode-se resolver o mesmo problema usando o método de diferenças finitas. Considere que a aleta seja dividida em N seções, como mostra a Figura 9.28.

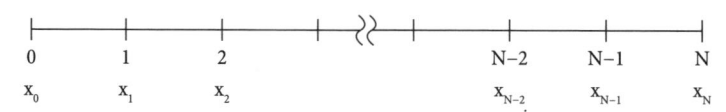

Figura 9.28 Discretização unidimensional.

Temos assim:

$T_0 = 200$

$$ke\frac{T_{i+1} - 2T_i + T_{i-1}}{\Delta x^2} = 2h(T_i - T_a) \qquad i = 1,2,\ldots,N$$

No ponto N, as condições de contorno podem ser:

Tipo 1. A aleta é muito longa e a temperatura na extremidade se aproxima da temperatura do fluido.

$T_N = T_a$

Tipo 2. A troca de calor na ponta é desprezível ou a extremidade é isolada.

$$\left.\frac{dT}{dx}\right|_{x=L} = 0$$

A aproximação por diferença central de ordem dois para a derivada fornece:

$$\frac{dT_N}{dx} = \frac{T_{N+1} - T_{N-1}}{2\Delta x} = 0$$

que pode ser resolvida para T_{N+1}:

$T_{N+1} = T_{N-1}$

Assim, substituindo-se na aproximação para i = N, tem-se:

$$ke\frac{T_{N+1} - 2T_N + T_{N-1}}{\Delta x^2} = 2h(T_N - T_a)$$

$$ke\frac{-2T_N + 2T_{N-1}}{\Delta x^2} = 2h(T_N - T_a)$$

Tipo 3. A ponta troca calor por convecção.

$$-k\left.\frac{dT}{dx}\right|_{x=L} = h(T_L - T_a)$$

A aproximação por diferença central de ordem dois para a derivada fornece:

$$-k\frac{T_{N+1} - T_{N-1}}{2\Delta x} = h(T_N - T_a)$$

que pode ser resolvida para T_{N+1}:

$$T_{N+1} = T_{N-1} - \frac{2\Delta x h}{k}(T_N - T_a)$$

Assim, substituindo-se na aproximação para i = N, tem-se:

$$ke\frac{T_{N+1} - 2T_N + T_{N-1}}{\Delta x^2} = 2h(T_N - T_a)$$

$$ke\frac{T_{N-1} - \frac{2\Delta x h}{k}(T_N - T_a) - 2T_N + T_{N-1}}{\Delta x^2} = 2h(T_N - T_a)$$

A taxa de transporte de calor pode ser obtida como o calor conduzido através da base da aleta e calculada como:

$$q = -kA\frac{dT}{dx}\bigg|_{x=0}$$

Usando a diferença à frente de ordem dois, a derivada primeira é:

$$\frac{dT_0}{dx} = \frac{-T_2 + 4T_1 - 3T_0}{2\Delta x}$$

Portanto, a taxa de transporte de calor em x = 0 fica:

$$q = -kA\left(\frac{-T_2 + 4T_1 - 3T_0}{2\Delta x}\right)$$

```
//Programa 9.10b
//
//Aleta retangular
//
//Determina e plota o perfil de temperatura de uma aleta retangular re-
solvendo
//a equação diferencial ordinária pelo método de diferenças finitas e
calcula
//a quantidade de calor trocado entre a aleta e o meio ambiente.
```

```
//
clear
clearglobal
clc
close

function f=fct(T)
    global N Deltax T0 k e h Ta tipo
                                            //diferença central
    f(1)=(T(2)-2*T(1)+T0)/Deltax^2-2*h*(T(1)-Ta)
    for i=2:N-1
        f(i)=k*e*(T(i+1)-2*T(i)+T(i-1))/Deltax^2-2*h*(T(i)-Ta)
    end
     select tipo
     case 1
        f(N)=T(N)-Ta
     case 2                                 //diferença à ré
        f(N)=(3*T(i)-4*T(i-1)+T(i-2))/(2*Deltax)
     case 3                                 //diferença à ré
        f(N)=k*(3*T(N)-4*T(N-1)+T(N-2))/(2*Deltax)+h*(T(N)-Ta)
     end
endfunction

global N Deltax T0 k e h Ta tipo
//Dados de entrada
disp('Entre com os seguintes dados')
disp('')
Tb=input('temperatura da base, oC                        = ');
Ta=input('temperatura do ambiente, oC                    = ');
e=input('espessura, cm                                   = ');
L=input('largura, cm                                     = ');
k=input('condutividade térmica, W/m.K                    = ');
k=k*1e-2;                               //condutividade térmica, W/cm.K
h=input('coeficiente de convecção, W/m2.K                = ');
h=h*1e-4;                               //coeficiente de convecção, W/cm2.K

//Malha unidimensional
disp('')
N=input('número de divisões                              = ');
x0=0;
xf=L;
Deltax=(xf-x0)/N;

//Condições de contorno
T0=Tb;
disp('')
disp('Entre com o tipo de condição de contorno')
disp('Tipo 1 - Dirichlet')
disp('Tipo 2 - Neumann')
disp('Tipo 3 - Robbins')
disp('')
tipo=input('tipo = ');                  //tipo de condição de contorno
```

```
//Chutes iniciais inicializados como os valores da interpolação linear
for i=1:N
    T0_(i)=Tb-(Tb-Ta)/N*i;
end
T=fsolve(T0_,fct);

//Plota os resultados
x=x0:Deltax:xf;
T=[T0;T];
plot(x,T,'b-')
xlabel('x (cm)',"fontsize",3)
ylabel('T (oC)',"fontsize",3)
title('Condição de contorno tipo "+string(tipo)+"',"color","k","fonts
ize",3)

//Taxa de calor total por unidade de comprimento
A=e*1;                                  //área de condução, cm2
Tx0=(-T(3)+4*T(2)-3*T(1))/(2*Deltax);   //calor conduzido na base, W
q=-k*A*Tx0; //W
disp('')
printf('q total = %f W/cm de comprimento\n',q)
```

Entradas e resultados

Condição de contorno tipo 1

```
 Entre com os seguintes dados


temperatura da base, oC                              = 93.3
temperatura do ambiente, oC                          = 26.7
espessura, cm                                        = 0.64
largura, cm                                          = 2.54
condutividade térmica, W/m.K                         = 13.8
coeficiente de convecção, W/m2.K                     = 544.3


número de divisões                                   = 50




 Entre com o tipo de condição de contorno

 Tipo 1 - Dirichlet

 Tipo 2 - Neumann
```

```
Tipo 3 - Robbins

tipo = 1

q total = 6.110322 W/cm de comprimento

Execução completada.
```

O perfil de temperatura na aleta para a condição de contorno tipo 1 é mostrado na Figura 9.29.

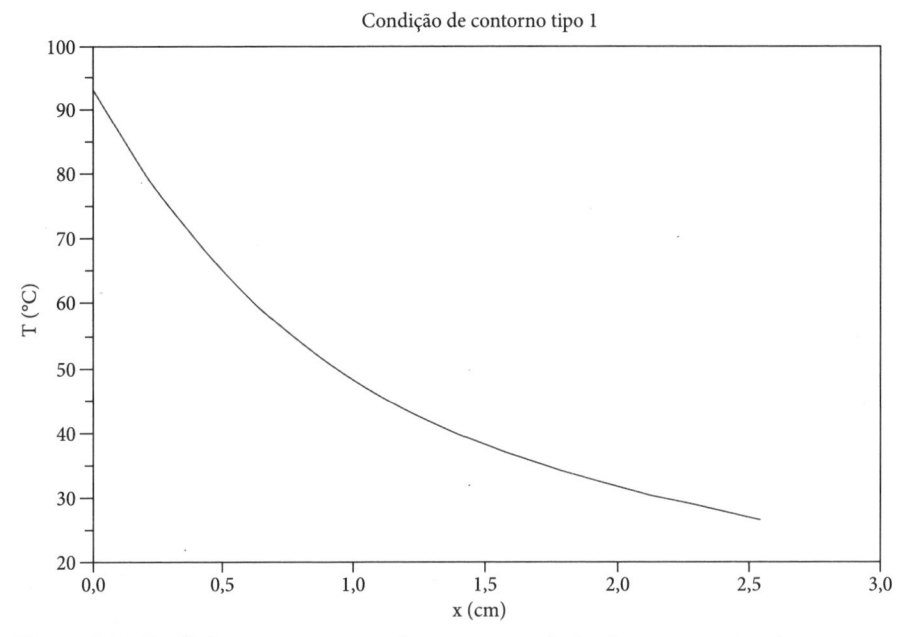

Figura 9.29 Perfil de temperatura na aleta para a condição de contorno tipo 1.

A taxa total de transporte de calor é de 6,110322 W para cada cm de comprimento da aleta. Esse valor encontrado é para N = 50. Agora, para N = 100, o valor é de 6,334716 W, e para N = 200, o valor é de 6,453477 W. Este último valor já é bem próximo do valor encontrado pelo método anterior, que é 6,484127 W.

Entrada e resultados

Condição de contorno tipo 2

```
Entre com os seguintes dados


temperatura da base, oC                  = 93.3
temperatura do ambiente, oC              = 26.7
espessura, cm                            = 0.64
largura, cm                              = 2.54
condutividade térmica, W/m.K             = 13.8
coeficiente de convecção, W/m2.K         = 544.3


número de divisões                       = 50


Entre com o tipo de condição de contorno

 Tipo 1 - Dirichlet

 Tipo 2 - Neumann

 Tipo 3 - Robbins


tipo = 2


q total = 6.011366 W/cm de comprimento

 Execução completada.
```

O perfil de temperatura na aleta para a condição de contorno tipo 2 é mostrado na Figura 9.30.

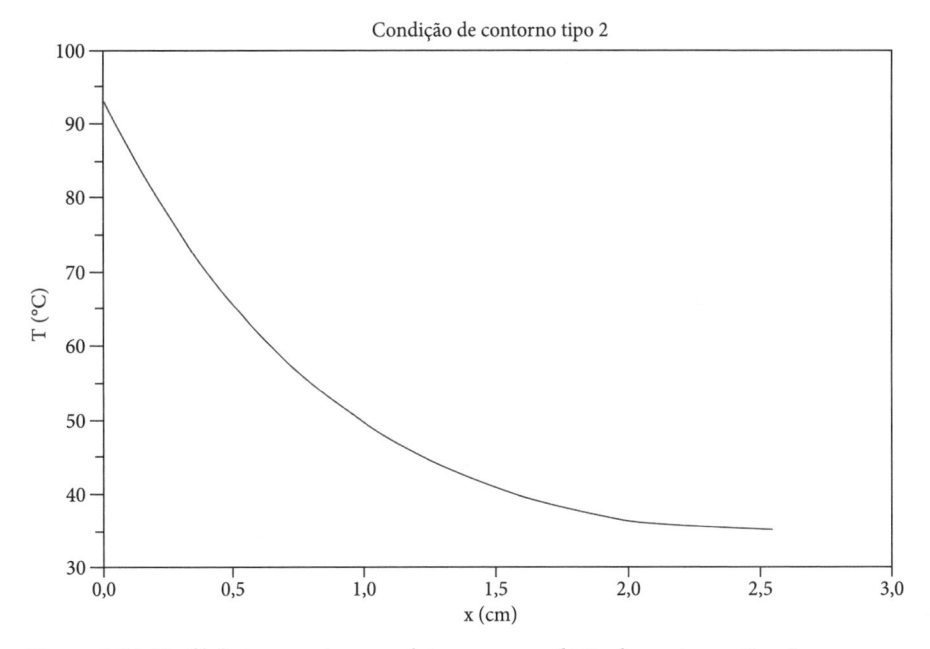

Figura 9.30 Perfil de temperatura na aleta para a condição de contorno tipo 2.

Entrada e resultados

Condição de contorno tipo 3

```
 Entre com os seguintes dados


temperatura da base, oC                        = 93.3
temperatura do ambiente, oC                    = 26.7
espessura, cm                                  = 0.64
largura, cm                                    = 2.54
condutividade térmica, W/m.K                   = 13.8
coeficiente de convecção, W/m2.K               = 544.3


número de divisões                             = 50



 Entre com o tipo de condição de contorno

 Tipo 1 - Dirichlet

 Tipo 2 - Neumann
```

```
    Tipo 3 - Robbins

tipo = 3

q total = 6.041283 W/cm de comprimento

 Execução completada.
```

O perfil de temperatura na aleta para a condição de contorno tipo 3 é mostrado na Figura 9.31.

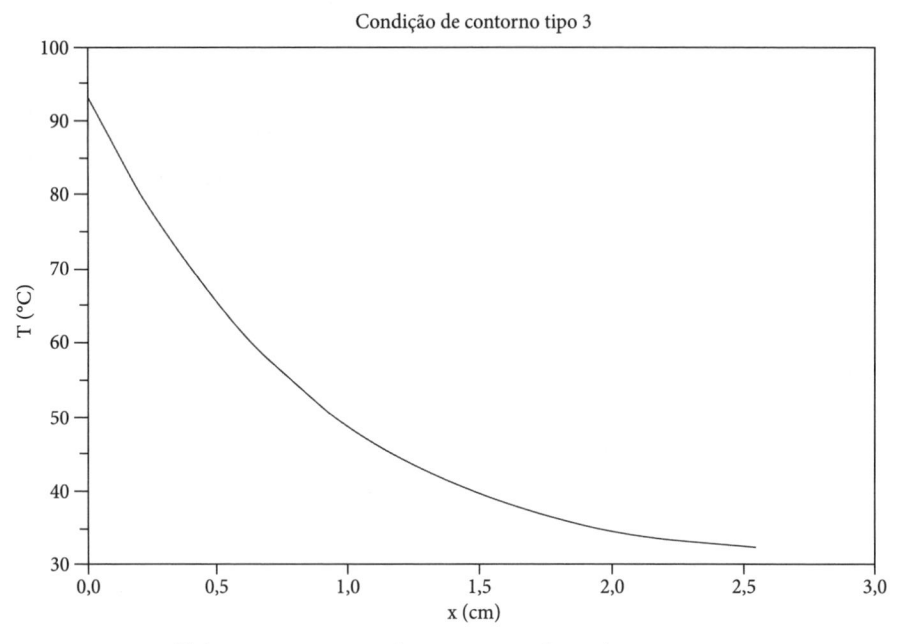

Figura 9.31 Perfil de temperatura na aleta para a condição de contorno tipo 3.

Notação

e	Espessura da placa
h	Coeficiente de convecção
k	Condutividade térmica
L	Comprimento da aleta
q	Taxa de transporte de calor
T	Temperatura
T_a	Temperatura do meio

T_b Temperatura da base
x   Distância

Exemplo 9.11 Camada limite térmica no escoamento laminar sobre uma placa plana

Conceitos envolvidos

Transporte de calor com distribuição desenvolvida de velocidades para o escoamento laminar paralelo à placa plana.

Métodos numéricos utilizados

Transformação de equações diferenciais parciais em equações diferenciais ordinárias, redução de equações diferenciais de ordem elevada em um sistema de equações diferenciais ordinárias de primeira ordem, e solução numérica de equações diferenciais ordinárias empregando a técnica do chute. Utilização das funções `fsolve` e `ode`.

Descrição do problema

O problema de transporte de calor para um fluido em movimento laminar paralelo à placa plana foi resolvido por Pohlhausen. A solução baseia-se nos balanços diferenciais de massa, energia e quantidade de movimento. Uma vez conhecida a velocidade na camada limite, pode-se resolver o balanço de energia.

$$u_x \frac{\partial T}{\partial x} + u_y \frac{\partial T}{\partial y} = \alpha \frac{\partial^2 T}{\partial y^2}$$

$y = 0$ $\qquad\qquad\qquad\qquad T = T_s$
$y = \infty$ $\qquad\qquad\qquad\qquad T = T_\infty$
$x = 0$ $\qquad\qquad\qquad\qquad T = T_\infty$

Seguindo o mesmo procedimento feito para resolver a equação de quantidade de movimento, a equação de energia pode ser reduzida em:

$$\frac{d^2\left(\dfrac{T_s - T}{T_s - T_\infty}\right)}{d\eta^2} + \frac{\Pr}{2} f(\eta) \frac{d\left(\dfrac{T_s - T}{T_s - T_\infty}\right)}{d\eta} = 0$$

com

$$f(\eta) = \frac{\Psi}{\sqrt{x\nu u_\infty}}$$ função corrente adimensional

$$\eta = y\sqrt{\frac{u_\infty}{\nu x}}$$ variável adimensional de posição

e $\psi(x,y)$ é uma função corrente que satisfaz automaticamente a equação de continuidade definida por:

$$u_x = \frac{\partial \psi}{\partial y}$$

$$u_y = -\frac{\partial \Psi}{\partial x}$$

Por simplicidade, designaremos a mudança de temperatura não completada pelo símbolo Y.

$$Y = \frac{T_s - T}{T_s - T_\infty}$$

A equação diferencial e as condições de contorno, em termos dessa variável, são:

$$\frac{d^2 Y}{d\eta^2} + \frac{\Pr}{2} f(\eta) \frac{dY}{d\eta} = 0$$

$\eta = 0$ $\qquad\qquad Y = 0$

$\eta = \infty$ $\qquad\qquad Y = 1$

Este problema de transporte de calor para um fluido em movimento laminar paralelo à placa plana deve ser resolvido em conjunto com as equações de continuidade e de quantidade de movimento dado por:

$$\frac{d^3 f}{d\eta^3} + \frac{f}{2}\frac{d^2 f}{d\eta^2} = 0$$

com as seguintes condições:

$\eta = 0$ $\qquad$ $f = 0$ $\qquad$ $f' = 0$

$\eta = \infty$ $\qquad$ $f = 1$

Para converter as duas equações diferenciais de segunda e terceira ordens em cinco equações diferenciais de primeira ordem, vamos usar as seguintes transformações:

$g_1 = f$

$g_2 = f'$

$g_3 = f''$

$g_4 = Y$

$g_5 = Y'$

Assim:

$g'_1 = f'$

$g'_2 = f''$

$g'_3 = f'''$

$g'_4 = Y'$

$g'_5 = Y''$

Fazendo as devidas substituições:

$g'_1 = g_2$ $\qquad$ $g_1(0) = 0$

$g'_2 = g_3$ $\qquad$ $g_2(0) = 0$

$g'_3 = -\dfrac{g_1}{2} g_3$ $\qquad$ $g_3(0) = 0{,}332057$

$\qquad\qquad\qquad\qquad$ (da solução da camada limite laminar)

$$g'_4 = g_5 \qquad\qquad g_4(0) = 0$$

$$g'_5 = -\frac{Pr}{2}g_1 g_5 \qquad\qquad g_5(0) = ?$$

Solução (sugestão)

A condição $g_5(0)$ é desconhecida, portanto, deve-se chutar um valor para $g_5(0)$ e resolver o sistema de equações diferenciais de condições iniciais até chegar num valor de η suficientemente grande, e comparar o valor de g_4 (∞, chute) com o valor verdadeiro $g_4(\infty) = 1$. O chute correto é quando:

$$g_4(\infty, \text{chute}) - g_4(\infty) = 0$$

Resultados

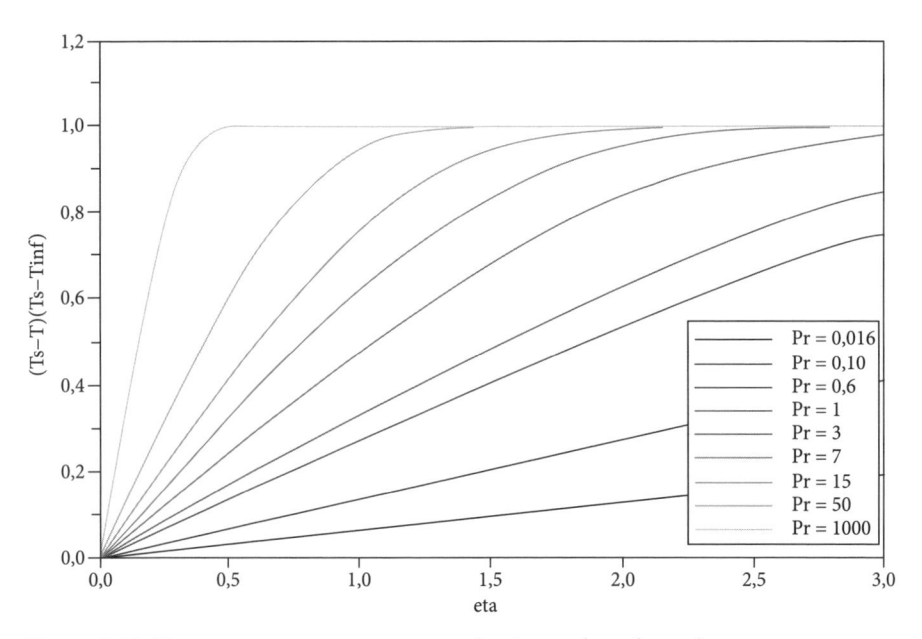

Figura 9.32 Temperaturas para escoamento laminar sobre placa plana em temperatura uniforme; número de Prandtl entre 0,016 e 1000.

Notação

f	Função corrente adimensional
Pr	Número de Prandtl
T	Temperatura
T_s	Temperatura da placa
T_∞	Temperatura de aproximação
u_x	Velocidade na direção x
u_y	Velocidade na direção y
u_∞	Velocidade de aproximação
x	Distância x
y	Distância y
Y	Temperatura adimensional
α	Difusividade térmica
η	Variável adimensional de posição
μ	Viscosidade dinâmica
ν	Viscosidade cinemática

9.4 TRANSPORTE DE MASSA

Uma característica do engenheiro químico é a sua habilidade de projetar e operar equipamentos nos quais os reagentes são preparados, em que ocorrem as reações químicas e são feitas as separações dos produtos resultantes. Esta habilidade se baseia no conhecimento da ciência do transporte de massa, que significa a tendência de um componente, numa mistura, de passar de uma região de alta concentração para outra de baixa concentração neste componente. As aplicações dos princípios de transporte de calor e quantidade de movimento são comuns em muitos ramos da engenharia, mas aplicações do transporte de massa vêm sendo, tradicionalmente, largamente limitados à engenharia química.

Exemplo 9.12 Difusão de gás A através de líquido B parado num tubo em regime transiente

Conceitos envolvidos

Difusão em regime transiente de gás A através de líquido B contido em um tubo.

Métodos numéricos usados

Transformação de equação diferencial parcial em equações diferenciais ordinárias simultâneas e integradas numericamente.

Descrição do problema

O líquido B parado em um tubo tem 10 cm de altura (L = 10 cm), é exposto a um gás A no instante t = 0. A concentração de A, dissolvido fisicamente em B, alcança c_{A0} = 0,01 mol/m³ instantaneamente na interface e permanece neste valor. O coeficiente de difusão de A em B é D_{AB} = 2×10⁻⁹ m²/s. O fluxo molar de A entrando em B pode ser calculado pela lei de Fick.

$$N_{A0}(t) = -D_{AB} \frac{\partial c_A}{\partial y}\bigg|_{y=0}$$

Calcule a evolução da concentração e do fluxo molar de A no tubo.

Solução

O balanço material de A é dado por:

$$\frac{\partial c_A}{\partial t} = D_{AB} \frac{\partial^2 c_A}{\partial y^2}$$

As condições iniciais e de contorno são:

t = 0 $\qquad\qquad c_A(y,0) = 0$

t ≥ 0 $\qquad\qquad c_A(0,t) = c_{A0}$

t ≥ 0 $\qquad\qquad \dfrac{\partial c_A}{\partial y}\bigg|_{y=L} = 0$

No caso desse problema, vamos aplicar o método das linhas, isto é, discretizar o domínio e integrar as equações diferenciais ordinárias simultâneas. A Figura 9.33 mostra a discretização.

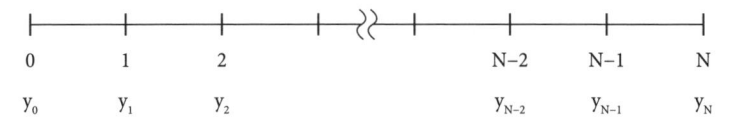

Figura 9.33 Discretização unidimensional.

Usando a aproximação por diferença central de segunda ordem, as equações resultantes dessa discretização são:

Ponto 0: y_0

$$c_{A,0} = c_{A,0}$$

Ponto i: y_i, i = 1,2,...,N

$$\frac{dc_{A,i}}{dt} = D_{AB} \frac{c_{A,i+1} - 2c_{A,i} + c_{A,i-1}}{\Delta y^2}$$

No ponto N, a condição de contorno é:

$$\frac{dc_{A,N}}{dy} = 0$$

Aproximando a derivada primeira por diferença central de segunda ordem, tem-se:

$$\frac{c_{A,N-1} - c_{A,N+1}}{2\Delta y} = 0$$

$$c_{A,N+1} = c_{A,N-1}$$

Assim, a equação diferencial no ponto N fica:

$$\frac{dc_{A,N}}{dt} = D_{AB} \frac{c_{A,N+1} - 2c_{A,N} + c_{A,N-1}}{\Delta y^2}$$

$$\frac{dc_{A,N}}{dt} = D_{AB} \frac{2c_{A,N-1} - 2c_{A,N}}{\Delta y^2}$$

O fluxo molar de A em B é dado por:

$$N_{A0}(t) = -D_{AB} \frac{\partial c_A}{\partial y}\bigg|_{y=0}$$

que pode ser aproximado por uma diferença finita à frente de segunda ordem.

$$N_{A0}(t) = -D_{AB} \frac{-c_{A,2} + 4c_{A,1} - 3c_{A,0}}{2\Delta y}$$

Resultados

A Figura 9.34 mostra a variação do perfil de concentração de A em vários dias.

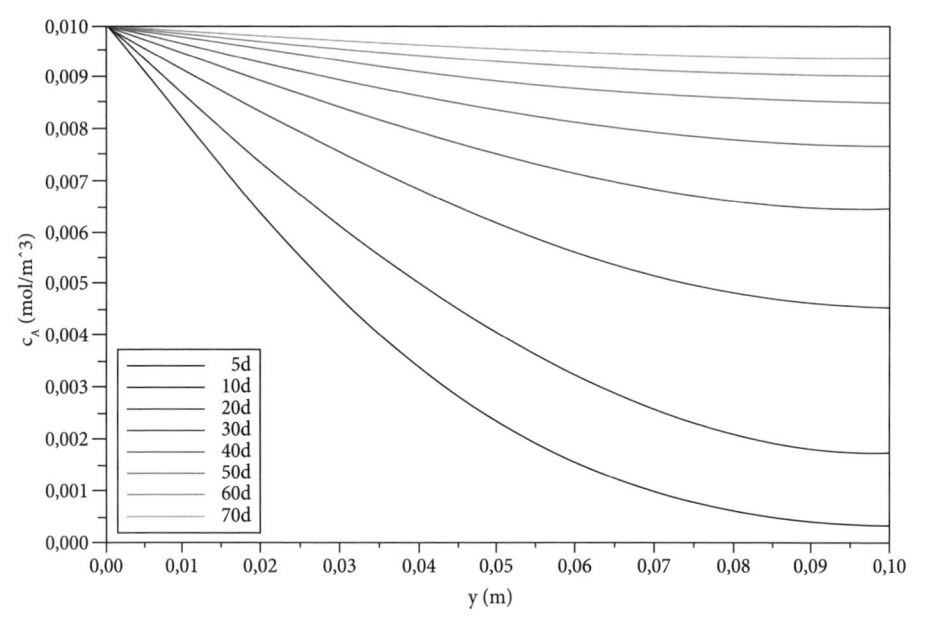

Figura 9.34 Perfis de concentração em regime transiente.

O fluxo molar de A entrando no tubo em regime transiente é mostrado nas figuras 9.35 e 9.36 em escala linear e em escala logarítmica, respectivamente. Esse fluxo diminui com o tempo e alcança zero no estado estacionário.

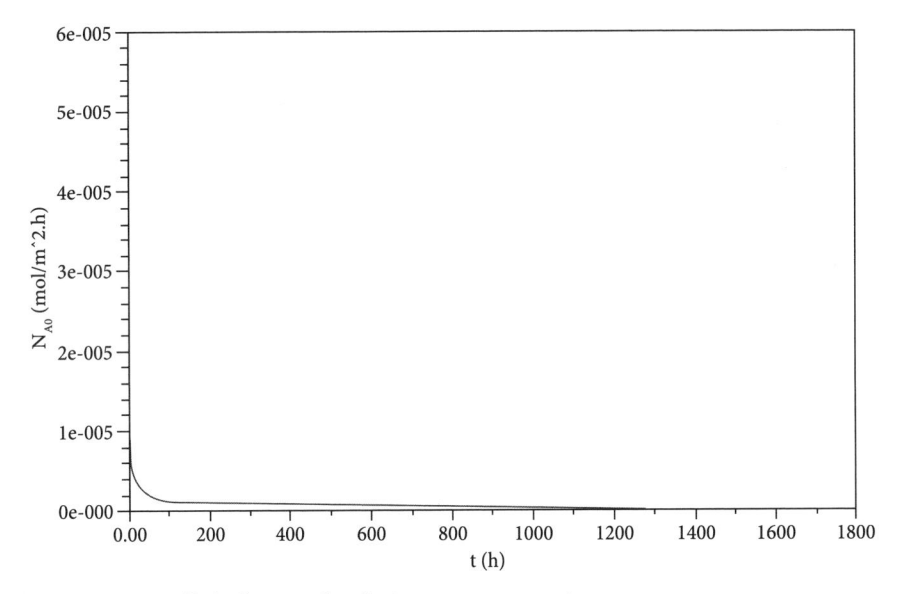

Figura 9.35 Perfil do fluxo molar de A em regime transiente.

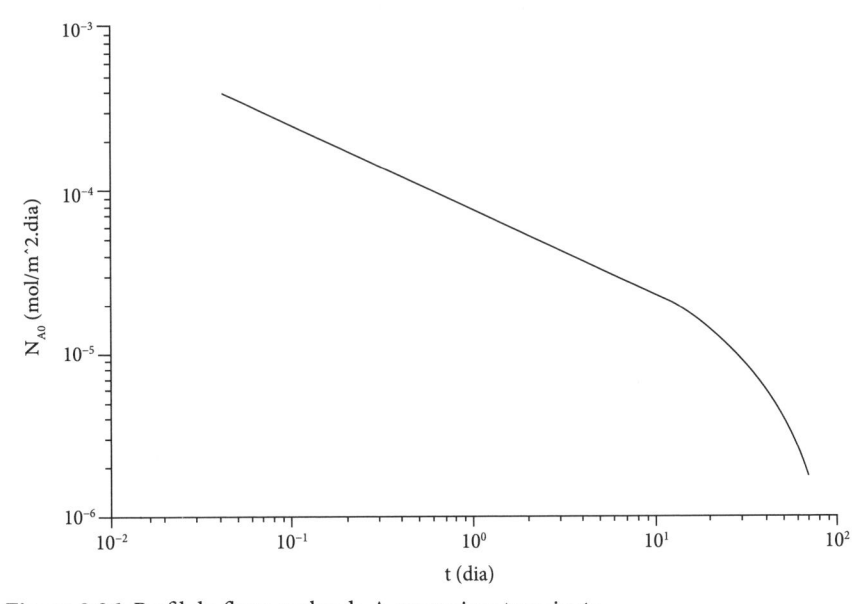

Figura 9.36 Perfil do fluxo molar de A em regime transiente.

Notação

c_A Concentração de A

L   Comprimento do percurso da difusão
N_A Fluxo de A com respeito a eixos fixos
D_{AB} Difusividade de A em B
t   Tempo
y   Distância

Exemplo 9.13 Difusão de A através de B parado num tubo em regime permanente

Conceitos envolvidos

Difusão em fase gasosa de A através de B parado durante a evaporação de um líquido puro em um tubo de difusão simples (tubo de Stefan).

Métodos numéricos usados

Integração numérica de equações diferenciais ordinárias simultâneas por um método de chute que deve satisfazer as condições de contorno em dois pontos.

Descrição do problema

Na situação ilustrada na Figura 9.37, vapor de A se difunde à velocidade constante, para cima, a partir da superfície líquida, através da camada de B parado no tubo. A taxa de evaporação é relativamente lenta, de modo que é uma suposição razoável que o nível da superfície líquida seja constante. Uma mistura gasosa está passando por cima da superfície superior do tubo de Stefan. Assim, a pressão parcial de A, p_{AL}, e a fração molar de A, x_{AL}, em y = L são conhecidas. A superfície do líquido A não contém nenhum B dissolvido, desde que B seja insolúvel no líquido A; portanto, o líquido A exerce sua pressão de vapor, $p_{vap,A}$, em y = 0. A fração molar de A na superfície líquida é dada por:

$$x_{A0} = \frac{p_{vap,A}}{P}$$

em que P é a pressão total.

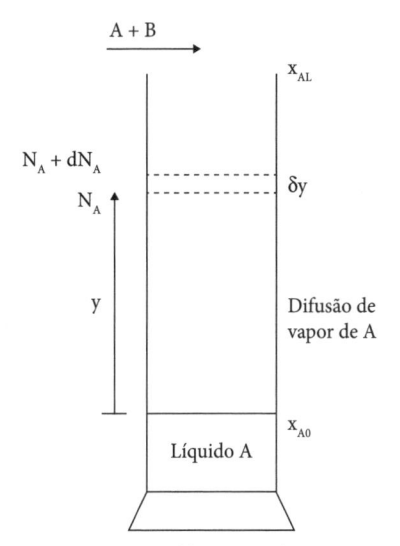

Figura 9.37 Difusão de A através de um filme parado.

As hipóteses mais simples para esse sistema são que a temperatura e a pressão sejam constantes e os gases A e B, ideais.

O balanço de massa em regime permanente no elemento diferencial δy fornece

$$\frac{dN_A}{dy} = 0$$

em que N_A é o fluxo de A relativo a eixos fixos.

Para eixos fixos, o fluxo N_A é a soma do fluxo difusivo J_A relativo a um conjunto de eixos que se move com a velocidade mássica média do fluido mais a contribuição ao fluxo de A causado pelo movimento mássico global N relativo a um conjunto de eixos fixos no espaço.

$$N_A = J_A + Nx_A$$

O fluxo difusivo é dado pela lei de Fick:

$$J_A = -D_{AB} c \frac{dx_A}{dy}$$

O fluxo de massa, N, de uma mistura é definido, simplesmente, por:

$$N = N_A + N_B$$

Assim:

$$N_A = -D_{AB}c\frac{dx_A}{dy} + \frac{c_A}{c}(N_A + N_B)$$

em que c é a concentração total, D_{AB} é a difusividade molecular de A em B, c_A é a concentração de A e N_B é o fluxo de B.

Neste problema, a concentração total de gás c é constante e o componente B está parado. Portanto, $N_B = 0$. A fração molar de A na mistura gasosa, x_A, pode ser usada para substituir c_A/c.

$$N_A = -D_{AB}c\frac{dx_A}{dy} + x_A N_A$$

ou

$$\frac{dx_A}{dy} = \frac{-(1-x_A)N_A}{D_{AB}c}$$

A solução para este problema é obtida resolvendo-se as seguintes equações:

$$\frac{dN_A}{dz} = 0$$

$$\frac{dx_A}{dy} = \frac{-(1-x_A)N_A}{D_{AB}c}$$

com as condições de contorno dadas em:

$y = 0$ $\qquad x = x_{A0} = \dfrac{P_{vap,A}}{P}$

$y = L$ $\qquad x = x_{AL}$

Para gases ideais à pressão e temperatura constantes, a concentração total e a difusividade binária D_{AB} podem ser consideradas constantes.

A solução analítica para o perfil de concentração é dada por:

$$\left(\frac{1-x_A}{1-x_{A0}}\right) = \left(\frac{1-x_{AL}}{1-x_{A0}}\right)^{\frac{y}{L}}$$

A solução analítica para o fluxo na interface líquido-gás dá:

$$N_A|_{y=L} = \frac{D_{AB}c}{Lx_{B,lm}}(x_{A0} - x_{AL})$$

em que:

$$x_{B,lm} = \frac{x_{BL} - x_{B0}}{\ln\left(\dfrac{x_{BL}}{x_{B0}}\right)}$$

Dados numéricos

Considere a evaporação de metanol em uma corrente de ar seco ($x_{AL} = 0$). Os dados são:

$L = 0,238$ m
$T = 328,5$ K
$P_{vap,A} = 68,4$ kPa
$P = 99,4$ kPa
$D_{AB} = 1,991 \times 10^{-5}$ m²/s

Resultados

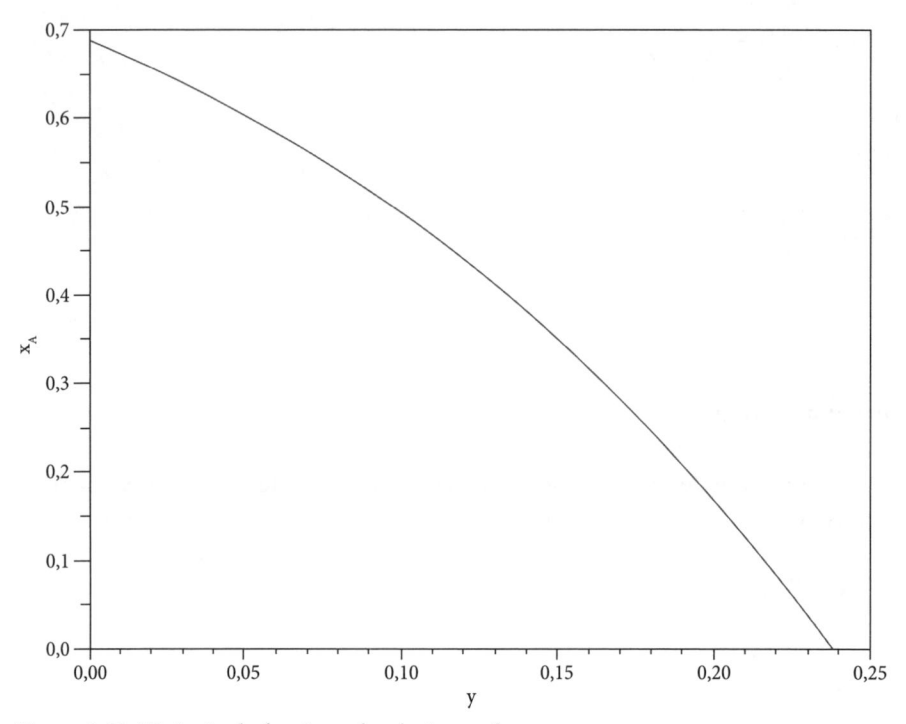

Figura 9.38 Variação da fração molar de A no tubo.

Notação

c	Concentração total
c_A	Concentração de A
D_{AB}	Difusividade de A em B
J_A	Fluxo difusivo
L	Comprimento do percurso da difusão
N_A	Fluxo de A com respeito a eixos fixos
N_B	Fluxo de B com respeito a eixos fixos
T	Temperatura
$p_{vap,A}$	Pressão de vapor de A
P	Pressão
x_A	Fração molar de A na fase líquida
y	Distância

Exemplo 9.14 Determinação da difusividade de A em B

Conceitos envolvidos

Difusão em fase gasosa de A através de B parado durante a evaporação de um líquido puro em um tubo de difusão simples (tubo de Stefan). Determinação da difusividade de A em B.

Métodos numéricos usados

Solução de equação algébrica combinada com integração numérica de equação diferencial ordinária que deve satisfazer as condições de contorno em dois pontos.

Descrição do problema

Um método simples para a determinação de difusividade em sistemas gasosos binários consiste em preencher um tubo fino, transparente, com um líquido volátil puro A até um certo nível e fixá-lo, verticalmente, em uma sala onde a temperatura é mantida constante (Figura 9.39). Esta experiência é conhecida na literatura como experiência de Stefan.

O mecanismo de transporte de A através da coluna de ar (B), no interior do tubo, é de difusão molecular se o vapor do líquido for mais denso que o ar. Após atingir o regime permanente, como a velocidade da interface gás-líquido é extremamente pequena, o ar no interior do tubo pode ser considerado estagnado. Assim, o mecanismo de transporte de A através da coluna de ar, no interior do tubo, em regime permanente, é por difusão molecular.

A determinação de difusividade requer o conhecimento da concentração do vapor de A junto à interface e na extremidade superior da coluna de difusão. A remoção contínua do ar da sala garante o valor zero para a concentração de A naquele ponto. A concentração junto à interface gás-líquido é obtida admitindo-se o equilíbrio de fase e que os gases A e ar sejam ideais.

Um tubo de Stefan é empregado na determinação experimental de difusividade do éter dietílico no ar. O tubo está colocado num ambiente de temperatura constante, igual a 28 °C e 0,919 atm, e o ar circula sobre uma substância higroscópica, de forma que a concentração de éter dietílico no ar é zero; admite-se que não há mistura convectiva no tubo, acima do nível do éter dietílico. Para o nível descer de 26,1 cm para 27,0 cm, abaixo da extremidade superior, decorrem 9,63 horas. Compare com o valor extraído da literatura, $D_{AB} = 0,0778$ cm^2/s a 0 °C e 1 atm.

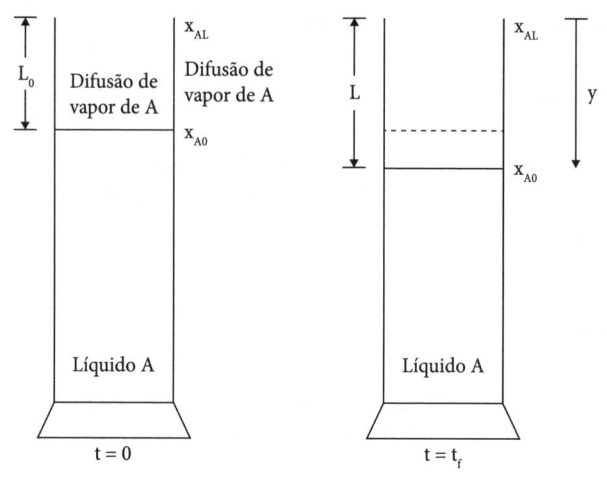

Figura 9.39 Tubo de Stefan.

O fluxo molar N_A é relacionado com a velocidade de abaixamento do nível da água por:

$$N_A = \frac{\tilde{\rho}_A dy}{dt}$$

em que $\tilde{\rho}_A$ é a densidade molar da água líquida.

O fluxo é, também, dado pela equação:

$$N_A\big|_{y=L} = \frac{D_{AB}\tilde{\rho}}{Lx_{B,lm}}(x_{A0} - x_{AL})$$

que foi deduzida para difusão em regime permanente. Como o percurso de difusão aumenta apenas 3,50% em 9,63 horas, podemos admitir o regime quase permanente. Assim, escrevemos:

$$\frac{\tilde{\rho}_A dy}{dt} = \frac{D_{AB}\tilde{\rho}}{yx_{B,lm}}(x_{A0} - x_{AL})$$

com as seguintes condições:

t = 0 h $y(0) = L_0 = 26{,}1$ cm

t = 9,63 h $y(9{,}63) = L = 27{,}0$ cm

A solução analítica é dada por:

$$D_{AB} = \frac{\tilde{\rho}_A x_{B,lm}}{t\tilde{\rho}(x_{A0} - x_{AL})} \frac{L^2 - L_0^2}{2}$$

em que:

$$x_{B,lm} = \frac{x_{BL} - x_{B0}}{\ln\left(\dfrac{x_{BL}}{x_{B0}}\right)}$$

Solução

A solução deste problema é achar o valor da difusividade de forma que, resolvendo a equação diferencial de valor inicial, satisfaça a condição de que no tempo final t_f = 9,63 h o valor de L seja igual a 27,0 cm. Assim, a equação algébrica é:

$f(D_{AB}) = y(9,63;chute) - L = 0$

O valor de y(9,63;chute) é obtido integrando a equação diferencial do valor inicial até t_f.

Os dados necessários do éter dietílico para a solução do problema obtidos da literatura são:

Densidade: ρ_A = 0,708 g/cm³

Pressão de vapor: $\rho_{vap,A}$ = 0,826 atm

Peso molecular: M_A = 74,1

Os dados referentes ao experimento são:

Temperatura: T = 28 °C

Pressão: P = 0,919 atm

Constante dos gases: R = 82,057 cm³.atm/gmol.K

No presente problema, temos:

$$\tilde{\rho}_A = \frac{\rho_A}{M_A} = \frac{0{,}708}{74{,}1} = 0{,}009555 \text{ gmol}/\text{cm}^3$$

Considerando gás ideal, a densidade molar do gás pode ser calculada por:

$$\tilde{\rho} = \frac{P}{RT} = \frac{1}{82{,}057(28+273{,}15)} = 0{,}0000372 \text{ gmol}/\text{cm}^3$$

A fração molar de A junto à interface gás-líquido é:

$$x_{A0} = \frac{P_{vap,A}}{P} = \frac{0{,}826}{0{,}919} = 0{,}8988$$

e na extremidade superior da coluna é:

$$x_{AL} = 0$$

Resultados

A Figura 9.40 mostra a variação de L com o tempo.

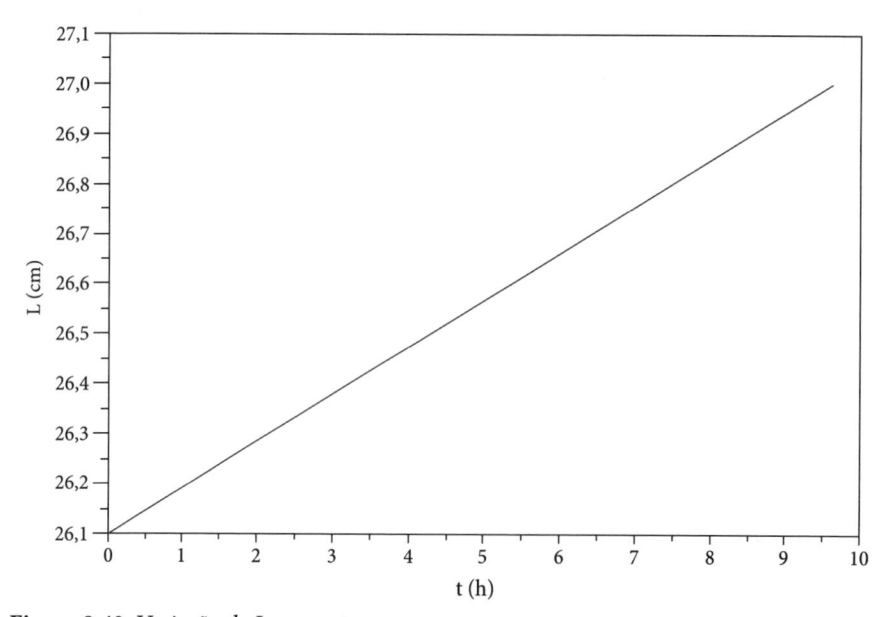

Figura 9.40 Variação de L com o tempo.

```
DAB = 0.077306 cm2/s
```

A difusividade de A em B é:

$D_{AB} = 0,07731$ cm²/s

Notação

D_{AB}	Difusividade do componente A em B
L	Distância da extremidade superior do tubo de difusão até a interface gás-líquido
L_0	Valor de L no instante inicial
M_A	Massa molecular de A
P	Pressão do meio
$p_{vap,A}$	Pressão de vapor da substância A à temperatura T
R	Constante dos gases
t	Tempo
t_f	Tempo final
T	Temperatura absoluta do meio
x_{A0}	Fração molar de vapor-d'água no gás, imediatamente acima do nível de água
x_{BL}	Fração molar de B no gás, na extremidade superior do tubo
x_{B0}	Fração molar de B junto à interface gás-líquido
$x_{B,lm}$	Fração molar média logarítmica de B
x_{AL}	Fração molar de A, na extremidade superior do tubo
y	Comprimento do percurso da difusão
ρ_A	Densidade do líquido A
$\tilde{\rho}_A$	Densidade molar do líquido A
$\tilde{\rho}$	Densidade molar

Exemplo 9.15 Difusão com reação química em uma placa infinita

Conceitos envolvidos

Difusão com reação de um gás através de um líquido em regime transiente.

Métodos numéricos usados

Aplicação do método das linhas para resolver uma equação diferencial parcial e solução de equações diferenciais ordinárias simultâneas usando ode.

Descrição do problema

O gás dióxido de carbono à pressão atmosférica é absorvido em uma solução alcalina contendo um catalisador, como esquematizado na Figura 9.41. O CO_2 dissolvido difunde e reage com uma cinética de primeira ordem irreversível com a solução. A equação diferencial que descreve o processo é:

$$\frac{\partial c_A}{\partial t} = D_{AB} \frac{\partial^2 c_A}{\partial x^2} - k c_A$$

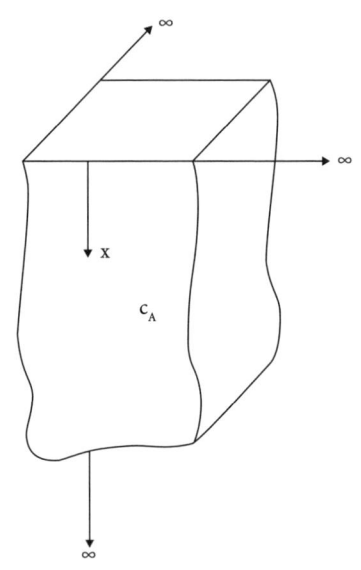

Figura 9.41 Esquema para a difusão e reação em regime transiente em um sólido semi-infinito.

As condições iniciais e de contorno são:

$t = 0$	$c_A(y,0) = 0$
$t \geq 0$	$c_A(0,t) = c_{A0}$
$t \geq 0$	$c_A(\infty,0) = 0$

A pressão parcial de CO_2 é $p_{A0} = 1{,}0132 \times 10^5$ Pa, e a solubilidade de CO_2 é $S = 2{,}961 \times 10^{-7}$ kgmols/Pa. A difusividade de CO_2 na solução alcalina B é $D_{AB} = 1{,}5 \times 10^{-9}$ m²/s e a constante da velocidade de reação $k = 35$ s⁻¹.

Trace o perfil de concentração de A dissolvido após 0,01 s. Calcule a quantidade de A absorvido.

Solução

Usando a aproximação por diferença central de segunda ordem para o domínio dividido em N seções, como mostra a Figura 9.42, as equações resultantes dessa discretização são:

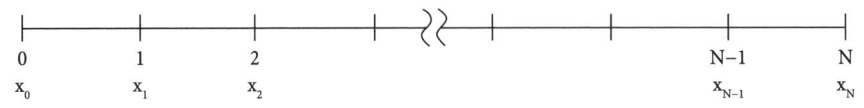

```
|———————|———————|———————|—≈≈—|———————|———————|
0       1       2              N-1     N
x₀      x₁      x₂             x_{N-1} x_N
```

Figura 9.42 Discretização unidimensional.

Com essa discretização, tem-se:

Ponto 0: x_0

$$c_{A,0} = p_{A0} S$$

Ponto i: x_i, $i = 1, 2, \ldots N$

$$\frac{dc_{A,i}}{dt} = D_{AB} \frac{c_{A,i+1} - 2c_{A,i} + c_{A,i-1}}{\Delta y^2} - kc_{A,i}$$

No ponto N, a condição de contorno é:

$$c_{A,N} = 0$$

O fluxo molar de A em B é dado por:

$$N_{A0}(t) = -D_{AB} \left. \frac{\partial c_A}{\partial x} \right|_{x=0}$$

que pode ser aproximado por uma diferença finita à frente de segunda ordem.

$$N_{A0}(t) = -D_{AB} \frac{-c_{A,2} + 4c_{A,1} - 3c_{A,0}}{2\Delta x}$$

A quantidade de A absorvida até um dado instante pode ser calculada por:

$$Q = \int_0^t N_{A0}(t)dt$$

Assim,

$$\frac{dQ}{dt} = N_{A0}(t)$$

com a condição inicial $Q(0) = 0$. A integração até um instante t fornece o valor de Q no período.

Vamos usar:

$\Delta x = 1,0 \times 10^{-6}$ m

```
//Programa 9.15b
//
//Difusão e reação em regime transiente em uma placa semi-infinito com
cálculo
//da quantidade total de A absorvida
//
//Difusão e reação de A unidimensional em regime transiente em uma placa
//semi-infinito com propriedades constantes e sujeito à condição de
//contorno fixo no tempo. Solução da equação diferencial parcial pelo
//método das linhas.
//
clear
clearglobal
clc

function ydot=fct(t, y)
    global N Deltax cA0_ cAN DAB k
    if t==0 then
        cA0=cA0_/2
    else
        cA0=cA0_
    end
    cA(1:N-1)=y(1:N-1)
    cA(N)=cAN
    Q=y(N)
    cAdot(1)=DAB*(cA(2)-2*cA(1)+cA0)/Deltax^2-k*cA(1)
    for i=2:N-1
        cAdot(i)=DAB*(cA(i+1)-2*cA(i)+cA(i-1))/Deltax^2-k*cA(i)
    end
    dQ=-DAB*(-cA(2)+4*cA(1)-3*cA0)/(2*Deltax)
    ydot=[cAdot;dQ]
endfunction
```

```
global N Deltax cA0_ cAN DAB k
//dados de entrada
pA0=1.0132e5;    //Pa
S=2.961e-7;      //kgmol/Pa
DAB=1.5e-9;      //m2/s
k=35;    //1/s
cA0_=pA0*S;
cAN=0;

//Malha unidimensional
x0=0;
xf=2e-5;    //m
N=100;
Deltax=(xf-x0)/N;
cAi_=zeros(N,1);    //condição inicial
x=x0:Deltax:xf;

//Tempo de simulação
t0=0;
tf=0.01;    //s
t=t0:0.001:tf;
y=ode(cAi_,t0,t,fct);
cA=[cA0_/2 ones(1,length(t)-1)*cA0_;y(1:N-1,:);ones(1,length(t))*cAN];
Q=y($,$);
format('e',10)
disp(Q,'Q =')

//Plota os resultados
scf(1);
clf
cAout=[cA(:,1) cA(:,3) cA(:,5) cA(:,7) cA(:,9) cA(:,11)];
plot(x,cAout)
xlabel('x (m)')
ylabel('cA (kgmol/m3)')
legend('0 s','0,002 s','0,004 s','0,006 s','0,008 s','0,01 s')
scf(2);
clf
t_=t(1:10:$);
y=cA(:,1:10:$);
plot3d(t_,x,y',flag=[2,2,4])
xlabel('t (s)')
ylabel('x (m)')
zlabel('cA')
```

Resultados

A Figura 9.43 mostra alguns perfis de concentração em vários instantes.

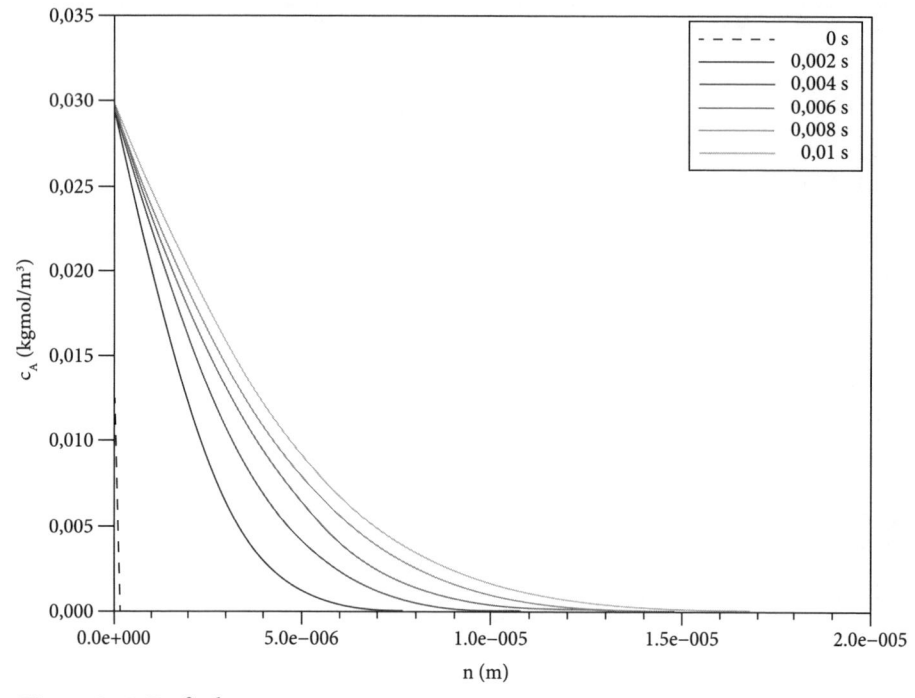

Figura 9.43 Perfis de concentração.

```
Q  =

    1.458D-07
```

A quantidade de A absorvida até 0,01 s é:

$Q = 1{,}458 \times 10^{-7}$ kgmol/m²

Notação

c_A	Concentração de CO_2 dissolvido
c_{A0}	Concentração de CO_2 dissolvido na superfície
D_{AB}	Difusividade de CO_2 na solução alcalina B
k	Constante da velocidade de reação
N_A	Fluxo molar
p_A	Pressão parcial de A
Q	Quantidade total de A transferido para a solução
S	Solubilidade
t	Tempo

x   Distância
Δx Espessura

Exemplo 9.16 Camada limite de concentração no escoamento laminar sobre uma placa plana

Um fluido que escoa sobre uma placa plana possui uma camada limite de quantidade de movimento na qual a velocidade do fluido varia desde zero, junto à placa, até a velocidade da corrente livre, no bordo da camada limite. Se há transporte de massa entre o fluido e a placa, existe também uma camada limite de concentração, na qual a concentração de soluto varia desde o valor de equilíbrio, junto à interface sólido-fluido, até a concentração da corrente livre.

Se o escoamento for laminar e a difusão na direção x for desprezada, o transporte de massa se dará normalmente ao escoamento global, apenas por difusão molecular e pelo escoamento convectivo associado. O balanço diferencial para um escoamento bidimensional, em regime permanente, de uma mistura binária de densidade constante é dado por:

$$u_x \frac{\partial \rho_A}{\partial x} + u_y \frac{\partial \rho_A}{\partial y} = D_{AB} \frac{\partial^2 \rho_A}{\partial y^2}$$

que deve ser resolvido juntamente com o balanço diferencial de quantidade de movimento para um escoamento bidimensional de um fluido com densidade e viscosidade constantes:

$$u_x \frac{\partial u_x}{\partial x} + u_y \frac{\partial u_y}{\partial y} = \nu \frac{\partial^2 u_x}{\partial y^2}$$

As condições de contorno para escoamento de camada limite sobre placa plana com difusão da placa para a corrente fluida são:

$y = 0$ $\quad \frac{\rho_{As} - \rho_A}{\rho_{As} - \rho_{A0}} = 0 \quad$ $\frac{u_x}{u_0} = 0$

$y = \infty$ $\quad \frac{\rho_{As} - \rho_A}{\rho_{As} - \rho_{A0}} = 1 \quad$ $\frac{u_x}{u_0} = 1$

$x = 0$ $\quad \frac{\rho_{As} - \rho_A}{\rho_{As} - \rho_{A0}} = 1 \quad$ $\frac{u_x}{u_0} = 1$

Se ocorrer difusão, em regime permanente, da placa para o fluido que escoa, o componente da velocidade, u_y, junto à placa, não pode ser igual a zero. A solução é obtida por transformação das equações diferenciais parciais em equações diferenciais ordinárias por meio das transformações de semelhança:

$$f(\eta) = \frac{\Psi}{\sqrt{x v u_0}} \qquad \text{função corrente adimensional}$$

$$\eta = y \sqrt{\frac{u_0}{v x}} \qquad \text{variável adimensional de posição}$$

A transformação muda as equações para:

$$\frac{d^2\left(\frac{\rho_{As}-\rho_A}{\rho_{As}-\rho_{A0}}\right)}{d\eta^2} + \frac{Sc\, f(\eta)}{2} \frac{d\left(\frac{\rho_{As}-\rho_A}{\rho_{As}-\rho_{A0}}\right)}{d\eta} = 0$$

e

$$\frac{d^3 f}{d\eta^3} + \frac{f}{2}\frac{d^2 f}{d\eta^2} = 0$$

com as seguintes condições:

$\eta = 0$ $\quad \frac{\rho_{As}-\rho_A}{\rho_{As}-\rho_{A0}} = 0 \quad$ $\frac{df(\eta)}{d\eta} = 0 \quad$ $\frac{f(\eta)}{-2} = \frac{u_{ys}}{u_0} Re_x^{1/2} = \text{const}$

$\eta = \infty$ $\quad \frac{\rho_{As}-\rho_A}{\rho_{As}-\rho_{A0}} = 1 \quad$ $\frac{df(\eta)}{d\eta} = 1$

Resolva e trace os perfis de concentração para transporte de massa em camada limite laminar sobre placa plana, com número de Schmidt igual a 1,0 para os seguintes valores de $(u_{ys}/u_0)Re_x^{1/2}$, conhecido como parâmetro de injeção.

$(u_{ys}/u_0)Re_x^{1/2} = -2{,}5;\ 0;\ 0{,}25;\ 0{,}5;\ 0{,}6$

Valores negativos do parâmetro de injeção indicam sucção sobre a placa e produzem perfis de velocidade com gradientes elevados. Para valores do parâmetro de injeção superiores a 0,619, a camada limite é completamente soprada para fora da placa.

Solução (sugestão)

Para converter as duas equações diferenciais de segunda e terceira ordens em cinco equações diferenciais de primeira ordem, vamos usar as seguintes transformações:

$g_1 = f$

$g_2 = f'$

$g_3 = f''$

$g_4 = \dfrac{\rho_{As} - \rho_A}{\rho_{As} - \rho_{A0}}$

$g_5 = \dfrac{d[(\rho_{As} - \rho_A)/(\rho_{As} - \rho_{A0})]}{d\eta}$

Assim:

$g'_1 = f'$

$g'_2 = f''$

$g'_3 = f'''$

$g'_4 = \dfrac{d[(\rho_{As} - \rho_A)/(\rho_{As} - \rho_{A0})]}{d\eta}$

$g'_5 = \dfrac{d^2[(\rho_{As} - \rho_A)/(\rho_{As} - \rho_{A0})]}{d\eta^2}$

Fazendo as devidas substituições:

$g'_1 = g_2$ $\qquad g_1(0) = -\dfrac{2u_{ys}}{u_0}\operatorname{Re}_x^{1/2} = -2\text{const}$

$g'_2 = g_3$ $\qquad g_2(0) = 0$

$g'_3 = -\dfrac{g_1}{2}g_3$ $\qquad g_3(0) = ? \Rightarrow g_2(\infty) = 1$

$$g'_4 = g_5 \qquad\qquad g_4(0) = 0$$

$$g'_5 = -\frac{S_c}{2} g_1 g_5 \qquad\qquad g_5(0) = ? \Rightarrow g_4(\infty) = 1$$

Note que a resolução das equações relativas à camada limite laminar independe da solução das equações relativas à concentração.

Resultados

Um gráfico da solução para um sistema fluido binário, com número de Schmidt igual a 1,0, é mostrado na Figura 9.44. Valores positivos do parâmetro $(u_{ys}/u_0)Re_x^{1/2}$ são aplicados quando o transporte de massa se dá da placa para o fluido e os negativos quando a passagem é do fluido para a placa. A linha correspondente ao valor nulo do parâmetro representa um sistema no qual a velocidade de transporte de massa é desprezível quando comparada com a velocidade da corrente livre.

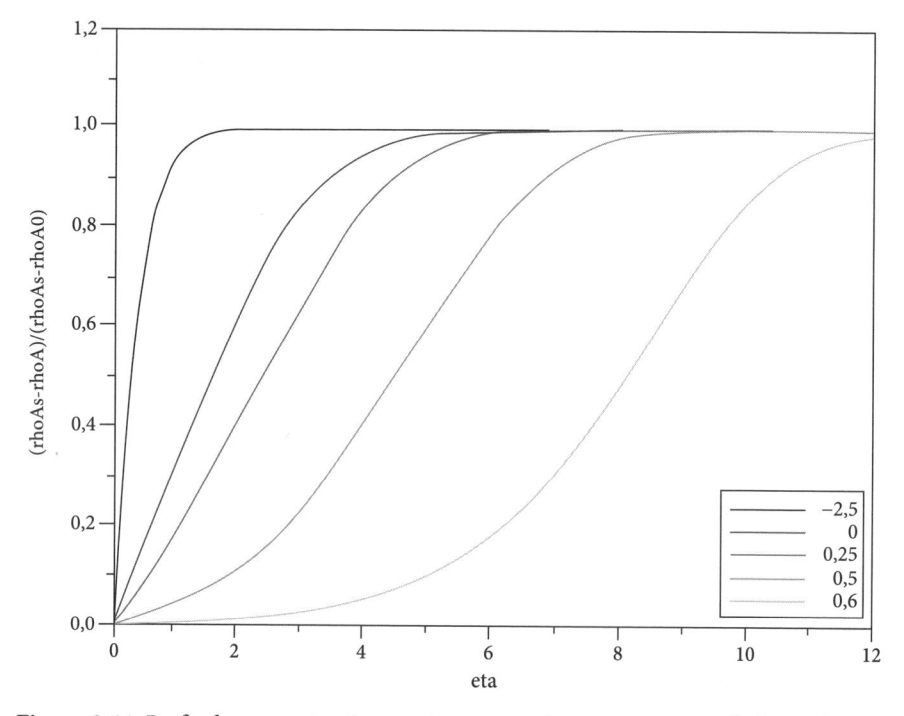

Figura 9.44 Perfis de concentração para transporte de massa em camada limite laminar sobre placa plana.

Notação

f	Função corrente adimensional
Re_x	Número de Reynolds local
Sc	Número de Schmidt, $\mu/\rho D_{AB}$
u_x	Velocidade na direção x
u_y	Velocidade na direção y
u_{ys}	Componente da velocidade u_y junto à placa
u_0	Velocidade de aproximação
x	Distância x
y	Distância y
η	Variável adimensional de posição
ν	Viscosidade cinemática
ρ_A	Concentração de A
ρ_{As}	Concentração de A na superfície
ρ_{A0}	Concentração de A fora da camada limite
ψ	Função corrente

CAPÍTULO 10
Cálculo de reatores

10.1 INTRODUÇÃO

A engenharia das reações químicas é a atividade da engenharia relacionada com a exploração das reações químicas em escala comercial. Seu principal objetivo é planificar a operação de reatores químicos, destacando-se como um ramo distinto na profissão de engenharia química.

10.2 CÁLCULO DE REATORES

O reator químico é o centro do processo em que o engenheiro pode utilizar, simultaneamente, os princípios da mecânica dos fluidos, transporte de calor, transporte de massa, bem como de cinética química e termodinâmica.

Em geral, o modelo matemático dos reatores parte dos balanços de massa, de componente e de energia. De forma simplificada, esses balanços podem ser escritos como:

Balanço de massa

Acumula = Entra − Sai

Balanço de componente

Acumula = Entra − Sai + Reage

No caso em que a operação do reator é não isotérmica, necessita-se, além dos balanços de massa e de componente, o balanço de energia.

Balanço de energia

Acumula = Entra − Sai + Gera + Troca

Exemplo 10.1 Conversão em reator em batelada

Conceitos demonstrados

Dinâmica e conversão de reação de primeira ordem em um reator em batelada.

Métodos numéricos utilizados

Solução de equação diferencial de condição inicial. Utilização da função ode.

Descrição do problema

Considere o reator em batelada mostrado na Figura 10.1. A reação

$$A \to B$$

obedece a uma cinética de primeira ordem com constante de velocidade da reação dada por $k = 0{,}01$ s^{-1}. Para uma concentração inicial $c_{A0} = 2{,}0$ mols/L, qual é o tempo necessário para atingir 90% de conversão em um reator de batelada a volume constante? E 99%?

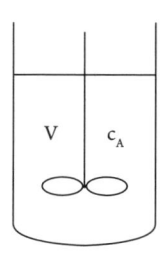

Figura 10.1 Reator de batelada.

A conversão é definida como:

$$X_A = \frac{c_{A0} - c_A}{c_{A0}}$$

Solução

A equação necessária de um reator de batelada é obtida fazendo o balanço do componente A para todo o reator.

Balanço do componente A no reator:

Acumula = Reage

Acumula: $\dfrac{d(Vc_A)}{dt}$

Reage: Vr_A

Para uma reação de primeira ordem em A, a velocidade de reação é dada por:

$r_A = -kc_A$

Fazendo a substituição desses termos no balanço, tem-se:

$$\dfrac{d(Vc_A)}{dt} = -Vkc_A$$

Como V é constante:

$$V\dfrac{dc_A}{dt} = -Vkc_A$$

$$\dfrac{dc_A}{dt} = -kc_A$$

A condição inicial para a equação diferencial é dada pelo valor da concentração de A na carga c_{A0}, e a sua solução fornece a variação da concentração no tempo.

t = 0 $\qquad\qquad c_A = c_{A0}$ (condição inicial)

A equação diferencial é integrada até que c_A atinja a conversão requerida. Outra opção é mudar a variável concentração c_A na equação pela conversão X_A e integrar a equação diferencial até atingir a conversão desejada.

$c_A = c_{A0}(1 - X_A)$

$$\frac{dc_A}{dt} = \frac{dc_A}{dX_A}\frac{dX_A}{dt} = -c_{A0}\frac{dX_A}{dt}$$

$$-c_{A0}\frac{dX_A}{dt} = -kc_{A0}(1-X_A)$$

$$\frac{dX_A}{dt} = k(1-X_A)$$

```
//Programa 10.1
//
//Tempo de batelada
//
clear
clearglobal
clc
close

function dcAt=batelada(t, cA)
    global k
    dcAt=-k*cA
endfunction

global k
k=0.01;    //1/s
cA0=2;     //moles/L
printf('Concentração inicial = %f moles/L\n',cA0)
printf('\n')
XA=input('Conversão = ');
printf('\n')
cAf=(1-XA)*cA0;
t0=0;
tf=1000;
t=0:0.1:1000;
tout=t0;
cAout=cA0;
for i=1:length(t)
    t0=t(i);
    tf=t(i)+0.1;
    cA=ode(cA0,t0,tf,batelada);
    tout=[tout;tf];
    cAout=[cAout;cA($)];
    if cA($)<=cAf then
        break
    end
    cA0=cA($);
end
printf('Tempo de batelada = %f s\n',tf)
plot(tout,cAout)
```

```
xlabel('t (s)')
ylabel('cA (moles/L)')
```

Resultados

Os resultados para uma conversão de 90% são os seguintes:

```
Concentração inicial = 2.000000 moles/L

Conversão = 0.9

Tempo de batelada = 230.300000 s

Execução completada.
```

A Figura 10.2 mostra a variação da concentração no tempo até o término da batelada, quando a conversão atinge 90%.

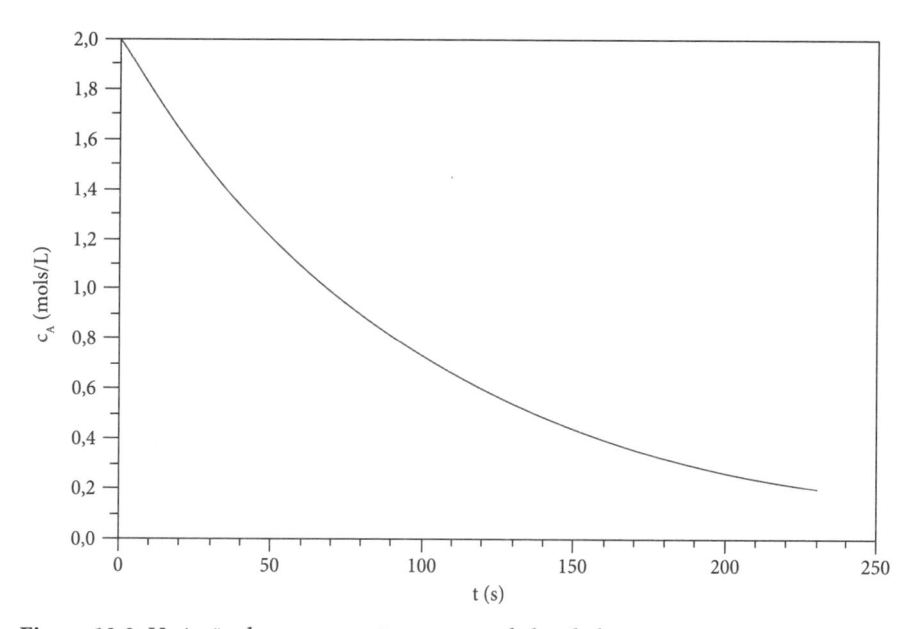

Figura 10.2 Variação da concentração no reator de batelada.

Os resultados para uma conversão de 99% são os seguintes:

```
Concentração inicial = 2.000000 moles/L

Conversão = 0.99

Tempo de batelada = 460.600000 s

 Execução completada.
```

A Figura 10.3 mostra a variação da concentração no tempo até o término da batelada, quando a conversão atinge 99%.

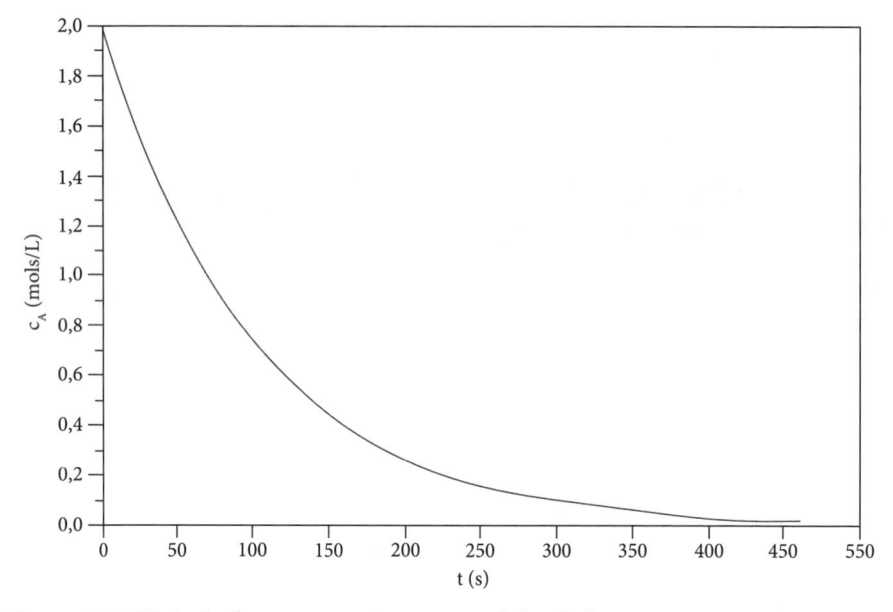

Figura 10.3 Variação da concentração no reator de batelada.

Notação

c_A	Concentração de A
c_{A0}	Concentração inicial de A
k	Constante de velocidade de reação
V	Volume da mistura reagente
X_A	Conversão de A

Exemplo 10.2 Reator em regime permanente com agitação ou reator de mistura

Conceitos demonstrados

Multiplicidade de soluções em reator CSTR.

Métodos numéricos utilizados

Solução de equações algébricas. Utilização da função `fsolve`.

Descrição do problema

Para reações exotérmicas em reator de fluxo contínuo e de mistura perfeita (CSTR), surge uma situação interessante no fato de que mais de uma composição satisfaz as equações que governam os balanços material e energético. O caso mais simples é o de uma reação de primeira ordem em um CSTR adiabático.

Considere a reação

$$A \to B$$

em um reator de mistura mostrado na Figura 10.4. O reator opera adiabaticamente.

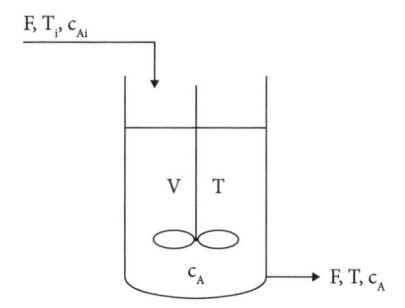

Figura 10.4 Reator de mistura.

A reação pode ser considerada irreversível de primeira ordem em A.

$$r_A = -kc_A$$

A constante da velocidade de reação é dada pela lei de Arrhenius:

$$k = k_0 e^{-E/RT}$$

Os calores específicos das correntes de entrada e de saída podem ser assumidos como $4{,}19\times 10^3$ J/kg.K. Os dados referentes às condições experimentais e parâmetros da reação são:

$c_{Ai} = 3000$ mols/m³
$C_p = 4{,}19\times 10^3$ J/kg.K
$E = 62800$ J/mol
$F = 0{,}06\times 10^{-3}$ m³/s
$k_0 = 4{,}48\times 10^6$ 1/s
$R = 8{,}314$ J/mol.K
$T_i = 25$ °C
$V = 18\times 10^{-3}$ m³
$\Delta H_r^0 = -2{,}09\times 10^5$ J/mol a 25 °C
$\rho = 1000$ kg/m³

Determine a temperatura do efluente e a conversão. Investigue a multiplicidade de estados estacionários.

Solução

As equações necessárias do reator de mistura são obtidas fazendo-se os balanços do componente A e de energia para todo o reator.

Balanço do componente A no CSTR:

Entra − Sai + Reage = 0

Entra = Fc_{Ai}

Sai: Fc_A

Reage: $-Vkc_A$

Balanço de energia no CSTR:

Entra − Sai + Gera = 0

Entra de energia (entalpia): $F\rho C_p T_i$

Sai de energia (entalpia): $F\rho C_p T$

Calor gerado pela reação química: $-\Delta H_r V k c_A$

Fazendo-se a substituição desses termos nos dois balanços, tem-se:

$$Fc_{Ai} - Fc_A - Vkc_A = 0$$

$$F\rho C_p T_i - F\rho C_p T - \Delta H_r V k c_A = 0$$

Esses dois balanços constituem um sistema de equações algébricas não lineares. As soluções são obtidas com chutes iniciais diferentes.

```
//Programa 10.2
//
//Multiplicidade de pontos estacionários
//
clear
clearglobal
clc

function f=fun(x)
    global DeltaHr k0 E cAi F Ti V R rho Cp
    cA=x(1)
    T=x(2)
    k=k0*exp(-E/(R*T))
    f(1)=F*cAi-F*cA-V*k*cA
    f(2)=F*rho*Cp*Ti-F*rho*Cp*T-DeltaHr*V*k*cA
endfunction

global DeltaHr k0 E cAi F Ti V R rho Cp
DeltaHr=-2.09e5; //J/mol
k0=4.48e6; //1/s
E=62800; //J/mol
cAi=3e3; //mol/m^3
F=0.06e-3; //m^3/s
Ti=25; //graus Celsius
Ti=Ti+273.15; //K
V=18e-3; //m^3
R=8.314; //J/(mol.K)
rho=1000; //kg/m^3
Cp=4.19e3; //J/(kg.K)
x0=[cAi;Ti]
x=fsolve(x0,fun);
cA=x(1)
T=x(2)
XA=(cAi-cA)/cAi
disp('Chute inicial')
printf('cA = %f mol/m3\n',x0(1))
```

```
printf('T = %f K\n',x0(2))
disp('Solução')
printf('cA = %f mol/m3\n',cA)
printf('T = %f K\n',T)
printf('XA = %f\n',XA)
disp('')
x0=[1.5e3;350]
x=fsolve(x0,fun)
cA=x(1)
T=x(2)
XA=(cAi-cA)/cAi
disp('Chute inicial')
printf('cA = %f kgmol/m3\n',x0(1))
printf('T = %f K\n',x0(2))
disp('Solução')
printf('cA = %f mol/m3\n',cA)
printf('T = %f K\n',T)
printf('XA = %f\n',XA)
disp('')
x0=[1.5;400]
x=fsolve(x0,fun)
cA=x(1)
T=x(2)
XA=(cAi-cA)/cAi
disp('Chute inicial')
printf('cA = %f mol/m3\n',x0(1))
printf('T = %f K\n',x0(2))
disp('Solução')
printf('cA = %f mol/m3\n',cA)
printf('T = %f K\n',T)
printf('XA = %f\n',XA)
disp('')
x0=[0.1e3;450]
x=fsolve(x0,fun);
cA=x(1)
T=x(2)
XA=(cAi-cA)/cAi
disp('Chute inicial')
printf('cA = %f mol/m3\n',x0(1))
printf('T = %f K\n',x0(2))
disp('Solução')
printf('cA = %f mol/m3\n',cA)
printf('T = %f K\n',T)
printf('XA = %f\n',XA)
```

Resultados

```
 Chute inicial
cA = 3000.000000 mol/m3
T = 298.150000 K
```

```
 Solução
cA = 2951.696715 mol/m3
T = 300.559400 K
XA = 0.016101



 Chute inicial
cA = 1500.000000 kgmol/m3
T = 350.000000 K

 Solução
cA = 2005.243197 mol/m3
T = 347.769134 K
XA = 0.331586



 Chute inicial
cA = 1.500000 mol/m3
T = 400.000000 K

 Solução
cA = 51.179512 mol/m3
T = 445.239137 K
XA = 0.982940



 Chute inicial
cA = 100.000000 mol/m3
T = 450.000000 K

 Solução
cA = 51.179512 mol/m3
T = 445.239137 K
XA = 0.982940
```

Para corroborar esse resultado, o balanço material é reescrito como:

$$Vkc_A = Fc_{Ai} - Fc_A$$

Substituindo no balanço de energia, chega-se a:

$$F\rho C_p T - F\rho C_p T_i = -\Delta H_r (Fc_{Ai} - Fc_A)$$

O lado esquerdo da equação corresponde à taxa de remoção de calor Q_r e o lado direito corresponde à taxa de geração de calor Q_g.

$Q_r = Q_g$

e

$Q_r = F\rho C_p T - F\rho C_p T_i$

$Q_g = -\Delta H_r (Fc_{Ai} - Fc_A)$

Podemos plotar essas duas taxas em função da temperatura (Figura 10.5). A curva de Q_g em forma de S resulta da dependência da constante de reação em função da temperatura pela lei de Arrhenius, enquanto a curva de Q_r é uma linha reta. Os pontos de interseção correspondem aos possíveis estados estacionários, que são: 300,6 K, 347,8 K e 445,2 K, que são as soluções encontradas anteriormente.

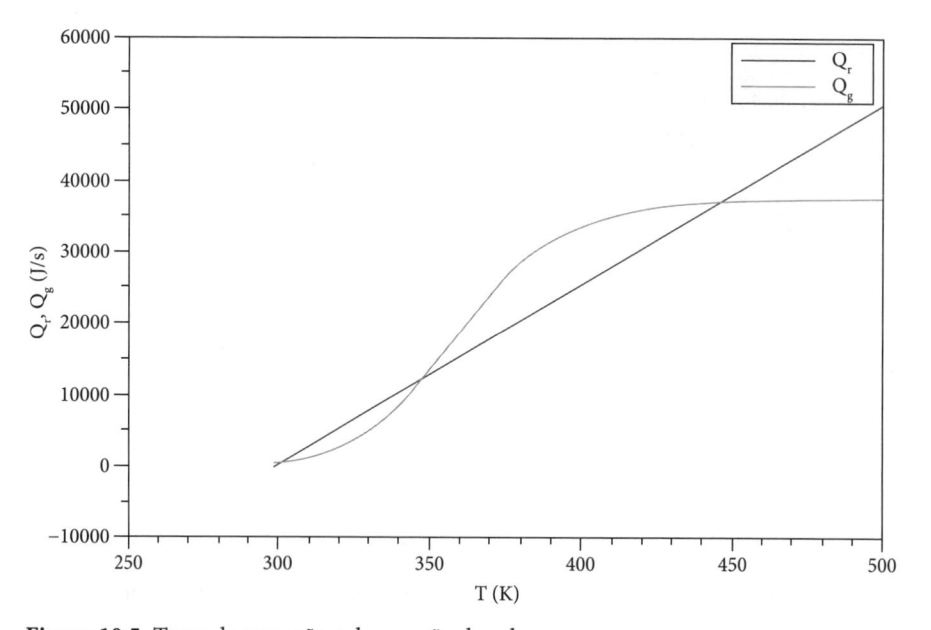

Figura 10.5 Taxas de remoção e de geração de calor.

A conversão de A no estado estacionário pode ser obtida do balanço material de A:

$Vk_{CA} = Fc_{Ai} - Fc_A$

Rearranjando, dá:

$$c_A = \frac{Fc_{Ai}}{Vk+F}$$

A conversão de A no estado estacionário obtida por meio do balanço material é:

$$X_A = \frac{c_{A0} - c_{A,BM}}{c_{A0}}$$

Podemos eliminar a taxa de reação do balanço de energia, substituindo este termo pela taxa do balanço material.

$$F\rho C_p T_i - F\rho C_p T - \Delta H_r(Fc_{Ai} - Fc_A) = 0$$

Rearranjando, dá:

$$c_A = \frac{F\rho C_p T_i - F\rho C_p T - \Delta H_r Fc_{Ai}}{-\Delta H_r F}$$

A conversão de A no estado estacionário obtida por meio do balanço de energia é:

$$X_A = \frac{c_{A0} - c_{A,BE}}{c_{A0}}$$

Assim, têm-se duas expressões para a conversão em função da temperatura: uma proveniente do balanço material e a outra, do balanço de energia. A Figura 10.6 mostra a conversão calculada usando esses dois balanços. Os pontos de interseção correspondem aos possíveis estados estacionários, que são os mesmos da Figura 10.5.

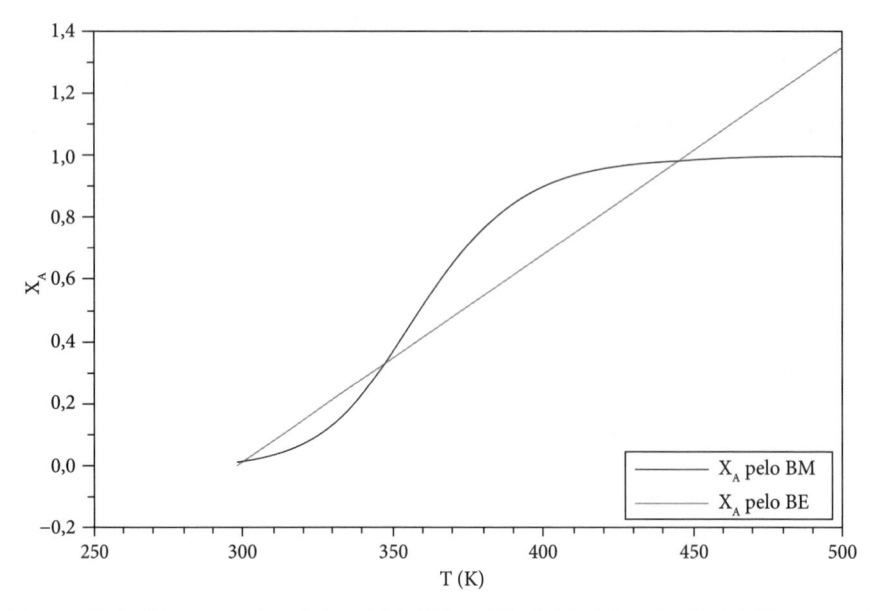

Figura 10.6 Três conversões: baixa (300,6 K), média (347,8 K) e alta (445,2 K), no estado estacionário.

Notação

c_A	Concentração de A
c_{Ai}	Concentração de A na alimentação
C_p	Capacidade calorífica
E	Energia de ativação
F	Velocidade volumétrica da alimentação
k	Constante de velocidade
k_0	Fator de frequência
r_A	Velocidade da reação
R	Constante dos gases
T	Temperatura
T_i	Temperatura da alimentação
V	Volume da mistura reagente
ΔH_r	Calor de reação por mol de reagente A
ρ	Densidade

Exemplo 10.3 Fator de efetividade em uma partícula catalítica com reação de primeira ordem isotérmica

Conceitos demonstrados

Cálculo do fator de efetividade de partículas catalíticas em forma de placa com reação de primeira ordem isotérmica.

Métodos numéricos utilizados

Solução de equação diferencial ordinária com condições de contorno em dois pontos. Utilização das funções `ode` e `fsolve`.

Descrição do problema

Um problema importante na engenharia química é calcular a difusão e reação em partículas catalíticas porosas. O objetivo é prever a velocidade de reação global na partícula catalítica.

Por exemplo, quando uma partícula catalítica de alumina impregnada com material catalítico platina é colocada em uma corrente de gás, os reagentes difundem para dentro da partícula, reagem na superfície ativa e os produtos difundem para fora. Uma vez que há liberação de calor durante a reação, a temperatura dentro da partícula também varia. O modelo matemático desse processo é altamente não linear devido ao termo exponencial na constante da velocidade de reação. Isso pode levar a múltiplas soluções no estado estacionário, e dá origem a interessantes problemas de estabilidade.

Vamos considerar inicialmente um caso simples, em que temos uma reação de primeira ordem irreversível isotérmica

$$A \to B$$

numa placa catalítica com ambas faces expostas a reagente com concentração c_s, como mostra a Figura 10.7. A velocidade de reação é:

$r_A = -kc_A$

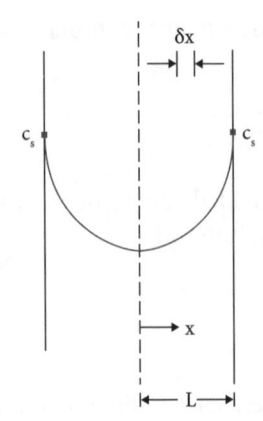

Figura 10.7 Catalisador em forma de placa.

O balanço material para o reagente A numa seção elementar δx é:

Entra − Sai + Reage = 0

Entra: $-DA\dfrac{dc_A}{dx}$

Sai: $-DA\dfrac{dc_A}{dx} + \dfrac{d}{dx}\left(-DA\dfrac{dc_A}{dx}\right)\delta x$

Reage: $-kc_A \delta x$

Substituindo esses termos no balanço:

$$-DA\dfrac{dc_A}{dx} - \left[-DA\dfrac{dc_A}{dx} + \dfrac{d}{dx}\left(-DA\dfrac{dc_A}{dx}\right)\delta x\right] - kc_A A\delta x = 0$$

$$-\dfrac{d}{dx}\left(-kD\dfrac{dc_A}{dx}\right)\delta x = kc_A A\delta x$$

$$-\dfrac{d}{dx}\left(-kD\dfrac{dc_A}{dx}\right) = kc_A A$$

$$kD\dfrac{d}{dx}\left(\dfrac{dc_A}{dx}\right) = kc_A A$$

$$kD\frac{d^2c_A}{dx^2} = kc_A A$$

$$D\frac{d^2c_A}{dx^2} = kc_A$$

$$\frac{d^2c_A}{dx^2} = \frac{k}{D}c_A$$

Note que a reação química de primeira ordem é expressa em termos de unidade de volume do catalisador; a constante de velocidade nessa base é 1/h.

As duas condições de contorno são:

$x = 0$ $\quad\quad\quad \frac{dc_A}{dx} = 0$ (simetria em relação ao centro)

$x = L$ $\quad\quad\quad c_A = c_{As}$ (concentração na superfície)

A solução analítica é dada por:

$$\frac{c_A}{c_{As}} = \frac{\cosh m(L-x)}{\cosh mL}$$

em que:

$$m = \sqrt{\frac{k}{D}}$$

A queda progressiva de concentração quando movemos da superfície da placa para o seu interior é função do parâmetro adimensional mL, denominado módulo de Thiele:

$$\phi = mL = L\sqrt{\frac{k}{D}} \quad \text{módulo de Thiele}$$

Para a avaliação de quanto a velocidade da reação é diminuída pela resistência à difusão no poro, definimos uma quantidade η, denominada fator de efetividade, como sendo a razão entre a quantidade reagida com difusão e a quantidade que reagiria se a concentração fosse igual em todos os pontos e igual ao valor no contorno.

$$\eta = \frac{\text{taxa de reação média dentro do poro}}{\text{taxa de reação sem resistência de difusão no poro}}$$

isto é,

$$\eta = \frac{\overline{r}_{A,\text{com difusão}}}{r_{A,\text{sem resistência à difusão}}}$$

Se $\eta = 1$, então a velocidade de reação global na partícula é igual ao valor na superfície e o transporte de massa não tem efeito de limitação sobre a velocidade de reação.

Se $\eta < 1$, então os efeitos de transporte de massa têm limitado a velocidade global na partícula, isto é, a velocidade de reação média na partícula é menor do que a velocidade de reação com o valor na superfície por causa dos efeitos de difusão.

Para reações de primeira ordem, a equação diferencial tem solução analítica, e o fator de efetividade é dado por:

$$\eta = \frac{\overline{c}_A}{c_{As}} = \frac{\tanh mL}{mL}$$

Definindo as variáveis adimensionais,

$$y = \frac{c_A}{c_{As}} \text{ concentração adimensional}$$

$$\zeta = \frac{x}{L} \text{ distância adimensional}$$

o balanço do componente A reescrito em termos dessas duas variáveis pode ser obtido como se segue:

$$\frac{dc_A}{dx} = \frac{dc_A}{dy}\frac{dy}{dx} = c_{As}\frac{dy}{dx} = c_{As}\frac{dy}{d\zeta}\frac{d\zeta}{dx} = \frac{c_{As}}{L}\frac{dy}{d\zeta}$$

$$\frac{d^2c_A}{dx^2} = \frac{d}{dx}\left(\frac{dc_A}{dx}\right) = \frac{d}{d\zeta}\left(\frac{dc_A}{dx}\right)\frac{d\zeta}{dx} = \frac{d}{d\zeta}\left(\frac{c_{As}}{L}\frac{dy}{d\zeta}\right)\frac{1}{L} = \frac{c_{As}}{L^2}\frac{d^2y}{d\zeta^2}$$

Substituindo esses dois resultados no balanço do componente A, tem-se:

$$\frac{c_{As}}{L^2}\frac{d^2y}{d\zeta^2}=\frac{k}{D}c_{As}y$$

$$\frac{d^2y}{d\zeta^2}=\frac{kL^2}{D}y$$

$$\frac{d^2y}{d\zeta^2}=\left(L\sqrt{\frac{k}{D}}\right)^2 y$$

$$\frac{d^2y}{d\zeta^2}=\phi^2 y$$

As duas condições de contorno agora são:

x = 0, $\zeta = 0$ $\frac{dy}{d\zeta}=0$ (simetria em relação ao centro)

x = L, $\zeta = 1$ y = 1 (concentração na superfície)

O fator de efetividade em função dessas variáveis adimensionais é dado por:

$$\eta=\frac{\int_0^1 \phi^2 y\, dx}{\int_0^1 \phi^2 1\, dx}$$

Assim, a difusão limita a taxa de reação quando a concentração adimensional não é igual a 1 em todos os pontos.

Calcule a variação de concentração adimensional y em função de ζ na placa catalítica para ϕ = 0,5, 1,2, 5 e 10, e os respectivos fatores de efetividade.

Solução

Para transformar a equação diferencial de segunda ordem em duas equações diferenciais de primeira ordem, vamos definir as seguintes variáveis:

$y_1 = y$

$y_2 = y'$

Assim:

$y'_1 = y'$

$y'_2 = y''$

Fazendo as devidas substituições:

$y'_1 = y_2$ $\qquad\qquad y'_1(0) = 0$

$y'_2 = \phi^2 y^2 = \phi^2 y_1^2$ $\qquad\qquad y_2(0) = 0$

O valor inicial de $y_1(0)$ deve ser chutado de modo que $y_1(1) = 1$.

```
//Programa 10.3
//
//Fator de efetividade de partículas catalíticas em forma de placa com reação
//de primeira ordem isotérmica para phi={0,5 1 2 5 10}
//
clear
clearglobal
clc

function dy=placa(zeta, y)
    global phi
    dy(1)=y(2)
    dy(2)=phi^2*y(1)
endfunction

function f=fun(y10)
    global L y1L y20
    x0=0;
    xf=L;
    y0(1)=y10 //chute
    y0(2)=y20
    y=ode(y0,x0,xf,placa)
    f=y(1)-y1L
endfunction

global phi L y1L y20
phi_=[0.5 1 2 5 10];
L=1;
y20=0;
y1L=1;
yout=[];
for i=1:length(phi_)
    phi=phi_(i);
    x0=0;
```

```
        x=0:0.01:L;
        y0(2)=y20;
        eta=0.5; //chute
        y10=fsolve(eta,fun);
        y0(1)=y10;
        y=ode("stiff",y0,x0,x,placa);
        vnum=intsplin(x,phi^2*y(1,:)^2);
        vden=intsplin(x,phi^2*ones(1,length(y(1,:))));
        eta_(i)=vnum/vden
        yout=[yout;y(1,:)];
end
scf(0);
clf
plot(x,yout)
xlabel('zeta')
ylabel('y')
legend('phi=0.5','phi=1','phi=2','phi=5','phi=10',2);
```

Resultados

A Figura 10.8 mostra os perfis de concentração do reagente no interior do poro do catalisador para vários valores do módulo de Thiele.

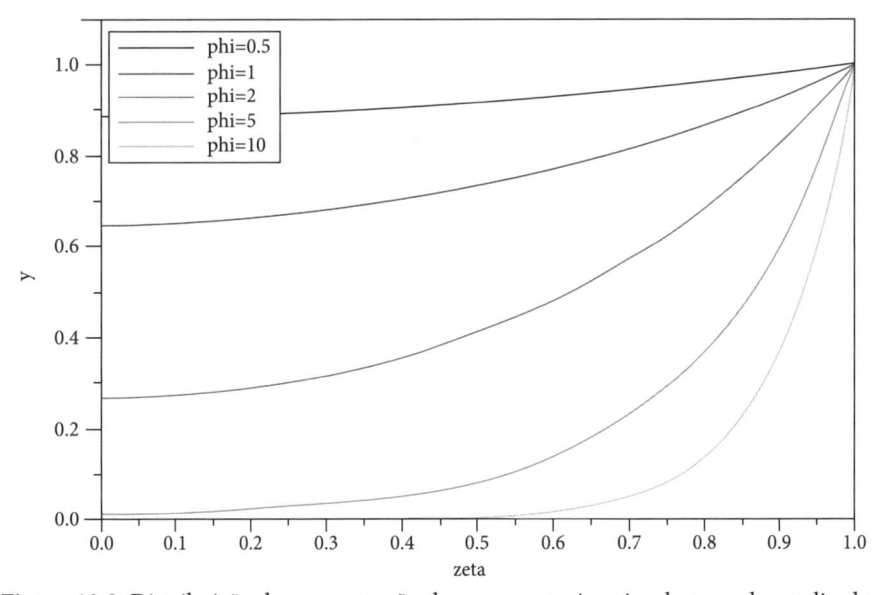

Figura 10.8 Distribuição da concentração de reagente no interior do poro do catalisador para vários valores do módulo de Thiele.

A Figura 10.9 mostra o fator de efetividade em função do módulo de Thiele.

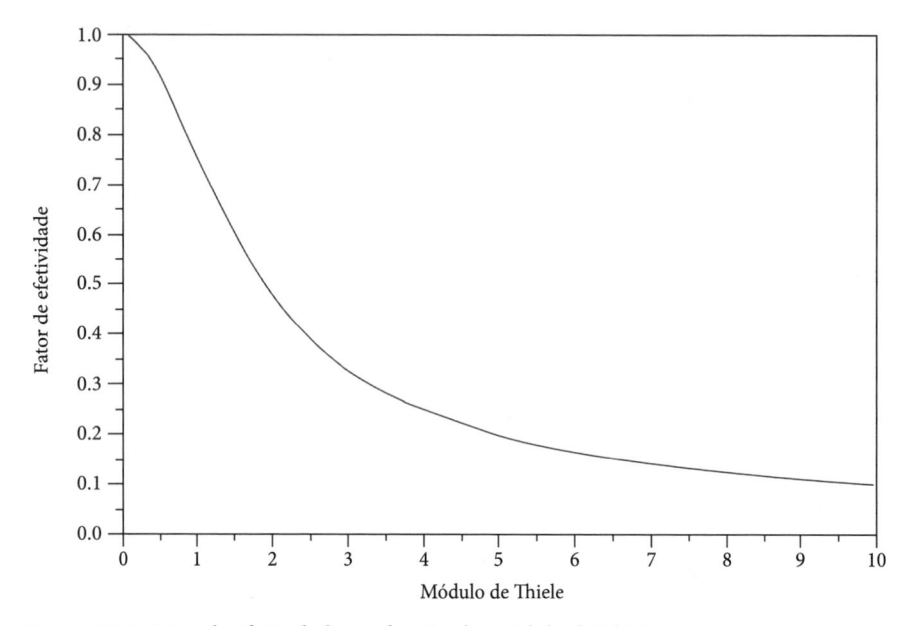

Figura 10.9 Fator de efetividade em função do módulo de Thiele.

A Figura 10.10 mostra o fator de efetividade em função do módulo de Thiele em escala logarítmica. Para ϕ pequeno, ou $\phi < 0,5$, podemos ver que $\eta \cong 1$, e a concentração de reagente não cai de modo apreciável no poro; então, a difusão no poro oferece uma resistência desprezível à reação. Para valores altos de ϕ, ou $\phi > 5$, encontramos que $\eta = 1/\phi$, e a concentração do reagente cai rapidamente a zero no interior do poro; desse modo, a difusão torna-se fator preponderante na determinação da velocidade de reação. Assim, um valor alto de ϕ corresponde a uma velocidade de reação grande ou coeficiente de difusão pequeno.

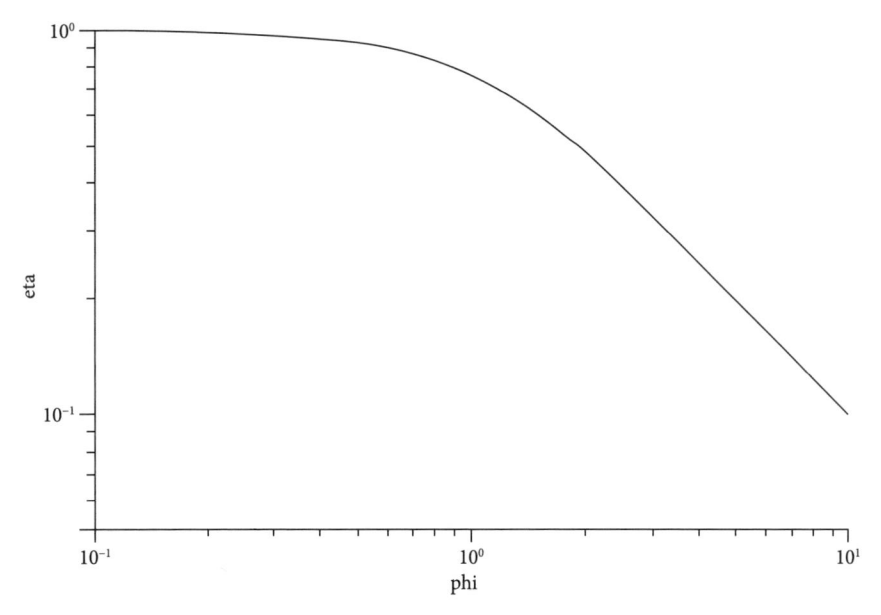

Figura 10.10 Fator de efetividade em função do módulo de Thiele.

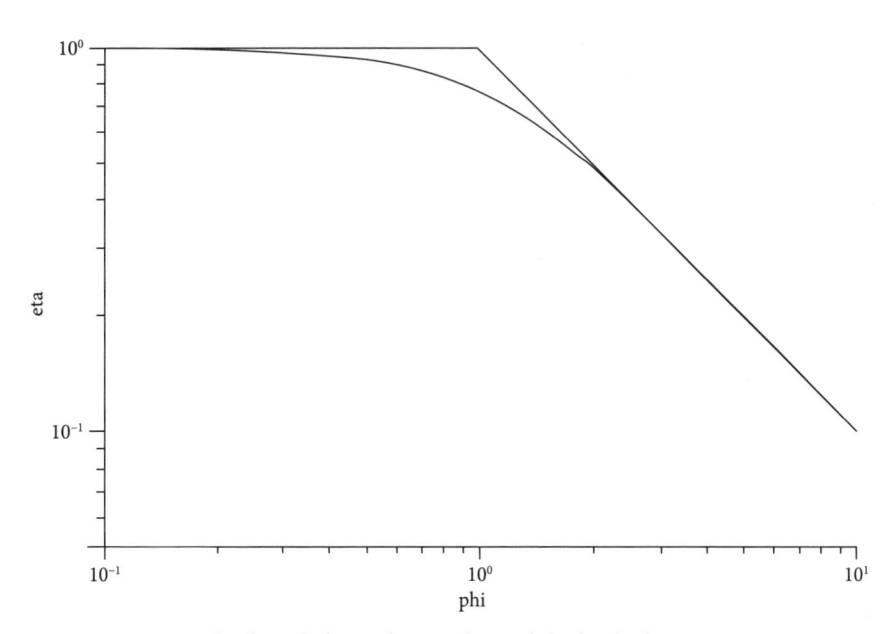

Figura 10.11 Fator de efetividade em função do módulo de Thiele.

Alternativamente, o fator de efetividade pode ser calculado da seguinte maneira:

$$\eta = \frac{\int_0^1 \phi^2 y\, dx}{\int_0^1 \phi^2 1\, dx}$$

que é simplificado para:

$$\eta = \frac{\int_0^1 \phi^2 y\, dx}{\phi^2 x\big|_0^1} = \frac{\int_0^1 \phi^2 y\, dx}{\phi^2} = \int_0^1 y\, dx$$

O fator de efetividade pode ser diferenciado com relação a x para se obter

$$\frac{d\eta}{dx} = y$$

cuja condição inicial é:

x = 0   η = 0

Essa equação diferencial pode ser resolvida juntamente com as equações de balanço. O valor do fator de efetividade é dado pelo valor de η em x = L.

Notação

- c_A Concentração do reagente
- c_{As} Concentração do reagente na superfície
- k   Constante da velocidade de reação
- L   Metade da espessura da placa
- D   Difusividade
- y   Concentração adimensional
- φ   Módulo de Thiele
- η   Fator de efetividade
- ζ   Distância adimensional

Exemplo 10.4 Fator de efetividade de uma partícula catalítica com reação de segunda ordem isotérmica

Conceitos demonstrados

Cálculo do fator de efetividade de partículas catalíticas em forma de placa com reação de segunda ordem isotérmica.

Métodos numéricos utilizados

Solução de equação diferencial ordinária com condições de contorno em dois pontos. Utilização das funções `ode` e `fsolve`.

Descrição do problema

Considere uma reação de segunda ordem irreversível isotérmica

$$A \to B$$

em uma placa catalítica com ambas faces expostas a reagente com concentração c_{As}.

Para reações de segunda ordem, a velocidade de reação é:

$$r_A = -kc_A^2$$

O balanço material de A é dado por:

$$\frac{d^2 c_A}{dx^2} = \frac{k}{D} c_A^2$$

com as seguintes condições de contorno:

$x = 0$ $\qquad\qquad \dfrac{dc_A}{dx} = 0$ (simetria em relação ao centro)

$x = L$ $\qquad\qquad c_A = c_{As}$ (concentração na superfície)

Seguindo o mesmo procedimento feito no Exemplo 10.3, o problema adimensional é:

$$\frac{d^2 y}{d\zeta^2} = \phi^2 y^2$$

com as seguintes condições de contorno:

$\zeta = 0$ $y'(0) = 0$ (simetria em relação ao centro)

$\zeta = 1$ $y(1) = 1$ (concentração na superfície)

em que:

$$\phi^2 = \frac{kc_{As}L}{D}$$

$$y = \frac{c_A}{c_{As}}$$

$$\zeta = \frac{x}{L}$$

Dados numéricos

Plote o gráfico do fator de efetividade η versus o módulo de Thiele ϕ.

Solução

Usando as seguintes transformações:

$y_1 = y$

$y_2 = y'$

Assim:

$y'_1 = y'$

$y'_2 = y''$

Fazendo as devidas substituições:

$y'_1 = y_2$ $y_1(1) = 1$

$y'_2 = \phi^2 y^2 = \phi^2 y_1^2$ $y_2(0) = 0$

O valor inicial de $y_1(0)$ deve ser chutado de modo que $y_1(1) = 1$.

```
//Programa 10.4
//
//Fator de efetividade de partículas catalíticas em forma de placa com
reação
//de segunda ordem isotérmica para phi=4
//
clear
clearglobal
clc

function dy=placa(zeta, y)
    global phi
    dy(1)=y(2)
    dy(2)=phi^2*y(1)^2
endfunction

function f=fun(y10)
    global L y1L y20
    x0=0;
    xf=L;
    y0(1)=y10 //chute
    y0(2)=y20
    y=ode(y0,x0,xf,placa)
    f=y(1)-y1L
endfunction

global phi L y1L y20
phi=4
L=1;
y20=0;
y1L=1;
x0=0;
x=0:0.01:L;
y0(2)=y20;
eta=0.5; //chute
y10=fsolve(eta,fun);
y0(1)=y10;
y=ode("stiff",y0,x0,x,placa);
scf(0);
clf
plot(x,y(1,:))
xlabel('zeta')
ylabel('y')
vnum=intsplin(x,phi^2*y(1,:)^2);
vden=intsplin(x,phi^2*ones(1,length(y(1,:))));
eta=vnum/vden
```

Resultados

```
eta   =

    0.2031415
```

A Figura 10.12 mostra a distribuição da concentração de reagente no interior do poro do catalisador para $\phi = 4$.

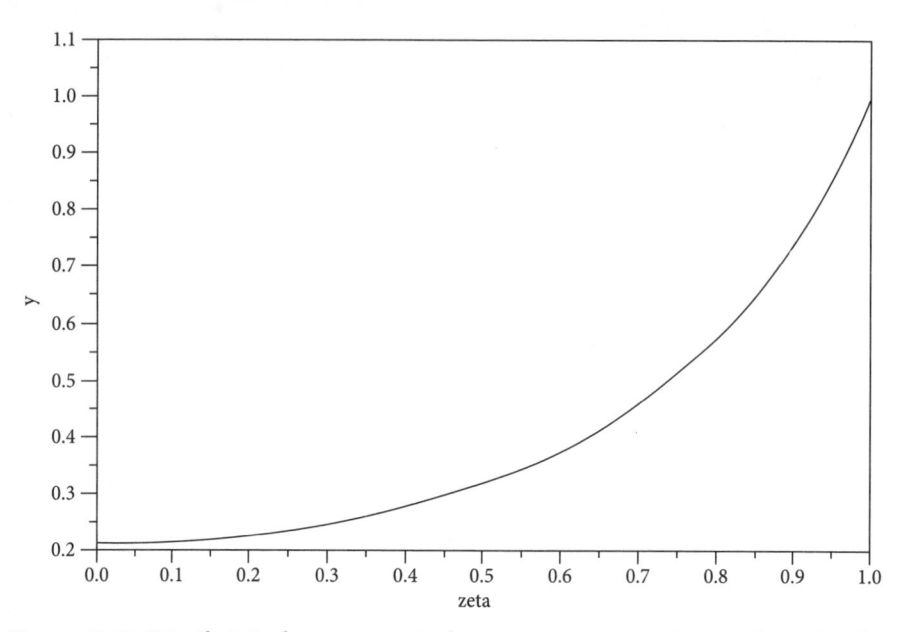

Figura 10.12 Distribuição da concentração de reagente no interior do poro do catalisador.

A Figura 10.13 mostra o fator de efetividade em função do módulo de Thiele em escala logarítmica.

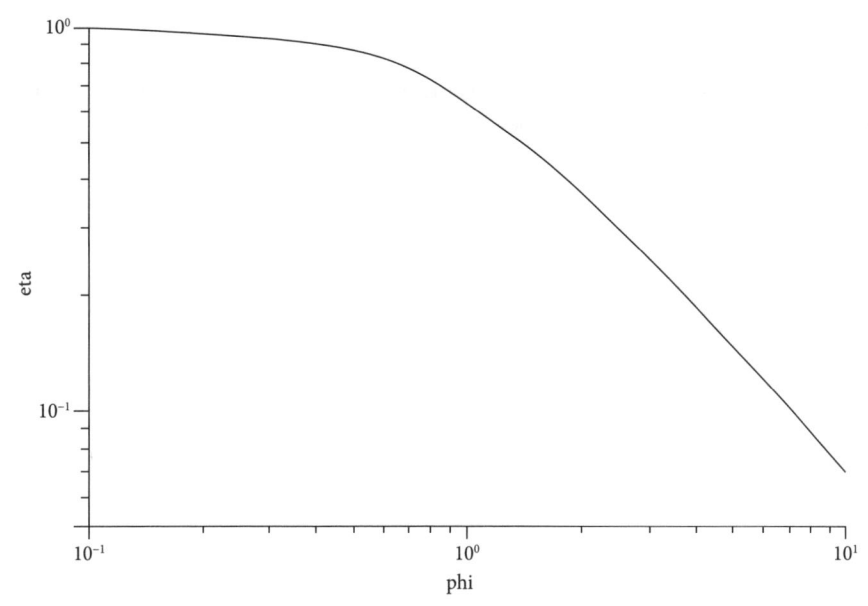

Figura 10.13 Fator de efetividade em função do módulo de Thiele.

Notação

c_A	Concentração do reagente
c_{As}	Concentração do reagente na superfície
k	Constante da velocidade de reação
L	Metade da espessura da placa
D	Difusividade
y	Concentração adimensional
φ	Módulo de Thiele
η	Fator de efetividade
ζ	Distância adimensional

Conceitos demonstrados

Cálculo do fator de efetividade em partículas catalíticas esféricas com reação de primeira ordem não isotérmica apresentando múltiplas soluções.

Métodos numéricos utilizados

Solução de equações diferenciais ordinárias com condições de contorno em dois pontos. Utilização das funções `ode` e `fsolve`.

Descrição do problema

Considere uma partícula catalítica esférica com uma reação de primeira ordem irreversível, cuja velocidade é:

$r_A = -kc_A$

$k = k_0 e^{-E/RT}$

As equações no regime permanente são:

Balanço material de A

$$D_e\left[\frac{1}{r^2}\frac{d}{dr}\left(r^2\frac{dc_A}{dr}\right)\right] = k_0 e^{-E/RT} c_A$$

As condições de contorno são:

$r = 0$ $\qquad \left.\dfrac{\partial c_A}{\partial r}\right|_{r=0} = 0$ (simetria em relação ao centro)

$r = R_s$ $\qquad c_A = c_{As}$ (concentração na superfície)

Balanço de energia

$$k_e\left[\frac{1}{r^2}\frac{d}{dr}\left(r^2\frac{dT}{dr}\right)\right] = k_0 e^{-E/RT} c_A \Delta H_r$$

As condições de contorno são:

$r = 0$ $\qquad \left.\dfrac{\partial T}{\partial r}\right|_{r=0} = 0$ (simetria em relação ao centro) r = R_s　　　　　　　　　T = T_s (temperatura na superfície)

Definindo as seguintes variáveis adimensionais:

$\zeta = \dfrac{r}{R_s}$ distância adimensional

$y = \dfrac{c_A}{c_{As}}$ concentração adimensional

$Z = \dfrac{T}{T_s}$ temperatura adimensional

as equações e as respectivas condições de contorno ficam:

Balanço material de A

$$\frac{1}{\zeta^2}\frac{d}{d\zeta}\left(\zeta^2\frac{dy}{d\zeta}\right) = \phi^2 e^{\gamma\left(1-\frac{1}{Z}\right)} y$$

$\zeta = 0$　　　　　　　　$\left.\dfrac{\partial y}{\partial \zeta}\right|_{\zeta=0} = 0$ (simetria em relação ao centro)

$\zeta = 1$　　　　　　　　$y = 1$ (concentração na superfície)

Balanço de energia

$$\frac{1}{\zeta^2}\frac{d}{d\zeta}\left(\zeta^2\frac{dZ}{d\zeta}\right) = \phi^2 \beta e^{\gamma\left(1-\frac{1}{Z}\right)} y$$

$\zeta = 0$　　　　　　　　$\left.\dfrac{\partial Z}{\partial \zeta}\right|_{\zeta=0} = 0$ (simetria em relação ao centro)

$\zeta = 1$　　　　　　　　$Z = 1$ (temperatura na superfície)

Os parâmetros são dados por:

$$\phi^2 = \frac{R^2}{D_e} k_0 e^{-E/RT_s}$$

$$\gamma = \frac{E}{RT_s}$$

$$\beta = \frac{D_e \Delta H_r c_{As}}{k_e T_s}$$

Dados numéricos

$\beta = 0{,}6$
$\gamma = 20$
$\phi = 0{,}5$

Solução

A resolução deste problema segue o mesmo procedimento dos exemplos 10.3 e 10.4, com a inclusão de uma equação referente ao balanço de energia.

A equação do balanço material é reescrita fazendo-se o seguinte:

$$\frac{1}{\zeta^2} \frac{d}{d\zeta}\left(\zeta^2 \frac{dy}{d\zeta} \right) = \phi^2 e^{\gamma\left(1-\frac{1}{z}\right)} y$$

$$\frac{1}{\zeta^2}\left(2\zeta \frac{dy}{d\zeta} + \zeta^2 \frac{d^2 y}{d\zeta^2} \right) = \phi^2 e^{\gamma\left(1-\frac{1}{z}\right)} y$$

$$\frac{2}{\zeta}\frac{dy}{d\zeta} + \frac{d^2 y}{d\zeta^2} = \phi^2 e^{\gamma\left(1-\frac{1}{z}\right)} y$$

$$\frac{d^2 y}{d\zeta^2} = -\frac{2}{\zeta}\frac{dy}{d\zeta} + \phi^2 e^{\gamma\left(1-\frac{1}{z}\right)} y$$

e da mesma forma para o balanço de temperatura:

$$\frac{1}{\zeta^2}\frac{d}{d\zeta}\left(\zeta^2\frac{dZ}{d\zeta}\right)=\phi^2\beta e^{\gamma\left(1-\frac{1}{Z}\right)}y$$

$$\frac{1}{\zeta^2}\left(2\zeta\frac{dZ}{d\zeta}+\zeta^2\frac{d^2Z}{d\zeta^2}\right)=\phi^2\beta e^{\gamma\left(1-\frac{1}{Z}\right)}y$$

$$\frac{2}{\zeta}\frac{dZ}{d\zeta}+\frac{d^2Z}{d\zeta^2}=\phi^2\beta e^{\gamma\left(1-\frac{1}{Z}\right)}y$$

$$\frac{d^2Z}{d\zeta^2}=-\frac{2}{\zeta}\frac{dZ}{d\zeta}+\phi^2\beta e^{\gamma\left(1-\frac{1}{Z}\right)}y$$

Usando-se as seguintes transformações:

$y_1 = y$

$y_2 = Z$

$y_3 = y'$

$y_4 = Z'$

Assim:

$y'_1 = y'$

$y'_2 = Z'$

$y'_3 = y''$

$y'_4 = Z''$

Fazendo-se as devidas substituições:

$y'_1 = y_2$ $\qquad\qquad y_1(1) = 1$

$y'_2 = y_4$ $\qquad\qquad y_2(1) = 1$

$$y'_3 = -\frac{2}{\zeta}y' + \phi^2 e^{\gamma\left(1-\frac{1}{Z}\right)}y = \frac{2}{\zeta}y_3 + \phi^2 e^{\gamma\left(1-\frac{1}{Z}\right)}y_1 \qquad y_3(0) = 0$$

$$y'_4 = -\frac{2}{\zeta}Z' + \phi^2\beta e^{\gamma\left(1-\frac{1}{Z}\right)}y = \frac{2}{\zeta}y_4 + \phi^2\beta e^{\gamma\left(1-\frac{1}{Z}\right)}y_1 \qquad y_4(0) = 0$$

Temos, assim, quatro equações diferenciais que devem ser integradas utilizando a função ode. Para isso, precisamos dos valores iniciais das quatro variáveis: $y_1(0)$, $y_2(0)$, $y_3(0)$ e $y_4(0)$. Entretanto, conhecemos apenas os valores de $y_3(0)$ e $y_4(0)$. Portanto, os valores iniciais de $y_1(0)$ e $y_2(0)$ devem ser chutados de modo que $y_1(1) = 1$ e $y_2(1) = 1$. Para a convergência, utilizamos a função fsolve.

Resultados

A seguir, são mostradas as três soluções obtidas a partir de estimativas iniciais diferentes. Podemos observar que, no caso de reação exotérmica, o fator de efetividade pode atingir valores maiores que a unidade. A primeira delas, cuja solução da concentração e da temperatura no interior da partícula apresentada é mostrada nas figuras 10.14 e 10.15, respectivamente, tem fator de efetividade igual a 1,329. Essa solução corresponde ao caso de baixa conversão.

```
 zeta        y              Z

 0.          0.9314413      1.0411352
 0.1         0.9322944      1.0406234
 0.2         0.9348278      1.0391033
 0.3         0.9389660      1.0366204
 0.4         0.9445900      1.033246
 0.5         0.9515473      1.0290716
 0.6         0.9596625      1.0242025
 0.7         0.9687488      1.0187507
 0.8         0.9786186      1.0128288
 0.9         0.9890913      1.0065452
 1.          1.             1.0000000

 Fator de efetividade = 1.329043
```

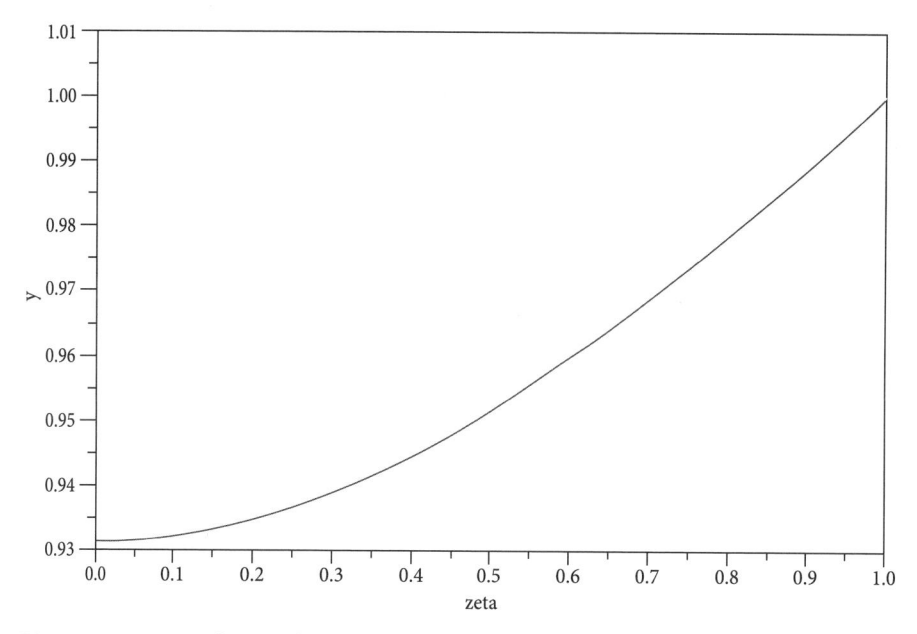

Figura 10.14 Distribuição de concentração no catalisador.

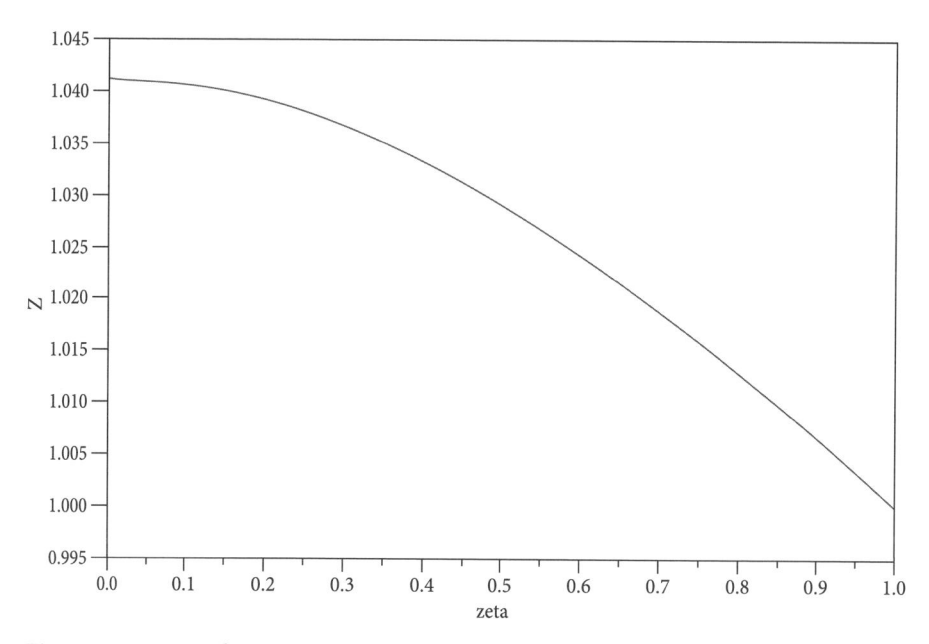

Figura 10.15 Distribuição de temperatura no catalisador.

A segunda solução, cuja solução da concentração e da temperatura no interior da partícula apresentada é mostrada nas figuras 10.16 e 10.17, respectivamente, tem fator de efetividade igual a 3,643. Essa solução corresponde ao caso de média conversão.

```
    zeta     y              z

    0.       0.6026592      1.2384045
    0.1      0.6142099      1.231474
    0.2      0.6460955      1.2123427
    0.3      0.6916085      1.1850349
    0.4      0.7433742      1.1539755
    0.5      0.7957392      1.1225565
    0.6      0.8453680      1.0927792
    0.7      0.8907522      1.0655487
    0.8      0.9314971      1.0411018
    0.9      0.9677754      1.0193348
    1.       1.             1.

 Fator de efetividade = 3.642885
```

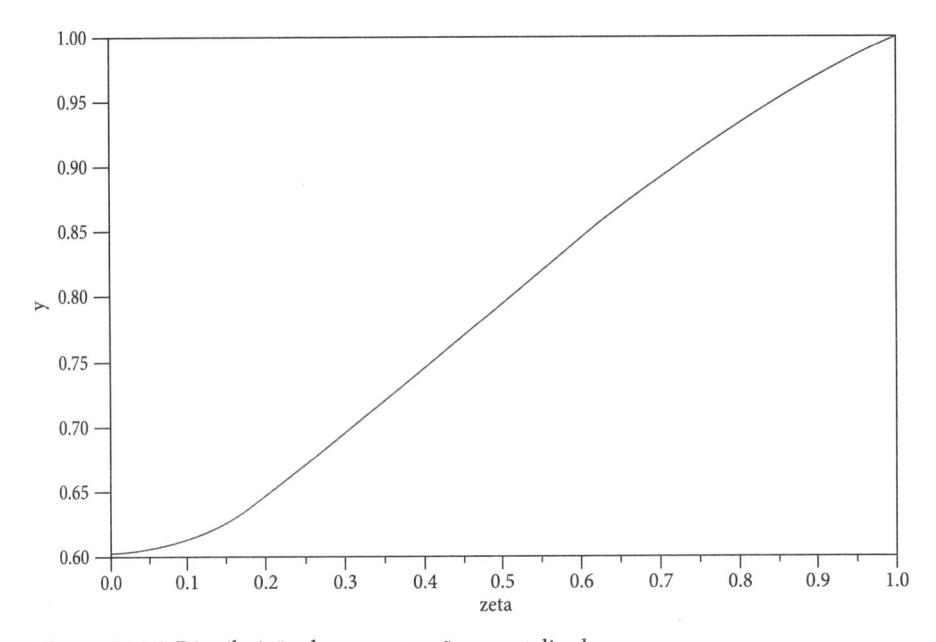

Figura 10.16 Distribuição de concentração no catalisador.

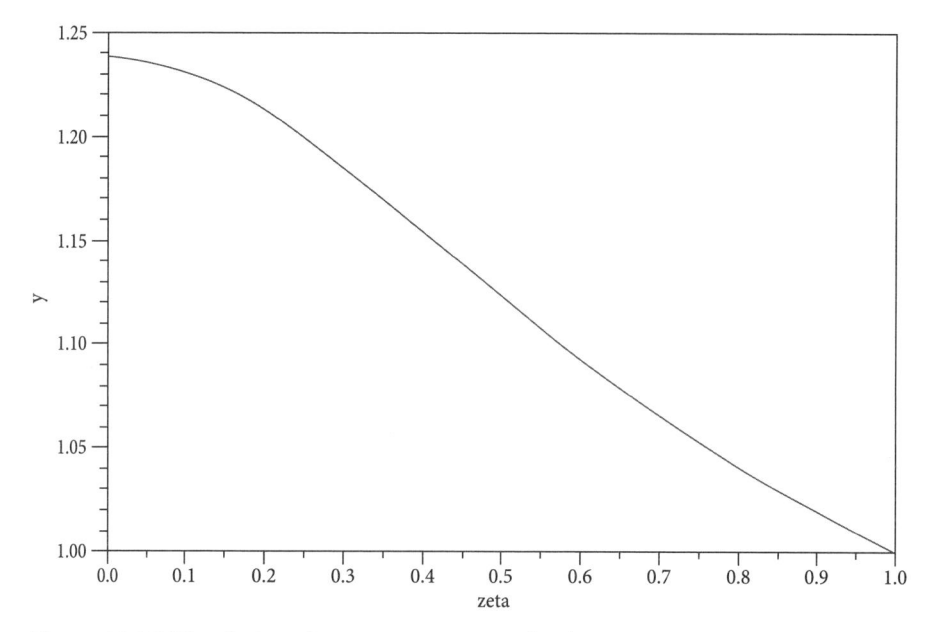

Figura 10.17 Distribuição de temperatura no catalisador.

A última solução, cuja solução da concentração e da temperatura no interior da partícula apresentada é mostrada nas figuras 10.18 e 10.19, respectivamente, tem fator de efetividade igual a 42,042. Essa solução corresponde ao caso de alta conversão.

```
    zeta     y            z

    0.       0.0000005    1.5999997
    0.1      0.0000010    1.5999994
    0.2      0.0000042    1.5999975
    0.3      0.0000236    1.5999858
    0.4      0.0001482    1.5999111
    0.5      0.0009925    1.5994045
    0.6      0.0068612    1.5958833
    0.7      0.0459900    1.572406
    0.8      0.2330160    1.4601904
    0.9      0.6168881    1.2298671
    1.       1.0001255    0.9999247


Fator de efetividade = 42.041996
```

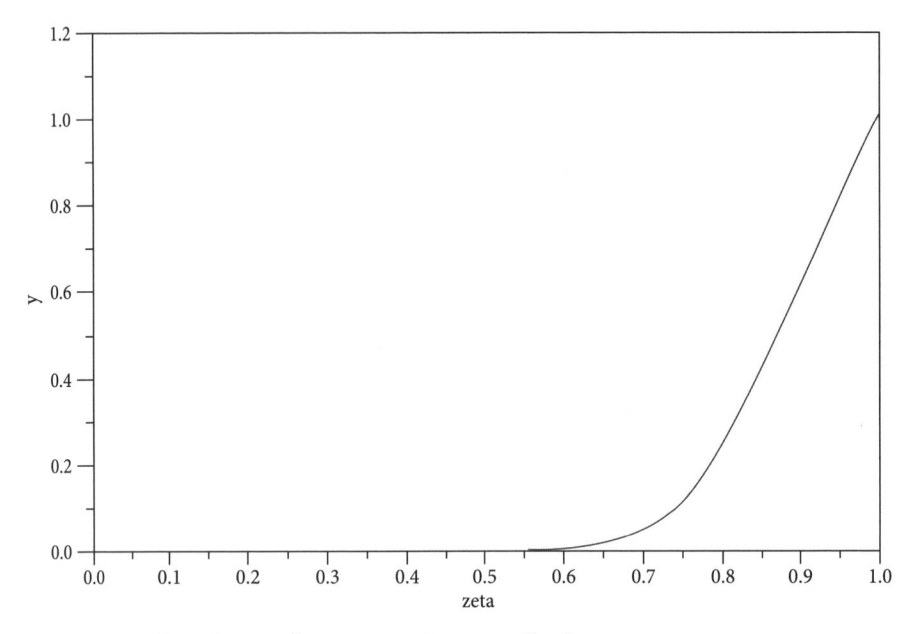

Figura 10.18 Distribuição de concentração no catalisador.

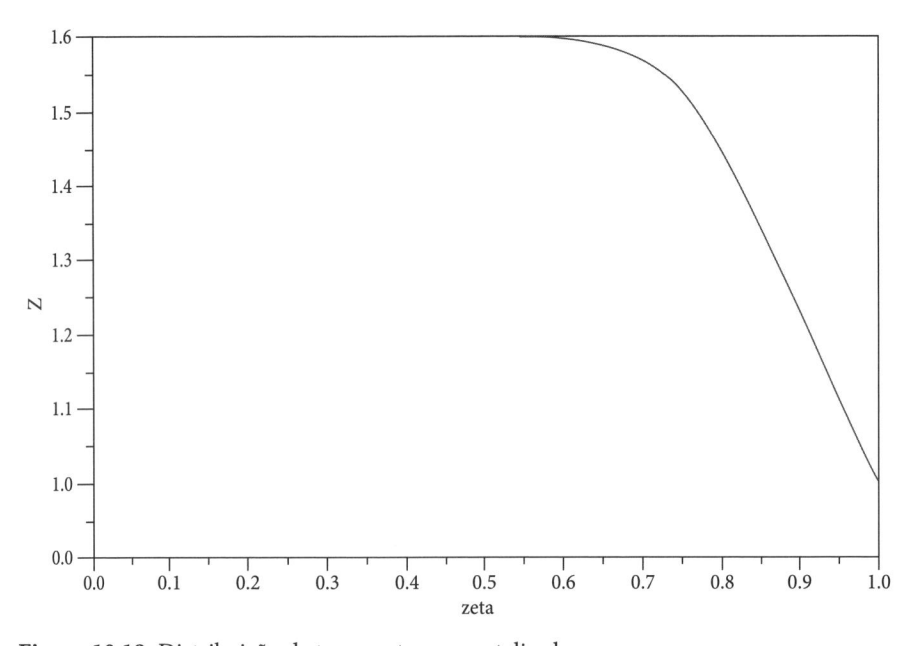

Figura 10.19 Distribuição de temperatura no catalisador.

Notação

D_e	Difusividade efetiva
D_s	Diâmetro da partícula
E	Energia de ativação
k_e	Condutividade térmica efetiva
k_0	Fator pré-exponencial
R	Constante dos gases
R_s	Raio da partícula
T	Temperatura absoluta
y	Concentração adimensional
Z	Temperatura adimensional
β	Número de Prater
ϕ	Módulo de Thiele (velocidade de reação de primeira ordem)
γ	Número de Arrhenius
ζ	Coordenada radial adimensional (geometria esférica)

Exemplo 10.6 Resposta transiente de uma partícula catalítica não isotérmica

Conceitos demonstrados

Resposta transiente de uma partícula catalítica esférica sujeita a uma mudança na temperatura do meio, provocando a ida de um estado estacionário a outro estado estacionário.

Métodos numéricos utilizados

Solução de equações diferenciais parciais pelo método das linhas. Utilização da função ode.

Descrição do problema

Quando uma partícula catalítica encontra-se em um dos vários estados estacionários e sofre alguma mudança, é necessário resolver as equações dos balanços no regime transiente para determinar o seu comportamento. Considere o mesmo problema do Exemplo 10.5. As equações no regime transiente são:

Balanço material de A

$$\varepsilon \frac{\partial c_A}{\partial t} = D_e \left[\frac{1}{r^2} \frac{\partial}{\partial r} \left(r^2 \frac{\partial c_A}{\partial r} \right) \right] - k_0 e^{-E/RT} c_A$$

As condições iniciais e de contorno são:

$r = 0$ $\qquad \left. \dfrac{\partial c_A}{\partial r} \right|_{r=0} = 0$

$r = R_s$ $\qquad \left. -D_e \dfrac{\partial c_A}{\partial r} \right|_{r=r_0} = k_g [c_A - c_{As}(t)]$

$t = 0$ $\qquad c_A(r,0)$ (perfil da concentração inicial)

Balanço de energia

$$\varepsilon \rho C_p \frac{\partial T}{\partial t} = k_e \left[\frac{1}{r^2} \frac{\partial}{\partial r} \left(r^2 \frac{\partial T}{\partial r} \right) \right] - k_0 e^{-E/RT} c_A \Delta H_r$$

As condições iniciais e de contorno são:

$r = 0$ $\qquad \left. \dfrac{\partial T}{\partial r} \right|_{r=0} = 0$

$r = R_s$ $\qquad \left. -k \dfrac{\partial T}{\partial r} \right|_{r=R_s} = h[T - T_s(t)]$

$t = 0$ $\qquad T(r,0)$ (perfil da temperatura inicial)

Na forma adimensional, essas duas equações são:

Balanço material de A

$$M_2 \frac{\partial y}{\partial \tau} = \left[\frac{1}{\zeta^2} \frac{\partial}{\partial \zeta} \left(\zeta^2 \frac{\partial y}{\partial \zeta} \right) \right] - \phi^2 e^{\gamma \left(1 - \frac{1}{Z}\right)} y$$

As condições iniciais e de contorno são:

$\zeta = 0$ $\quad\quad \left.\dfrac{\partial y}{\partial \zeta}\right|_{\zeta=0} = 0$

$\zeta = 1$ $\quad\quad \left.\dfrac{\partial y}{\partial \zeta}\right|_{\zeta=1} = -\dfrac{Sh}{2}\left[y - \dfrac{c_{As}(t)}{c_{As}}\right]$

$\tau = 0$ $\quad\quad y(\zeta, 0)$

Balanço de energia

$$M_1 \dfrac{\partial Z}{\partial \tau} = \left[\dfrac{1}{\zeta^2}\dfrac{\partial}{\partial \zeta}\left(\zeta^2 \dfrac{\partial Z}{\partial \zeta}\right)\right] + \phi^2 \beta y e^{\gamma\left(1-\frac{1}{Z}\right)}$$

As condições iniciais e de contorno são:

$\zeta = 0$ $\quad\quad \left.\dfrac{\partial Z}{\partial \zeta}\right|_{\zeta=0} = 0$

$\zeta = 1$ $\quad\quad \left.\dfrac{\partial Z}{\partial \zeta}\right|_{\zeta=1} = -\dfrac{Nu}{2}\left[Z - \dfrac{T_s(t)}{T_s}\right]$

$\tau = 0$ $\quad\quad Z(\zeta, 0)$

Os grupos adimensionais presentes nas equações são:

$$M_1 = \dfrac{\varepsilon \rho C_p R_s^2}{k_e t_s}$$

$$M_2 = \dfrac{\varepsilon R_s^2}{D_e t_s}$$

$$t_s = \dfrac{D_s}{u}$$

$$\beta = -\dfrac{\Delta H_r c_{As} D_e}{k_e T_0}$$

$$\phi^2 = \frac{k_0 e^{-E/RT_0} R_s^2}{D_e}$$

$$\gamma = \frac{E}{RT_s}$$

$$Sh = \frac{k_g D_s}{D_e}$$

$$Nu = \frac{h D_s}{k_e}$$

Dados numéricos

Vamos considerar que a partícula encontra-se inicialmente no ponto estacionário de média conversão com Nu e Sh infinitos. A temperatura da corrente sofre um aumento de 10% no seu valor. Assim, as condições iniciais são os valores de concentração e temperatura da solução dados pelo estado estacionário intermediário do problema.

$M_1 = 176$
$M_2 = 199$
$Nu = 55,3$
$Sh = 66,5$
$\beta = 0,6$
$\gamma = 20$
$\phi = 0,5$
$\dfrac{c_{As}(t)}{c_{As}} = 1$
$\dfrac{T_s(t)}{T_s} = 1,1$

Solução

As duas equações podem ser reescritas como:

$$M_2 \frac{\partial y}{\partial \tau} = \frac{2}{\zeta}\frac{\partial y}{\partial \zeta} + \frac{\partial^2 y}{\partial \zeta^2} - \phi^2 e^{\gamma\left(1-\frac{1}{z}\right)} y$$

$$M_1\frac{\partial Z}{\partial \tau}=\frac{2}{\zeta}\frac{\partial Z}{\partial \zeta}+\frac{\partial^2 Z}{\partial \zeta^2}+\phi^2\beta y e^{\gamma\left(1-\frac{1}{Z}\right)}$$

Aplicando-se o método das linhas com discretização espacial, como mostra a Figura 10.20, chega-se ao seguinte conjunto de equações diferenciais:

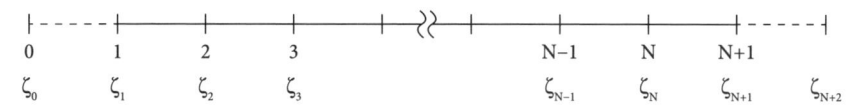

Figura 10.20 Discretização unidimensional.

Balanço material de A

$$M_2\frac{dy_1}{d\tau}=3\frac{y_2-2y_1+y_0}{\Delta\zeta^2}-\phi^2 y_1 e^{\gamma\left(1-\frac{1}{Z_1}\right)}$$

$$M_2\frac{dy_i}{d\tau}=\frac{2}{\zeta_i}\frac{y_{i+1}-y_{i-1}}{2\Delta\zeta}+\frac{y_{i+1}-2y_i+y_{i-1}}{\Delta\zeta^2}-\phi^2 y_i e^{\gamma\left(1-\frac{1}{Z_i}\right)} \qquad i=2,3,\ldots N, N+1$$

com:

$$y_0 = y_2$$

$$y_{N+2}=y_N-\Delta\zeta\,\text{Sh}\left[y_{N+1}-\frac{c_{AS}(t)}{c_{AS}}\right]$$

Balanço de energia

$$M_1\frac{dZ_1}{d\tau}=3\frac{Z_2-2Z_1+Z_0}{\Delta\zeta^2}+\phi^2\beta y_1 e^{\gamma\left(1-\frac{1}{Z_1}\right)}$$

$$M_1\frac{dZ_i}{d\tau}=\frac{2}{\zeta_i}\frac{Z_{i+1}-Z_{i-1}}{2\Delta\zeta}+\frac{Z_{i+1}-2Z_i+Z_{i-1}}{\Delta\zeta^2}+\phi^2\beta y_i e^{\gamma\left(1-\frac{1}{Z_i}\right)} \qquad i=2,3,\ldots, N, N+1$$

com:

$$Z_0 = Z_2$$

$$Z_{N+2} = Z_N - \Delta \zeta \text{Nu} \left[T_{N+1} - \frac{T_s(t)}{T_s} \right]$$

Ao todo, temos 2(N+1) equações diferenciais com condições iniciais. Essas condições são dadas por uma das soluções estacionárias do Exemplo 10.5.

Os resultados da solução podem ser visualizados nas figuras a seguir. A Figura 10.21 mostra a transição do perfil de concentração no ponto estacionário de média conversão (Figura 10.16) até o ponto estacionário de alta conversão, e a Figura 10.22 mostra a transição do perfil de temperatura no ponto estacionário de média conversão (Figura 10.17) até o ponto estacionário de alta conversão. As figuras 10.23 e 10.24 mostram a variação das condições na superfície com o tempo. Esses resultados mostram que uma perturbação de 10% no contorno é suficiente para levar a partícula catalítica ao ponto estacionário de alta conversão.

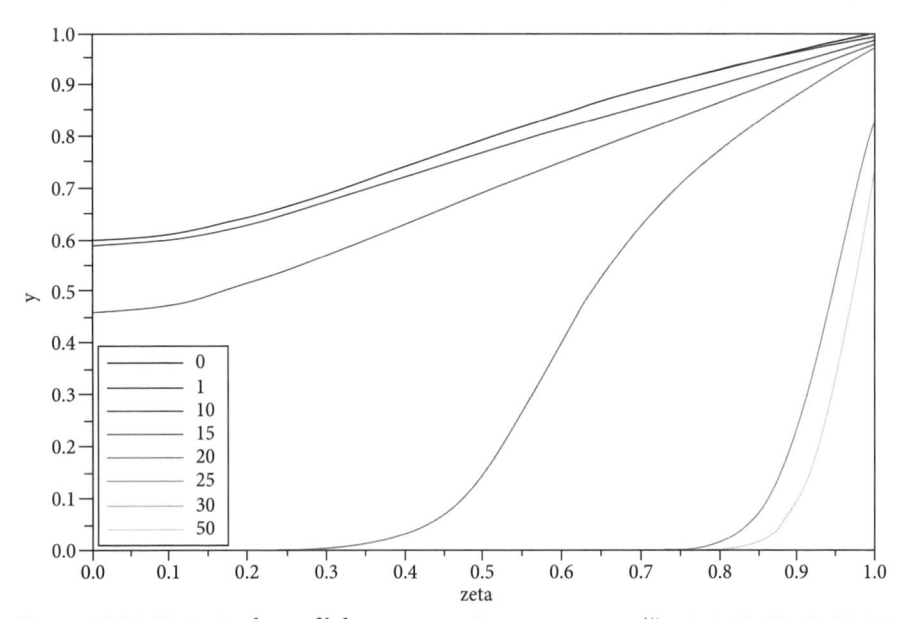

Figura 10.21 Variação do perfil de concentração com o tempo (ζ = 0, 1, 10, 15, 20, 25, 30, 50).

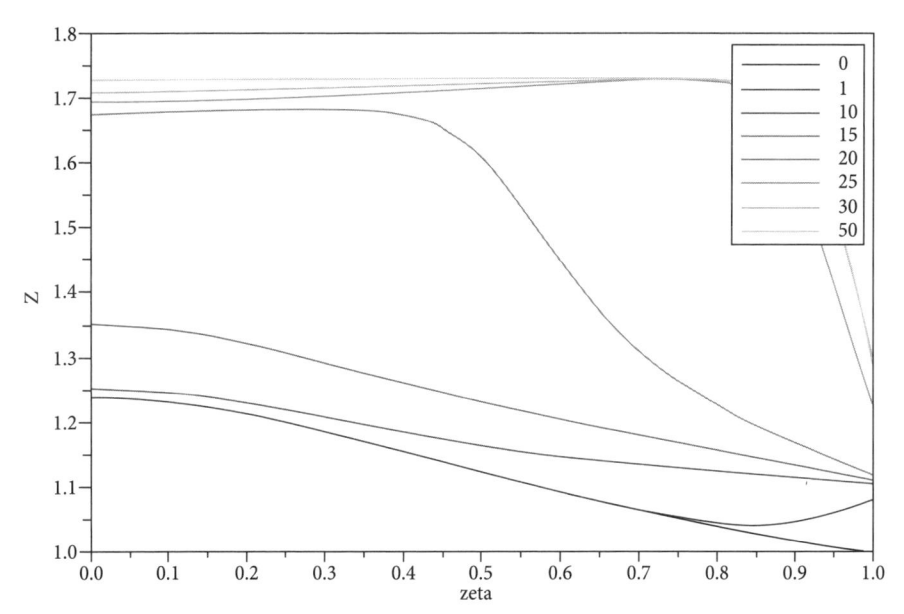

Figura 10.22 Variação do perfil de temperatura com o tempo (ζ = 0, 1, 10, 15, 20, 25, 30, 50).

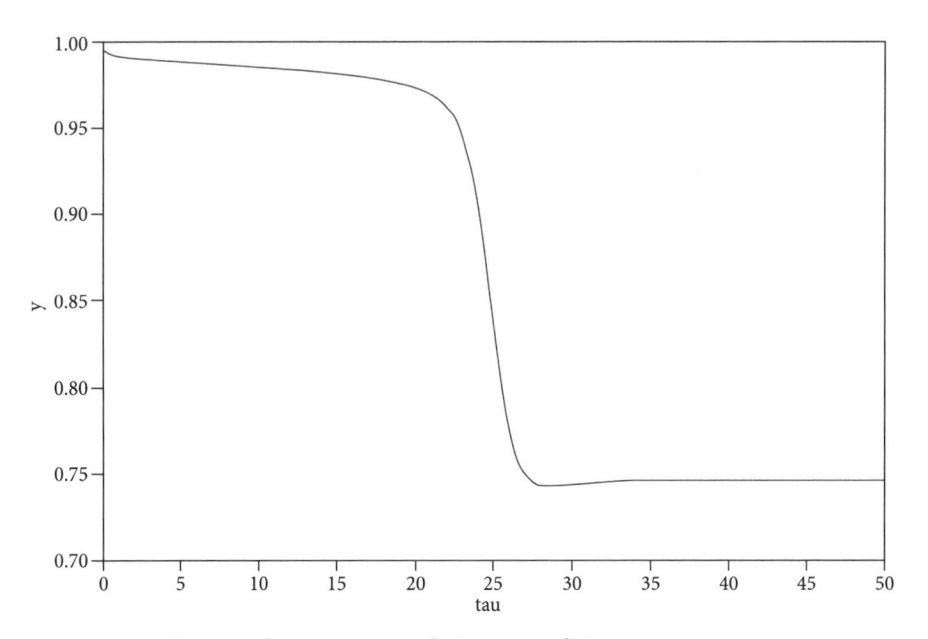

Figura 10.23 Variação da concentração de A na superfície com o tempo.

Figura 10.24 Variação da temperatura da superfície com o tempo.

Notação

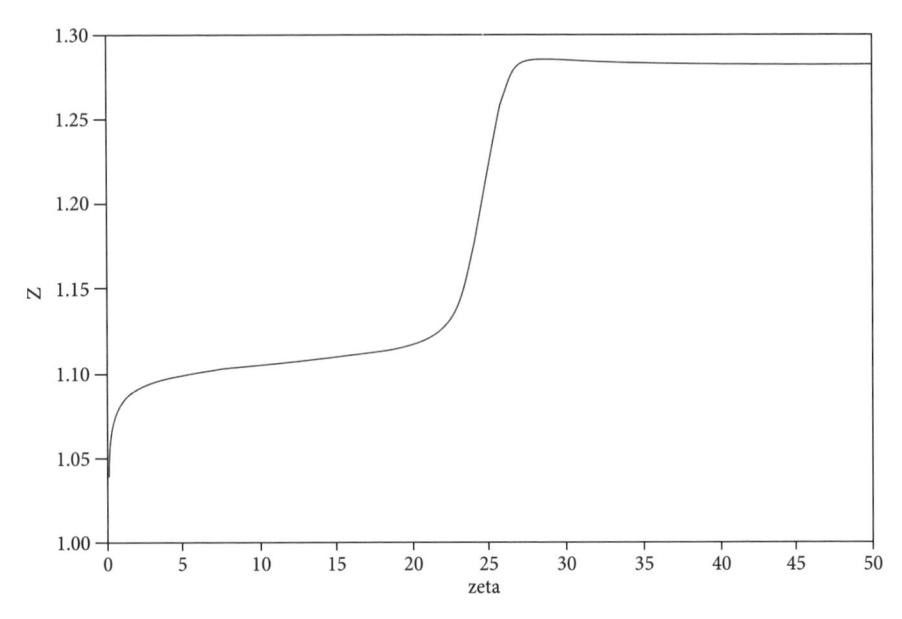

c_{As}	Concentração de A na superfície no estado estacionário original
$c_{As}(t)$	Concentração de A na corrente
D_e	Difusividade efetiva
D_s	Diâmetro da partícula
E	Energia de ativação
k_e	Condutividade térmica efetiva
k_0	Fator pré-exponencial
M_1	Grupo adimensional
M_2	Grupo adimensional
Nu	Número de Nusselt
R	Constante dos gases
R_s	Raio da partícula
Sh	Número de Sherwood
t_s	Tempo padrão
T	Temperatura absoluta
T_s	Temperatura da superfície no estado estacionário original
$T_s(t)$	Temperatura da corrente
u	Velocidade do gás no reator empacotado
y	Concentração adimensional

Z   Temperatura adimensional
β   Número de Prater
ε   Porosidade da partícula
φ   Módulo de Thiele (velocidade de reação de primeira ordem)
γ   Número de Arrhenius
ζ   Coordenada radial adimensional (geometria esférica)

Exemplo 10.7 Reator tubular isotérmico com reação química de primeira ordem

Conceitos demonstrados

Variação da concentração ao longo de um reator tubular isotérmico em que ocorre uma reação de primeira ordem.

Métodos numéricos utilizados

Solução de equação diferencial ordinária utilizando a função ode.

Descrição do problema

Num reator tubular, a composição do fluido varia de posição para posição ao longo do seu percurso; consequentemente, o balanço material, para um componente da reação, deverá ser feito para um elemento diferencial de volume $A\delta z$, como mostra a Figura 10.25.

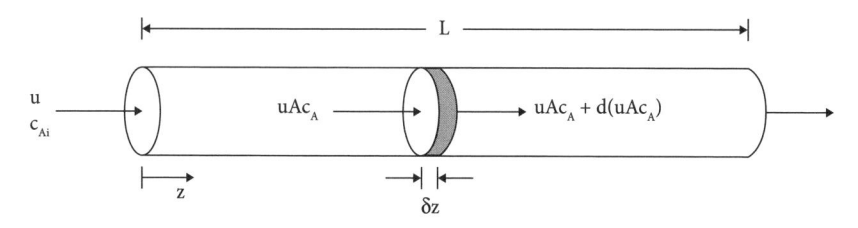

Figura 10.25 Elemento diferencial δz num reator tubular.

Para sistemas em que o volume da reação ou a velocidade volumétrica v não varia com a reação, como é o caso de sistemas em fase líquida e alguns sistemas em fase gasosa. Para líquidos, a variação de volume com a reação é desprezível quando não há mudança de fase. Consequentemente, podemos tomar:

v = uA = constante

Para A, teremos:

Balanço para o componente A no elemento diferencial do reator

Entra = Sai − Reage

Entra: uAc_A

Sai: $uAc_A + \dfrac{d(uAc_A)}{dz}\delta z$

Reage: $r_A A \delta Z$

Substituindo no balanço de A:

$$uAc_A = uAc_A + \frac{d(uAc_A)}{dz}\delta z - r_A A \delta z$$

$$\frac{d(uAc_A)}{dz}\delta z - r_A A \delta z = 0$$

$$\frac{d(uAc_A)}{dz} - r_A A = 0$$

$$uA\frac{dc_A}{dz} - r_A A = 0$$

$$u\frac{dc_A}{dz} - r_A = 0$$

Definindo a distância adimensional,

$$\zeta = \frac{z}{L}$$

tem-se:

$$\frac{d\zeta}{dz} = \frac{1}{L}$$

Assim:

$$\frac{dc_A}{dz} = \frac{dc_A}{d\zeta}\frac{d\zeta}{dz}$$

$$\frac{dc_A}{dz} = \frac{dc_A}{d\zeta}\frac{1}{L}$$

Substituindo na equação diferencial:

$$u\frac{dc_A}{d\zeta}\frac{1}{L} - r_A = 0$$

$$\frac{dc_A}{d\zeta} - \frac{L}{u}r_A = 0$$

Para uma reação de primeira ordem, tem-se:

$$r_A = -kc_A$$

Fazendo a substituição na equação diferencial:

$$\frac{dc_A}{d\zeta} + \frac{kL}{u}c_A = 0$$

A fração convertida (ou simplesmente conversão) X_A de um dado reagente A é definida como a fração convertida em produto ou:

$$X_A = \frac{F_{Ai} - F_A}{F_{Ai}}$$

Se a velocidade volumétrica v não varia com a reação, a conversão pode ser calculada por:

$$X_A = \frac{c_{Ai} - c_A}{c_{Ai}}$$

Dados numéricos

Para um componente A alimentado a um reator tubular onde ocorre a seguinte reação,

$$A \to B$$

a reação é de primeira ordem, em que a velocidade de reação medida em relação a A é dada por:

$$r_A = -kc_A$$

Determine a conversão num reator de 10000 L para os seguintes dados:

$c_{Ai} = 0{,}1$ mol/L
$F_{Ai} = 200$ mols/h
$k = 0{,}2$ 1/h

Qual é o volume do reator para uma conversão de 50%?

Solução

Para os dados fornecidos, é mais conveniente escrever a equação do balanço de A em termos de velocidade molar de A.

Entra = Sai − Reage

$$F_A = F_A + \frac{dF_A}{dz}\delta z - r_A A \delta z$$

$$\frac{dF_A}{dz} = r_A A$$

$$\frac{d(vc_A)}{dz} = r_A A$$

$$\frac{v}{A}\frac{dc_A}{dz} = r_A$$

$$\frac{dc_A}{dV} = \frac{1}{v} rA$$

A condição de contorno é:

$V = 0 \qquad\qquad c_A = c_{Ai}$

```
//Programa 10.7
//
//Reator tubular isotérmico com reação química de primeira ordem
//
//     A ==> B
//
clc
clear
clearglobal
close

function dcAV=pfr(V, cA)
    global k v
    rA=-k*cA
    dcAV=1/v*rA
endfunction

global k v
FAi=200;    //moles/h
cAi=0.1;    //mol/L
k=0.2;      //1/h
v=FAi/cAi;  //L/h
cA0=cAi;
V0=0;
V=V0:1:10000;
cA=ode(cA0,V0,V,pfr);
plot(V,cA)
xlabel('V (L)')
ylabel('cA (mol/L)')
XA=(cAi-cA($))/cAi;
printf('A conversão do reator tubular de 10000 L é:\nXA=%f',XA)
for i=1:length(V)
    XA(i)=(cAi-cA(i))/cAi;
    if XA(i)>0.5 then
        V_=V(i)
          break
      end
end
disp('')
printf('O volume do reator tubular para uma conversão de 0.5 é:\nV=%f L',V_)
```

Resultados

```
A conversão do reator tubular de 10000 L é:
XA=0.632120

O volume do reator tubular para uma conversão de 0.5 é:
V=6932.000000 L
```

A Figura 10.26 mostra os resultados da simulação do reator tubular. Como se pode observar, a concentração de A diminui ao longo do reator.

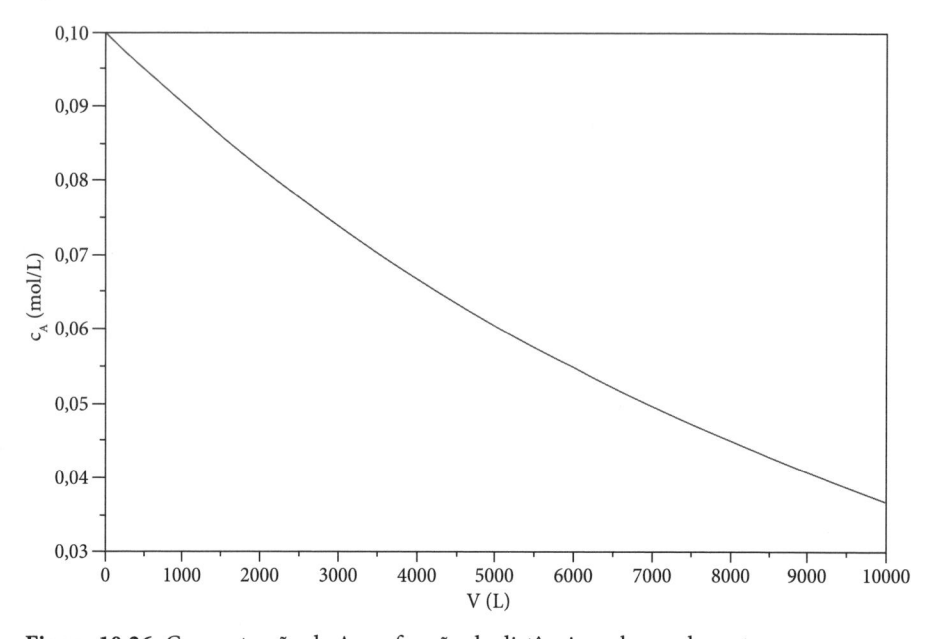

Figura 10.26 Concentração de A em função da distância ao longo do reator.

Notação

A	Área da seção transversal do tubo
c_A	Concentração do reagente
c_{Ai}	Concentração do reagente na alimentação
F_A	Velocidade molar de A, mols/tempo
F_{Ai}	Velocidade molar de A na alimentação
k	Constante da velocidade de reação
r_A	Velocidade de reação
u	Velocidade
v	Velocidade volumétrica

V   Volume
X_A Conversão
z   Distância
y   Concentração adimensional
δz   Elemento diferencial
ζ   Distância adimensional

Exemplo 10.8 Reator tubular isotérmico com reação química de segunda ordem

Conceitos demonstrados

Variação da concentração ao longo de um reator tubular.

Métodos numéricos utilizados

Solução de equações diferenciais ordinárias utilizando a função ode.

Descrição do problema

Componentes A e C são alimentados em quantidades equimolares, ocorrendo a seguinte reação:

$$2A \rightarrow B$$

Reação de segunda ordem em que a velocidade medida em relação a B:

$$r_B = kc_A^2$$

Fase líquida, e a velocidade volumétrica permanece constante.

$$u\frac{dc_A}{dz} - r_A = 0$$

$$u\frac{dc_B}{dz} - r_B = 0$$

$$u\frac{dc_C}{dz} - r_C = 0$$

Pela estequiometria da reação:

$$r_A = -2r_B = -2kc_A^2$$

Como C não participa da reação:

$$r_C = 0$$

Dados numéricos

$c_A(0) = 2$ kgmols/m³
$c_B(0) = 0$ kgmol/m³
$c_C(0) = 2$ kgmols/m³

$u = 0{,}5$ m/s
$k = 0{,}3$ m³/kgmol.s
$L = 2{,}4$ m

```
//Programa 10.8
//
//Reator tubular isotérmico com reação química de segunda ordem
//
//    2A ==> B
//
clc
clear
clearglobal
close

function dcz=pfr(t, y)
    global k u
    cA=y(1)
    cB=y(2)
    cC=y(3)
    rB=k*cA^2
    rA=-2*rB
    rC=0
    dcz(1)=rA/u
    dcz(2)=rB/u
    dcz(3)=rC/u
endfunction

global k u
k=0.3;    //m3/kgmol.s
u=0.5;    //m/s
L=2.4;    //m
```

```
cA0=2;      //kgmoles/m3
cB0=0;      //kgmol/m3
cC0=2;      //kgmoles/m3
y0=[cA0;cB0;cC0];
z0=0;
z=z0:0.1:L;
y=ode(y0,z0,z,pfr);
cA=y(1,:);
cB=y(2,:);
cC=y(3,:);
plot2d(z',[cA' cB' cC'],rect=[0 0 2.5 2.5])
xlabel('z (m)')
ylabel('cA, cB, cC (kgmoles/m3)')
legend(['cA','cB','cC'],1);
```

Resultados

A Figura 10.27 mostra os resultados da simulação do reator tubular. A concentração de A diminui ao longo do reator e a de B aumenta. Como C não participa da reação, a sua concentração permanece constante ao longo do reator.

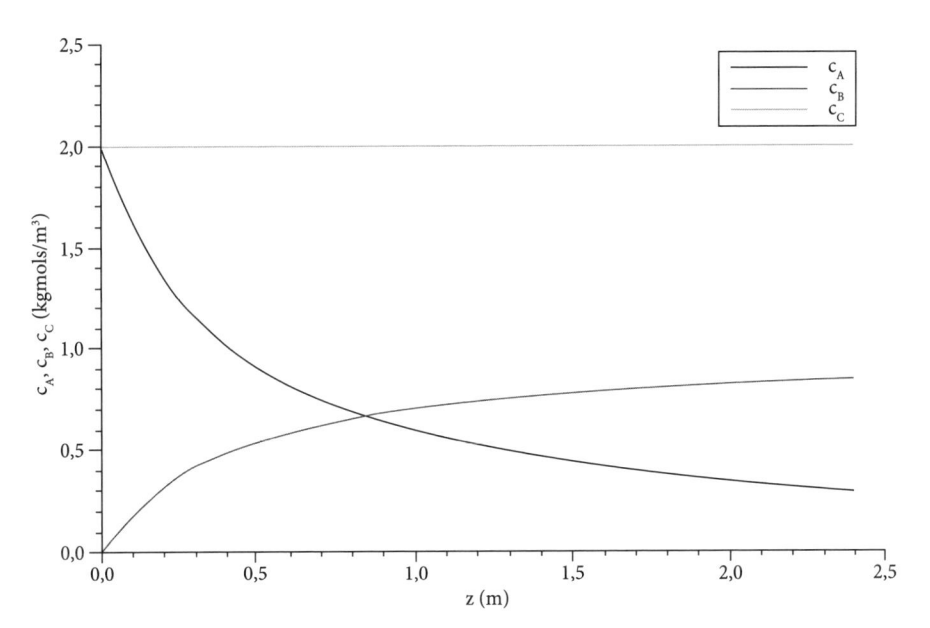

Figura 10.27 Concentrações de A, B e C em função da distância ao longo do reator.

Notação

c_A	Concentração do reagente A
c_B	Concentração do produto B
c_C	Concentração de C
k	Constante da velocidade de reação
L	Comprimento do reator
r_A	Velocidade de reação em relação a A
r_B	Velocidade de reação em relação a B
u	Velocidade
z	Distância

Exemplo 10.9 Reator tubular isotérmico com reações em fase gasosa

Conceitos demonstrados

Cálculo da concentração ao longo de um reator tubular com reações em fase gasosa e com variação no número de mols.

Métodos numéricos utilizados

Solução de equação diferencial ordinária utilizando a função ode.

Descrição do problema

Para reações em fase gasosa, a velocidade volumétrica geralmente varia com a reação devido à variação no número total de mols ou na temperatura ou na pressão. Nesses casos, é mais indicado trabalhar com velocidade molar F (mols/tempo) em vez de velocidade volumétrica v (volume/tempo). O balanço material para um componente da reação deverá ser feito para um elemento diferencial de volume Aδz, como mostra a Figura 10.28.

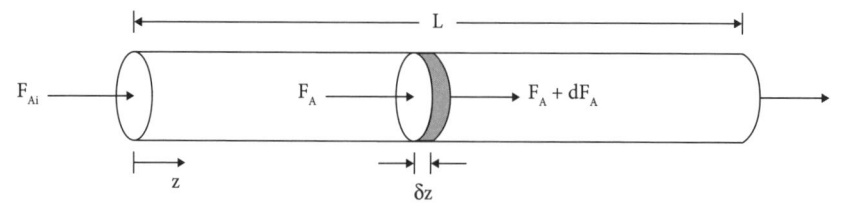

Figura 10.28 Elemento diferencial δz num reator tubular.

Balanço para o componente A no elemento diferencial do reator

Entra − Sai + Reage = 0

Entra: F_A

Sai: $F_A + \dfrac{dF_A}{dz}\delta z$

Reage: $r_A A \delta z$

Substituindo no balanço de A:

$$F_A = F_A + \dfrac{dF_A}{dz}\delta z - r_A A \delta z$$

$$\dfrac{dF_A}{dz} - r_A A = 0$$

Para um sistema de escoamento, a concentração c_A em um dado ponto pode ser determinada a partir de F_A e da velocidade volumétrica no ponto:

$$c_A = \dfrac{F_A}{v}$$

Para reações em fase gasosa com temperatura constante e pressão constante

$$v = v_i(1 + \varepsilon X_A)$$

em que:

$$\varepsilon = \dfrac{\text{variação do número total de mols na conversão completa}}{\text{número total de mols que entram no reator}}$$

Dados numéricos

Uma reação homogênea em fase gasosa A → 3B tem, a 215 °C, a seguinte expressão de velocidade:

$$r_A = -0{,}01\, c_A^{1/2} \ (\text{mol/litro.s})$$

Determine o tempo espacial do reator necessário para uma conversão de 80% com uma alimentação de 50% de A e 50% de inertes em um reator tubular operando a 215 °C e 5 atm. A concentração de A na alimentação é $c_{A0} = 0,0625$ mol/litro.

$k = 5,0$ dm^3/mol.s
$A = 1,0$ dm^2
$c_{Ai} = 0,2$ mol/dm^3
$v_i = 1,0$ dm^3/s

Solução

Para essa estequiometria e com uma composição de 50% de inertes, dois volumes de gás alimentados irão dar quatro volumes de produto gasoso completamente convertido; então:

$$\varepsilon = \frac{(3+1)-(1+1)}{(1+1)} = \frac{4-2}{2} = 1$$

Nesse caso, a equação para o reator tubular é:

$$\frac{dF_A}{dz} - r_A A = 0$$

O tempo espacial é definido como:

$$\tau = \frac{V}{v_i} = \frac{\text{Volume do reator}}{\text{Velocidade volumétrica da alimentação}}$$

$$\tau = \frac{V}{v_i} = \frac{V c_{Ai}}{F_{Ai}}$$

Como não é conhecida a área de escoamento do reator e nem a velocidade volumétrica da alimentação:

$$\frac{1}{A}\frac{dF_A}{dz} - r_A = 0$$

$$\frac{dF_A}{dV} - r_A = 0$$

Aplicando-se a mudança de variável:

$$\frac{dF_A}{dV} = \frac{dF_A}{d\tau}\frac{d\tau}{dV}$$

$$\frac{d\tau}{dV} = \frac{c_{Ai}}{F_{Ai}}$$

$$\frac{dF_A}{dV} = \frac{dF_A}{d\tau}\frac{c_{Ai}}{F_{Ai}}$$

$$\frac{c_{Ai}}{F_{Ai}}\frac{dF_A}{d\tau} - r_A = 0$$

$$F_A = F_{Ai}(1 - X_A)$$

$$\frac{dF_A}{d\tau} = \frac{dF_A}{dX_A}\frac{dX_A}{d\tau}$$

$$\frac{dF_A}{dX_A} = -F_{Ai}$$

$$\frac{dF_A}{d\tau} = -F_{Ai}\frac{dX_A}{d\tau}$$

$$-c_{Ai}\frac{dX_A}{d\tau} - r_A = 0$$

A relação entre concentração e conversão:

$$\frac{c_A}{c_{Ai}} = \frac{1 - X_A}{1 + \varepsilon X_A}$$

$$c_A = c_{Ai}\frac{1 - X_A}{1 + \varepsilon X_A}$$

```
//Programa 10.9
//
//Conversion as a function of distance down the reactor
//
//Exemplo 5-4 do Levenspiel (1974)
//
```

```
clear
clearglobal
clc

function XAprime=reator_tubular(tau, XA)
    global k cA0 varepsilon
    cA=cA0*(1-XA)/(1+varepsilon*XA)
    rA=-k*cA^(1/2)
    XAprime=-rA/cA0
endfunction

global k cA0 varepsilon
k=0.01;     //

//Dados da alimentação
cA0=0.0625;    //mol/litro

//Cálculo de varepsilon
varepsilon=1;

XAf=0.8;
XA=0;
dtau=0.01;
tau0=0;
XA0=0;
tau_=tau0;
XA_=XA0;
while XA<XAf
    tau=tau0+dtau;
    XA=ode(XA0,tau0,tau,reator_tubular);
    tau_=[tau_;tau];
    tau0=tau;
    XA0=XA;
end

tauf=tau_($);
disp(tauf,'tau=')
tau0=0;
tau=tau0:dtau:tauf;
XA0=0;
XA=ode(XA0,tau0,tau,reator_tubular);
clf
plot(tau,XA)
xlabel('tau')
ylabel('XA')
```

Resultados

```
tau=

   33.19
```

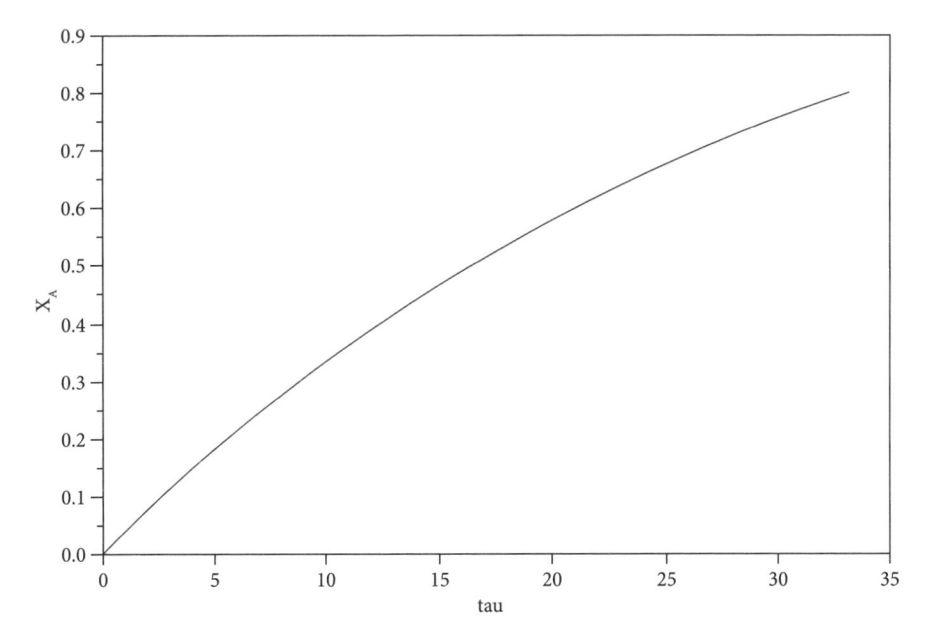

Figura 10.29 Conversão de A em função da distância ao longo do reator.

Exemplo 10.10 Reator tubular isotérmico com dispersão axial

Conceitos demonstrados

Variação da concentração ao longo de reator tubular isotérmico com dispersão axial em que ocorre uma reação química de ordem n.

Métodos numéricos utilizados

Solução de equação diferencial com condições de contorno em dois pontos e utilização das funções `ode` e `fsolve`.

Descrição do problema

Considere um reator tubular isotérmico em escoamento permanente de comprimento L, através do qual o fluido está escoando com velocidade constante u e no qual existe material se misturando axialmente com coeficiente de dispersão D, como mostra a Figura 10.30.

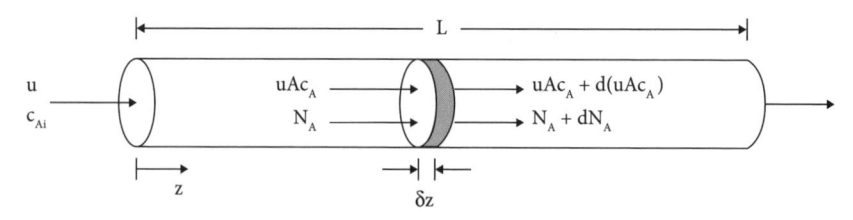

Figura 10.30 Elemento diferencial δz num reator tubular.

Suponha que a reação química homogênea de ordem n seja do tipo:

$$A \rightarrow \text{produtos}$$

$$r_A = -kc_A^n$$

Assumindo que a variação de volume no reator seja desprezível, a equação que descreve o reator pode ser estabelecida pelo uso do balanço material do reagente A.

Balanço de A no elemento diferencial

Entra − Sai + Reage = 0

Entra = Entra por escoamento + Entra por dispersão axial

Sai = Sai por escoamento + Sai por dispersão axial

O fluxo difusivo de A, N_A (mols de A por unidade de área e de tempo) é dado pela lei de Fick:

$$N_A = -D\frac{dc_A}{dz}$$

Portanto,

$$\text{Entra} = uAc_A + \left(-DA\frac{dc_A}{dz}\right)$$

$$\text{Sai} = uAc_A + \left(-DA\frac{dc_A}{dz}\right) + \frac{d}{dz}\left[uAc_A + \left(-DA\frac{dc_A}{dz}\right)\right]\delta z$$

Reage = $r_A A dz$

Substituindo no balanço de A:

$$uAc_A + \left(-DA\frac{dc_A}{dz}\right) = uAc_A + \left(-DA\frac{dc_A}{dz}\right) + \frac{d}{dz}\left[uAc_A + \left(-DA\frac{dc_A}{dz}\right)\right]\delta z - r_A A \delta z$$

$$\frac{d}{dz}\left[uAc_A + \left(-DA\frac{dc_A}{dz}\right)\right]\delta z - r_A A \delta z = 0$$

$$\frac{d}{dz}\left[uAc_A + \left(-DA\frac{dc_A}{dz}\right)\right] - r_A A = 0$$

$$\frac{d(uAc_A)}{dz} + \frac{d}{dz}\left(-DA\frac{dc_A}{dz}\right) - r_A A = 0$$

$$uA\frac{dc_A}{dz} - DA\frac{d^2 c_A}{dz^2} - r_A A = 0$$

$$D\frac{d^2 c_A}{dz^2} - u\frac{dc_A}{dz} + r_A = 0$$

A velocidade da reação de ordem n é:

$$r_A = -kc_A^n$$

$$D\frac{d^2 c_A}{dz^2} - u\frac{dc_A}{dz} - kc_A^n = 0$$

Normalizando a distância axial:

$$\zeta = \frac{z}{L}$$

$$\frac{d\zeta}{dz} = \frac{1}{L}$$

Assim:

$$\frac{dc_A}{dz} = \frac{dc_A}{d\zeta}\frac{d\zeta}{dz} = \frac{dc_A}{d\zeta}\frac{1}{L}$$

$$\frac{d^2c_A}{dz^2} = \frac{d}{dz}\left(\frac{dc_A}{dz}\right) = \frac{d}{d\zeta}\left(\frac{dc_A}{d\zeta}\frac{d\zeta}{dz}\right)\frac{d\zeta}{dz} = \frac{d}{d\zeta}\left(\frac{dc_A}{d\zeta}\frac{1}{L}\right)\frac{1}{L} = \frac{1}{L^2}\frac{d}{d\zeta}\left(\frac{dc_A}{d\zeta}\right) = \frac{1}{L^2}\frac{d^2c_A}{d\zeta^2}$$

Fazendo a substituição na equação diferencial:

$$D\frac{1}{L^2}\frac{d^2c_A}{d\zeta^2} - u\frac{dc_A}{d\zeta}\frac{1}{L} - kc_A^n = 0$$

$$\frac{D}{uL}\frac{d^2c_A}{d\zeta^2} - \frac{dc_A}{d\zeta} - \frac{kL}{u}c_A^n = 0$$

$$\frac{1}{Pe}\frac{d^2c_A}{d\zeta^2} - \frac{dc_A}{d\zeta} - Rc_A^n = 0$$

$$\frac{d^2c_A}{d\zeta^2} - Pe\frac{dc_A}{d\zeta} - Pe\frac{kL}{u}c_A^n = 0$$

As condições de contorno de Danckwerts são:

$\zeta = 0 \qquad\qquad c_{Ai} = c_A(0) - \frac{1}{Pe}\frac{dc_A(0)}{d\zeta}$

$\zeta = 1 \qquad\qquad \frac{dc_A(1)}{d\zeta} = 0$

Note que há uma descontinuidade na concentração do reagente A na entrada do reator. Esta descontinuidade é devida à mistura axial. Quando D tende a infinito, Pe tende a zero, de modo que a mistura axial torna-se tão grande que o reator se comporta como reator de mistura. Por outro lado, se D tende a zero, Pe tende a infinito, a mistura axial desaparece, resultando num reator plug flow.

Para reação de primeira ordem, n = 1, a equação se torna:

$$\frac{D}{uL}\frac{d^2c_A}{d\zeta^2} - \frac{dc_A}{d\zeta} - \frac{kL}{u}c_A = 0$$

cuja solução analítica é:

$$\frac{c_A}{c_{Ai}} = 1 - X_A = \frac{4a\exp\left(\frac{1}{2}\frac{uL}{D}\right)}{(1+a)^2 \exp\left(\frac{a}{2}\frac{uL}{D}\right) - (1-a)^2 \exp\left(-\frac{a}{2}\frac{uL}{D}\right)}$$

$$a = \sqrt{1 + 4k\tau\left(\frac{D}{uL}\right)}$$

$$\tau = \frac{L}{u}$$

$$\frac{c_A}{c_{Ai}} = 1 - X_A = \frac{4a\exp\left(\frac{1}{2}Pe\right)}{(1+a)^2 \exp\left(\frac{a}{2}Pe\right) - (1-a)^2 \exp\left(-\frac{a}{2}Pe\right)}$$

$$a = \sqrt{1 + 4\frac{kL}{u}\left(\frac{D}{uL}\right)} = \sqrt{1 + 4R\frac{1}{Pe}}$$

Para o seguinte conjunto de dados,

$R = 2$

$n = 1$

$c_{Ai} = 1$

obtenha os perfis de concentração ao longo do reator para:

$Pe = 0{,}01,\ 1,\ 10\ e\ 100$

Solução

Usando as seguintes transformações,

$y_1 = c_A$

$$y_2 = \frac{dc_A}{d\zeta} = c'_A$$

assim:

$y'_1 = c'_A$

$y'_2 = c''_A = Pec'_A + PeRc_A^n$

Fazendo as devidas substituições,

$y'_1 = y_2$

$y'_2 = Pey_2 + PeRy_1^n$

as condições de contorno são:

$$c_{Ai} = y_1(0) - \frac{1}{Pe}y_2(0)$$

$y_2(1) = 0$

É um problema com condições de contorno em dois pontos. Para usar a função ode, precisamos conhecer os valores de $y_1(0)$ e $y_2(0)$. Assim, chutamos, por exemplo, $y_1(0)$ e calculamos $y_2(0)$. Com estes valores, integramos as duas equações diferenciais até $\zeta = 1$ e comparamos o valor de y_2 com zero. Para a convergência à solução, podemos empregar a função fsolve.

```
//Programa 10.10
//
//Reator tubular isotérmico com dispersão axial
//
//Solução de sistema de equações diferenciais ordinárias
//
clear
clearglobal
clc
close

function yprime=so(zeta, y)
    global Pe R cAi n
    yprime(1)=y(2)
    yprime(2)=Pe*y(2)+Pe*R*y(1)^n
endfunction
```

```
function f=func(eta)
    global Pe R cAi n
    zeta0=0
    zetaf=1
    y0(1)=eta
    y0(2)=Pe*(y0(1)-cAi)
    y=ode(y0,zeta0,zetaf,so);
    f=y(2)        //equação não linear a ser resolvida
endfunction

global Pe R cAi n
//Solução numérica
R=2;
n=1
cAi=1;
Pe_=[0.01 1 10];
out=[]
for i =1:length(Pe_)
    Pe=Pe_(i);
    eta0=cAi*0.9;      //chute inicial para cA(0)
    eta=fsolve(eta0,func)
    zeta0=0;
    zeta=0:0.01:1;
    y10=eta;
    y20=Pe*(y10-cAi);
    y=ode([y10;y20],zeta0,zeta,so);
    out=[out; y(1,:)]
end
plot(zeta,out)
xlabel('zeta')
ylabel('y');
legend(['Pe='+string(Pe_(1))+'';'Pe='+string(Pe_
(2))+'';'Pe='+string(Pe_(3))+''])
title('R='+string(R)+' cAi='+string(cAi)+'')
//Solução analítica
a=sqrt(1+4*R/Pe)
cA=4*a*exp(1/2*Pe)/((1+a)^2*exp(a/2*Pe)-(1-a)^2*exp(-a/2*Pe))*cAi
plot(1,cA,'.g')
```

Resultados

A Figura 10.31 mostra os resultados apenas para Pe = 0,01 e 10.

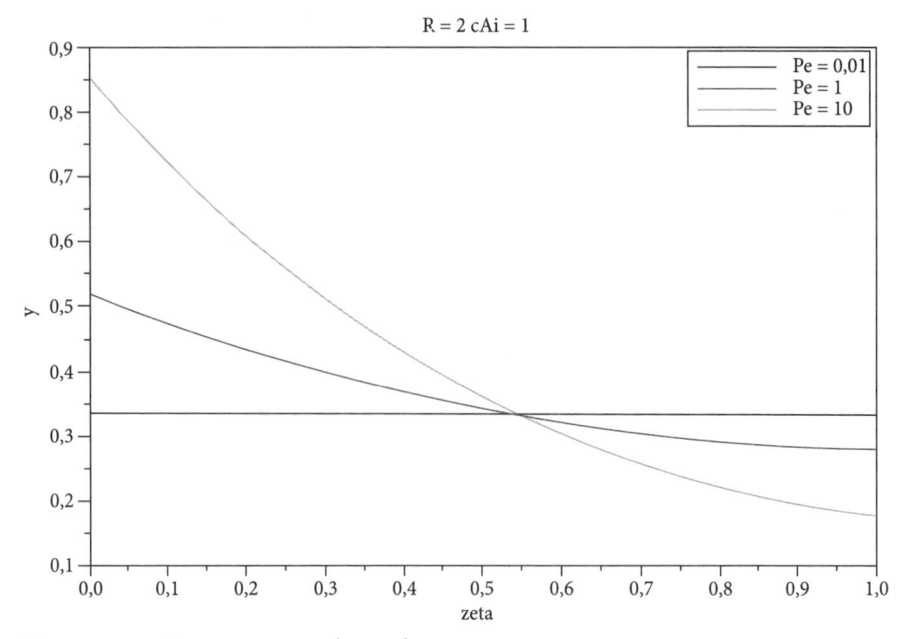

Figura 10.31 Concentração ao longo do reator.

Para Pe = 100, o método de integração encontra dificuldades. Para contornar esse tipo de problema, integram-se as equações para trás ou se faz uma mudança de variável de acordo com o seguinte:

$$\xi = 1 - \zeta$$

$$\frac{d\xi}{d\zeta} = -1$$

$$\frac{dc_A}{d\zeta} = \frac{dc_A}{d\xi}\frac{d\xi}{d\zeta} = -\frac{dc_A}{d\xi}$$

$$\frac{d^2c_A}{d\zeta^2} = \frac{d}{d\zeta}\left(\frac{dc_A}{d\zeta}\right) = \frac{d}{d\xi}\left(\frac{dc_A}{d\zeta}\right)\frac{d\xi}{d\zeta} = \frac{d}{d\xi}\left(-\frac{dc_A}{d\xi}\right)(-1) = \frac{d}{d\xi}\left(\frac{dc_A}{d\xi}\right) = \frac{d^2c_A}{d\xi^2}$$

$$\frac{1}{Pe}\frac{d^2c_A}{d\xi^2} + \frac{dc_A}{d\xi} - Rc_A^n = 0$$

Temos que:

$\zeta = 1 \qquad \xi = 0$

$\zeta = 0 \qquad \xi = 1$

Assim, as condições de contorno nessa nova variável ficam:

$\xi = 0 \qquad \dfrac{dc_A(1)}{d\xi} = 0$

$\xi = 1 \qquad c_{Ai} = c_A(1) + \dfrac{1}{Pe}\dfrac{dc_A(1)}{d\xi}$

Usando as seguintes transformações,

$y_1 = c_A$

$y_2 = \dfrac{dc_A}{d\xi} = c'_A$

assim:

$y'_1 = c'_A$

$y'_2 = c''_A = -Pec'_A + PeRc_A^n$

Fazendo as devidas substituições,

$y'_1 = y_2$

$y'_2 = -Pey_2 + RPey_1^n$

as condições de contorno são:

$y_2(0) = 0$

$c_{Ai} = y_1(1) + \dfrac{1}{Pe}y_2(1)$

Nesse caso, chutamos $y_1(0)$. Com os valores de $y_1(0)$ e $y_2(0)$, integramos as duas equações diferenciais até $\xi = 1$ e verificamos se a condição de contorno conhecida em $\xi = 1$ é satisfeita. Para a convergência à solução, podemos empregar a função `fsolve`. Os resultados obtidos estão mostrados na Figura 10.32.

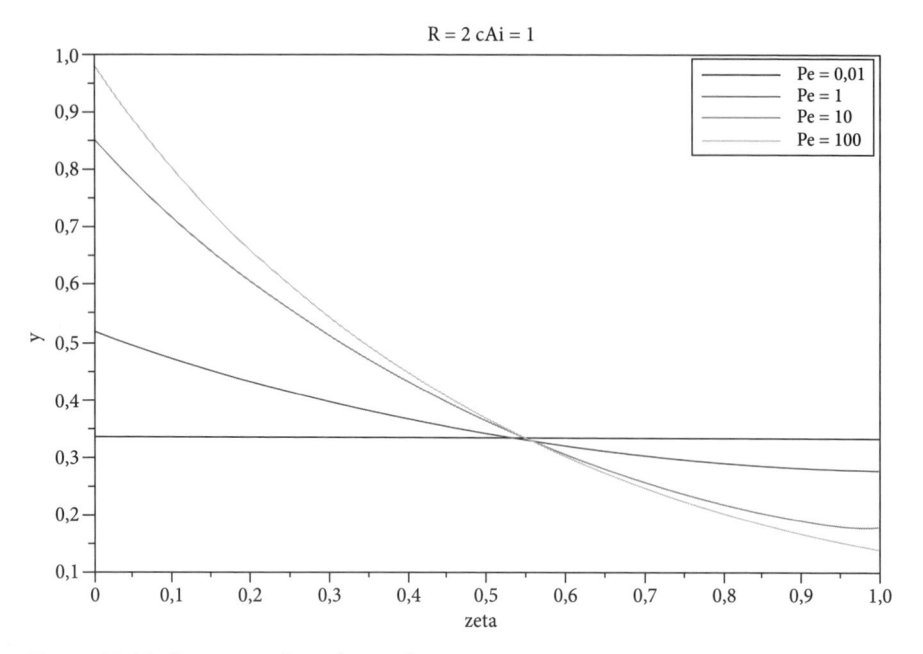

Figura 10.32 Concentração ao longo do reator.

Para sistemas que apresentam alta dispersão, como é o caso de Pe = 0,01, a concentração é praticamente constante em todo o reator e o sistema se aproxima do comportamento de um reator CSTR, enquanto sistemas que apresentam baixa dispersão, como é o caso de Pe = 100, se aproximam do comportamento de um reator tubular.

Notação

A	Área
c_A	Concentração do reagente A, mols/volume
$c_A(0)$	Concentração do reagente A assim que entrou no reator
c_{Ai}	Concentração do reagente A antes de entrar no reator
D	Coeficiente de dispersão axial, assumido constante
F_A	Velocidade molar, mols/tempo
k	Constante de reação, assumida constante
L	Comprimento do reator
n	Ordem da reação
N_A	Fluxo molar, mols/unidade de área.unidade de tempo
Pe	Número de Peclet $\dfrac{uL}{D}$, adimensional

R	Grupo velocidade de reação $\dfrac{kL}{u}$, adimensional
z	Distância axial
u	Velocidade, comprimento/tempo
v	Velocidade volumétrica, volume/tempo
δz	Elemento diferencial
ζ	Distância adimensional
$\dfrac{D}{uL}$	Grupo de dispersão, adimensional

Exemplo 10.11 Reator tubular adiabático de escoamento com mistura axial

Conceitos demonstrados

Variação da concentração e temperatura ao longo de um reator tubular adiabático de escoamento com mistura axial.

Métodos numéricos utilizados

Solução de equações diferenciais ordinárias com condições de contorno em dois pontos e utilização das funções `ode` e `fsolve`.

Descrição do problema

Considere um reator tubular adiabático em escoamento permanente com condução e difusão axial no qual ocorre uma reação de ordem n. As equações que descrevem o reator são:

Balanço material de A

$$\frac{d^2 c_A}{d\zeta^2} - Pe_M \frac{dc_A}{d\zeta} - Pe_M \frac{kL}{u} c_A^n = 0$$

ou em termos de concentração adimensional:

$$c_{Ai} \frac{d^2 y}{d\zeta^2} - Pe_M c_{Ai} \frac{dy}{d\zeta} - Pe_M \frac{kL}{u} c_{Ai}^n y^n = 0$$

$$\frac{d^2y}{d\zeta^2} - Pe_M \frac{dy}{d\zeta} - Pe_M \frac{kLc_{Ai}^{n-1}}{u} y^n = 0$$

$$\frac{d^2y}{d\zeta^2} - Pe_M \frac{dy}{d\zeta} - Pe_M R y^n = 0$$

em que:

$$R = \frac{kLc_{Ai}^{n-1}}{u}$$

Balanço de energia

$$\frac{d^2Z}{d\zeta^2} - Pe_H \frac{dZ}{d\zeta} - Pe_H \beta R y^n = 0$$

As condições de contorno para o balanço material de A são:

$\zeta = 0$ \qquad $c_{Ai} = c_A - \frac{1}{Pe_M} \frac{dc_A}{d\zeta}$

$$1 = \frac{c_A}{c_{Ai}} - \frac{1}{Pe} \frac{d\left(\frac{c_A}{c_{Ai}}\right)}{d\zeta}$$

$$1 = y - \frac{1}{Pe_M} \frac{dy}{d\zeta}$$

$$\frac{dy}{d\zeta} = Pe_M (y - 1)$$

$\zeta = 1$ \qquad $\frac{dc_A}{d\zeta} = 0$

$$\frac{d\left(\frac{c_A}{c_{Ai}}\right)}{d\zeta} = 0$$

$$\frac{dy}{d\zeta} = 0$$

Analogamente, as condições de contorno para o balanço de energia são:

$\zeta = 0$ $\qquad \dfrac{dZ}{d\zeta} = Pe_H(Z-1)$

$\zeta = 1$ $\qquad \dfrac{dZ}{d\zeta} = 0$

Calcule os perfis de concentração adimensional e de temperatura adimensional para os seguintes casos:

Caso 1. Isotérmico

$Pe_M = 1$
$R = 2$
$n = 2$

Caso 2. Isotérmico

$Pe_M = 15$
$R = 8$
$n = 1$

Caso 3. Adiabático

$Pe_M = 2$
$Pe_H = 2$
$n = 2$
$R = 3{,}36 \exp\left[\gamma\left(1 - \dfrac{1}{Z}\right)\right]$
$\beta = -0{,}056$
$\gamma = 17{,}6$

Caso 4. Adiabático

$Pe_M = 96$
$Pe_H = 96$

$$n = 2$$
$$R = 3{,}817037 \exp\left[\gamma\left(1 - \frac{1}{Z}\right)\right]$$
$$\beta = -0{,}056$$
$$\gamma = 17{,}6$$

Solução (casos 1 e 2)

Para os casos 1 e 2, foi aplicado o método das linhas com discretização espacial como mostra a Figura 10.33, chegando-se ao seguinte conjunto de equações diferenciais:

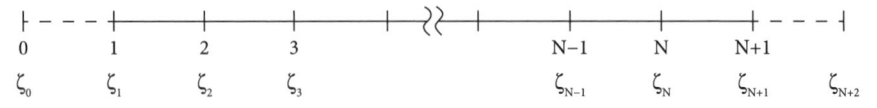

```
|----+----+----+----+---⟨⟨----+----+----+----|
0    1    2    3          N-1  N    N+1
ζ₀   ζ₁   ζ₂   ζ₃         ζ_{N-1} ζ_N  ζ_{N+1}  ζ_{N+2}
```

Figura 10.33 Discretização unidimensional.

$$\frac{y_{i+1} - 2y_i + y_{i-1}}{\Delta\zeta^2} - Pe_M \frac{y_{i+1} - y_{i-1}}{2\Delta\zeta} - Pe_M R y_i^n = 0 \qquad i = 1,\ldots,N+1$$

e nas seguintes condições de contorno discretizadas:

$$\frac{y_2 - y_0}{2\Delta\zeta} = Pe_M(y_1 - 1)$$

$$\frac{y_{N+2} - y_N}{2\Delta\zeta} = 0$$

```
//Programa 10.11
//
//Reator tubular isotérmico com dispersão axial
//
//Caso 1: Pe=1; R=2; n=2
//
clc
clear
clearglobal
close

//Programa 10.11
//
//Reator tubular isotérmico com dispersão axial
//
```

```
//Caso 1: Pe=1; R=2; n=2
//
clc
clear
clearglobal
close

function f=fct(y)
    global N Deltaz DeltaZ2 R n Pe beta_ gamma_
    y0=y(2)-2*Deltaz*Pe*(y(1)-1)
    f(1)=-Pe*(y(2)-y0)/(2*Deltaz)+(y(2)-2*y(1)+y0)/Deltaz2-Pe*R*y(1)^n
    for i=2:N
            f(i)=-Pe*(y(i+1)-y(i-1))/(2*Deltaz)+(y(i+1)-2*y(i)+y(i-1))/Deltaz2-Pe*R*y(i)^n
    end
    yNp2=y(N)
    f(N+1)=(yNp2-2*y(N+1)+y(N))/Deltaz2-Pe*R*y(N+1)^n
endfunction

global N Deltaz DeltaZ2 R n Pe beta_ gamma_
R=2;
n=2;
Pe=1;
beta_=-0.056;
gamma_=17.6;
yin=1;
L=1;
N=200
Deltaz=L/N;
Deltaz2=Deltaz^2;
z=0:Deltaz:L;
y0_=yin*ones(N+1,1);
y=fsolve(y0_,fct)
plot(z,y)
xlabel('zeta')
ylabel('y')
```

Resultados

Caso 1

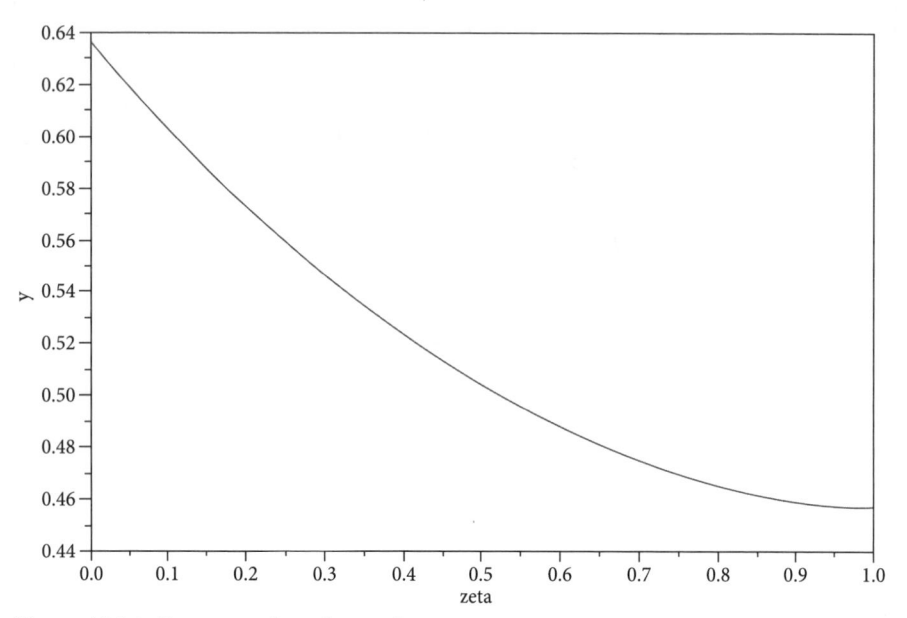

Figura 10.34 Concentração ao longo do reator.

Caso 2

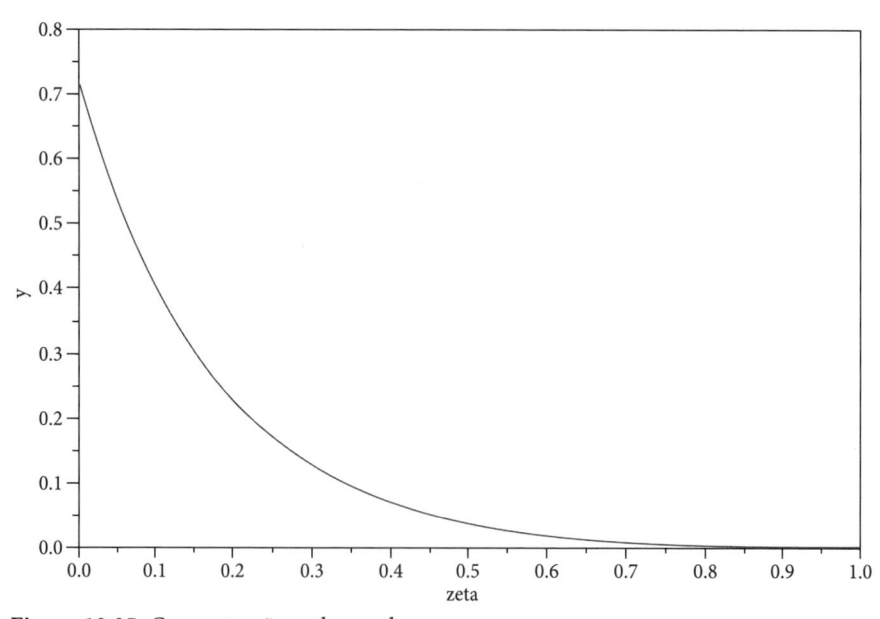

Figura 10.35 Concentração ao longo do reator.

Solução (Casos 3 e 4)

Para o caso 3, foram usadas as funções `ode` e `fsolve` seguindo o mesmo procedimento adotado no Exemplo 10.10.

Usando as seguintes transformações:

$y_1 = y$

$y_2 = Z$

$y_3 = \dfrac{dy}{d\zeta} = y'$

$y_4 = \dfrac{dZ}{d\zeta} = Z'$

Assim:

$y'_1 = y'$

$y'_2 = Z'$

$y'_3 = y'' = Pe_M y' + Pe_M R y^n$

$y'_4 = Z'' = Pe_H Z' + Pe_H \beta R y^n$

Fazendo as devidas substituições:

$y'_1 = y_2$

$y'_2 = y_4$

$y'_3 = Pe_M y' + Pe_M 3{,}36 e^{\gamma\left(1-\frac{1}{Z}\right)} y = Pe_M y_3 + Pe_M e^{\gamma\left(1-\frac{1}{y^2}\right)} y_1$

$y'_4 = Pe_H Z' + Pe_H \beta e^{\gamma\left(1-\frac{1}{Z}\right)} y = Pe_H y_4 + Pe_H \beta e^{\gamma\left(1-\frac{1}{y^2}\right)} y_1$

As condições de contorno são:

$y'_1(1) = 0$

$y'_2(1) = 0$

$y_3(0) = Pe_M(y_1 - 1)$

$y_4(0) = Pe_H(y_2 - 1)$

Devido aos altos valores de Pe_H e Pe_M no caso 4, a integração foi feita no sentido contrário, usando mudança de variável.

$\xi = 1 - \zeta$

$\dfrac{d\xi}{d\zeta} = -1$

$\dfrac{dy}{d\zeta} = \dfrac{dy}{d\xi}\dfrac{d\xi}{d\zeta} = -\dfrac{dy}{d\xi}$

$\dfrac{d^2y}{d\zeta^2} = \dfrac{d}{d\zeta}\left(\dfrac{dy}{d\zeta}\right) = \dfrac{d}{d\xi}\left(\dfrac{dy}{d\zeta}\right)\dfrac{d\xi}{d\zeta} = \dfrac{d}{d\xi}\left(-\dfrac{dy}{d\xi}\right)(-1) = \dfrac{d}{d\xi}\left(\dfrac{dy}{d\xi}\right) = \dfrac{d^2y}{d\xi^2}$

Com essa mudança de variável, as duas equações de balanços ficam:

$\dfrac{d^2y}{d\xi^2} + Pe_M \dfrac{dy}{d\xi} - Pe_M R y^n = 0$

$\dfrac{d^2Z}{d\xi^2} + Pe_H \dfrac{dZ}{d\xi} - Pe_H \beta R y^n = 0$

com as condições de contorno:

$\xi = 0$ $y'(0) = 0$ $Z'(0) = 0$

$\xi = 1$ $\dfrac{dy}{d\xi} = -Pe_M(y-1)$ $\dfrac{dZ}{d\xi} = -Pe_H(Z-1)$

Resultados

Caso 3

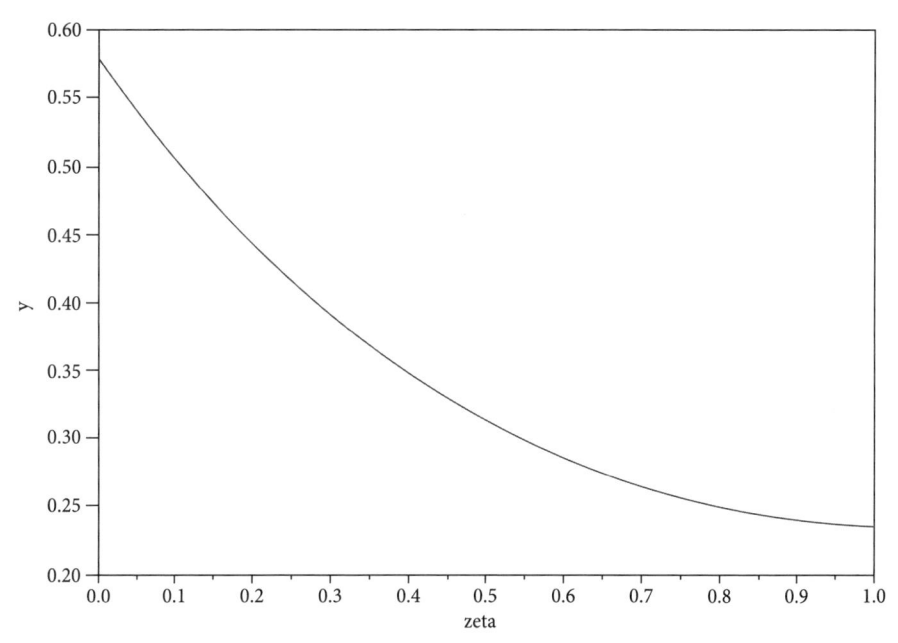

Figura 10.36 Concentração ao longo do reator.

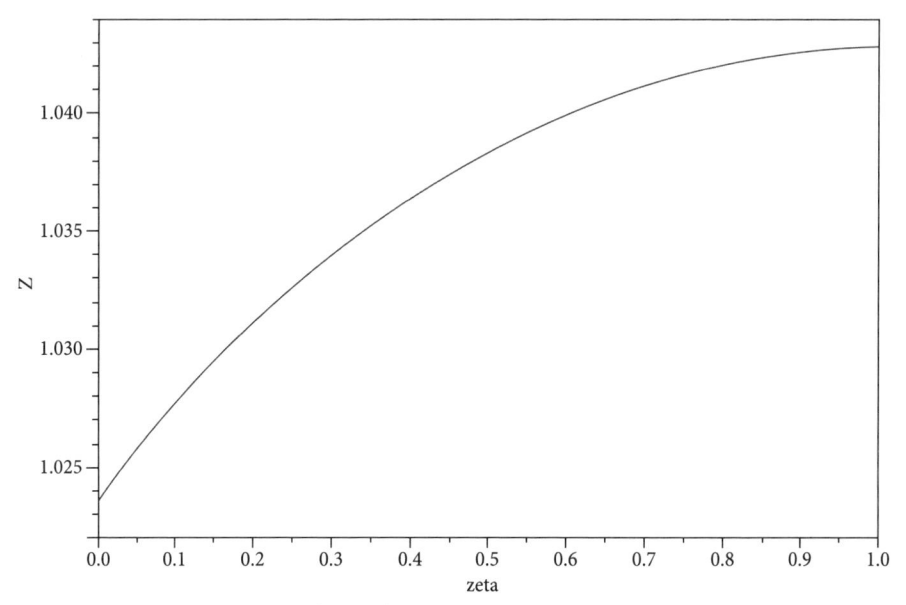

Figura 10.37 Temperatura ao longo do reator.

Caso 4

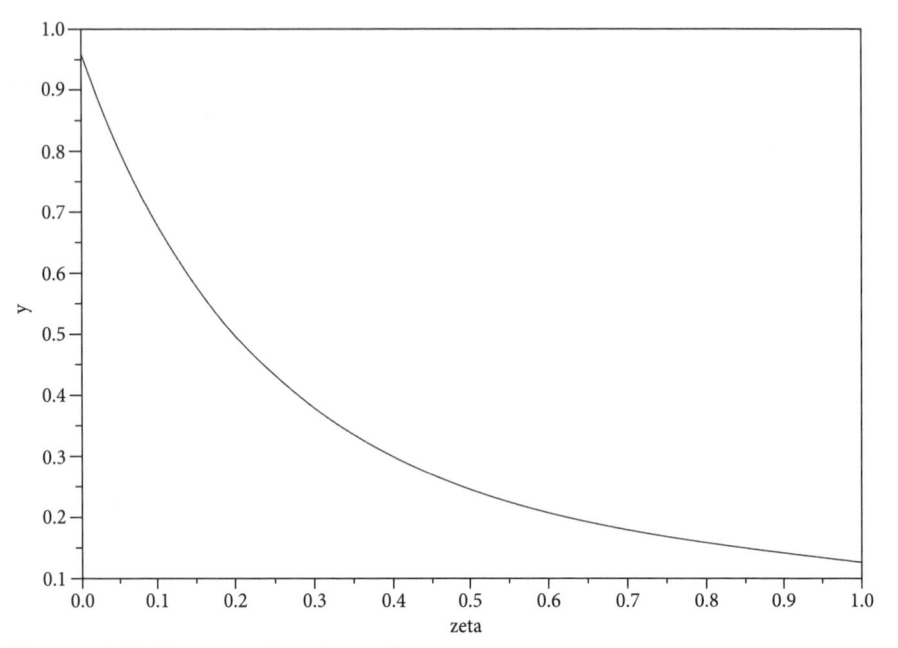

Figura 10.38 Concentração ao longo do reator.

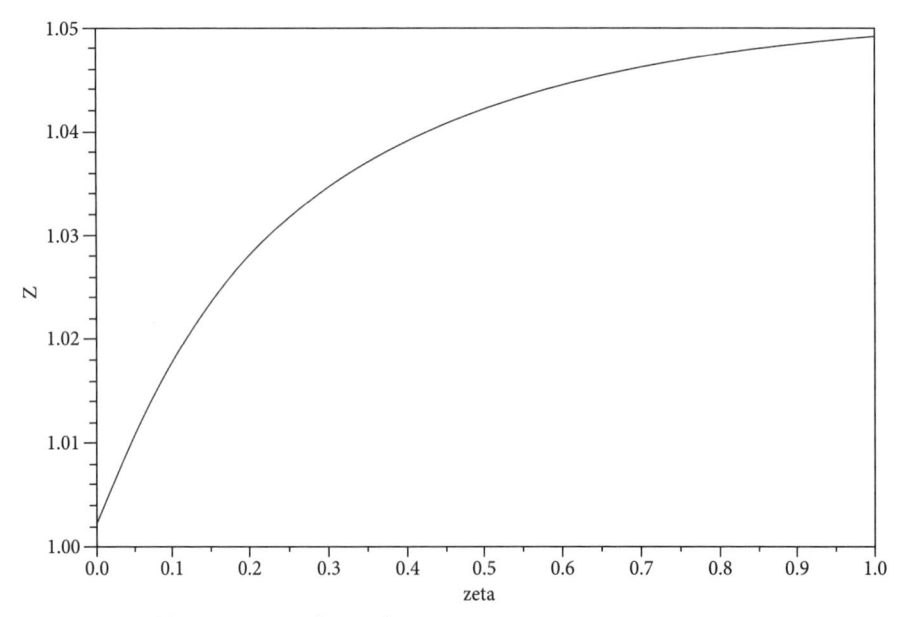

Figura 10.39 Temperatura ao longo do reator.

Notação

c_{Ai}	Concentração de A na alimentação do reator
D	Coeficiente de dispersão axial, assumido constante
k	Constante de reação, assumida constante
L	Comprimento do reator
Pe_H	Número de Peclet de calor, $\dfrac{uL}{\alpha}$, adimensional
Pe_M	Número de Peclet de massa, $\dfrac{uL}{D}$, adimensional
R	Grupo velocidade de reação, $\dfrac{kLc_{Ai}^{n-1}}{u}$, adimensional
n	Ordem da reação
z	Distância axial
Z	Temperatura adimensional
y	Concentração adimensional, $\dfrac{c_A}{c_{Ai}}$
u	Velocidade, comprimento/tempo
α	Difusividade térmica
β	Número de Prater
γ	Número de Arrhenius
ξ	Distância adimensional no sentido contrário
ζ	Distância adimensional

Exemplo 10.12 Estimativa preliminar do diâmetro de reator catalítico de leito fixo

Conceitos demonstrados

Variação da temperatura numa seção de um reator tubular catalítico de leito fixo.

Métodos numéricos utilizados

Solução de equação diferencial ordinária com condições de contorno em dois pontos e utilização das funções `ode` e `fsolve`.

Descrição do problema

Para uma dada reação e um dado catalisador, e sob certas condições, o diâmetro do tubo é a principal variável de projeto que determinará a máxima temperatura que será alcançada em um reator catalítico de leito fixo. Faça uma estimativa preliminar do diâmetro dos tubos que devem ser instalados em um reator usado na síntese de cloreto de vinila a partir de acetileno e cloreto de hidrogênio esquematizado na Figura 10.40. Os tubos contêm o catalisador cloreto de mercúrio depositado em partículas de carbono de 2,5 mm. O calor da reação é empregado para gerar vapor de utilidade a 120 °C. Para isso, a temperatura da superfície interna dos tubos deve ser de 149 °C.

A velocidade de reação é função da temperatura, concentração e dos coeficientes de adsorção, mas para uma estimativa preliminar, assuma que a velocidade de reação possa ser expressa como:

$r_A = r_0 (1 + AT)$ kgmols/h.kg de catalisador

em que:

$r_0 = 0,12$

$A = 0,043$

T é a temperatura em K acima do valor de 366 K.

A temperatura máxima permissível no catalisador para assegurar uma vida satisfatória é de 525 K, ou seja, T = 159 K.

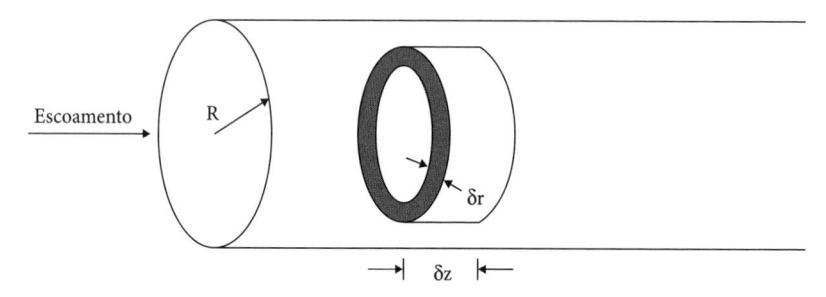

Figura 10.40 Reator de leito fixo.

A equação que descreve a distribuição de temperatura no reator pode ser estabelecida pelo uso do balanço de energia.

Balanço de energia no elemento:

Entra – Sai + Gera = 0

Entra por condução na direção radial: $-k_e 2\pi r \delta z \dfrac{\partial T}{\partial r}$

Entra por convecção na direção axial: $G 2\pi r \delta r C_p T$

Sai por condução na direção radial: $-k_e 2\pi r \delta z \dfrac{\partial T}{\partial r} + \dfrac{\partial}{\partial r}\left(-k_e 2\pi r \delta z \dfrac{\partial T}{\partial r}\right)\delta r$

Sai por convecção na direção axial: $G 2\pi r \delta r C_p T + \dfrac{\partial}{\partial r}(G 2\pi r \delta r C_p T)\delta z$

Calor gerado pela reação: $-2\pi r \delta r \delta z \rho r_A \Delta H_r$

Substituindo cada um desses termos no balanço de energia, tem-se:

$-k_e 2\pi r \delta z \dfrac{\partial T}{\partial r} + G 2\pi r \delta r C_p T$
$-\left[-k_e 2\pi r \delta z \dfrac{\partial T}{\partial r} + \dfrac{\partial}{\partial r}\left(-k_e 2\pi r \delta z \dfrac{\partial T}{\partial r}\right)\delta r + G 2\pi r \delta r C_p T + \dfrac{\partial}{\partial z}(G 2\pi r \delta r C_p T)\delta z\right]$
$-2\pi r \delta r \delta z \rho r_A \Delta H_r = 0$

$-\dfrac{\partial}{\partial r}\left(-k_e 2\pi r \delta z \dfrac{\partial T}{\partial r}\right)\delta r - \dfrac{\partial}{\partial z}(G 2\pi r \delta r C_p T)\delta z - 2\pi r \delta r \delta z \rho \Delta H_r = 0$

$k_e 2\pi \delta z \dfrac{\partial}{\partial r}\left(r \dfrac{\partial T}{\partial r}\right)\delta r - G 2\pi r \delta r C_p \dfrac{\partial T}{\partial z}\delta z - 2\pi r \delta r \delta z \rho r_A \Delta H_r = 0$

$k_e \dfrac{\partial}{\partial r}\left(r \dfrac{\partial T}{\partial r}\right) - G r C_p \dfrac{\partial T}{\partial z} - r \rho r_A \Delta H_r = 0$

$k_e \left(\dfrac{\partial T}{\partial r} + r \dfrac{\partial^2 T}{\partial r^2}\right) - G r C_p \dfrac{\partial T}{\partial z} - r \rho r_A \Delta H_r = 0$

$$\frac{\partial^2 T}{\partial r^2} + \frac{1}{r}\frac{\partial T}{\partial r} - \frac{GC_p}{k_e}\frac{\partial T}{\partial z} - \frac{\rho r_A \Delta H_r}{k_e} = 0$$

Para uma estimativa preliminar, assume-se que a temperatura do leito atinge um máximo em algum raio e a alguma distância z da entrada do reator. Então, nesta seção do leito $\partial T/\partial z$ será zero mesmo que a temperatura varie com r. A temperatura será máxima no eixo do tubo e não deve exceder 525 K. Assim, $\partial T/\partial r$ será zero também e com valor finito para valores de r maiores que zero. Dessa forma, a equação diferencial parcial torna-se uma equação diferencial ordinária nesse valor particular de z:

$$\frac{d^2 T}{dr^2} + \frac{1}{r}\frac{dT}{dr} - \frac{\rho r_A \Delta H_r}{k_e} = 0$$

$r = 0$ $T = T_{máx}$ $\frac{dT}{dr} = 0$

Essa equação é do tipo

$$\frac{d^2 T}{dr^2} + \frac{1}{r}\frac{dT}{dr} + \frac{a+bT}{k_e} = 0$$

e tem uma solução analítica dada por:

$$T = \left(T_w + \frac{a}{b}\right)\frac{J_0(r\sqrt{3})}{J_0(R\sqrt{3})} - \frac{a}{b}$$

Dados numéricos

k_e = 25,4 KJ/m.K.h
ΔH_r = $-1,07 \times 10^5$ KJ/kgmol
ρ = 290 kg/m³

Solução

$y_1 = T$

$$y_2 = \frac{dT}{dr}$$

$$y'_1 = y_2 \qquad\qquad y_1(0) = T_{máx}$$

$$y'_2 = -\frac{1}{r}y_2 + \frac{\rho r_A \Delta H_r}{k_e} \qquad\qquad y_2(0) = 0$$

Note que em r = 0, temos uma indeterminação dada pelo termo:

$$\frac{y_2}{r} = \frac{\partial T/\partial r}{r} = \frac{0}{0}$$

Uma maneira de contornar esse tipo de indeterminação quando r = 0 é usar a regra de L'Hôspital.

$$\lim_{r \to 0} \frac{\partial T/\partial r}{r} = \frac{\partial^2 T}{\partial r^2}$$

```
//Programa 10.12
//
//Diâmetro do reator catalítico de leito fixo
//
clear
clearglobal
clc
close

function yprime=leitofixo(r, y)
    global r0 A rho DeltaHr ke datum
    T=y(1)-datum
    dTr=y(2)
    rA=r0*(1+A*T)
    yprime(1)=dTr
     if r==0 then
        yprime(2)=rho*rA*DeltaHr/ke/2
    else
        yprime(2)=-1/r*dTr+rho*rA*DeltaHr/ke
    end
endfunction

global r0 A rho DeltaHr ke datum
r0=0.12;    //kgmol/h.kg catalisador
A=0.043;
datum=366;    //K
Tsup=149;    //oC
DeltaHr=-1.07e5;    //KJ/kgmol
```

```
ke=25.4;      //KJ/m.K.h
//ke=ke*1e-2;    //KJ/cm.K.h
rho=290;      //kg/m3
//rho=rho*1e-6;    //kg/cm3
Tsup=Tsup+273;   //K
r0_=0;    //m
y0=[525;0];
y1=y0(1);
while y1>Tsup
    rf=r0_+0.0001;     //m
    y=ode('stiff',y0,r0_,rf,leitofixo);
    y1=y(1);
    r0_=rf;
    y0=y;
end
printf('Temperatura na superfície do tubo = %f K\n',Tsup)
printf('\n')
printf('Diâmetro do tubo = %f m\n',rf*2)
r0_=0;
r=r0_:0.0001:rf;
y0=[525;0];
y=ode('stiff',y0,r0_,r,leitofixo);
plot(r,y(1,:))
xlabel('r (m)')
ylabel('T (K)')
```

Resultados

O resultado encontrado pelo programa para o diâmetro do tubo é de 4,14 cm.

```
Temperatura na superfície do tubo = 422.000000 K

Diâmetro do tubo = 0.041400 m
```

A Figura 10.41 mostra a distribuição de temperatura na seção em que ocorre a temperatura máxima no reator.

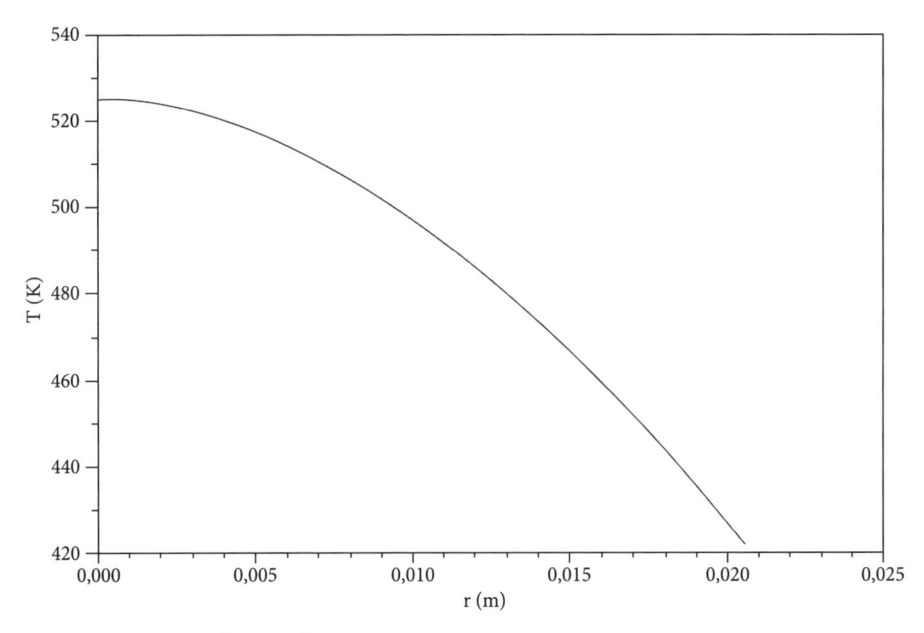

Figura 10.41 Distribuição de temperatura na seção.

Notação

a	Constante
b	Constante
C_p	Capacidade calorífica dos gases, KJ/kg.K
G	Fluxo mássico, kg/h.m² de seção do reator
J_0	Função de Bessel de primeiro tipo de ordem 0
k_e	Condutividade térmica efetiva do leito, KJ/m.K.h
r	Coordenada radial
r_0	Constante
R	Raio do tubo, m
T	Temperatura
z	Coordenada axial
ΔH_r	Calor de reação na temperatura do leito, KJ/kgmol
ρ	Densidade global do leito, kg/m³

CAPÍTULO 11
Operações unitárias

11.1 INTRODUÇÃO

A operação unitária é uma etapa básica de um processo que pode ser considerado como tendo uma função simples. Geralmente, um processo envolve várias operações unitárias interligadas a fim de criar o processo como um todo para a obtenção de um produto desejado.

As técnicas de projeto de operações unitárias são baseadas em princípios teóricos ou empíricos de transferência de quantidade de movimento, transferência de calor, transferência de massa, termodinâmica, biotecnologia e cinética química. Desta forma, os processos podem ser estudados de forma simples e unificada. Cada operação unitária é sempre a mesma operação, independentemente da natureza química dos componentes envolvidos.

As operações unitárias da engenharia química formam os princípios de todos os tipos de indústrias químicas e são fundamentais para o projeto das plantas químicas, fábricas e equipamentos utilizados. Basicamente, essas operações dividem-se em cinco classes:

1. Processos de escoamento de fluidos, como transporte de fluido, filtração, fluidização sólida.
2. Processos de transferência de calor, como evaporação, condensação.
3. Processos de transferência de massa, como absorção gasosa, destilação, extração, adsorção, secagem.
4. Processos termodinâmicos, como liquefação gasosa, refrigeração.
5. Processos mecânicos, como transporte de sólidos, trituração, peneiramento, separação.

11.2 PROCESSOS DE ESCOAMENTO DE FLUIDOS

O transporte de um fluido (líquido ou gás) num conduto fechado (que é, comumente, chamado de tubo se sua seção transversal é circular, e duto se a seção for não circular) é extremamente importante no nosso cotidiano. Um exemplo típico de aplicação da mecânica dos fluidos é o sistema bomba-tubulação, em que um líquido é bombeado entre dois reservatórios.

Exemplo 11.1 Sistema de bombeamento

Conceitos demonstrados

Vazão em um sistema de bombeamento.

Métodos numéricos utilizados

Solução de sistema de equações algébricas e usando a função `fsolve`.

Descrição do problema

Na instalação mostrada na Figura 11.1, uma bomba é usada para transferir um líquido de um tanque a outro, com ambos tanques no mesmo nível.

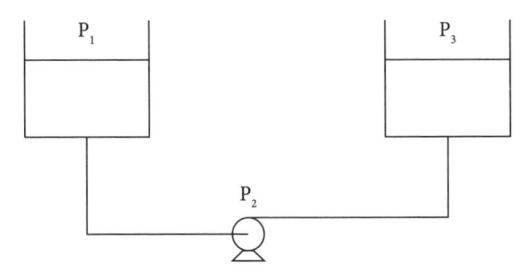

Figura 11.1 Instalação de bombeamento.

A bomba aumenta a pressão do líquido de P_1 (pressão atmosférica) para P_2, mas essa pressão é perdida gradativamente por causa do atrito ao longo da tubulação e, na saída, P_3 volta à pressão atmosférica. O aumento de pressão em psig fornecido pela bomba é dado aproximadamente pela relação empírica:

$P_2 - P_1 = a - bQ^{1,5}$

em que a e b são constantes que dependem da bomba a ser usada, e Q é a vazão em gpm. A queda de pressão em tubo horizontal de comprimento L ft e diâmetro interno D in é dada por:

$$P_2 - P_3 = 2{,}16\times 10^{-4}\frac{f_M \rho L Q^2}{D^5}$$

em que ρ é a densidade do líquido (lb/ft³) e f_M é o fator de atrito de Moody.

Dados numéricos

Para os conjuntos de valores de a, b, ρ, L e f_M na Tabela 11.1, calcule a vazão Q.

Tabela 11.1

	Conjunto 1	Conjunto 2
D, in	1,049	2,469
L, ft	50,0	210,6
ρ, lb/ft³ (querosene)	51,4	
(água)		62,4
f_M, adimensional	0,032	0,026
a, psi	16,7	38,5
b, psi/gpm^{1,5}	0,052	0,0296

Solução

Além dos parâmetros conhecidos da tabela, as pressões P_1 e P_3 são atmosféricas. Assim, têm-se duas variáveis desconhecidas, Q e P_2, que são determinadas pela solução das equações algébricas.

$$f_1 = a - bQ^{1{,}5} - (P_2 - P_1) = 0$$

$$f_2 = 2{,}16\times 10^{-4}\frac{f_M \rho L Q^2}{D^5} - (P_2 - P_3) = 0$$

```
//Programa 11.1
//
//Sistema de bombeamento
//
clear
clearglobal
```

```
clc

function f=bomba(x)
    global P1 P3 D L rho fM a b
    Q=x(1)
    P2=x(2)
    f(1)=a-b*Q^1.5-(P2-P1)
    f(2)=2.16e-4*fM*rho*L*Q^2/D^5-(P2-P3)
endfunction

global P1 P3 D L rho fM a b
P1=0;       //psi
P3=0;       //psi
D=1.049;    //in
L=50;       //ft
rho=51.4;   //lb/ft^3
fM=0.032;
a=16.7;     //psi
b=0.052;    //psi/gpm^1,5
Q0=10;
P20=10;
x0=[Q0;P20];   //chute inicial
x=fsolve(x0,bomba);
Q=x(1)
P2=x(2)
disp('Solução para o Conjunto 1')
disp('')
printf('Vazão = %f ft3/min\n',Q)
printf('\n')
printf('Pressão na saída = %f psi\n',P2)
```

Resultados

A seguir, são mostrados os resultados para o Conjunto 1.

```
Solução para o Conjunto 1


Vazão = 26.311664 ft3/min

Pressão na saída = 9.681799 psi
```

Com o mesmo programa e os valores de entrada dados pelo Conjunto 2, chega-se aos seguintes resultados:

```
Solução para o Conjunto 2


Vazão = 101.409116 ft3/min

Pressão na saída = 8.272154 psi
```

Notação

a	Constante
b	Constante
D	Diâmetro do tubo
f_M	Fator de atrito de Moody
L	Comprimento do tubo
P	Pressão
Q	Vazão volumétrica
ρ	Densidade

11.3 PROCESSOS DE TRANSFERÊNCIA DE CALOR

Um dos mais simples equipamentos de transporte de calor é o trocador de calor de tubulação dupla esquematizado na Figura 11.2, que consiste em dois tubos concêntricos, através dos quais escoam os fluidos quente e frio. Durante a passagem pelo trocador, o fluido quente cede calor para aquecer o fluido frio. Os fluidos podem escoar na mesma direção, isto é, em corrente paralela, ou em direções opostas, ou seja, em contracorrente. Um dos principais objetivos do cálculo de trocadores de calor é a determinação da área de transporte de calor.

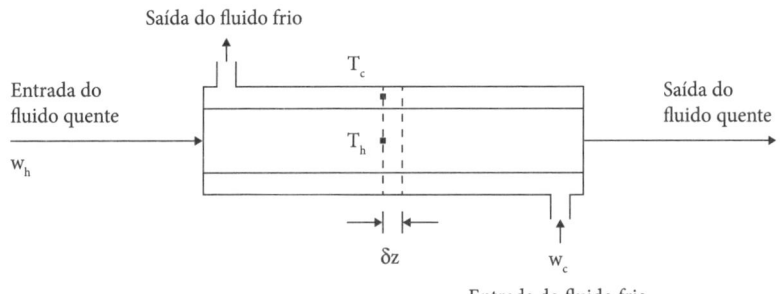

Figura 11.2 Trocador de calor de tubulação dupla contracorrente.

A equação básica para a determinação da área de transporte de calor para calores específicos C_p constantes e coeficiente global U_o constante é:

$$Q = U_o A_o \Delta T_{lm}$$

em que:

$$\Delta T_{lm} = \frac{\Delta T_1 - \Delta T_2}{\ln\left(\dfrac{\Delta T_1}{\Delta T_2}\right)}$$

$$\Delta T_1 = T_{h1} - T_{c1}$$

$$\Delta T_2 = T_{h2} - T_{c2}$$

A quantidade de calor trocado pode ser calculada por:

$$Q = w_h C_{ph} \Delta T_h$$

$$\Delta T_h = T_{h1} - T_{h2}$$

ou:

$$Q = w_c C_{pc} \Delta T_c$$

$$\Delta T_c = T_{c1} - T_{c2}$$

Se o coeficiente global U_o não for constante, torna-se necessário escrever os balanços térmicos para a seção diferencial do trocador indicado na Figura 11.2:

$$w_h C_{ph} \frac{dT_h}{dz} = -U_o \pi D_o (T_h - T_c)$$

$$w_c C_{pc} \frac{dT_c}{dz} = -U_o \pi D_o (T_h - T_c)$$

$$U_o = \frac{1}{\dfrac{A_o}{h_i A_i} + \dfrac{\Delta r_t}{k_t}\dfrac{A_o}{A_{t,lm}} + \dfrac{1}{h_o}}$$

e integrá-los.

Dittus e Boelter apresentaram uma equação para o coeficiente de transporte de calor em escoamento turbulento dentro de tubos.

$$\frac{hD}{k} = 0{,}023 \left(\frac{4w}{\pi D \mu}\right)^{0{,}8} \left(\frac{C_p \mu}{k}\right)^{0{,}3 \, ou \, 0{,}4}$$

Essa equação correlaciona as variáveis para o aquecimento do fluido quando o expoente do número de Prandtl é 0,4 e aplica-se ao resfriamento do fluido quando o expoente é 0,3.

Escrevendo um balanço de energia para o fluido quente no elemento diferencial δz:

Entra – Sai = Troca

$$w_h C_{ph} T_h - \left[w_h C_{ph} T_h + \frac{d(w_h C_{ph} T_h)}{dz} \delta z \right] = U_o \pi D_o \delta z (T_h - T_c)$$

$$-\frac{d(w_h C_{ph} T_h)}{dz} = U_o h \pi D_o (T_h - T)$$

$$\frac{d(w_h C_{ph} T_h)}{dz} = -U_o h \pi D_o (T_h - T)$$

$$w_h \frac{d(C_{ph} T_h)}{dz} = -U_o \pi D_o (T_h - T_c)$$

$$w_h \left(\frac{dC_{ph}}{dz} T_h + C_{ph} \frac{dT_h}{dz} \right) = -U_o \pi D_o (T_h - T_c)$$

$$w_h \left(\frac{dC_{ph}}{dT_h} \frac{dT_h}{dz} T_h + C_{ph} \frac{dT_h}{dz} \right) = -U_o \pi D_o (T_h - T_c)$$

$$w_h \left(\frac{dC_{ph}}{dT_h} T_h + C_{ph} \right) \frac{dT_h}{dz} = -U_o \pi D_o (T_h - T_c)$$

C_{ph} = constante

$$w_h C_{ph} \frac{dT_h}{dz} = -U_o \pi D_o (T_h - T_c)$$

Analogamente, obtemos:

$$w_c C_{pc} \frac{dT_c}{dz} = -U_o \pi D_o dz (T_h - T_c)$$

Notação

A_i	Área interna de transporte de calor
$A_{t,lm}$	Área média logarítmica para a parede do tubo
A_o	Área externa de transporte de calor
C_{pc}	Calor específico à pressão constante do fluido frio
C_{ph}	Calor específico à pressão constante do fluido quente
h_i	Coeficiente interno de transporte de calor por convecção
h_o	Coeficiente externo de transporte de calor por convecção
k_t	Condutividade térmica do tubo
Q	Quantidade de calor trocado
T_c	Temperatura do fluido frio
T_h	Temperatura do fluido quente
U_o	Coeficiente global de transporte de calor baseado na área externa do tubo
z	Distância
w_c	Vazão mássica do fluido frio
w_h	Vazão mássica do fluido quente
δz	Elemento diferencial
Δr_t	Espessura da parede do tubo interno
ΔT	Diferença de temperatura
ΔT_{lm}	Diferença de temperatura média logarítmica

Exemplo 11.2 Trocador de calor tubo-carcaça

Conceitos demonstrados

Determinação das temperaturas de saída de fluidos num trocador de tubulação dupla.

Métodos numéricos utilizados

Solução de equação algébrica e usando a função `fsolve`.

Descrição do problema

Óleo cru escoa, com a velocidade mássica de 900 kg/h e temperatura de 30 °C, por dentro do tubo de um trocador de calor de dupla tubulação, e é aquecido pelo calor fornecido por 387 kg/h de querosene, inicialmente a 230 °C, escoando pelo espaço anular. Os fluidos escoam em direções opostas. Se a área de troca de calor é 1,19 m², determine a temperatura de saída de ambos fluidos.

Dados numéricos

Coeficiente global U_o = 400 kcal/h.m².°C
Calor específico do óleo cru C_{pc} = 0,56 kcal/kg.°C
Calor específico do querosene C_{ph} = 0,60 kcal/kg.°C

Solução

As equações a serem resolvidas são:

$$w_h C_{ph}(T_{h1} - T_{h2}) - w_c C_{pc}(T_{c2} - T_{c1}) = 0$$

$$w_h C_{ph}(T_{h1} - T_{h2}) - U_o A_o \frac{(T_{h1} - T_{c1}) - (T_{h2} - T_{c2})}{\ln\left(\dfrac{T_{h1} - T_{c1}}{T_{h2} - T_{c2}}\right)} = 0$$

Uma forma de resolver é converter o sistema de equações em uma equação implícita e várias equações explícitas ou auxiliares. Escolhendo a temperatura T_{h2} como a variável desconhecida, as equações podem ser resolvidas de forma encadeada.

```
//Programa 11.2
//
//Trocador de calor tubo-carcaça contracorrente
//
clear
clearglobal
clc

function f=trocador(Th2)
    global Th1 Cph wh T2c Cpc wc U A
    Q=wh*Cph*(Th1-Th2)
    Tc1=Tc2+Q/(wc*Cpc)
    DT1=Th1-Tc1
    DT2=Th2-Tc2
    f=Q-U*A*(DT1-DT2)/log(DT1/DT2)
endfunction

global Th1 Cph wh T2c Cpc wc U A
```

```
//Dados do problema
Th1=230;      //temperatura do fluido quente, oC
wh=264;       //vazão mássica do fluido quente, kg/h
Cph=0.6;      //capacidade calorífica do fluido quente, kcal/kg.oC
Tc2=30;       //temperatura do fluido frio, oC
wc=900;       //vazão mássica do fluido quente, kg/h
Cpc=0.56;     //capacidade calorífica do fluido frio, kcal/kg.oC
U=400;        //kcal/h.m2.oC
A=1.53;       //m2
Th20=50
Th2=fsolve(Th20,trocador);
disp(Th2,'Temperatura de saída do fluido quente =')
Q=wh*Cph*(Th1-Th2)
Tc1=Tc2+Q/(wc*Cpc)
disp(Tc1,'Temperatura de saída do fluido frio =')
Q=wh*Cph*(Th1-Th2);
disp(Q,'Quantidade de calor trocado =')
```

Resultados

```
Temperatura de saída do fluido quente =

   39.915926

Temperatura de saída do fluido frio =

   89.740709

Quantidade de calor trocado =

   30109.317
```

Notação

A_o Área externa de transporte de calor
C_{pc} Calor específico à pressão constante do fluido frio
C_{ph} Calor específico à pressão constante do fluido quente
T_c Temperatura do fluido frio
T_h Temperatura do fluido quente
U_o Coeficiente global de transporte de calor baseado na área externa do tubo
w_c Vazão mássica do fluido frio
w_h Vazão mássica do fluido quente

Exemplo 11.3 Aquecedor tubo-carcaça

Conceitos demonstrados

Determinação da temperatura de saída do fluido num trocador de tubulação dupla em que o fluido quente é vapor saturado escoando pelo lado da carcaça. As propriedades do fluido variam com a temperatura.

Métodos numéricos utilizados

Solução de equação diferencial ordinária usando a função de integração `ode` e interpolação linear usando a função `interp1`.

Descrição do problema

O trocador de calor contracorrente de tubos concêntricos (como mostrado na figura) é empregado para aquecer uma corrente de w (lb/h) de gás carbônico (CO_2), da temperatura inicial, T_1, à temperatura final, T_2. Isso é feito por intermédio da condensação contínua de vapor saturado, que escoa pelo casco do trocador, mantendo a temperatura T_s constante. Calcule o comprimento do trocador para as seguintes temperaturas de saída do fluido: T_2 = 280 e 500 °F. Despreze as resistências térmicas para o vapor se condensando e da parede do tubo. Admita que o coeficiente de transporte de calor para o vapor se condensando seja 5680 W/m².°C.

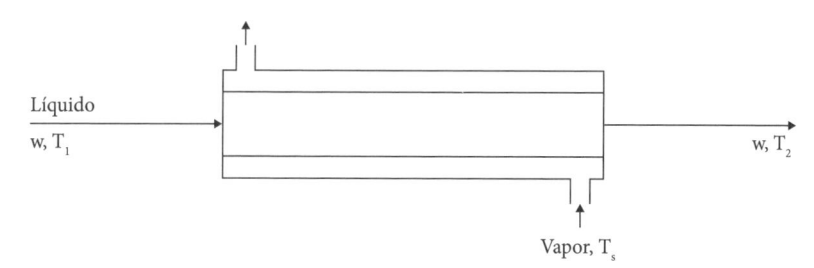

Figura 11.3 Aquecedor.

Considere válida a relação

$$h = \frac{0{,}023k}{D}\left(\frac{4w}{\pi D \mu}\right)^{0{,}8}\left(\frac{C_p \mu}{k}\right)^{0{,}4}$$

para o coeficiente local de transferência de calor no trocador.

Dados numéricos

São dados:

$w = 22{,}5$ lb/h
$T_1 = 60$ °F
$T_2 = 280$ e 500 °F
$T_s = 550$ °F
$D = 0{,}495$ pol (diâmetro do tubo)

$$C_p = 0{,}251 + 3{,}46 \times 10^{-5} T - \frac{14400}{(T+460)^2} \text{ Btu/lb°F}$$

$$k = \begin{cases} 0{,}0085 & (32°F) \\ 0{,}0133 & (212°F) \\ 0{,}0181 & (392°F) \\ 0{,}0228 & (572°F) \end{cases} \text{Btu/h ft °F}$$

$$\mu = 0{,}0322 \left(\frac{T+460}{460} \right)^{0{,}935} \text{ lb/ft h}$$

Solução

Balanço de energia

$$wC_p T - \left[wC_p T + \frac{d(wC_p T)}{dz} \delta z \right] + h\pi D \delta z (T_s - T) = 0$$

$$\frac{d(wC_p T)}{dz} \delta z = h\pi D \delta z (T_s - T)$$

$$\frac{d(wC_p T)}{dz} = h\pi D (T_s - T)$$

$$w \frac{d(C_p T)}{dz} = h\pi D (T_s - T)$$

$$w\left(\frac{dC_p}{dz}T + C_p\frac{dT}{dz}\right) = h\pi D(T_s - T)$$

$$w\left(\frac{dC_p}{dT}\frac{dT}{dz}T + C_p\frac{dT}{dz}\right) = h\pi D(T_s - T)$$

$$w\left(\frac{dC_p}{dT}T + C_p\right)\frac{dT}{dz} = h\pi D(T_s - T)$$

A variação de dC_p/dT com a temperatura T é:

$$\frac{dC_p}{dT} = 3{,}46 \times 10^{-5} + \frac{28800}{(T+460)^3}$$

```
//Programa 11.3
//
//Aquecedor tubo-carcaça
//
clear
clearglobal
clc

function dTz=trocador(z, T)
  global m D Ts
  Cp=Cpfun(T)
  k=kfun(T)
  mu=mufun(T)
  h=0.023*k/D*(4*m/(%pi*D*mu))^0.8*(Cp*mu/k)^0.4
  dCpT=dCpTfun(T)
  dTz=h*%pi*D/(m*(dCpT*T+Cp))*(Ts-T)
  //dTz=h*%pi*D/(m*Cp)*(Ts-T)    //dCpT desprezível
endfunction

function Cp=Cpfun(T)
  Cp=0.251+3.46e-5*T-14400/(T+460)^2
endfunction

function dCpT=dCpTfun(T)
  dCpT=3.46e-5+28800/(T+460)^3
endfunction

function k=kfun(T)
  x=[32;212;392;572]
  y=[0.0085;0.0133;0.0181;0.0228]
  k=interp1(x,y,T,'linear')
```

```
endfunction

function mu=mufun(T)
   mu=0.0322*((T+460)/T)^0.935
endfunction

global m D Ts
m=22.5;       //vazão mássica, lb/h
T1=60;        //temperatura do fluido na entrada, oF
//T2=280;     //oF
T2=500;       //temperatura do fluido na saída, oF
Ts=550;       //temperatura do vapor, oF
D=0.495/12;   //diâmetro, ft
T=T1;
dz=0.01;
z0=0;
T0=T1;
z_=z0;
T_=T0;
while T<T2
    z=z0+dz;
    T=ode(T0,z0,z,trocador);
    z_=[z_;z];
    T_=[T_;T];
    z0=z;
    T0=T;
end
L=z_($);
disp('Solução para o caso da temperatura de saída 500 oF')
disp('')
printf('L = %f ft\n',L)
printf('\n')
printf('T = %f oF\n',T)
z0=0;
z=z0:dz:L;
T0=T1;
T=ode(T0,z0,z,trocador);
clf
plot(z,T)
xlabel('z (ft)')
ylabel('T (oF)')
```

Resultados

A solução para a temperatura do fluido $T_2 = 280$ °F é:

```
Solução

T = 280.659905 oF

L = 2.630000 ft
```

A solução para a temperatura do fluido $T_2 = 500$ °F é:

```
Solução

T = 500.024687 oF

L = 7.610000 ft
```

A Figura 11.4 mostra a variação da temperatura do gás ao longo do aquecedor.

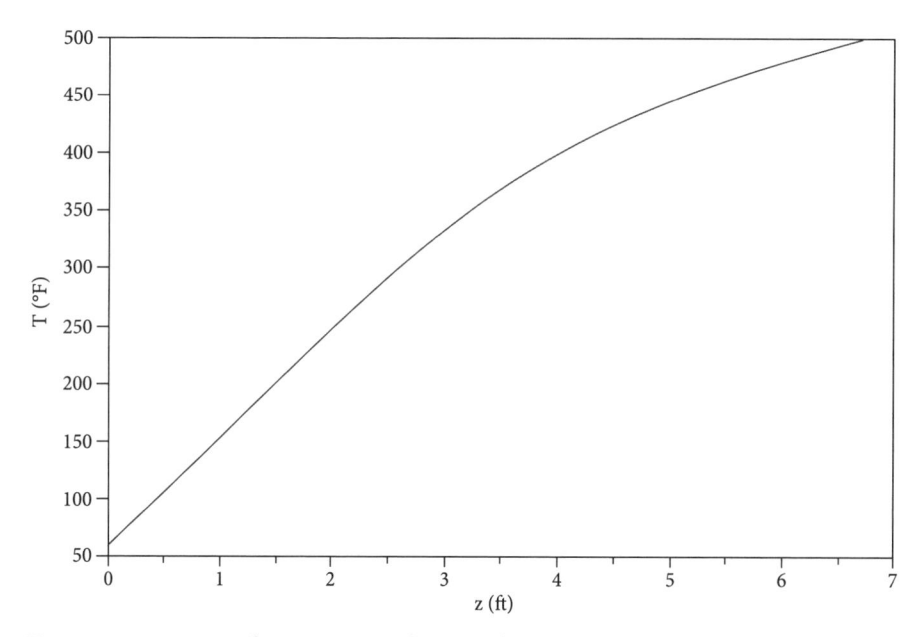

Figura 11.4 Variação da temperatura do gás ao longo do aquecedor.

Notação

C_p Calor específico à pressão constante
D   Diâmetro

h	Coeficiente de transporte de calor
k	Condutividade térmica
L	Comprimento
T	Temperatura
z	Distância
w	Vazão mássica
μ	Viscosidade dinâmica

Exemplo 11.4 Trocadores de calor em série

Conceitos demonstrados

Dinâmica de dois aquecedores ligados em série sujeitos a uma interrupção no fornecimento da água de resfriamento durante um período de tempo.

Métodos numéricos utilizados

Solução de sistema de equações diferenciais e usando a função de integração ode.

Descrição do problema

1,25 kg/s de ácido sulfúrico deve ser resfriado em um resfriador contracorrente em dois estágios, esquematizados na Figura 11.5. O ácido quente a 174 °C é alimentado em um tanque bem agitado e equipado com uma serpentina de refrigeração. A descarga desse tanque a 88 °C flui para o segundo tanque e sai a 45 °C. A água de resfriamento a 20 °C entra na serpentina do segundo tanque e em seguida vai para a serpentina do primeiro tanque, e sai do tanque de ácido quente a 80 °C. Quais seriam as temperaturas nos tanques se, devido a um problema, o fornecimento da água de resfriamento fosse interrompido durante 1 h?

Ao restaurar o fornecimento de água, o sistema passou a fornecer água a 1,25 kg/s. Calcule a temperatura de descarga após 1 h.

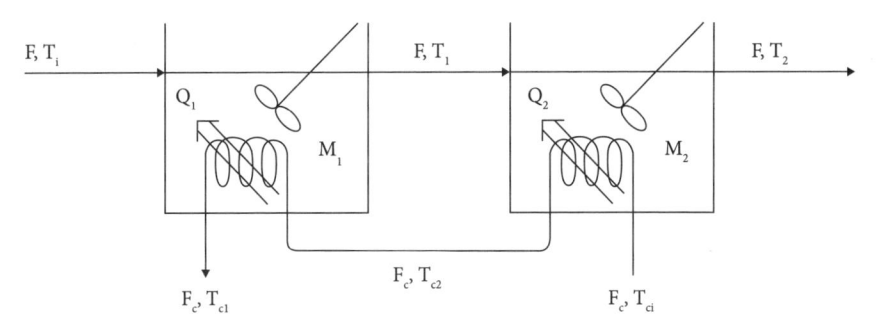

Figura 11.5 Sistema de resfriamento de ácido sulfúrico.

Dados numéricos

Capacidade de cada tanque M = 4500 kg de ácido
Coeficiente global de transporte de calor do tanque de ácido quente U_1 = 1150 W/m² °C
Coeficiente global de transporte de calor do tanque de ácido frio U_2 = 750 W/m² °C
Vazão de ácido F = 4500 kg/h
Capacidade calorífica do ácido C_p = 1500 J/kg °C
Capacidade calorífica da água C_{pc} = 4200 J/kg °C
Temperatura de alimentação do ácido T_i = 174 °C
Temperatura do ácido na saída do tanque 1 T_{1s} = 88 °C
Temperatura do ácido na saída do tanque 2 T_{2s} = 45 °C
Vazão de água antes da interrupção F_{cs} = 0,96 kg/s
Temperatura da água que sai do tanque 1 T_{cls} = 80

Solução

Estado estacionário

As condições no estado estacionário podem ser calculadas aplicando-se o balanço de energia no estado estacionário. O subscrito s indica que é valor no estado estacionário.

Balanço de energia no tanque 1

$$F_s C_p (T_{is} - T_{1s}) = F_{cs} C_{pc} (T_{c2s} - T_{cls})$$

Balanço de energia no tanque 2

$$F_s C_p (T_{1s} - T_{2s}) = F_{cs} C_{pc} (T_{cls} - T_{cis})$$

Esses dois balanços formam um sistema de equações algébricas não lineares.

$$f_1(F_{cs}, T_{c2s}) = F_s C_p (T_{is} - T_{1s}) - F_{cs} C_{cp} (T_{c2s} - T_{cls}) = 0$$

$$f_2(F_{cs}, T_{c2s}) = F_s C_p (T_{1s} - T_{2s}) - F_{cs} C_{cp} (T_{cls} - T_{cis}) = 0$$

Os valores estacionários da vazão de água e da temperatura na saída do tanque 2 antes da interrupção são:

$F_{cs} = 0{,}96$ kg/h

$T_{c2s} = 40$ °C

As áreas de troca térmica nos dois tanques podem ser calculadas por:

$$Q = UA\Delta T_{lm}$$

em que:

$$\Delta T_{lm} = \frac{\Delta T_1 - \Delta T_2}{\ln\left(\dfrac{\Delta T_1}{\Delta T_2}\right)}$$

A temperatura do ácido sulfúrico em cada tanque é uniforme, assim:

$$\Delta T_1 = T_h - T_{c1}$$

$$\Delta T_2 = T_h - T_{c2}$$

As quantidades de calor trocado são calculadas por:

$$Q_1 = F_s C_p (T_{is} - T_{1s})$$

$$Q_2 = F_s C_p (T_{1s} - T_{2s})$$

Portanto:

$A_1 = 6{,}28 \text{ m}^2$

$A_2 = 8{,}65 \text{ m}^2$

Durante a interrupção

Balanço de energia no tanque 1

$$MC_p \frac{dT_1}{dt} = FC_p T_i - FC_p T_1$$

Balanço de energia no tanque 2

$$MC_p \frac{dT_2}{dt} = FC_p T_1 - FC_p T_2$$

As condições iniciais das temperaturas são:

$T_1(0) = 88 \text{ °C}$
$T_2(0) = 45 \text{ °C}$

Após a restauração do fornecimento de água

A vazão de água é $F_c = 1{,}25$ kg/s

Balanço de energia no tanque 1

$$MC_p \frac{dT_1}{dt} = FC_p T_i - FC_p T_1 - Q_1$$

$$\frac{dT_1}{dt} = \frac{F}{M} T_i - \frac{F}{M} T_1 - \frac{Q_1}{MC_p}$$

Balanço de energia no tanque 2

$$MC_p \frac{dT_2}{dt} = FC_p T_1 - FC_p T_2 - Q_2$$

$$\frac{dT_2}{dt} = \frac{F}{M}T_1 - \frac{F}{M}T_2 - \frac{Q_2}{MC_p}$$

As trocas térmicas são:

$$Q_1 = F_c C_{pc}(T_{c2} - T_{c1}) = U_1 A_1 \frac{(T_1 - T_{c1}) - (T_1 - T_{c2})}{\ln\frac{T_1 - T_{c1}}{T_1 - T_{c2}}}$$

$$Q_2 = F_c C_{pc}(T_{c1} - T_{ci}) = U_2 A_2 \frac{(T_2 - T_{c1}) - (T_2 - T_{ci})}{\ln\frac{T_2 - T_{c1}}{T_2 - T_{ci}}}$$

```
//Programa 11.4
//
//Sistema de resfriamento de ácido sulfúrico
//
clear
clearglobal
clc
close

function f=SS(x)
    global F M Cp Cpc Ti T1s T2s Tci Tc1s
    Fcs=x(1)
    Tc2s=x(2)
    f(1)=F*Cp*(Ti-T1s)-Fcs*Cpc*(Tc1s-Tc2s)
    f(2)=F*Cp*(T1s-T2s)-Fcs*Cpc*(Tc2s-Tci)
endfunction

function f=watersupplyrestored(Tc)
    global F M Cp Cpc Ti T1s T2s Tci Tc2s
    global Fc Tc1s T A1 A2
        DeltaTlm1=((T(1)-Tc(1))-(T(1)-Tc(2)))/log((T(1)-Tc(1))/(T(1)-
-Tc(2)))
    DeltaTlm2=((T(2)-Tc(2))-(T(2)-Tci))/log((T(2)-Tc(2))/(T(2)-Tci))
    f(1)=Fc*Cpc*(Tc(1)-Tc(2))-U1*A1*DeltaTlm1
    f(2)=Fc*Cpc*(Tc(2)-Tci)-U2*A2*DeltaTlm2
endfunction

function dTt=US(t, y)
    global F M Cp Cpc Ti T1s T2s Tci Tc2s
    global Fc Tc1s T A1 A2
    T(1)=y(1)
    T(2)=y(2)
    if t<=3600 then
        Fc=0
        Q1=0
```

```
            Q2=0
            dTt(1)=F/M*Ti-F/M*T(1)-Q1/(M*Cp)
            dTt(2)=F/M*T(1)-F/M*T(2)-Q2/(M*Cp)
        else
            Fc=1.25
            Tc0=[Tc1s Tc2s]    //chute
            Tc=fsolve(Tc0,watersupplyrestored)
            DeltaTlm1=((T(1)-Tc(1))-(T(1)-Tc(2)))/log((T(1)-Tc(1))/(T(1)-
-Tc(2)))
            DeltaTlm2=((T(2)-Tc(2))-(T(2)-Tci))/log((T(2)-Tc(2))/(T(2)-Tci))
            Q1=U1*A1*DeltaTlm1
            Q2=U2*A2*DeltaTlm2
            dTt(1)=F/M*Ti-F/M*T(1)-Q1/(M*Cp)
            dTt(2)=F/M*T(1)-F/M*T(2)-Q2/(M*Cp)
        end
endfunction

global F M Cp Cpc Ti T1s T2s Tci Tc2s
global Fc Tc1s T A1 A2
F=1.25;      //kg/s
M=4500;      //kg
Cp=1500;     //J/kg.oC
Cpc=4200;    //J/kg.oC
Ti=174;      //oC
T1s=88;      //oC
T2s=45;      //oC
Tci=20;      //oC
Tc1s=80;     //oC
U1=1150;     //W/m2oC
U2=750;      //W/m2oC
x0=[1 50];   //chute
x=fsolve(x0,SS)
Fcs=x(1);
Tc2s=x(2);

Q1=F*Cp*(Ti-T1s);
Q2=F*Cp*(T1s-T2s);

DeltaTlm1=((T1s-Tc1s)-(T1s-Tc2s))/log((T1s-Tc1s)/(T1s-Tc2s));
DeltaTlm2=((T2s-Tc2s)-(T2s-Tci))/log((T2s-Tc2s)/(T2s-Tci));

A1=Q1/(U1*DeltaTlm1);
A2=Q2/(U2*DeltaTlm2);

t0=0;
t=t0:60:7200;
y0=[T1s;T2s];
y=ode('rk',y0,t0,t,US)
plot(t/3600,y)
xlabel('t (h)')
ylabel('T (oC)')
legend('Temp. do ácido no 1o tanque','Temp. do ácido no 2o tanque')
```

Resultados

As condições iniciais das temperaturas são:

$T_1(0) = 88\ °C$
$T_2(0) = 45\ °C$

A Figura 11.6 mostra a variação das temperaturas dos dois tanques. Após a interrupção no fornecimento da água de resfriamento, as temperaturas começam a subir. Após uma hora, as temperaturas são:

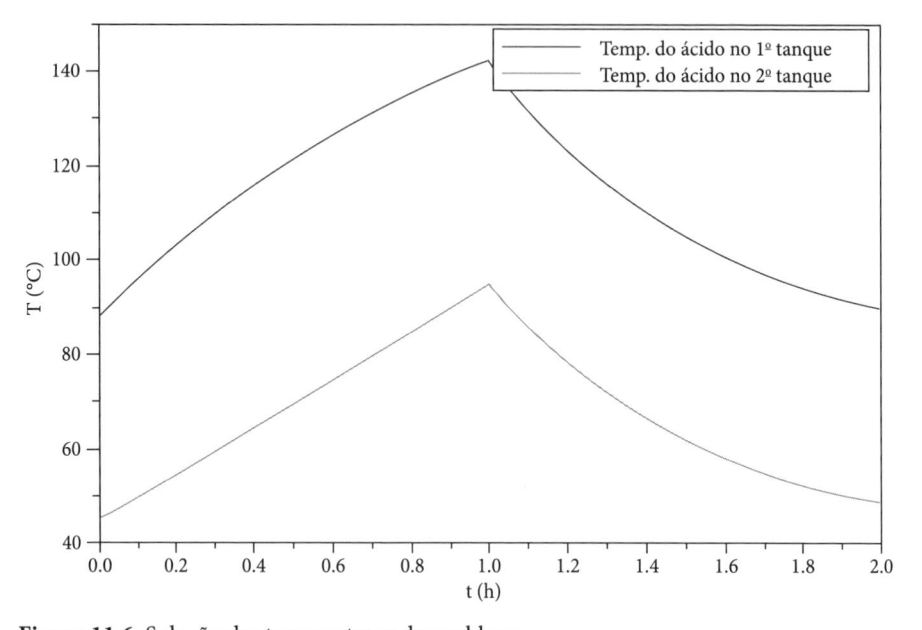

$T_1(1) = 142,4\ °C$
$T_2(1) = 94,9\ °C$

Figura 11.6 Solução das temperaturas do problema.

Com a restauração no fornecimento da água, as temperaturas começam a cair. Uma hora após a restauração, as temperaturas são:

$T_1(2) = 89,6\ °C$
$T_2(2) = 48,8\ °C$

Notação

A	Área
C_p	Capacidade calorífica
F	Vazão
M	Capacidade do tanque
Q	Quantidade de calor trocado
T	Temperatura
U	Coeficiente global de transporte de calor
ΔT	Diferença de temperatura
ΔT_{lm}	Diferença de temperatura média logarítmica

Exemplo 11.5 Evaporador de efeito duplo

Conceitos demonstrados

Projeto de evaporador de efeito duplo com circulação em correntes paralelas.

Métodos numéricos utilizados

Solução de sistema de equações algébricas e usando a função `fsolve`.

Descrição do problema

Na realização de uma operação de evaporação, concentra-se uma solução pela vaporização do solvente na ebulição. Quando se trata de uma evaporação de múltiplo efeito (cada evaporador individual é um efeito), geralmente o vapor gerado em um efeito é utilizado como fluido de aquecimento do próximo efeito, a fim de reduzir o custo do vapor. Entre os diversos métodos de operação, tem-se o denominado forward feed, em que os fluxos do fluido do processo e do vapor de aquecimento são paralelos. Neste método, a solução diluída é alimentada ao mesmo efeito que recebe o vapor de aquecimento de alta pressão. Os efeitos subsequentes estão sucessivamente submetidos a pressões mais baixas. Escreva os balanços de energia e as expressões de transporte da operação em estado estacionário do evaporador de efeito duplo em forward feed (Figura 11.7). As elevações do ponto de ebulição são desprezíveis, assim como as variações dos calores específicos e dos calores latentes com a temperatura. Para um dado problema, F, x_f, T_f, T_0, P_0, P_2 (ou T_2), x_2 (ou L_2), U_1, U_2 e áreas iguais são especificados. Os desconhecidos são V_0, T_1, L_1 e A.

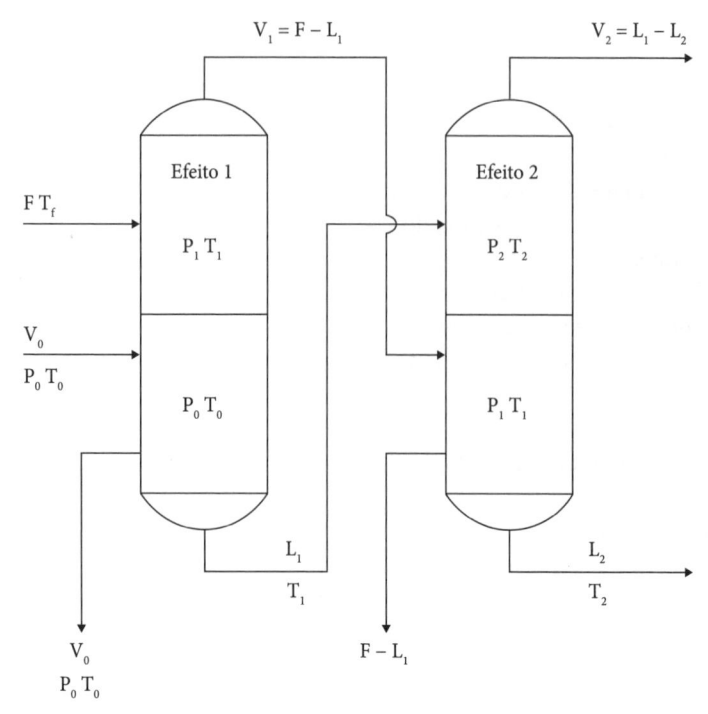

Figura 11.7 Evaporador de efeito duplo em forward feed.

Dados numéricos

$F = 50000$ lb/h
$L_2 = 10000$ lb/h
$C_p = 1,0$ Btu/lb.°F (alimentação e correntes líquidas)
$\lambda_0 = \lambda_1 = \lambda_2 = 1000$ Btu/lb
$U_1 = 500$, $U_2 = 300$ Btu/h.ft².°F
$T_f = 100$ °F
$T_0 = 250$ °F
$T_2 = 125$ °F

Solução

As equações de cada efeito são:

Efeito 1

Balanço de energia

$$Fh_f + Q_1 = L_1 h_{L1} + V_1 H_{V1}$$

Transporte de calor

$$Q_1 = V_0 \lambda_0 = U_1 A(T_0 - T_1)$$

Efeito 2

Balanço de energia

$$L_1 h_{L1} + Q_2 = L_2 h_{L2} + V_2 H_{v2}$$

Transporte de calor

$$Q_2 = (F - L_1)\lambda_1 = U_2 A(T_1 - T_2)$$

O sistema de equações é formado por:

$$f_1 = FC_p(T_f - T_1) + V_0 \lambda_0 - (F - L_1)\lambda_1 = 0$$

$$f_2 = U_1 A(T_0 - T_1) - V_0 \lambda_0 = 0$$

$$f_3 = L_1 C_p(T_1 - T_2) + (F - L_1)\lambda_1 - (L_1 - L_2)\lambda_2 = 0$$

$$f_4 = U_2 A(T_1 - T_2) - (F - L_1)\lambda_1 = 0$$

As variáveis desconhecidas são: V_0, L_1, T_1, A.

```
//Programa 11.5
//
//Projeto de evaporador de efeito duplo com circulação em correntes
paralelas
//forward feed
//
//Determinação de V0, L1, T1 e A
//
clear
```

```
clearglobal
clc
close

function f=evap2(x)
    global Cp lambda1 lambda2 U1 U2 F L2 Tf T0 T2
    V0=x(1)
    L1=x(2)
    T1=x(3)
    A=x(4)
    f(1)=F*Cp*(Tf-T1)+V0*lambda0-(F-L1)*lambda1
    f(2)=U1*A*(T0-T1)-V0*lambda0
    f(3)=L1*Cp*(T1-T2)+(F-L1)*lambda1-(L1-L2)*lambda2
    f(4)=U2*A*(T1-T2)-(F-L1)*lambda1
endfunction

global Cp lambda1 lambda2 U1 U2 F L2 Tf T0 T2
//Propriedades físicas
Cp=1;
lambda0=1000;
lambda1=1000;
lambda2=1000;

//Parâmetros
U1=500;
U2=300;

//Condições de operação
F=50000;
L2=10000;
Tf=100;
T0=250;
T2=125;

//Chute inicial
L10=F-(F-L2)/2;
T10=T0+(Tf-T2)/2;
A0=(F-L10)*lambda1/(U2*(T10-T2));
V00=U1*A0*(T0-T10)/lambda0;
x0=[V00;L10;T10;A0];
x=fsolve(x0,evap2);

//Solução
V0=x(1);
L1=x(2);
T1=x(3);
A=x(4);
disp('Solução')
disp('')
printf('V0 = %f lb/h\n',V0)
printf('L1 = %f lb/h\n',L1)
printf('T1 = %f oF\n',T1)
printf('A = %f m2\n',A)
```

Resultados

```
 Solução

V0 = 23706.253076 lb/h
L1 = 31109.175398 lb/h
T1 = 196.308569 oF
A = 883.055372 m2
```

Portanto:

$V_0 = 23706$ lb/h
$L_1 = 31109$ lb/h
$T_1 = 196,3$ °F
$T_2 = 183,5$ °F
$A = 883,1$ m²

Notação

A	Área do trocador
C_p	Capacidade calorífica
F	Vazão mássica da alimentação
h_L	Entalpia do líquido
h_v	Entalpia do vapor
L	Vazão mássica de líquido
P	Pressão
Q	Quantidade de calor trocado
T	Temperatura
U	Coeficiente global de troca térmica
V	Vazão mássica de vapor
x	Concentração em massa
ΔT	Diferença de temperatura
λ	Calor latente de vaporização

Exemplo 11.6 Evaporador de efeito triplo

Conceitos demonstrados

Projeto de evaporador de efeito triplo com circulação em correntes paralelas.

Métodos numéricos utilizados

Solução de sistema de equações algébricas e usando a função `fsolve`.

Descrição do problema

A Figura 11.8 mostra o esquema de um evaporador de efeito triplo, com circulação em correntes paralelas. Deseja-se projetar um sistema de evaporação de efeito triplo para concentrar o solvente de uma solução a 10% (na alimentação) para 50% em massa, conforme a Figura 11.8. A alimentação é de 50000 lb/h e entra no primeiro efeito a 100 °F, em que o método forward feed é usado. O vapor saturado do solvente a 250 °F está disponível para satisfazer as necessidades energéticas do primeiro efeito. O terceiro efeito é operado à pressão absoluta correspondente ao ponto de ebulição do solvente a 125 °F. Despreze as elevações do ponto de ebulição, bem como a variação do calor específico e do calor latente de vaporização com a temperatura e composição. Determine a área A por efeito (áreas iguais são empregadas), as temperaturas T_1 e T_2, as vazões L_1, L_2 e L_3, as composições x_1 e x_2, e a vazão V_0.

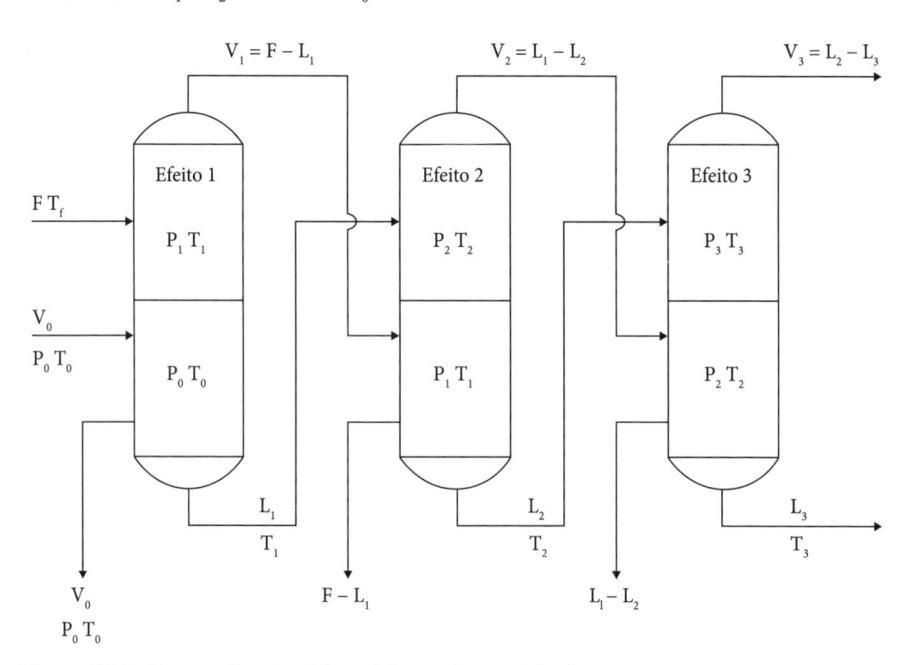

Figura 11.8 Evaporador de efeito triplo em forward feed.

Dados numéricos

$C_p = 1,0$ Btu/lb.°F (alimentação e correntes líquidas)
$\lambda_0 = \lambda_1 = \lambda_2 = \lambda_3 = 1000$ Btu/lb
$U_1 = 500$, $U_2 = 300$, $U_3 = 200$ Btu/h.ft².°F

Solução

As equações de cada efeito são:

Efeito 1

Balanço de massa

$F = L_1 + V_1$

Balanço do soluto

$F x_f = L_1 x_1$

Balanço de energia

$F h_f + V_0 \lambda_0 = L_1 h_{L1} + V_1 H_{v1}$

Transporte de calor

$Q_1 = V_0 \lambda_0 = U_1 A_1 \Delta T_1$

Efeito 2

Balanço de massa

$L_1 = L_2 + V_2$

Balanço do soluto

$$L_1 x_1 = L_2 x_2$$

Balanço de energia

$$L_1 h_{L1} + V_1 \lambda_1 = L_2 h_{L2} + V_2 H_{v2}$$

Transporte de calor

$$Q_2 = V_1 \lambda_1 = U_2 A_2 \Delta T_2$$

Efeito 3

Balanço de massa

$$L_2 = L_3 + V_3$$

Balanço do soluto

$$L_2 x_2 = L_3 x_3$$

Balanço de energia

$$L_2 h_{L2} + V_2 \lambda_2 = L_3 h_{L3} + V_3 H_{v3}$$

Transporte de calor

$$Q_3 = V_3 \lambda_3 = U_3 A_3 \Delta T_3$$

As entalpias utilizadas nos balanços, considerando $T_{ref} = 0$, são:

$$h_f = C_p (T_f - T_{ref}) = C_p T_f$$

$$h_{L1} = C_p (T_1 - T_{ref}) = C_p T_1$$

$$h_{L2} = C_p (T_2 - T_{ref}) = C_p T_2$$

$h_{L3} = C_p(T_3 - T_{ref}) = C_p T_3$

$H_{v1} = C_p T_1 + \lambda_1$

$H_{V2} = C_p T_2 + \lambda_2$

$H_{v3} = C_p T_3 + \lambda_3$

Substituindo-se as entalpias e as variações de temperatura nas equações dos balanços, tem-se:

Efeito 1

$F - L_1 - V_1 = 0$

$Fx_f - L_1 x_1 = 0$

$FC_p T_f + V_0 \lambda_0 - L_1 C_p T_1 - V_1(C_p T_1 + \lambda_1) = 0$

$V_0 \lambda_0 - U_1 A_1 \Delta T_1 = 0$

Efeito 2

$L_1 - L_2 - V_2 = 0$

$L_1 x_1 - L_2 x_2 = 0$

$L_1 C_p T_1 + V_1 \lambda_1 - L_2 C_p T_2 - V_2(C_p T_2 + \lambda_2) = 0$

$V_1 \lambda_1 - U_2 A_2 \Delta T_2 = 0$

Efeito 3

$L_2 - L_3 + V_3 = 0$

$L_2 x_2 - L_3 x_3 = 0$

$L_2 C_p T_2 + V_2 \lambda_2 - L_3 C_p T_3 - V_3(C_p T_3 + \lambda_3) = 0$

$$V_2\lambda_2 - U_3A_3\Delta T_3 = 0$$

Substituindo-se o balanço de massa no balanço de energia, chega-se a:

Efeito 1

$$F_{xf} - L_1x_1 = 0$$

$$FC_p(T_f - T_1) + V_0\lambda_0 + (F - L_1)\lambda_1 = 0$$

$$V_0\lambda_0 - U_1A_1\Delta T_1 = 0$$

Efeito 2

$$L_1x_1 - L_2x_2 = 0$$

$$L_1C_p(T_1 - T_2) + (F - L_1)\lambda_1 - (L_1 - L_2)\lambda_2 = 0$$

$$V_1\lambda_1 - U_2A_2\Delta T_2 = 0$$

Efeito 3

$$L_2x_2 - L_3x_3 = 0$$

$$L_2C_p(T_2 - T_3) + (L_1 - L_2)\lambda_2 - (L_2 - L_3)\lambda_3 = 0$$

$$V_2\lambda_2 - U_3A_3\Delta T_3 = 0$$

Pelo enunciado do problema, tem-se então:

$x_f = 10\%$
$x_3 = 50\%$
$T_f = 100\ °F$
$T_0 = 250\ °F$
$T_3 = 125\ °F$

O sistema de equações é formado por:

$$f_1 = Fx_f - L_1x_1 = 0$$

$f_2 = FC_p(T_f - T_1) + V_0\lambda_0 - (F - L_1)\lambda_1 = 0$

$f_3 = U_1 A(T_0 - T_1) - V_0\lambda_0 = 0$

$f_4 = L_1 x_1 - L_2 x_2 = 0$

$f_5 = L_1 C_p(T_1 - T_2) + (F - L_1)\lambda_1 - (L_1 - L_2)\lambda_2 = 0$

$f_6 = U_2 A(T_1 - T_2) - (F - L_1)\lambda_1 = 0$

$f_7 = L_2 x_2 - L_3 x_3 = 0$

$f_8 = L_2 C_p(T_2 - T_3) + (L_1 - L_2)\lambda_2 - (L_2 - L_3)\lambda_3$

$f_9 = U_3 A(T_2 - T_3) - (L_1 - L_2)\lambda_2 = 0$

As variáveis desconhecidas são: V_0, L_1, L_2, L_3, T_1, T_2, x_1, x_2, A. Essas variáveis são determinadas pela solução do sistema de equações.

```
//Programa 11.6
//
//Projeto de evaporador de efeito triplo com circulação em correntes
paralelas
//forward feed
//
//Determinação de V0, L1, L2, L3, T1, T2, x1, x2 e A
//
clear
clearglobal
clc
close

function f=evap3(x)
//Programa 11.6
    global Cp lambda1 lambda2 lambda3 U1 U2 U3 F xf x3 Tf T0 T3
    V0=x(1)
    L1=x(2)
    L2=x(3)
    L3=x(4)
    T1=x(5)
    T2=x(6)
    x1=x(7)
    x2=x(8)
    A=x(9)
    f(1)=F*xf-L1*x1
    f(2)=F*Cp*(Tf-T1)+V0*lambda0-(F-L1)*lambda1
```

```
    f(3)=U1*A*(T0-T1)-V0*lambda0
    f(4)=L1*x1-L2*x2
    f(5)=L1*Cp*(T1-T2)+(F-L1)*lambda1-(L1-L2)*lambda2
    f(6)=U2*A*(T1-T2)-(F-L1)*lambda1
    f(7)=L2*x2-L3*x3
    f(8)=L2*Cp*(T2-T3)+(L1-L2)*lambda2-(L2-L3)*lambda3
    f(9)=U3*A*(T2-T3)-(L1-L2)*lambda3
endfunction

global Cp lambda1 lambda2 lambda3 U1 U2 U3 F xf x3 Tf T0 T3
//Propriedades físicas
Cp=1;
lambda0=1000;
lambda1=1000;
lambda2=1000;
lambda3=1000;

//Parâmetros
U1=500;
U2=300;
U3=200;

//Condições de operação
F=50000;
xf=0.1;
x3=0.5;
Tf=100;
T0=250;
T3=125;

//Chute inicial
L30=F*xf/x3;    //balanço global do soluto
L10=F-(F-L30)/3;
L20=L10-(F-L30)/3;
T10=T0+(Tf-T3)/3;
T20=T10+(Tf-T3)/3;
x10=F*xf/L10;
x20=L10*x10/L20;
A0=(F-L10)*lambda1/(U2*(T10-T20));
V00=U1*A0*(T0-T10)/lambda0;
x0=[V00;L10;L20;L30;T10;T20;x10;x20;A0];
x=fsolve(x0,evap3);

//Solução
V0=x(1);
L1=x(2);
L2=x(3);
L3=x(4);
T1=x(5);
T2=x(6);
x1=x(7);
x2=x(8);
A=x(9);
```

```
disp('Solução')
disp('')
printf('V0 = %f lb/h\n',V0)
printf('L1 = %f lb/h\n',L1)
printf('L2 = %f lb/h\n',L2)
printf('L3 = %f lb/h\n',L3)
printf('T1 = %f oF\n',T1)
printf('T2 = %f oF\n',T2)
printf('x1 = %f\n',x1)
printf('x2 = %f\n',x2)
printf('A = %f m2\n',A)
```

Resultados

```
 Solução

V0 = 17888.587834 lb/h
L1 = 38038.140210 lb/h
L2 = 24742.376738 lb/h
L3 = 10000.000000 lb/h
T1 = 218.534561 oF
T2 = 183.467029 oF
x1 = 0.131447
x2 = 0.202082
A = 1137.030872 m2
```

Portanto:

V_0 = 17889 lb/h
L_1 = 38038 lb/h
L_2 = 24742 lb/h
L_3 = 10000 lb/h
T_1 = 218,5 °F
T_2 = 183,5 °F
x_1 = 13,1 %
x_2 = 20,2 %
A = 1137 m^2

Notação

A   Área do trocador
C_p Capacidade calorífica
F   Vazão mássica da alimentação

h_L	Entalpia do líquido
h_V	Entalpia do vapor
L	Vazão mássica de líquido
P	Pressão
Q	Quantidade de calor trocado
T	Temperatura
U	Coeficiente global de troca térmica
V	Vazão mássica de vapor
x	Concentração em massa
ΔT	Diferença de temperatura
λ	Calor latente de vaporização

Exemplo 11.7 Evaporador de efeito duplo

Conceitos demonstrados

Projeto de evaporador de efeito duplo com circulação em correntes contrárias.

Métodos numéricos utilizados

Solução de sistema de equações algébricas e usando a função `fsolve`.

Descrição do problema

Outro método de operação é conhecido como correntes contrárias (backward feed). Neste sistema, o vapor de aquecimento, cuja pressão é mais elevada, é alimentado ao efeito que recebe o líquido mais concentrado, enquanto a alimentação diluída entra no efeito que recebe o vapor de aquecimento cuja pressão é a mais baixa de toda a bateria.

Uma vantagem do sistema em correntes contrárias é que o líquido mais concentrado se encontra na temperatura mais elevada, tendendo a acontecer uma distribuição mais igual de coeficientes de transporte de calor nos vários efeitos. A Figura 11.9 mostra o esquema de um evaporador de efeito duplo em backward feed. As elevações do ponto de ebulição são desprezíveis, assim como as variações dos calores específicos e dos calores latentes com a temperatura. Para um dado problema, F, x_f, T_f, T_0, P_0, P_2 (ou T_2), x_1 (ou L_1), U_1, U_2 e áreas iguais são especificados. Os desconhecidos são V_0, T_1, L_2 e A.

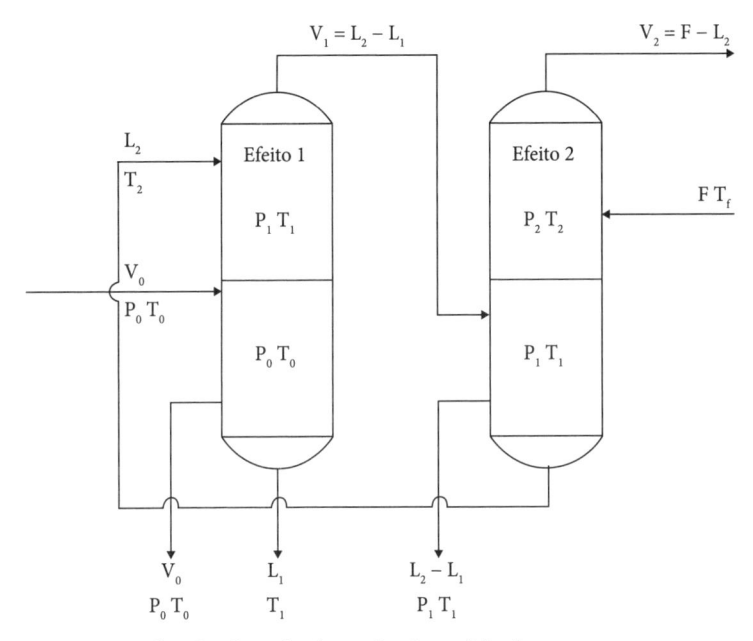

Figura 11.9 Evaporador de efeito duplo em backward feed.

Dados numéricos

$F = 50000$ lb/h
$L_1 = 10000$ lb/h
$C_p = 1{,}0$ Btu/lb.°F (alimentação e correntes líquidas)
$\lambda_0 = \lambda_1 = \lambda_2 = 1000$ Btu/lb
$U_1 = 500$, $U_2 = 300$ Btu/h.ft².°F
$T_f = 100$ °F
$T_0 = 250$ °F
$T_2 = 125$ °F

Solução

As equações de cada efeito são:

Efeito 1

Balanço de energia

$L_2 h_{L2} + Q_1 = L_1 h_{L1} + V_1 H_{v1}$

Transporte de calor

$Q_1 = V_0 \lambda_0 = U_1 A(T_0 - T_1)$

Efeito 2

Balanço de energia

$F h_F + Q_2 = L_2 h_{L2} + V_2 H_{v2}$

Transporte de calor

$Q_2 = (L_2 - L_1)\lambda_1 = U_2 A(T_1 - T_2)$

O sistema de equações é formado por:

$f_1 = L_2 C_p (T_2 - T_1) + V_0 \lambda_0 - (L_2 - L_1)\lambda_1 = 0$

$f_2 = U_1 A(T_0 - T_1) - V_0 \lambda_0 = 0$

$f_3 = F C_p (T_f - T_2) + (L_2 - L_1)\lambda_1 - (F - L_2)\lambda_2 = 0$

$f_4 = U_2 A(T_1 - T_2) - (L_2 - L_1)\lambda_1 = 0$

As variáveis desconhecidas são: V_0, L_2, T_1, A.

```
//Programa 11.7
//
//Projeto de evaporador de efeito duplo com circulação em correntes contrárias
//backward feed
//
//Determinação de V0, L2, T1 e A
//
clear
```

```
clearglobal
clc
close

function f=evap2(x)
    global Cp lambda1 lambda2 U1 U2 F L1 Tf T0 T2
    V0=x(1)
    L2=x(2)
    T1=x(3)
    A=x(4)
    f(1)=L2*Cp*(T2-T1)+V0*lambda0-(L2-L1)*lambda1
    f(2)=U1*A*(T0-T1)-V0*lambda0
    f(3)=F*Cp*(Tf-T2)+(L2-L1)*lambda1-(F-L2)*lambda2
    f(4)=U2*A*(T1-T2)-(L2-L1)*lambda1
endfunction

global Cp lambda1 lambda2 U1 U2 F L1 Tf T0 T2
//Propriedades físicas
Cp=1;
lambda0=1000;
lambda1=1000;
lambda2=1000;

//Parâmetros
U1=500;
U2=300;

//Condições de operação
F=50000;
L1=10000;
Tf=100;
T0=250;
T2=125;

//Chute inicial
L10=F-(F-L1)/2;
T10=T0+(Tf-T2)/2;
A0=(F-L10)*lambda1/(U2*(T10-T2));
V00=U1*A0*(T0-T10)/lambda0;
x0=[V00;L10;T10;A0];
x=fsolve(x0,evap2);

//Solução
V0=x(1);
L2=x(2);
T1=x(3);
A=x(4);
disp('Solução')
disp('')
printf('V0 = %f lb/h\n',V0)
printf('L2 = %f lb/h\n',L2)
printf('T1 = %f oF\n',T1)
printf('A = %f m2\n',A)
```

Resultados

```
Solução

V0 = 22921.674259 lb/h
L2 = 30625.000000 lb/h
T1 = 199.993445 oF
A  = 916.746788 m2
```

Portanto:

$V_0 = 22922$ lb/h
$L_2 = 30625$ lb/h
$T_1 = 200,0\ °F$
$A = 916,7\ m^2$

Notação

A	Área do trocador
C_p	Capacidade calorífica
F	Vazão mássica da alimentação
h_L	Entalpia do líquido
h_V	Entalpia do vapor
L	Vazão mássica de líquido
P	Pressão
Q	Quantidade de calor trocado
T	Temperatura
U	Coeficiente global de troca térmica
V	Vazão mássica de vapor
x	Concentração em massa
ΔT	Diferença de temperatura
λ	Calor latente de vaporização

11.4 PROCESSOS DE TRANSFERÊNCIA DE MASSA

Sistemas de separação

Separadores são equipamentos concebidos para separar os componentes de uma mistura explorando a diferença das suas propriedades físico-químicas. As propriedades exploradas são ponto de ebulição, solubilidade, densidade, tamanho, fase, capacidade de adsorção em superfícies, propriedades magnética e eletrostática, reatividade química e outras. A função dos separadores é ajustar a composição de algumas correntes entre a saída de um equipamento e a entrada de outro.

Sistemas de separação são sistemas constituídos essencialmente por separadores. São utilizados quando a separação desejada não pode ser efetuada numa única etapa. Nesse caso, cada etapa deve utilizar aquele separador que explora a propriedade em que um dos componentes se destaca dos demais.

Dentre os sistemas de separação, a destilação é o método de separação mais usado na indústria química quando os componentes na mistura apresentam pontos de ebulição que diferem significativamente entre si. Assim, é conveniente revisar os enfoques de projeto de colunas de destilação. Existem dois níveis gerais para o projeto de colunas: o uso de métodos curtos ou rápidos (shortcut) e o uso de métodos rigorosos. Os métodos curtos constituem enfoques que proporcionam de uma maneira rápida as características físicas de primeira importância, como o número de pratos e o diâmetro da coluna. Os métodos rigorosos se baseiam em escrever modelos completos para cada prato e resolvê-los mediante alguma estratégia numérica.

Dentre os métodos curtos, um dos mais usados consiste no uso sequencial de três relações que desembocam no cálculo de estágios ideais requeridos para realizar uma separação especificada. As relações básicas deste método englobam as equações de Fenske, Underwood e Gilliland.

11.4.1 Colunas de destilação multicomponentes

O primeiro passo no projeto de colunas de destilação multicomponentes é determinar a razão de refluxo mínimo e o número de estágios necessários para a separação desejada. Existem vários métodos disponíveis para determinar esses parâmetros em colunas de destilação, dentre eles, o método Fenske-Underwood-Gilliland (FUG) e o método de MacCabe-Thiele. O método FUG é um método analítico, enquanto o método de MacCabe-Thiele é um método gráfico.

Método FUG

O método FUG é um método rápido que fornece uma estimativa inicial da razão de refluxo, número de estágios de equilíbrio e a localização do estágio de alimentação. Ele usa a equação de Fenske para determinar o número mínimo de estágios; usa a equação de Underwood para determinar o refluxo mínimo; e usa a correlação de Gilliland para determinar o número de estágios para uma dada condição de refluxo.

Equação de Fenske do número mínimo de estágios

A equação de Fenske do número mínimo de estágios, $N_{mín}$ (correspondente ao refluxo total ou razão de refluxo infinito, e o refervedor é um dos estágios), de uma coluna de pratos é dada por:

$$N_{mín} = \frac{\log\left[\left(\dfrac{x_{LK}}{x_{HK}}\right)_D \left(\dfrac{x_{HK}}{x_{LK}}\right)_B\right]}{\log\left(\alpha_{LK,HK}^{média}\right)}$$

em que:

x_{LK} = Fração molar do componente chave-leve
x_{HK} = Fração molar do componente chave-pesada
$\alpha_{LK,HK}^{média}$ = Volatilidade relativa média entre os dois componentes-chaves

Os subscritos B e D referem-se ao fundo e destilado, respectivamente.
Os componentes-chaves referem-se àqueles que desejamos fazer a separação.
A volatilidade relativa média entre os dois componentes-chaves pode ser a média geométrica entre o destilado e o produto do fundo

$$\alpha_{LK,HK}^{média} = \left(\alpha_{LK,HK}^{D} \alpha_{LK,HK}^{B}\right)^{1/2}$$

ou a média geométrica entre a alimentação, o destilado e o produto do fundo.

$$\alpha_{LK,HK}^{média} = \left(\alpha_{LK,HK}^{F} \alpha_{LK,HK}^{D} \alpha_{LK,HK}^{B}\right)^{1/3}$$

A volatilidade relativa dos componentes pode ser calculada pela relação:

$$\alpha_{LK,HK} = \frac{\left(\dfrac{y_{LK}}{x_{LK}}\right)}{\left(\dfrac{y_{HK}}{x_{HK}}\right)}$$

em que:

y = Fração molar na fase vapor
x = Fração molar na fase líquida

O valor-K é uma quantidade útil que pode ser usada para calcular a volatilidade relativa. É definido como:

$$K_i = \frac{y_i}{x_i}$$

em que o subscrito i refere-se ao i-ésimo componente.

Usando valores-K, a volatilidade relativa pode ser expressa como:

$$\alpha_{LK,HK} = \frac{K_{LK}}{K_{HK}}$$

Equação de Underwood do refluxo mínimo

A razão de refluxo mínimo, $R_{mín}$ (correspondente ao número infinito de estágios de equilíbrio), necessária para separar os dois componentes-chaves, pode ser calculada usando as seguintes duas equações propostas por Underwood:

$$f(\theta) = \sum_{i=1}^{N_c} \frac{Fz_i \alpha_i}{\alpha_i - \theta} - F(1-q) = 0$$

$$R_{mín} + 1 = \sum_{i=1}^{N_c} \frac{x_{D,i} \alpha_i}{\alpha_i - \theta}$$

em que:

F = Vazão molar da alimentação
N_c = Número de componentes na alimentação
q = Qualidade térmica da alimentação (q = 1 para líquidos saturados)
z_i = Fração molar do componente i na alimentação
α_i = Volatilidade relativa do componente i nas condições médias
θ = Parâmetro de Underwood

Correlação de Gilliland para o número de estágios

A correlação de Gilliland calcula o número de estágios de equilíbrio, N, em função do número mínimo de estágios $N_{mín}$, da taxa de refluxo mínimo $R_{mín}$ e da razão de refluxo especificada R. Na verdade, essa correlação é dada por uma curva, e várias equações têm sido propostas para a correlação de Gilliland. Uma delas é a equação de Eduljee, mostrada na Figura 11.10.

$$\frac{N-N_{mín}}{N+1} = 0{,}75\left[1-\left(\frac{R-R_{mín}}{R+1}\right)^{0,5668}\right]$$

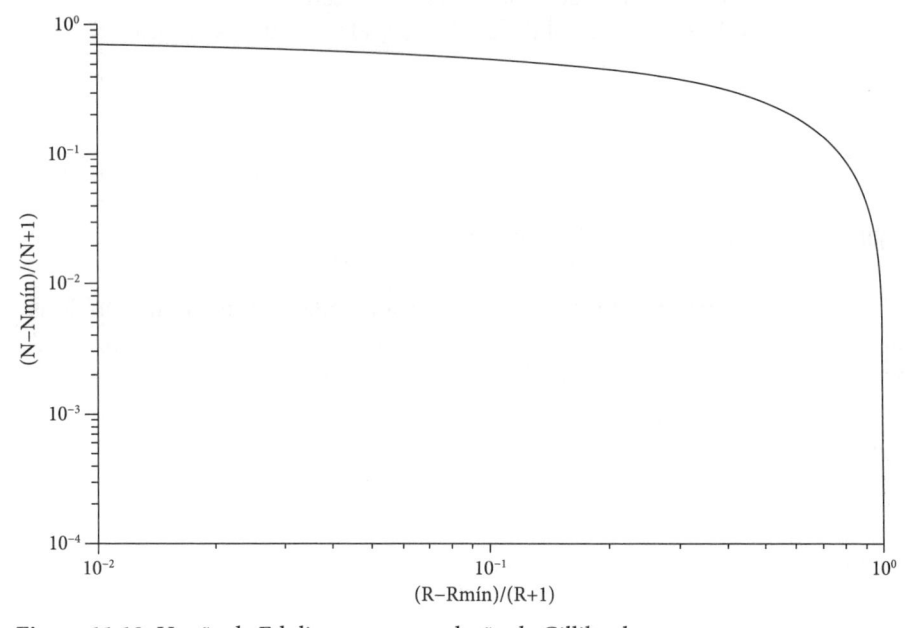

Figura 11.10 Versão de Eduljee para a correlação de Gilliland.

Localização do estágio de alimentação

Um dos mais populares métodos shortcut para a melhor localização da alimentação é a equação de Kirkbride.

$$\frac{N_R}{N_S} = \left[\left(\frac{B}{D}\right)\left(\frac{z_{HK}}{z_{LK}}\right)\left(\frac{x_{B,LK}}{x_{D,HK}}\right)^2\right]^{0,206}$$

em que:

B   Vazão do produto de fundo
D   Vazão do produto de topo

N_R Número de estágios na seção de retificação, incluindo qualquer condensador parcial

N_S Número de estágios na seção de esgotamento, incluindo o refervedor

11.4.2 Separador flash

O separador flash (vaporização instantânea) é um dispositivo no qual uma mistura multicomponente tem a pressão reduzida e resfriada, a mistura resultante se divide nas fases líquida e vapor, e então as duas fases são separadas.

F mols/h de uma corrente de gás natural, com n componentes, são introduzidos como alimentação em um tanque flash, como mostrado na figura a seguir:

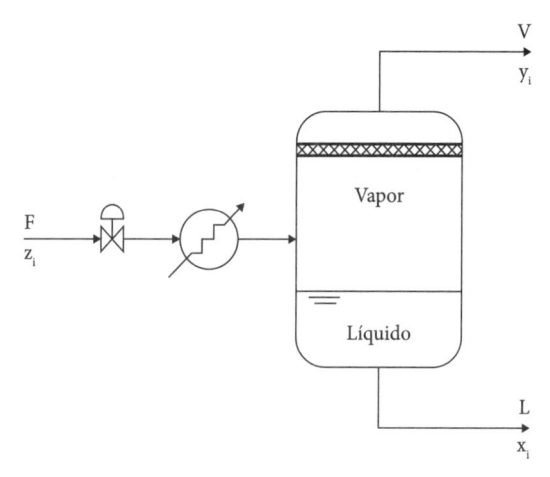

Figura 11.11 Tanque de vaporização instantânea flash.

As correntes de vapor e líquido resultantes são retiradas do tanque à vazão de V e L mols/h, respectivamente.

As frações molares dos componentes nas correntes de alimentação, vapor e líquido serão designadas por z_i, y_i e x_i, respectivamente. Assumindo o equilíbrio líquido-vapor e operando em regime permanente:

Balanço global: $F = L + V$

Balanço de componente: $z_i F = x_i L + y_i V$

Relação de equilíbrio: $K_i = \dfrac{y_i}{x_i}$

em que i = 1,2,...,n; e K_i é a constante de equilíbrio para o componente i à pressão e temperatura reinantes no tanque. Para essas equações e pelo fato de

$$\sum_{i=1}^{n} x_i = \sum_{i=1}^{n} y_i = 1$$

pode ser mostrado que:

$$\sum_{i=1}^{n} \frac{Fz_i(K_i - 1)}{V(K_i - 1) + F} = 0$$

ou:

$$\sum_{i=1}^{n} \frac{z_i(K_i - 1)}{\frac{V}{F}(K_i - 1) + 1} = 0$$

A razão V/F é chamada de fator de vaporização e é a única variável desconhecida nessa equação, uma vez conhecidos a composição da alimentação e os valores das constantes de equilíbrio.

Exemplo 11.8 Equação de Underwood do refluxo mínimo

Conceitos demonstrados

Determinação do refluxo mínimo em colunas de destilação pelo método de Underwood.

Métodos numéricos utilizados

Solução de equação algébrica e uso da função `fsolve`.

Descrição do problema

No cálculo de separações multicomponentes, muitas vezes é necessário estimar a razão de refluxo mínimo de colunas de destilação. Um método desenvolvido para essa finalidade foi desenvolvido por Underwood. Para calcular a razão de refluxo mínimo, a seguinte equação deve ser resolvida para θ:

$$f(\theta) = \sum_{i=1}^{N_c} \frac{Fz_i \alpha_i}{\alpha_i - \theta} - F(1-q) = 0$$

Normalmente, a vazão de alimentação, composição e a qualidade são conhecidas e as condições médias da coluna podem ser estimadas. Portanto, θ é a única variável desconhecida na equação. Como essa equação é um polinômio de grau N_c, existem N_c valores de θ que satisfazem a equação.

Dados numéricos

Ache o valor de θ de uma mistura de três componentes contendo 60% de benzeno, 30% de tolueno e 10% de xileno (em base molar). As volatilidades relativas são 2,45; 0,4; e 1,0, respectivamente, e a qualidade térmica da alimentação é $q = 1$.

Solução

O valor de θ da mistura é obtido pela solução da equação algébrica $f(\theta) = 0$.

```
//Programa 11.8
//
//Equação de Underwood
//
clear
clc

function f=Underwood(theta)
    global Nc z alpha F q
    sum_=0
    for i=1:Nc
        sum_=sum_+z(i)*alpha(i)/(alpha(i)-theta)
    end
    f=sum_+F*(1-q)
endfunction

global Nc z alpha F q
Nc=3;
z=[0.6;0.3;0.1];
alpha=[2.45;0.4;1];
F=1;
q=1;
theta0=0.5;
theta=fsolve(theta0,Underwood);
printf('theta = %f\n',theta)
```

Resultados

```
theta = 0.523357
```

Notação

F	Vazão molar da alimentação
q	Qualidade térmica da alimentação
z	Fração molar na alimentação
α	Volatilidade relativa
θ	Parâmetro de Underwood

Exemplo 11.9 Separação flash

Conceitos demonstrados

Cálculo da vazão e composição das correntes de líquido e vapor num tanque flash.

Métodos numéricos utilizados

Solução de equação algébrica e uso da função `fsolve`.

Descrição do problema

F mols/h de uma corrente de gás natural, com n componentes, são introduzidos como alimentação em um tanque flash. A composição e constantes de equilíbrio da corrente de alimentação são dadas na Tabela 11.2, para T = 120 °F e P = 1600 psia. Calcule as correntes de líquido e vapor e suas composições.

Dados numéricos

A Tabela 11.2 fornece a composição da alimentação e as constantes de equilíbrio.

Tabela 11.2 Composição e constantes de equilíbrio.

Componente	i	z_i	K_i
Dióxido de carbono	1	0,0045	1,65
Metano	2	0,8345	3,09
Etano	3	0,0381	0,72
Propano	4	0,0163	0,39
Isobutano	5	0,0050	0,21
n-Butano	6	0,0074	0,175
Pentanos	7	0,0287	0,093
Hexanos	8	0,0220	0,065
Heptanos	9	0,0434	0,036

Assuma que F = 1000 mols/h.

Solução

A equação a ser resolvida é

$$\sum_{i=1}^{n} \frac{Fz_i(K_i-1)}{V(K_i-1)+F} = 0$$

em função de V.

```
//Programa 11.9
//
//Separação flash
//
//Conhecidos a vazão e a composição da alimentação, os valores das constantes
//de equilíbrio K dos componentes, calcula as vazões e composições das
//correntes de líquido e vapor. Solução de uma equação algébrica simples.
//
//Componentes:
//1 - Dióxido de carbono
//2 - Metano
//3 - Etano
//4 - Propano
//5 - Isobutano
//6 - n-Butano
//7 - Pentanos
//8 - Hexanos
//9 - Heptano
```

```
//
clear
clearglobal
clc

function sum_=fun(V)
    global z K F n
    sum_=0;
    for i=1:n
        sum_=sum_+z(i)*(K(i)-1)*F/(V*(K(i)-1)+F);
    end
endfunction

global z K F
//Dados de entrada
z=[0.0045;0.8345;0.0381;0.0163;0.0050;0.0074;0.0287;0.0220;0.0434];
K=[1.65;3.09;0.72;0.39;0.21;0.175;0.093;0.065;0.036];
F=1000;     //moles/h
n=length(z);
component=1:length(z);
printf('F = %f moles/h\n',F)
disp('Componente     z          K')
disp([component' z K])

//Processo iterativo
V0=500;    //chute inicial
V=fsolve(V0,fun);

//Resultados
L=F-V;
disp('')
printf('L = %f moles/h',L)
disp('')
printf('V = %f moles/h\n',V)
x=z*F./(L+K*V);
y=x.*K;
disp('Componente     x          y')
disp([component' x y])
```

Resultados

```
F = 1000.000000 moles/h

 Componente      z           K

     1.       0.0045      1.65
     2.       0.8345      3.09
     3.       0.0381      0.72
     4.       0.0163      0.39
     5.       0.005       0.21
```

```
       6.    0.0074     0.175
       7.    0.0287     0.093
       8.    0.022      0.065
       9.    0.0434     0.036


L = 113.312225 moles/h

V = 886.687775 moles/h

 Componente    x          y
       1.    0.0028547  0.0047103
       2.    0.2924809  0.9037661
       3.    0.0506833  0.0364920
       4.    0.0355027  0.0138460
       5.    0.0166936  0.0035056
       6.    0.0275623  0.0048234
       7.    0.1465975  0.0136336
       8.    0.1286949  0.0083652
       9.    0.2988302  0.0107579

 Execução completada.
```

Notação

F   Vazão molar da alimentação
K   Constante de equilíbrio
P   Pressão
T   Temperatura
V   Vazão molar de vapor
z   Fração molar na alimentação

Exemplo 11.10 Destilação binária

Conceitos demonstrados

Determinação do perfil de composição ao longo de uma coluna de destilação binária.

Métodos numéricos utilizados

Solução de sistema de equações algébricas e uso da função `fsolve`.

Descrição do problema

A coluna de destilação mostrada na Figura 11.12 é equipada com condensador total e refervedor parcial.

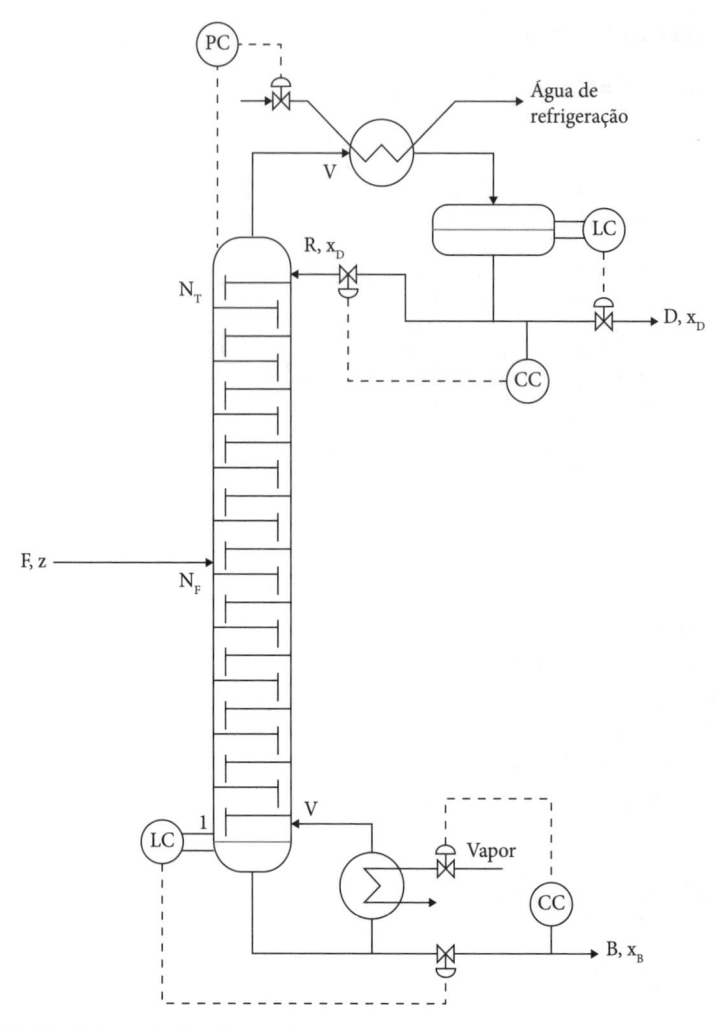

Figura 11.12 Coluna de destilação típica.

Suposições:

- Os calores de vaporização dos dois componentes são aproximadamente iguais. Isto significa que quando um mol de vapor se condensa, ele vaporiza um mol de líquido.

- Coluna adiabática não troca calor com o meio externo.
- A volatilidade relativa α dos dois componentes permanece constante ao longo da coluna.
- A eficiência dos pratos é de 100% (isto é, o vapor que deixa cada prato está em equilíbrio com o líquido).

Relação de equilíbrio líquido-vapor

$$y_n = \frac{\alpha x_n}{1+(\alpha-1)x_n}$$

Vazão de vapor em todos os pratos é a mesma

$$V = V_1 = V_2 = V_3 = \ldots = V_{NT}$$

Estado estacionário

As condições no estado estacionário podem ser calculadas aplicando-se o balanço de massa total e o balanço do componente mais volátil no estado estacionário em cada estágio da coluna.

Condensador e tanque acumulador

Balanço de massa total:

$$V - R - D = 0$$

Balanço de componente (componente mais volátil):

$$Vy_{NT} - (R + D)x_D = 0$$

Prato do topo (n = N_T)

Balanço de massa total:

$$R - L_{NT} = 0$$

Balanço de componente:

$$Rx_D - L_{NT}x_{NT} + Vy_{NT-1} - Vy_{NT} = 0$$

Próximo ao prato do topo (n = N_T – 1)

Balanço de massa total:

$$L_{NT} - L_{NT-1} = 0$$

Balanço de componente:

$$L_{NT}x_{NT} - L_{NT-1}x_{NT-1} + Vy_{NT-2} - Vy_{NT-1} = 0$$

Prato n

Balanço de massa total:

$$L_{n+1} - L_n = 0$$

Balanço de componente:

$$L_{n+1}x_{n+1} - L_n x_n + Vy_{n-1} - Vy_n = 0$$

Prato de alimentação (n = N_F)

Balanço de massa total:

$$L_{NF+1} - L_{NF} + F = 0$$

Balanço de componente:

$$L_{NF+1}x_{NF+1} - L_{NF}x_{NF} + Vy_{NF-1} - Vy_{NF} + Fz = 0$$

Primeiro prato (n = 1)

Balanço de massa total:

$L_2 - L_1 = 0$

Balanço de componente:

$L_2 x_2 - L_1 x_1 + V y_B - V y_1 = 0$

Refervedor e fundo da coluna

Balanço de massa total:

$L_1 - V - B = 0$

Balanço de componente:

$L_1 x_1 - V y_B - B x_B = 0$

Dados numéricos

$N_T = 20$
$N_F = 10$
$R = 128,01$ lbmols/min
$V = 178,01$ lbmols/min
$F = 100$ lbmols/min
$\alpha = 2$

Solução

A composição na coluna (x_B, x e x_D) é obtida pela solução das equações de balanços de componente no condensador parcial, na coluna e no refervedor.

```
//Programa 11.10
//
//Simulação estacionária da coluna de destilação binária
//
clear
clc

function f=binary(x_)
    global alpha NT NF V R F z B D L
    xB=x_(1)
    x=x_(2:length(x_)-1)
    xD=x_($)

    for n=1:NT
        L(n)=R+F;
        if n>NF
            L(n)=R;
        end
    end

    //VLE
    for n=1:NT
        y(n)=alpha*x(n)/(1+(alpha-1)*x(n));
    end
    yB=alpha*xB/(1+(alpha-1)*xB);

    //Cálculo de V e B
    D=V-R
    B=L(1)-V

    //Calcula funções

    //Condensador e tanque acumulador
    fD=V*y(NT)-(R+D)*xD

    //Prato do topo
    f_(NT)=R*xD-L(NT)*x(NT)+V*y(NT-1)-V*y(NT)

    //Próximo ao prato do topo
    f_(NT-1)=L(NT)*x(NT)-L(NT-1)*x(NT-1)+V*y(NT-2)-V*y(NT-1)

    //Prato n
    for n=NF+1:NT-2
        f_(n)=L(n+1)*x(n+1)-L(n)*x(n)+V*y(n-1)-V*y(n)
    end

    //Prato de alimentação
    f(NF)=L(NF+1)*x(NF+1)-L(NF)*x(NF)+V*y(NF-1)-V*y(NF)+F*z

    //Prato n
    for n=2:NF-1
        f_(n)=L(n+1)*x(n+1)-L(n)*x(n)+V*y(n-1)-V*y(n)
```

```
    end

    //Primeiro prato
    f_(1)=L(2)*x(2)-L(1)*x(1)+V*yB-V*y(1)

    //Refervedor e base da coluna
    fB(1)=L(1)*x(1)-V*yB-B*xB

    f=[fB;f_;fD]

endfunction

global alpha NT NF V R F z B D L

//Valores dos parâmetros
NT=20;
NF=10;
R=128.01;
V=178.01;
F=100;
z=0.5;
alpha=2;

//Chute inicial
xB=0.02;
xD=0.98;
x0_=xB:(xD-xB)/(NT+1):xD;    //perfil linear
x_=fsolve(x0_,binary);
xB=x_(1)
x=x_(2:length(x_)-1)
xD=x_($)

disp('Composição')
disp('    xB          x(1)        x(2)        ...         x(NT)       D')
disp([xB,x,xD])
disp('')
disp('Produto de topo')
printf('\n')
printf('Vazão de topo V = %f lbmol/min \n',V)
printf('composição xD = %f\n',xD)
printf('\n')
disp('Produto de fundo')
printf('\n')
printf('Vazão de topo B = %f lbmol/min\n',B)
printf('composição xB = %f\n',xB)

stage=1:length(x);
scf(1);
clf
plot(x,stage)
xlabel('x')
ylabel('Estágio')
title('Perfil de composição ao longo da coluna')
```

Resultados

```
 Composição

     xB            x(1)          x(2)         ...         x(NT)           D

         column  1 to 11

     0.0199989     0.0350000     0.0571872     0.0888488     0.1317958
 0.1862107     0.2494968     0.3161670     0.3794673     0.4339056     0.4768783

         column 12 to 22

     0.5152526     0.5629442     0.6189513     0.6805110     0.7434401
 0.8031758     0.8560227     0.8999392     0.9345759     0.9607843     0.98


 Produto de topo

Vazão de topo V = 178.010000 lbmol/min
composição xD = 0.980000


 Produto de fundo

Vazão de topo B = 50.000000 lbmol/min
composição xB = 0.019999
```

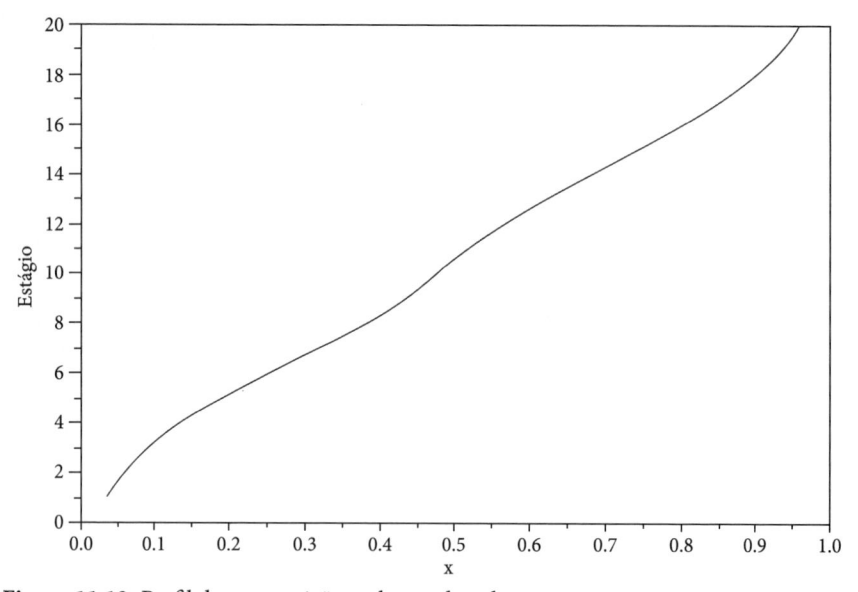

Figura 11.13 Perfil de composição ao longo da coluna.

Nas condições de operação da coluna, a vazão do produto de topo é de 178,0 lbmols/min e composição 98,0% no componente mais volátil, e vazão do produto de fundo é de 50,0 lbmols/min e composição 2,0% no componente mais volátil.

Notação

B	Vazão do produto de fundo
D	Vazão do destilado
F	Vazão da alimentação
L	Vazão de líquido
N_F	Prato de alimentação
N_T	Número de estágios
R	Vazão de refluxo
V	Vazão de vapor
x	Composição do componente mais volátil na fase líquida
x_B	Composição do produto de fundo
x_D	Composição do destilado
y	Composição do componente mais volátil na fase vapor
z	Composição da alimentação
α	Volatilidade relativa

Exemplo 11.11 Processo de extração em contracorrente

Conceitos demonstrados

Remover a anilina da água por extração em contracorrente com tolueno.

Métodos numéricos utilizados

Solução de equação algébrica e uso da função `fsolve`.

Descrição do problema

Um diagrama esquemático do processo é apresentado na Figura 11.14. O objetivo do processo é separar dois componentes, A e B, presentes no fluxo de alimentação por extração em contracorrente com um solvente imiscível. Em cada estágio, o fluxo de alimentação é misturado com o solvente. Deixa-se então que o solvente e a alimentação se separem. O componente A se distribui entre as duas fases, e o B é insolúvel no solvente. A alimentação é enviada para o estágio seguinte e a fase do solvente, ou extrato, é enviada para o estágio anterior.

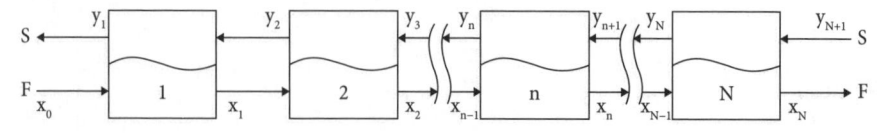

Figura 11.14 Sistema de extração em contracorrente.

Numa primeira aproximação, a relação de equilíbrio em cada estágio pode ser dada por:

$y_n = mx_n$

Calcule a concentração de ambas fases, aquosa e orgânica, em cada estágio do sistema.

Dados numéricos

$m = 9$
$F = 100$ lbs de água/h com 5 lbs de anilina/h
$S = 10$ lbs de tolueno/h

Resolva o mesmo problema se a inclinação da relação de equilíbrio for substituída pela expressão:

$m = 9 + 20x_n$

Solução

Em cada estágio há conservação da matéria, assim, em regime permanente,

$Fx_{n-1} + Sy_{n+1} = Fx_n + Sy_n \qquad n = 1, 2, \ldots, N$

e

$y_n = mx_n$

Portanto, tem-se um total de 2N equações simultâneas que devem ser resolvidas para determinar as concentrações das duas fases em todo o sistema.

Outra opção é resolver o sistema como se fosse uma equação algébrica de y_{N+1} em função da incógnita y_1.

$$y_{N+1} = f(y_1) = 0$$

Nessa alternativa, chuta-se um valor para y_1 e resolvem-se as equações do primeiro estágio para calcular x_1 e y_2. Com esses valores, resolvem-se as equações do segundo estágio para calcular x_2 e y_3, e assim por diante, até se chegar ao último estágio, N, quando são calculados então x_N e y_{N+1}.

```
//Programa 11.11
//
//Processo de extração em contracorrente
//
clear
clearglobal
clc

function f=extracaofun(y1)
    global F S x0 m N
    x(1)=y1/m
    y(2)=(F*x(1)+S*y1-F*x0)/S
    for n=2:N
        x(n)=y(n)/m
        y(n+1)=(F*x(n)+S*y(n)-F*x(n-1))/S
    end
    f=y(N+1)
endfunction

global F S x0 m N
m=9;
F=100;
S=10;
N=10;
x0=5/F
y10=m*x0;
y1=fsolve(y10,extracaofun);
x(1)=y1/m
y(2)=(F*x(1)+S*y1-F*x0)/S
for n=2:N
    x(n)=y(n)/m
    y(n+1)=(F*x(n)+S*y(n)-F*x(n-1))/S
end
disp('Concentração nas fases aquosa e orgânica')
disp('')
disp('     x              y')
disp([x [y1;y(2:$-1)]])
```

Resultados

Para m = 9, os resultados são os seguintes:

```
Concentração nas fases aquosa e orgânica


     x              y

  0.0474593      0.4271338
  0.0446363      0.4017270
  0.0414997      0.3734971
  0.0380145      0.3421306
  0.0341421      0.3072789
  0.0298394      0.2685549
  0.0250587      0.2255281
  0.0197467      0.1777206
  0.0138446      0.1246012
  0.0072866      0.0655796
```

E para $m = 9 + 20x_n$ são:

```
Concentração nas fases aquosa e orgânica


     x              y

  0.0450465      0.4460025
  0.0404212      0.3964678
  0.0360282      0.3502140
  0.0317863      0.3062841
  0.0276228      0.2638656
  0.0234684      0.2222305
  0.0192525      0.1806861
  0.0148987      0.1385279
  0.0103178      0.0949897
  0.0053997      0.0491809
```

Notação

A	Componente anilina
B	Componente água
C	Componente tolueno
F	Vazão do componente B na alimentação, lb/h
m	Coeficiente de distribuição

S   Vazão do solvente, lb/h
x_n Concentração do componente A no fluxo rafinado à saída do n-ésimo estágio, lb de A/lb de B
y_n Concentração do componente A no extrato proveniente do n-ésimo estágio, lb de A/lb de C

Exemplo 11.12 Adsorção linear

Conceitos demonstrados

Resposta transiente de uma coluna de leito fixo com adsorção linear.

Métodos numéricos utilizados

Solução de equações diferenciais parciais pelo método das linhas. Utilização da função `ode`.

Descrição do problema

A adsorção é uma maneira de remover uma espécie química de uma corrente em escoamento. Um tubo cilíndrico é empacotado com material adsorvente, geralmente na forma de pequenas esferas. O adsorvente tem a propriedade de adsorver algum material, enquanto outros não. A corrente escoa através dos interstícios entre as esferas, e entra em contato com o adsorvente. O químico que é adsorvido fortemente é removido da corrente e aparece no sólido adsorvente. As equações diferenciais que governam a adsorção linear são dadas por duas equações, a primeira é um balanço de massa na fase líquida e a segunda um balanço na fase estacionária.

Balanço na fase líquida

$$\phi\frac{\partial c}{\partial t'} + \phi v\frac{\partial c}{\partial x'} + (1-\phi)\frac{\partial n}{\partial t'} = 0$$

Balanço na fase sólida

$$\frac{\partial n}{\partial t'} = k(\gamma c - n)$$

Considerando que, inicialmente, não há material adsorvido na fase líquida e nem na fase sólida em toda a coluna, as condições iniciais são:

$c(x',0) = 0$

$n(x',0) = 0$

A condição de contorno é dada pela concentração na entrada considerada igual a 1,0.

$c(0,t') = 1$

As equações podem ser colocadas na forma adimensional usando as seguintes variáveis:

$$x = \frac{x'k}{v} \qquad t = kt'$$

Balanço na fase líquida

$$\frac{\partial c}{\partial t} + \frac{\partial c}{\partial x} + \frac{1-\phi}{\phi}(\gamma c - n) = 0$$

Balanço na fase sólida

$$\frac{\partial n}{\partial t} = \gamma c - n$$

As condições iniciais e de contorno ficam:

$c(1,0) = 0$
$n(1,0) = 0$
$c(0,t) = 1$

Solução

Aplicando-se o método das linhas com discretização espacial como mostra a Figura 11.15, chega-se ao seguinte conjunto de equações diferenciais:

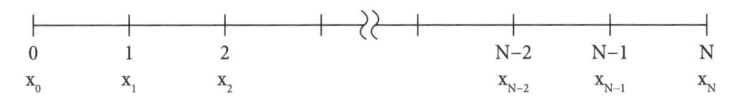

Figura 11.15 Discretização unidimensional.

$$\frac{dc_i}{dt} + \frac{c_i - c_{i-1}}{\Delta x} + \frac{1-\phi}{\phi}(\gamma c_i - n_i) = 0 \qquad i = 1,2,\ldots,N$$

$$\frac{dn_i}{dt} = \gamma c_i - n_i$$

```
//Programa 11.12
//
//Adsorção linear
//
//Solução de equação diferencial pelo método de diferenças finitas upwind
//
clear
clearglobal
clc

function dyt=adsorcao(t, y)
    global N Deltax c0 K gama phi
    c=y(1:N)
    n=y(N+1:2*N)
    dct(1)=-(c(1)-c0)/Deltax-(1-phi)/phi*(gama*c(1)-n(1))
    dnt(1)=gama*c(1)-n(1)
    for i=2:N
        dct(i)=-(c(i)-c(i-1))/Deltax-(1-phi)/phi*(gama*c(i)-n(i))
        dnt(i)=gama*c(i)-n(i)
    end
    dyt=[dct;dnt]
endfunction

global N Deltax c0 K gama phi
K=2;
gama=2;
phi=0.4;
x0=0;
xf=1;
N=100;
Deltax=(xf-x0)/N;
x=x0:Deltax:xf;
t0=0;
tf=1;
t=t0:0.01:tf;

//Condição inicial
c(1:N)=0;
```

```
n(1:N)=0;
//Condição de contorno
c0=1;

y0=[c;n];

y=ode(y0,t0,t,adsorcao);
c=y(1:N,:);
n=y(N+1:2*N,:);

scf(1);
clf
plot(x',[c0;c(:,41)])
xlabel('x')
ylabel('c')
title('Tempo = 0,4   Linha: c')

scf(2);
clf
plot(x(2:$)',n(:,41))
xlabel('x')
ylabel('n')
title('Tempo = 0,4   Linha: n')

scf(3);
clf
plot(x',[c0;c(:,$)])
xlabel('x')
ylabel('c')
title('Tempo = 1   Linha: c')
```

Resultados

As figuras 11.16-11.18 mostram algumas soluções para as concentrações nas duas fases para t = 0,4 e t = 1.

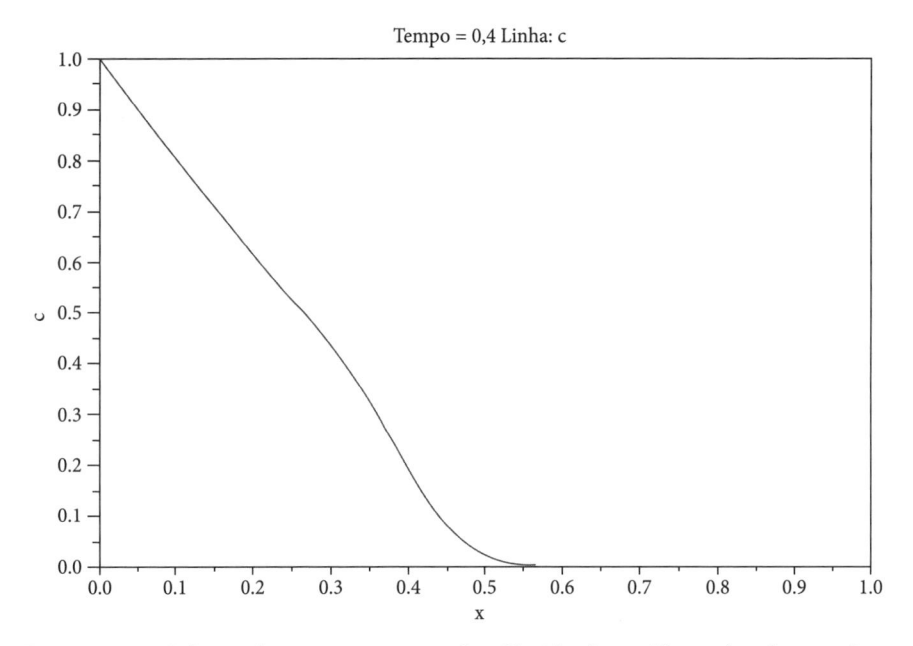

Figura 11.16 Solução da concentração na fase líquida do problema de adsorção linear para t = 0,4.

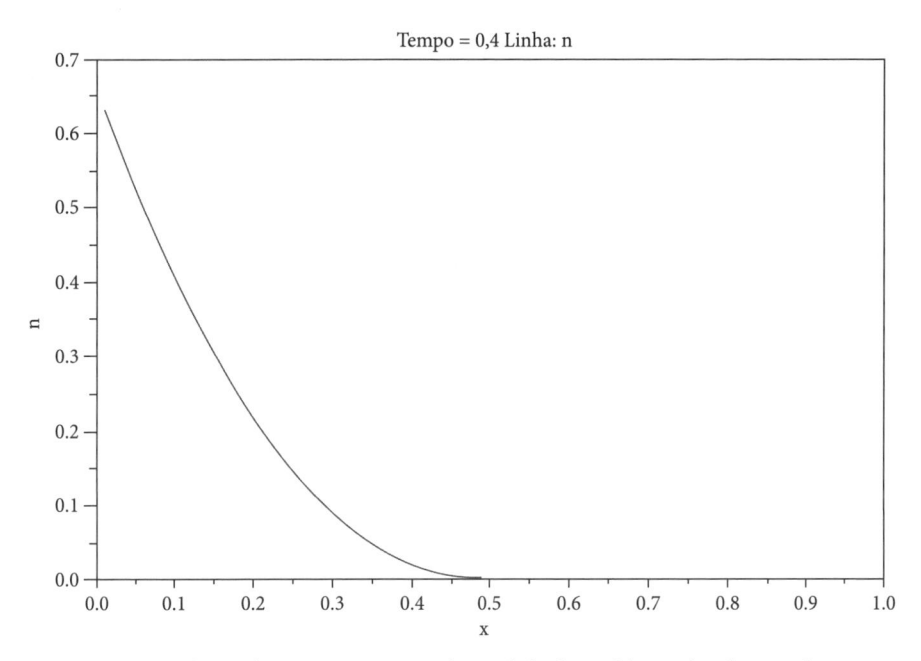

Figura 11.17 Solução da concentração na fase sólida do problema de adsorção linear para t = 0,4.

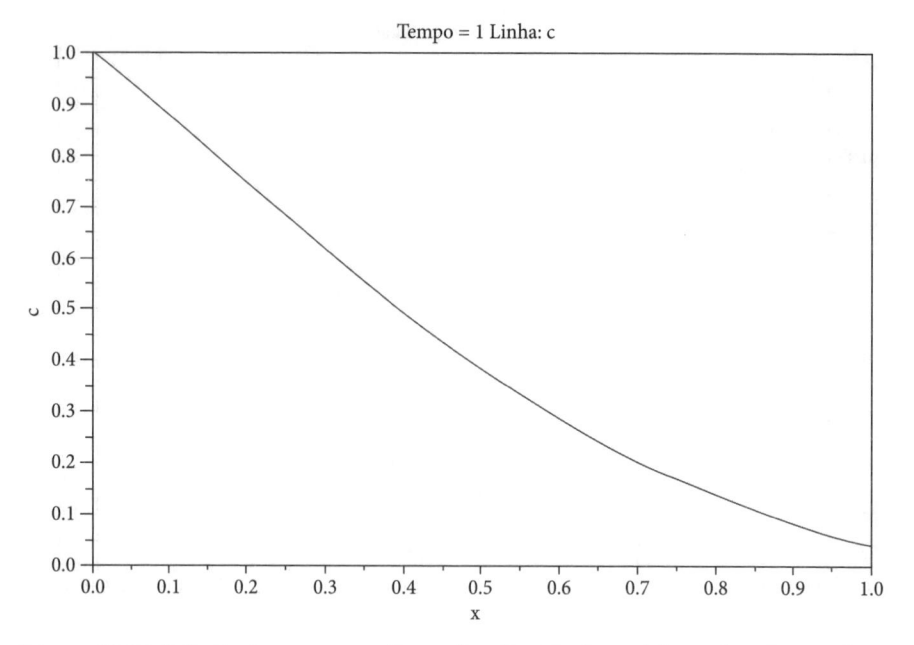

[Gráfico: Tempo = 1 Linha: c, eixo x de 0.0 a 1.0, eixo c de 0.0 a 1.0, curva decrescente de (0,1) até aproximadamente (1, 0.03)]

Figura 11.18 Solução da concentração na fase líquida do problema de adsorção linear para t = 1,0.

Deve-se ressaltar que a solução é apenas uma representação razoável da solução, pois a frente onde a concentração cai rapidamente não é tão acentuada quando deveria ser, conforme mostra a Figura 11.16. Um método que consegue resolver esse tipo de problema é o método da sequência.

Notação

c	Concentração do fluido (mols por volume de fluido)
k	Coeficiente de transporte de massa
n	Concentração no sólido adsorvente (mols por volume de sólido)
t	Tempo
v	Velocidade do fluido
x	Distância na coluna
φ	Porosidade do leito
γ	Parâmetro da isoterma linear

Exemplo 11.13 Adsorção não linear

Conceitos demonstrados

Resposta transiente de uma coluna de leito fixo com adsorção não linear seguindo a isoterma de Langmuir.

Métodos numéricos utilizados

Solução de equações diferenciais parciais pelo método das linhas. Utilização da função ode.

Descrição do problema

Em algumas colunas, a transferência de massa é tão rápida que a concentração na fase gasosa atinge o equilíbrio com a concentração no sólido adsorvente. Nestes casos, a equação do balanço na fase gasosa é:

$$\phi \frac{\partial c}{\partial t'} + \phi v \frac{\partial c}{\partial x'} + (1-\phi) \frac{\partial n}{\partial t'} = 0$$

O equilíbrio segue a isoterma de Langmuir, cuja expressão é:

$$n = \frac{\gamma c}{1 + Kc}$$

Agora:

$$\frac{\partial n}{\partial t'} = \frac{dn}{dc} \frac{\partial c}{\partial t'}$$

Substituindo no balanço da fase gasosa:

$$\phi \frac{\partial c}{\partial t'} + \phi v \frac{\partial c}{\partial x'} + (1-\phi) \frac{dn}{dc} \frac{\partial c}{\partial t'} = 0$$

$$\left[\phi + (1-\phi) \frac{dn}{dc} \right] \frac{\partial c}{\partial t'} + \phi v \frac{\partial c}{\partial x'} = 0$$

$$\left(1 + \frac{1-\phi}{\phi} \frac{dn}{dc} \right) \frac{\partial c}{\partial t'} + v \frac{\partial c}{\partial x'} = 0$$

A forma adimensional pode ser obtida definindo $t' = t$ e $x = \dfrac{x'}{v}$.

$$\left(1 + \frac{1-\phi}{\phi}\frac{dn}{dc}\right)\frac{\partial c}{\partial t} + \frac{\partial c}{\partial x} = 0$$

Da isoterma de Langmuir, tem-se:

$$\frac{dn}{dc} = \frac{\gamma}{(1+Kc)^2}$$

Substituindo no balanço da fase gasosa:

$$\left[1 + \frac{1-\phi}{\phi}\frac{\gamma}{(1+Kc)^2}\right]\frac{\partial c}{\partial t} + \frac{\partial c}{\partial x} = 0$$

Dados numéricos

$K = 2$
$\gamma = 0{,}2 \text{ e } 1$
$\phi = 0{,}4$

Solução

Aplicando-se o método das linhas com discretização espacial, como mostra a Figura 11.15, chega-se ao seguinte conjunto de equações diferenciais:

$$\left[1 + \frac{1-\phi}{\phi}\frac{\gamma}{(1+Kc_i)^2}\right]\frac{dc_i}{dt} + \frac{c_i - c_{i-1}}{\Delta x} = 0 \qquad i = 1, 2, \ldots, N$$

```
//Programa 11.13
//
//Adsorção Langmuir em equilíbrio
//
//Solução de equação diferencial pelo método de diferenças finitas upwind
//
clear
clearglobal
clc
```

```
function dyt=adsorcao(t, y)
    global N Deltax c0 K gama phi
    c=y(1:N);
    dct(1)=-(c(1)-c0)/Deltax/(1+(1-phi)/phi*(gama/(1+K*c(1))^2))
    for i=2:N
       dct(i)=-(c(i)-c(i-1))/Deltax/(1+(1-phi)/phi*(gama/(1+K*c(i))^2))
    end
    dyt=dct
endfunction

global N Deltax c0 K gama phi
K=2;
gama=1;
phi=0.4;
x0=0;
xf=1;
N=100;
Deltax=(xf-x0)/N;
x=x0:Deltax:xf;
t0=0;
tf=3;
t=t0:0.01:tf;

//Condição inicial
c(1:N)=0;
//Condição de contorno
c0=1;

y0=c;

y=ode(y0,t0,t,adsorcao);
c=y(1:N,:);
n=gama*c./(1+K*c);

scf(1);
clf
plot(x',[c0;c(:,41)],x',[c0;c(:,81)],x',[c0;c(:,121)],x',[c0;c(:,161)]
,x',[c0;c(:,201)])
xlabel('x')
ylabel('c')
legend(['t=0,4','t=0,8','t=1,2','t=1,6','t=2']);

scf(2);
clf
plot(x(2:$)',n(:,41),x(2:$)',n(:,81),x(2:$)',n(:,121),x(2:$)',n(:,161)
,x(2:$)',n(:,201))
xlabel('x')
ylabel('n')
legend(['t=0,4','t=0,8','t=1,2','t=1,6','t=2']);

scf(3);
clf
```

```
plot(t,c($,:))
xlabel('t')
ylabel('c')
title('Curva de ruptura')
```

Resultados

Os resultados para $\gamma = 0{,}2$ são mostrados nas figuras 11.19-11.21.

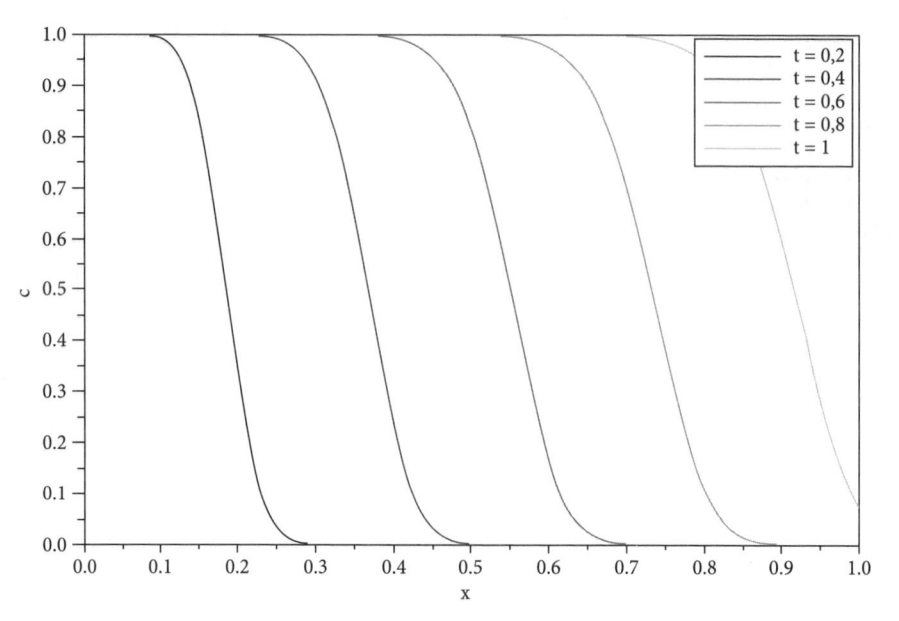

Figura 11.19 Solução da concentração na fase líquida do problema de adsorção não linear parametrizado no tempo.

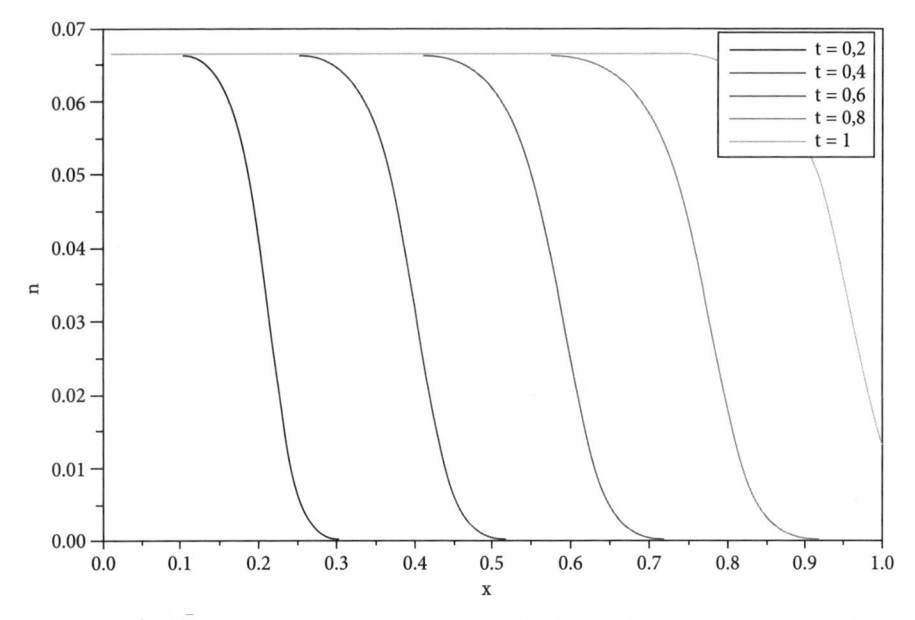

Figura 11.20 Solução da concentração na fase sólida do problema de adsorção não linear parametrizado no tempo.

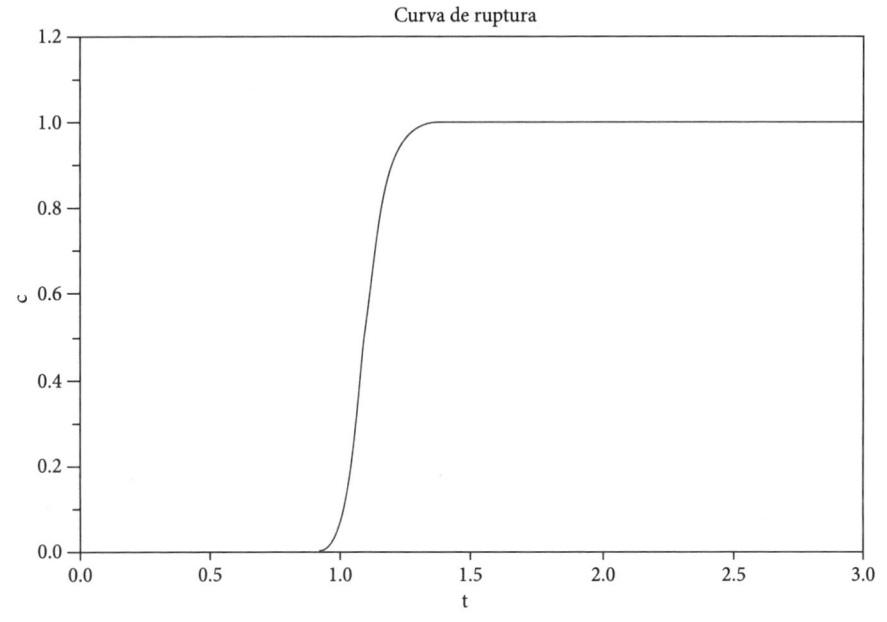

Figura 11.21 Concentração da fase gasosa na saída da coluna ou curva de ruptura (breakthrough curve).

Para γ = 1, os resultados são mostrados nas figuras 11.22-11.24.

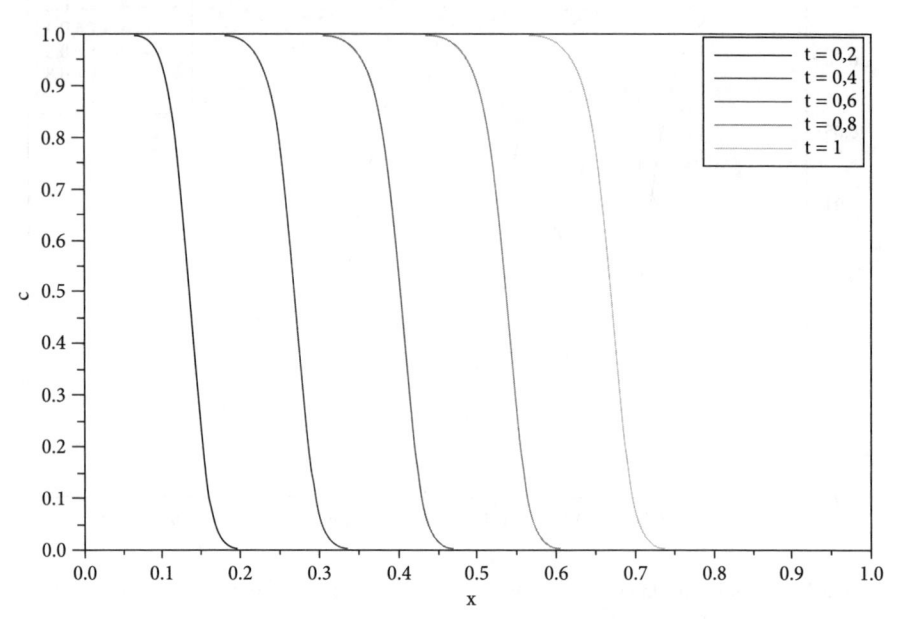

Figura 11.22 Solução da concentração na fase líquida do problema de adsorção não linear parametrizado no tempo.

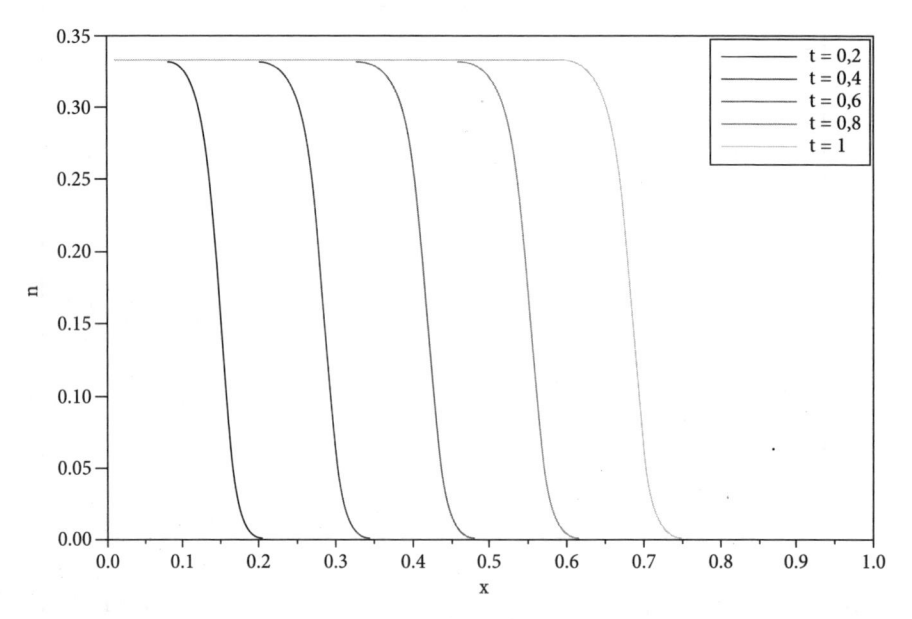

Figura 11.23 Solução da concentração na fase sólida do problema de adsorção não linear parametrizado no tempo.

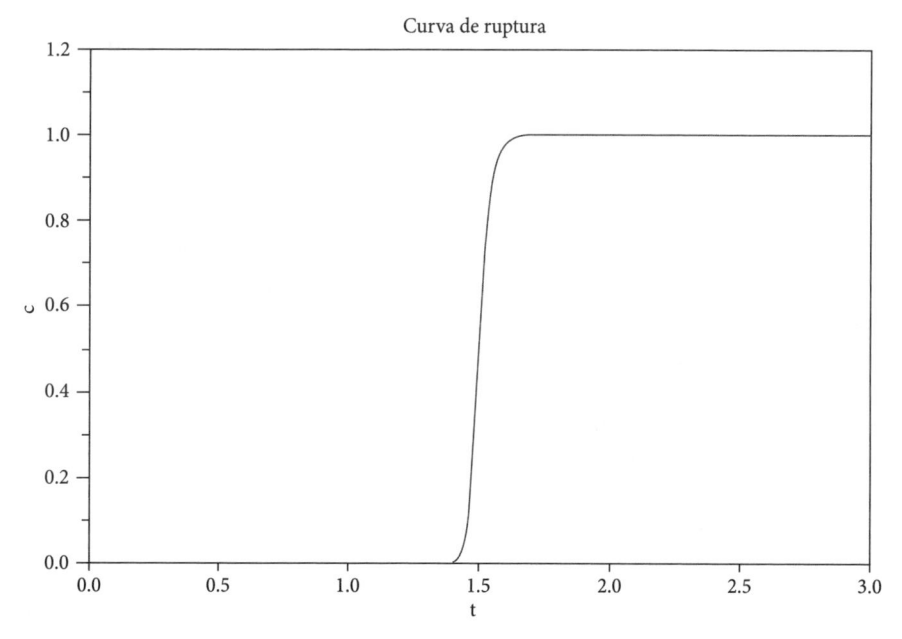

Figura 11.24 Concentração da fase gasosa na saída da coluna ou curva de ruptura (breakthrough curve).

Notação

c	Concentração do fluido (mols por volume de fluido)
k	Coeficiente de transporte de massa
K	Parâmetro da isoterma de Langmuir
n	Concentração no sólido adsorvente (mols por volume de sólido)
t	Tempo
v	Velocidade do fluido
x	Distância na coluna
ϕ	Porosidade do leito
γ	Parâmetro da isoterma de Langmuir

Exemplo 11.14 Projeto de coluna de destilação multicomponente

Conceitos demonstrados

Projeto de coluna de destilação multicomponente pelo método FUG.

Métodos numéricos utilizados

Utilização da função `fsolve`.

Descrição do problema

Uma mistura com 33% de n-hexano, 37% de n-heptano e 30% de n-octano deve ser destilada para dar um produto de topo (destilado) com fração molar de 0,01 em n-heptano e um produto de fundo com fração molar de 0,01 em n-hexano. A coluna operará a 1,2 atm com alimentação líquida a 105 °C.

a) Calcule as composições dos produtos de topo e de fundo e o número mínimo de estágios no refluxo infinito.
b) Estime o número de estágios se a razão de refluxo for $1,5R_{min}$.
c) Qual é o número de estágios na seção retificadora e qual é o número de estágios na seção de esgotamento?

Solução

Pelos dados do problema, têm-se as composições das correntes dadas na Tabela 11.3.

Tabela 11.3 Composição das correntes.

Componente	z	x_D	x_B
1 - n-hexano	0,33		0,01
2 - n-heptano	0,37	0,01	
3 - n-octano	0,30	0	

Assim, os componentes-chaves são:

n-hexano – LK
n-heptano – HK
n-octano – HNK (heavy non-key), que praticamente sai todo pelo fundo

As composições dos produtos de topo e de fundo podem ser obtidas usando os balanços materiais e o fato de que a soma das frações molares em uma determinada corrente deve ser igual a um. Vamos considerar F = 100.

Balanço total

$F = D + B$

Restrição de frações molares

$x_{D,1} + x_{D,2} + x_{D,3} = 1$

$x_{D,1} = 0,99$

Balanço de componente

$Fz_i = Dx_{D,i} + Bx_{B,i}$

para o hexano:

$100(0,33) = D(0,99) + (100 - D)(0,01)$

$D = 32,65$

$B = 67,35$

para o heptano:

$100(0,37) = 32,65(0,01) + 67,35 x_{B,2}$

$x_{B,2} = 0,5445$

para o n-octano:

$x_{B,1} + x_{B,2} + x_{B,3} = 1$

$x_{B,3} = 0,4454$

A pressão de vapor pode ser calculada pela equação de Antoine.

$\log p^{vap} = A - \dfrac{B}{T+C}$ T em °C e p^{vap} em mmHg

A Tabela 11.4 mostra as constantes A, B e C dos componentes na mistura.

Tabela 11.4 Constantes de Antoine.

Componente	A_i	B_i	C_i
1 - n-hexano	6,87601	1171,17	224,41
2 - n heptano	6,89677	1264,90	216,54
3- n-octano	6,91868	1351,99	209,15

Com os valores das pressões de vapor, as constantes de equilíbrio líquido-vapor podem ser calculadas por:

$$K_i = \frac{y_i}{x_i} = \frac{P_i^{vap}}{P}$$

As volatilidades relativas necessárias podem ser calculadas a partir dessas constantes de equilíbrio.

$$\alpha_{LK,HK} = \frac{K_{LK}}{K_{HK}}$$

O número mínimo de estágios é calculado pela equação de Fenske.

$$N_{mín} = \frac{\log\left[\left(\frac{x_{LK}}{x_{HK}}\right)_D \left(\frac{x_{HK}}{x_{LK}}\right)_B\right]}{\log\left(\alpha_{LK,HK}^{média}\right)}$$

O refluxo mínimo pode ser obtido pelas equações de Underwood.

$$f(\theta) = \sum_{i=1}^{N_c} \frac{Fz_i \alpha_i}{\alpha_i - \theta} - F(1-q) = 0$$

$$R_{mín} + 1 = \sum_{i=1}^{N_c} \frac{x_{D,i} \alpha_i}{\alpha_i - \theta}$$

com q = 1 (líquido saturado).

Com os valores de $N_{mín}$, $R_{mín}$ e R, o número de estágios pode ser obtido pela correlação de Gilliland.
O ponto de alimentação pode ser obtido pela equação de Kirkbride.

$$\frac{N_R}{N_S} = \left[\left(\frac{B}{D}\right)\left(\frac{z_{HK}}{z_{LK}}\right)\left(\frac{x_{B,LK}}{x_{D,HK}}\right)^2 \right]^{0,206}$$

com:

$N_R + N_S = N$

```
//Programa 11.14
//
//Método FUG
//
clear
clc

function f=BM1(x)
    global F z xD xB Nc alpha q i
    D=x
    //Balanços materiais
    //Balanço de massa total
    B=F-D
    //Balanço do componente
    f=F*z(i)-D*xD(i)-B*xB(i)
endfunction

function f=BM2(x)
    global F z xD xB Nc alpha q i
    global D B
    xB(2)=x
    f=F*z(i)-D*xD(i)-B*xB(i)
endfunction

function f=Underwood(theta)
    global F z xD xB Nc alpha q i
    sum_=0
    for i=1:Nc
        sum_=sum_+F*z(i)*alpha(i)/(alpha(i)-theta)
end
    f=sum_+F*(1-q)
endfunction

function f=Gilliland(N)
    global Nmin Rmin R
    f=0.75*(1-((R-Rmin)/(R+1))^0.5668)-(N-Nmin)/(N+1)
endfunction

function f=Kirkbride(NR)
    global F z xD xB Nc alpha q i
    global D B N
```

```
    NS=N-NR
    f=((B/D)*(z(HK)/z(LK))*(xB(LK)/xD(HK))^2)^0.206-(NR/NS)
endfunction

global F z xD xB Nc alpha q i
global D B N
global Nmin Rmin R

//Alimentação
//1 - n-hexano
//2 - n-heptano
//3 - n-octano
F=100;
z=[0.33;0.37;0.3];
Nc=length(z);

//Produtos destilado e de fundo
//Dados conhecidos
xD(2)=0.01;
xD(3)=0;
xB(1)=0.01;
//Dados calculados
xD(1)=1-xD(2)-xD(3);
i=1;     //n-hexano
D=fsolve(0.5*F,BM1);
B=F-D;
i=2;     //n-heptano
xB(2)=fsolve(0.5,BM2);
xB(3)=1-xB(1)-xB(2);

//Propriedades físicas
//Constantes de Antoine
AA=[6.87601;6.89677;6.91868];
BB=[1171.17;1264.90;1351.99];
CC=[224.41;216.54;209.15];

//Dados de operação da coluna
P=1.2;      //atm
P=P*760;    //mmHg
LK=1;
HK=2;
CK=HK;

T=105;      //temperatura de alimentação, oc

for i=1:Nc
    pvap(i)=10^(AA(i)-BB(i)/(T+CC(i)));
end
for i=1:Nc
    K(i)=pvap(i)/P;
end
for i=1:Nc
```

```
    alpha(i)=K(i)/K(CK);
end

//Número mínimo de estágios - equação de Fenske

//Volatilidade relativa média entre os dois componentes-chaves
alphaLKHK=K(LK)/K(HK);    //
Nmin=log((xD(LK)/xD(HK))*(xB(HK)/xB(LK)))/log(alphaLKHK);

//Volatilidade relativa média geométrica entre os dois componentes-
//-chaves pode ser a média entre o destilado e o produto do fundo
//Ttop=75;      //temperatura aproximada do topo (oC), temperatura do
ponto de bolha de n-hexano a 1,2 atm
//Tbottom=115;   //temperatura aproximada do fundo (oC), ponto de bolha
do produto

//Refluxo mínimo - equação de Underwood
q=1;
theta0=1.5;
theta=fsolve(theta0,Underwood);
sum_=0;
for i=1:Nc
    sum_=sum_+xD(i)*alpha(i)/(alpha(i)-theta)
end
Rmin=sum_-1;

//Número mínimo de estágios - equação de Gilliland
//Para R=1,5Rmin
R=1.5*Rmin;
N=fsolve(2*Nmin,Gilliland);

//Localização do estágio de alimentação - equação de Kirkbride
NR=fsolve(N/2,Kirkbride);
//NR=round(NR);
NS=N-NR;

//Imprimindo
disp('Coluna de destilação multicomponente')
disp('Alimentação')
printf('\n')
printf('F = %f\n',F)
disp('Composição')
disp(z)
disp('Produto de topo')
printf('\n')
printf('D = %f\n',D)
disp('Composição')
disp(xD)
disp('Produto de fundo')
printf('\n')
printf('B = %f\n',B)
disp('Composição')
disp(xB)
```

```
disp('')
printf('Número mínimo de estágios = %f\n',Nmin)
printf('Refluxo mínimo = %f\n',Rmin)
printf('Número de estágios = %f\n',N)
printf('Número de estágios na seção de retificação = %f\n',NR)
printf('Número de estágios na seção de esgotamento = %f\n',NS)
```

Resultados

```
Coluna de destilação multicomponente

Alimentação

F = 100.000000
  Composição

    0.33
    0.37
    0.3

  Produto de topo

D = 32.653061

  Composição

    0.99
    0.01
    0.

  Produto de fundo

B = 67.346939

  Composição

    0.01
    0.5445455
    0.4454545

Número mínimo de estágios = 10.430529
Refluxo mínimo = 1.755129
Número de estágios = 18.530881
Número de estágios na seção de retificação = 10.063509
Número de estágios na seção de esgotamento = 8.467371
```

    O número de estágios é 19, sendo 10 estágios na seção de retificação e 9 na seção de esgotamento.

Notação

A	Constante da equação de Antoine
B	Constante da equação de Antoine, Vazão de fundo
C	Constante da equação de Antoine
D	Vazão de destilado
F	Vazão de alimentação
K	Constante de equilíbrio líquido-vapor
N	Número de estágios
$N_{mín}$	Número mínimo de estágios
N_R	Número de estágios na seção de retificação
N_S	Número de estágios na seção de esgotamento
P	Pressão
p^{vap}	Pressão de vapor
q	Qualidade da alimentação
R	Razão de refluxo
$R_{mín}$	Razão de refluxo mínimo
T	Temperatura
x	Fração molar
x_D	Composição do destilado
z	Composição da alimentação
α	Volatilidade relativa
θ	Parâmetro de Underwood

CAPÍTULO 12
Otimização de processos

A otimização pode ser vista como uma ferramenta para auxiliar tomadas de decisões. Seu propósito é auxiliar as pessoas envolvidas na resolução de problemas, escolhendo os melhores valores na decisão. Dentro de uma companhia, a otimização é utilizada em vários níveis, indo desde uma combinação complexa de plantas e distribuição de facilidades até plantas individuais, combinação de unidades, equipamentos individuais ou até mesmo partes individuais de equipamentos. Problemas de otimização podem ser encontrados em todos esses níveis, assim, o escopo de um problema de otimização pode ser a companhia toda, uma planta, um processo, uma operação unitária, uma parte simples do equipamento de uma operação unitária.

12.1 OTIMIZAÇÃO NÃO LINEAR

A formulação geral do problema de otimização pode ser expressa como:

Achar o vetor de variáveis de otimização, $\mathbf{x}^* = [x_1^*\ x_2^*\ \ldots\ x_n^*]^T$, que minimiza uma função objetivo $f(\mathbf{x})$ sujeita a um conjunto de restrições, ou seja:

Minimizar $f(\mathbf{x}) = f(x_1, x_2, \ldots, x_n)$ função objetivo

Sujeita a:

$h_j(\mathbf{x}) = 0$ $j = 1, \ldots, m$ restrições de igualdade

$g_j(\mathbf{x}) \leq 0$ $j = 1, \ldots, r$ restrições de desigualdade

Ou na forma compacta:

Minimizar f(**x**)

Sujeita a: **h**(**x**) = 0
$\quad\quad\quad$ **g**(**x**) ≤ 0

em que:

$$\mathbf{x} = \begin{bmatrix} x_1 \\ x_2 \\ \vdots \\ x_n \end{bmatrix} \text{vetor de n variáveis}$$

$$\mathbf{h(x)} = \begin{bmatrix} h_1(\mathbf{x}) \\ h_2(\mathbf{x}) \\ \vdots \\ h_m(\mathbf{x}) \end{bmatrix} \text{vetor de equações de dimensão m}$$

$$\mathbf{g(x)} = \begin{bmatrix} g_1(\mathbf{x}) \\ g_2(\mathbf{x}) \\ \vdots \\ g_r(\mathbf{x}) \end{bmatrix} \text{vetor de desigualdades de dimensão r}$$

Quando o problema não apresenta restrições, é chamado de otimização irrestrita.

12.2 FUNÇÃO FMINSEARCH

O Scilab contém algumas funções que podem ser utilizadas para resolver problemas de otimização. Uma delas é a função `fminsearch`, que calcula o mínimo irrestrito de uma função pelo algoritmo de Nelder e Mead. A forma mais simples de usar é:

```
x=fminsearch(costf,x0)
```

em que os parâmetros de entrada são dados na Tabela 12.1.

Tabela 12.1 Parâmetros da função fminsearch.

Parâmetros	Significado
x0	Vetor com os chutes iniciais
costf	Nome da função que contém a função objetivo

O argumento de saída é o vetor **x** que minimiza a função objetivo.

Exemplo 12.1 Minimização da função de Rosenbrock usando fminsearch

Descrição do problema

Minimizar $f(\mathbf{x}) = 100(x_2 - x_1^2)^2 + (1 - x_1)^2$

Essa função f(**x**) é bastante conhecida na literatura de otimização e é chamada de função de Rosenbrock ou função banana.

Gráfico de contornos

O gráfico de contornos é útil em ajudar a localizar o ponto ótimo ou identificar uma área que contém o ponto ótimo.

```
//Programa 12.1a
//
//Superfície e curvas de nível da função de Rosenbrock
//
clear
clc

x1=-2:0.1:2;
x2=-2:0.1:2;
n=length(x1);
m=length(x2);
for i=1:n
    for j=1:m
        f(i,j)=100*(x2(j)-x1(i)^2)^2+(1-x1(i))^2;
    end
end
scf(1);
clf
plot3d(x1,x2,f)
xlabel('x1')
ylabel('x2')
zlabel('f')
x1=-2:0.01:2;
```

```
x2=-2:0.01:2;
n=length(x1);
m=length(x2);
for i=1:n
    for j=1:m
        f(i,j)=100*(x2(j)-x1(i)^2)^2+(1-x1(i))^2;
    end
end

scf(2);
clf
contour(x1,x2,f,[1 10 100 500 1000])
xlabel('x1')
ylabel('x2')
```

Resultados

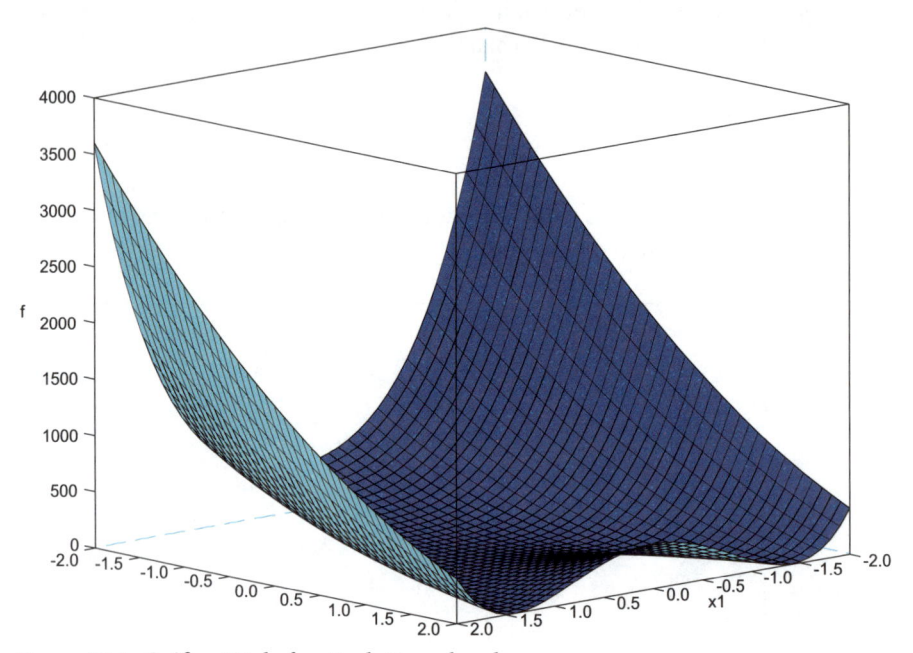

Figura 12.1 Gráfico 3D da função de Rosenbrock.

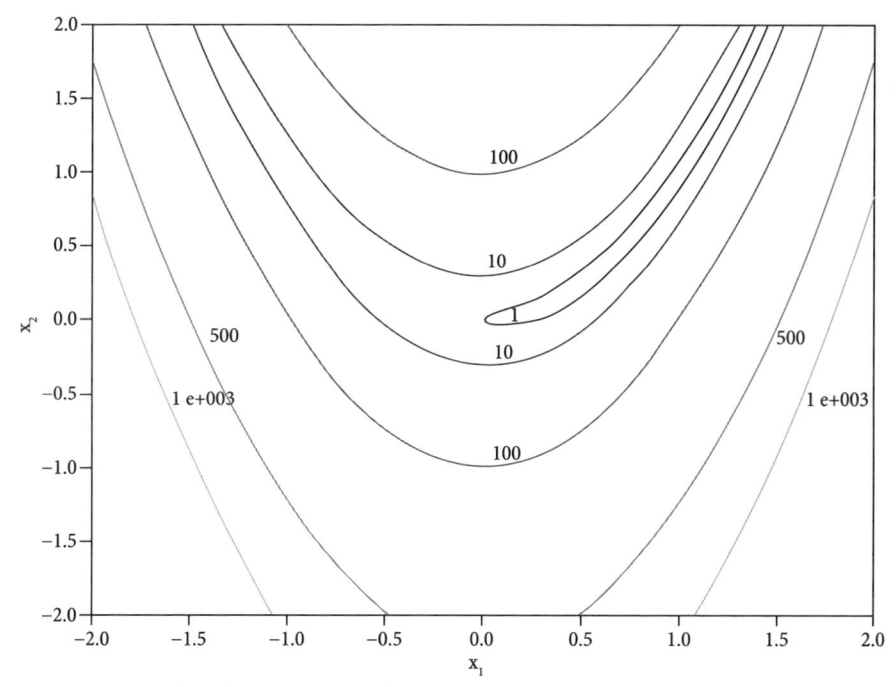

Figura 12.2 Gráfico de contornos da função de Rosenbrock.

Com essas duas figuras, podemos ver que o ponto ótimo está situado nas proximidades do ponto (0;0). Deve-se frisar que os gráficos são úteis quando se tem apenas uma ou duas variáveis de otimização.

```
//Programa 12.1b
//
//Mínimo da função de Rosenbrock
//
clear
clc

function f=rosenbrockfun(x)
    f=100*(x(2)-x(1)^2)^2+(1-x(1))^2
endfunction

x0=[-1.2 1];
[fopt,xopt]=fminsearch(rosenbrockfun,x0');    //<--x0 deve ser coluna
//Mostra os resultados
disp('Solução ótima')
disp(xopt,'x')
disp(fopt,'f')
```

Resultados

```
Solução ótima

x

    8.178D-10

f

    1.000022    1.0000422
```

12.3 FUNÇÃO OPTIM

O Scilab tem uma ferramenta de otimização, e uma das funções de otimização mais usadas é a `optim`. Este comando proporciona um conjunto de algoritmos para resolver problemas de otimização irrestritos não lineares e aceita limites nas variáveis.

O `optim` necessita conhecer o gradiente. Se o gradiente for desconhecido ou muito complicado de codificar, então uma utilidade é fornecida, que possibilita o `optim` prosseguir usando somente a função a ser minimizada. Essa utilidade é `NDcost`, que estabelece a diferenciação numérica da função objetivo. Ela aproxima o gradiente usando diferenças finitas. A forma mais simples de usar é:

`[f,xopt]=optim(costf,x0)`

em que os parâmetros de entrada são dados na Tabela 12.2.

Tabela 12.2 Parâmetros da função `optim`.

Parâmetros	Significado
x0	Vetor com os chutes iniciais
costf	Nome da função que contém a função objetivo

Os argumentos de saída são: o valor ótimo da função f e o valor ótimo de **x** encontrado, xopt.

Embora a função `optim` resolva problemas de minimização, ela serve também para problemas de maximização simplesmente resolvendo-se o problema equivalente:

Maximizar f(**x**) equivale a minimizar – f(**x**)

12.4 FUNÇÃO NDCOST

O NDcost é um externo que serve para o optim calcular o gradiente usando diferenças finitas.

[f,g,ind]=NDcost(x,ind,fun,varargin)

em que os parâmetros de entrada são dados na Tabela 12.3.

Tabela 12.3 Parâmetros da função NDcost.

Parâmetros	Significado
x	Vetor com os chutes iniciais
ind	Parâmetro inteiro
fun	Função Scilab com sequência de chamamento f=fun(x,varargin) varargin pode ser usado para passar parâmetros $p_1,...,p_n$
f	Valor da função no ponto x
g	Gradiente no ponto x

Somente a função fun que calcula a função objetivo é necessária.

Exemplo 12.2 Minimização da função de Rosenbrock usando optim

Minimização com gradiente

A função optim precisa conhecer o gradiente da função objetivo. Para a função de Rosenbrock, o gradiente é dado por:

$$\frac{\partial f}{\partial x_1} = -400(x_2 - x_1^2)x_1 - 2(1-x_1)$$

$$\frac{\partial f}{\partial x_2} = 200(x_2 - x_1^2)$$

```
//Programa 12.2
//
//Solução ótima da função de Rosenbrock
//
clear
clc

function [f, g, ind]=rosenbrock(x, ind)
```

```
    f=100*(x(2)-x(1)^2)^2+(1-x(1))^2
    g(1)=-400.*(x(2)-x(1)^2)*x(1)-2.*(1.-x(1))
    g(2)=200.*(x(2)-x(1)^2)
endfunction

x0=[-1.2 1];
[f,x]=optim(rosenbrock,x0);
//Mostra os resultados
disp('Solução ótima')
disp(x,'x')
disp(f,'f')
```

Resultados

```
Solução ótima

x

    1.    1.

f

    0.

Execução completada.
```

O chute inicial foi $x_0 = [-1{,}2 \quad 1]$ e a função convergiu para o ponto ótimo $x^* = [1 \quad 1]$ com $f^* = 0{,}0$.

Neste exemplo, tanto a função de Rosenbrock como o seu gradiente foram calculados dentro da função `rosenbrock` que contém a função objetivo.

Minimização com gradiente numérica

Em muitas aplicações reais, o gradiente é tão complicado de se obter ou simplesmente é indisponível, uma vez que a função é desconhecida. Nesses casos, pode-se calcular o gradiente usando diferenças finitas com a função `numdiff`.

```
//Programa 12.2b
//
//Solução ótima da função de Rosenbrock
//
clear
clc

function f=rosenbrockfun(x)
```

```
    f=100*(x(2)-x(1)^2)^2+(1-x(1))^2
endfunction

function [f, g, ind]=rosenbrock(x, ind)
    f=100*(x(2)-x(1)^2)^2+(1-x(1))^2
    g=numdiff(rosenbrockfun,x)
endfunction

x0=[-1.2 1];
[f,x]=optim(rosenbrock,x0);
//Mostra os resultados
disp('Solução ótima')
disp(x,'x')
disp(f,'f')
```

Resultados

```
 Solução ótima

 x

    0.9999955    0.9999910

 f

    2.010D-11

 Execução completada.
```

Minimização com a utilidade `NDcost`

Considere a função de Rosenbrock com um parâmetro p dado por:

$$f(\mathbf{x}) = 100(px_2 - x_1^2)^2 + (1 - x_1)^2$$

e que o valor desse parâmetro seja p = 200.

```
//Programa 12.2c
//
//Solução ótima da função de Rosenbrock
//
clear
clc

function f=rosenbrockfun(x,varargin)
    p=varargin(1)
```

```
    f=100*(p*x(2)-x(1)^2)^2+(1-x(1))^2
endfunction
x0=[-1.2 1];
[fopt,xopt]=optim(list(NDcost,rosenbrockfun,200),x0');    //<--x0 deve
ser coluna
//Mostra os resultados
disp('Solução ótima')
disp(xopt,'x')
disp(fopt,'f')
```

Resultados

```
Solução ótima

x

    1.0000000
    0.0050000

f

    5.378D-17
```

12.5 FUNÇÃO LEASTSQ

Uma outra ferramenta muito útil no Scilab é a função leastsq. Ela é uma rotina de otimização não linear que resolve problemas de mínimos quadrados não lineares. A forma mais simples de usar é:

[fopt,xopt]=leastsq(fun,x0)

em que os parâmetros de entrada são dados na Tabela 12.4.

Tabela 12.4 Parâmetros da função leastsq.

Parâmetros	Significado
x0	Vetor com os chutes iniciais
fun	Nome da função que contém a função

Os argumentos de saída são: o valor mínimo da função fopt e o valor xopt que minimiza a função.

Exemplo 12.3 Minimização de uma função

Descrição do problema

Suponha que queremos achar a solução de:

xln(x) + x = 3

Em primeiro lugar, cria-se uma função em Scilab que retorna o mínimo, ou seja, o valor de x que resolva o mínimo da equação. Uma maneira é calcular o erro e elevá-lo ao quadrado.

y = [xln(x) + x − 3]^2

No Scilab, cria-se uma função, por exemplo, fun.

```
//Programa 12.3
//
clc
clear

function y=fun(x)
    e=x*log(x)+x-3
    y=e*e
endfunction

[e,x]=leastsq(fun,1.7)
```

Resultados

```
    x  =

    1.8545507
 e  =

    1.458D-31

 Execução completada.
```

12.6 PASSANDO PARÂMETROS EXTRAS

Muitas vezes é preciso passar parâmetros extras necessários para calcular a função objetivo, o que pode ser feito criando-se uma lista.

```
list(a1,...an)
```

Os elementos ai's são elementos Scilab arbitrários.

Por exemplo, na chamada da função optim, se for preciso passar um conjunto de parâmetros {$p_1, p_2,...,p_n$}, o comando seria o seguinte:

[f,xopt,gopt]=optim(list(NDcost,fun,p1,...pn),x0,...)

Exemplo 12.4 Minimização da função de Rosenbrock

Descrição do problema

Para exemplificar, considere ainda a função de Rosenbrock com um parâmetro p. O gradiente dessa função é:

$$\frac{\partial f}{\partial x_1} = -400(px_2 - x_1^2)x_1 - 2(1 - x_1)$$

$$\frac{\partial f}{\partial x_2} = 200(px_2 - x_1^2)$$

No programa foi criada uma lista contendo o nome da função que calcula a função objetivo e o parâmetro p.

```
//Programa 12.4
//
//Passando parâmetro p para a função de Rosenbrock
//
clear
clc

function [f, g, ind]=fun(x, ind, p)
    f=100*(p*x(2)-x(1)^2)^2+(1-x(1))^2
    g(1)=-400*(p*x(2)-x(1)^2)*x(1)-2*(1-x(1))
    g(2)=200*(p*x(2)-x(1)^2)*p
endfunction

x0=[1 1];
p=200;
costfun=list(fun,p);
[fopt,xopt]=optim(costfun,x0)
//Mostra os resultados
disp('Solução ótima')
disp(xopt,'x')
disp(fopt,'f')
```

Resultados

```
Solução ótima
x
    1.    0.005
f
    0.
```

Exemplo 12.5 Ajuste de curvas a pontos experimentais

Descrição do problema

Modelar a pressão de vapor do benzeno com a temperatura por polinômios, equação de Clausius Clapeyron e equação de Antoine. Na Tabela 12.5, são apresentadas as pressões de vapor para várias temperaturas.

Tabela 12.5 Pressão de vapor do benzeno.

Temperatura, T (°C)	Pressão, P (mmHg)
−36,7	1
−19,6	5
−11,5	10
−2,6	20
7,6	40
15,4	60
26,1	100
42,2	200
60,6	400
80,1	760

Solução

Polinômio

Suponha que se deseje ajustar um polinômio de terceiro grau aos dados experimentais.

$$P(T) = a_0 + a_1T + a_2T^2 + a_3T^3$$

O problema então é determinar os coeficientes a_0, a_1, a_2 e a_3. Usando o método de mínimos quadrados, esses coeficientes podem ser determinados minimizando o somatório do quadrado dos erros, ou seja,

$$\text{Minimizar } f = \sum_{i=1}^{N}[P(T_i) - P_i]^2$$

em que $P(T_i)$ é o valor da pressão calculada na temperatura i, p_i é o valor experimental da pressão na mesma temperatura e N é o número de pontos experimentais.

```
//Programa 12.5a
//
//Ajuste de parâmetros do polinômio
//
clear
clearglobal
clc

function P=vapor_pressure(T, a)
    P=a(1)+a(2)*T+a(3)*T^2+a(4)*T^3
endfunction

//Dados experimentais
Tm=[-36.7,-19.6,-11.5,-2.6,7.6,15.4,26.1,42.2,60.6,80.1]';    //oC
Pm=[1,5,10,20,40,60,100,200,400,760]';      //mm Hg

function e=fun(a)
    global Tm Pm
    e=vapor_pressure(Tm,a)-Pm
endfunction

global Tm Pm
a0=[1; 1; 1; 1];    //estimativa inicial dos coeficientes do polinômio
[f,aopt]=leastsq(fun,a0);

T=-30:0.1:90;
P=aopt(1)+aopt(2)*T+aopt(3)*T^2+aopt(4)*T^3;

disp('Coeficientes do polinômio')
disp('P=a(1)+a(2)*T+a(3)*T^2+a(4)*T^3)')
indx=1:length(aopt);
disp('Índice    Coeficiente')
disp([indx' aopt])
scf(1);
clf
plot(T,P)
plot(Tm,Pm,'b.')
xlabel('T (K)')
```

```
ylabel('P (mm Hg)')
title('Polinômio')
```

Resultados

```
Coeficientes do polinômio

P=a(1)+a(2)*T+a(3)*T^2+a(4)*T^3

Índice    Coeficiente

  1.      24.459358
  2.       1.1980994
  3.       0.0394481
  4.       0.0007449
```

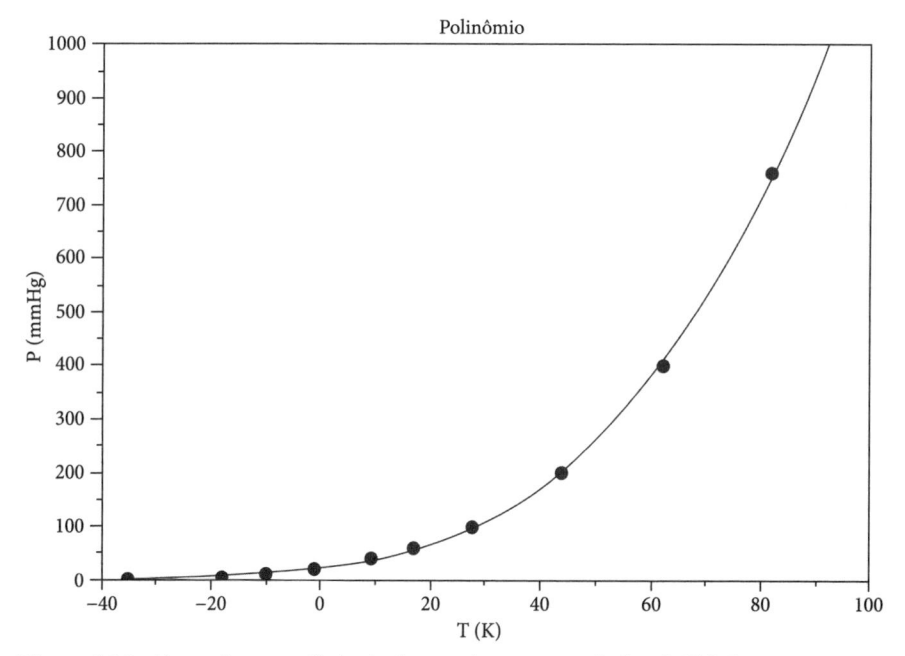

Figura 12.3 Ajuste de um polinômio de terceiro grau aos dados da Tabela 12.5.

Equação de Clausius Clapeyron

A equação de Clausius Clapeyron é dada por:

$$\log(P) = A + \frac{B}{T}$$

Em geral, a pressão de vapor P é dada em mmHg, a temperatura T é a temperatura absoluta em K e ambos A e B são parâmetros da equação.

```
//Programa 12.5b
//
//Ajuste de parâmetros da equação de Clausius Clapeyron
//
clear
clearglobal
clc

function P=vapor_pressure(T, A, B)
    P=10^(A+B./T)
endfunction

//Dados experimentais
Tm=[-36.7,-19.6,-11.5,-2.6,7.6,15.4,26.1,42.2,60.6,80.1]';    //oC
Pm=[1,5,10,20,40,60,100,200,400,760]';    //mm Hg
Tm=Tm+273.15;    //K

function e=fun(a)
    global Tm Pm
    A=a(1)
    B=a(2)
    e=vapor_pressure(Tm,A,B)-Pm
endfunction

global Tm Pm
a0=[10;-2000];    //estimativa inicial dos coeficientes do polinômio
[f,aopt]=leastsq(fun,a0);
A=aopt(1);
B=aopt(2);
T=-30:0.1:90;    //oC
T=T+273.15;    //K
P=10^(A+B./T)

disp('Equação de Clausius Clapeyron')
disp('P=A+B/T')
disp('Coeficientes da equação')
disp('')
printf('A = %f\n',A)
printf('B = %f\n',B)
scf(1);
clf
plot(T,P)
plot(Tm,Pm,'b.')
xlabel('T (K)')
ylabel('P (mm Hg)')
title('Equação de Clausius Clapeyron')
```

Resultados

```
Equação de Clausius Clapeyron

P=A+B/T

Coeficientes da equação

A = 7.750500
B = -1719.814375
```

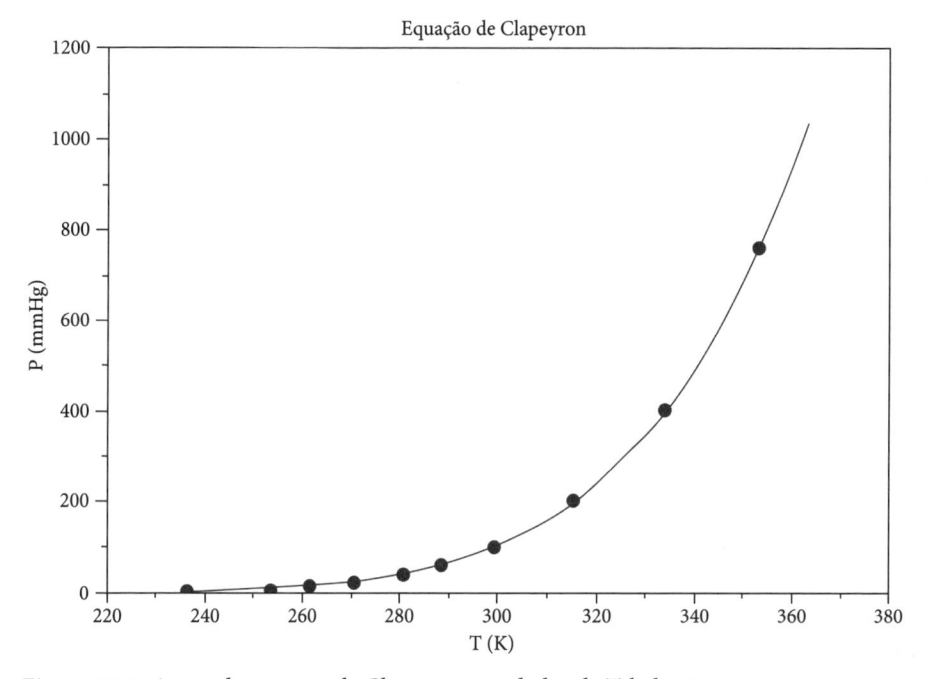

Figura 12.4 Ajuste da equação de Clapeyron aos dados da Tabela 12.5.

Equação de Antoine

A equação de Antoine é dada por:

$$\log(P) = A + \frac{B}{T+C}$$

Em geral, a pressão de vapor P é dada em mmHg, a temperatura T é a temperatura em °C e A, B e C são parâmetros da equação.

```
//Programa 12.5c
//
//Ajuste de parâmetros da equação de Antoine
//
clear
clearglobal
clc
function P=vapor_pressure(T, A, B, C)
    P=10^(A+B./(T+C))
endfunction

//Dados experimentais
Tm=[-36.7,-19.6,-11.5,-2.6,7.6,15.4,26.1,42.2,60.6,80.1]';    //oC
Pm=[1,5,10,20,40,60,100,200,400,760]';    //mm Hg

function e=fun(a)
    global Tm Pm
    A=a(1)
    B=a(2)
    C=a(3)
    e=vapor_pressure(Tm,A,B)-Pm
endfunction

global Tm Pm
a0=[10;-2000;273];    //estimativa inicial dos coeficientes do polinômio
[f,aopt]=leastsq(fun,a0);
A=aopt(1);
B=aopt(2);
C=aopt(3);
T=-30:0.1:90;    //oC
P=10^(A+B./(T+C))

disp('Equação de Antoine')
disp('P=A+B/(T+C)')
disp('Coeficientes da equação')
disp('')
printf('A = %f\n',A)
printf('B = %f\n',B)
printf('C = %f\n',C)
scf(1);
clf
plot(T,P)
plot(Tm,Pm,'b.')
xlabel('T (K)')
ylabel('P (mm Hg)')
title('Equação de Antoine')
```

Resultados

```
Equação de Antoine

P=A+B/(T+C)

Coeficientes da equação

A =    7.555192
B = -1594.443284
C =  261.061698
```

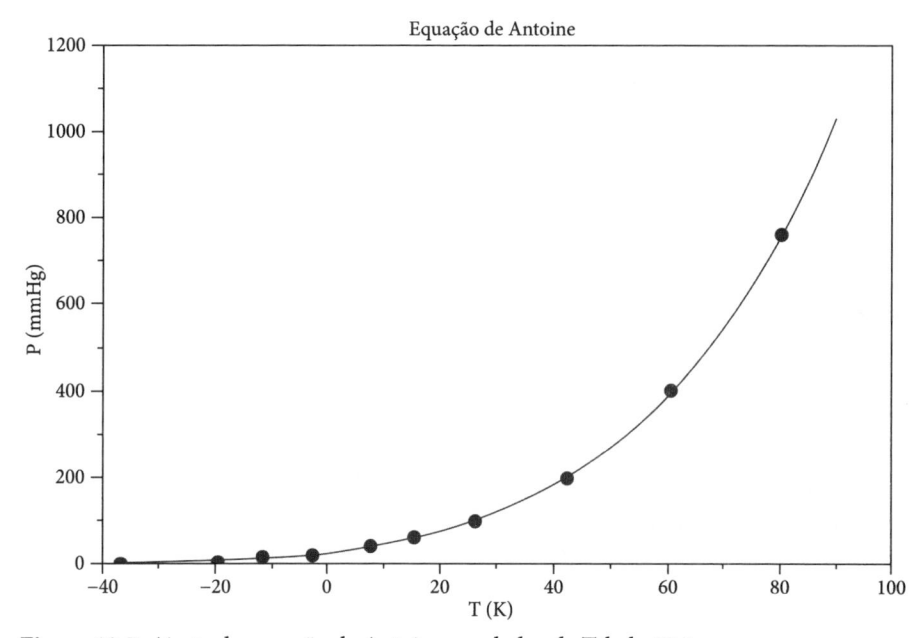

Figura 12.5 Ajuste da equação de Antoine aos dados da Tabela 12.5.

Notação

a   Coeficiente do polinômio
A   Parâmetro da equação da pressão de vapor de Clausius Clapeyron e de Antoine
B   Parâmetro da equação da pressão de vapor de Clausius Clapeyron e de Antoine
C   Parâmetro da equação de Antoine
P   Pressão
T   Temperatura

12.7 PROGRAMAÇÃO LINEAR

Problemas de programação linear (LP, do inglês Linear Programming) são caracterizados por função objetivo linear acoplada a restrições lineares e a variáveis não negativas, o que significa que a função objetivo é convexa e as restrições formam um conjunto convexo, de modo que um ótimo local será um ótimo global. A forma geral do problema de programação linear pode ser colocada como:

Minimizar $f(x_1, x_2,\ldots,x_n) = c_1x_1 + c_2x_2 + \ldots + c_nx_n$

Sujeito a:

$a_{11}x_1 + a_{12}x_2 + \ldots + a_{1n}x_n \leq b_1$
$a_{21}x_1 + a_{22}x_2 + \ldots + a_{2n}x_n \leq b_2$
$\vdots$
$a_{m1}x_1 + a_{m2}x_2 + \ldots + a_{mn}x_n \leq b_m$

com:

$x_1 \geq 0$
$x_2 \geq 0$
$\vdots$
$x_n \geq 0$

Todas as restrições de desigualdade, se existirem, podem ser convertidas em restrições de igualdade, adicionando-se uma variável não negativa, denominada de variável de folga. Assim, o conjunto de restrições fica com a seguinte forma:

$a_{11}x_1 + a_{12}x_2 + \ldots + a_{1n}x_n + a_{1,n+1}x_{n+1} = b_1$
$a_{21}x_1 + a_{22}x_2 + \ldots + a_{2n}x_n + a_{2,n+2}x_{n+2} = b_2$
$\vdots$
$a_{m1}x_1 + a_{m2}x_2 + \ldots + a_{mn}x_n + a_{m,n+m}x_{n+m} = b_m$

O problema de programação linear pode ser colocado na forma matricial:

Minimizar $f(\mathbf{x}) = \mathbf{c}^T\mathbf{x}$

Sujeito a: $\mathbf{Ax} = \mathbf{b}$
$\mathbf{x} \geq 0$

em que:

f(**x**) é a função objetivo;

$$\mathbf{x} = \begin{bmatrix} x_1 \\ x_2 \\ \vdots \\ x_{n+m} \end{bmatrix}$$

é o vetor coluna de dimensão n + m × 1 relativo a todas as variáveis do problema, incluindo eventuais variáveis de folga;

$$\mathbf{c} = \begin{bmatrix} c_1 \\ c_2 \\ \vdots \\ c_n \end{bmatrix}$$

é o vetor coluna de dimensão n × 1 relativo aos coeficientes dos custos;

$$\mathbf{A} = \begin{bmatrix} a_{11} & a_{12} & \cdots & a_{1n} & a_{1,n+1} & 0 & \cdots & 0 \\ a_{21} & a_{22} & \cdots & a_{2n} & 0 & a_{2,n+2} & \cdots & 0 \\ & & & \vdots & & & \vdots & \\ a_{m1} & a_{m1} & \cdots & a_{mn} & 0 & 0 & \cdots & a_{m,n+m} \end{bmatrix}$$

é a matriz de dimensão m × n + m dos coeficientes das restrições de igualdade;

$$\mathbf{b} = \begin{bmatrix} b_1 \\ b_2 \\ \vdots \\ b_m \end{bmatrix}$$

é o vetor coluna de dimensão m × 1 relativo aos termos independentes no lado direito das restrições.

12.8 FUNÇÃO KARMAKAR

O Scilab dispõe de uma função chamada karmakar, que resolve problemas de programação linear colocados no seguinte formato:

Minimizar $f(\mathbf{x}) = \mathbf{c}^T\mathbf{x}$

Sujeito a: $\mathbf{A}_{eq}\mathbf{x} = \mathbf{b}_{eq}$
$\mathbf{A}\mathbf{x} \leq \mathbf{b}$
$\mathbf{l}_b \leq \mathbf{x} \leq \mathbf{u}_b$

A forma mais simples de utilizar essa função é:

```
xopt=karmarkar(Aeq,beq,c)
```

A Tabela 12.6 apresenta os parâmetros necessários para a utilização dessa função.

Tabela 12.6 Parâmetros da função karmakar.

Parâmetros	Significado
Aeq	Matriz m × n + n dos coeficientes das restrições de igualdade
beq	Vetor m × 1 dos termos independentes no lado direito das restrições de igualdade
c	Vetor coluna n × 1 relativo aos coeficientes dos custos

Exemplo 12.6

Descrição do problema

Minimizar $f(\mathbf{x}) = -x_1 + x_2$

Sujeito a: $-2x_1 + x_2 \leq 2$
$x_1 - 3x_2 \leq 2$
$x_1 + x_2 \leq 4$
$x_1 \geq 0, x_2 \geq 0$

```
//Programa 12.6a
//
//Programação linear
//
clear
clc
```

```
c=[-1; 1];
A=[-2 1; 1 -3; 1 1];
b=[2; 2; 4];
[xopt,fopt]=karmarkar([],[],c,[],[],[],[],[],A,b)
```

Resultados

```
fopt =

 - 2.9999737
 xopt =

   3.4999737
   0.5
```

A solução é $x_1 = 3{,}5$ e $x_2 = 0{,}5$. O valor da função objetivo é $f = -3{,}0$.

As restrições de desigualdade podem ser transformadas em restrições de igualdade adicionando às mesmas uma variável não negativa (variável de folga) para cada restrição. Assim, o problema fica:

Minimizar $f(\mathbf{x}) = -x_1 + x_2$

Sujeito a: $-2x_1 + x_2 + x_3 = 2$
$x_1 - 3x_2 + x_4 = 2$
$x_1 + x_2 + x_5 = 4$
$x_1 \geq 0, x_2 \geq 0, x_3 \geq 0, x_4 \geq 0, x_5 \geq 0$

```
//Programa 12.6b
//
//Programação linear
//
clear
clc

c=[-1; 1; 0; 0; 0];
Aeq=[-2 1 1 0 0; 1 -3 0 1 0; 1 1 0 0 1];
beq=[2; 2; 4];
[xopt,fopt]=karmarkar(Aeq,beq,c)
```

Resultados

```
 fopt  =

 - 2.9999849
 xopt  =

    3.4999849
    0.5
    8.4999698
    0.0000151
    0.0000151

 Execução completada.
```

A solução é $x_1 = 3{,}5$, $x_2 = 0{,}5$, $x_3 = 8{,}5$, $x_4 = 0{,}0$ e $x_5 = 0{,}0$. O valor da função objetivo é $f = -3{,}0$. Esse resultado mostra que a primeira restrição é inativa, pois a variável de folga x_3 é diferente de zero, enquanto as outras duas são ativas, cujas variáveis de folga são iguais a zero. Isto significa que a presença da restrição inativa não afeta a solução do problema. A solução seria a mesma, caso a restrição fosse removida do conjunto de restrições.

12.9 PROGRAMAÇÃO QUADRÁTICA

A programação quadrática é quando queremos minimizar uma função objetivo quadrática sujeita a restrições lineares. Em notação matricial, a programação quadrática pode ser colocada como:

Minimizar $f(\mathbf{x}) = \mathbf{c}^T\mathbf{x} + \dfrac{1}{2}\mathbf{x}^T\mathbf{Q}\mathbf{x}$

Sujeito a: $\mathbf{A}\mathbf{x} = \mathbf{b}$
$\qquad\quad\ \mathbf{x} \geq 0$

12.10 FUNÇÃO QPSOLVE

O Scilab dispõe de uma função chamada de qpsolve, que resolve problemas de programação quadrática colocadas no seguinte formato:

Minimizar $f(\mathbf{x}) = \mathbf{p}^T\mathbf{x} + \dfrac{1}{2}\mathbf{x}^T\mathbf{Q}\mathbf{x}$

Sujeito a: $C(j,:)x = b(j)$ $j = 1,\ldots,me$
$C(j,:)x \leq b(j)$ $j = me + 1,\ldots,me + md$
$c_i \leq x \leq c_s$

A forma mais simples de utilizar essa função é:

```
[x [,iact [,iter [,f]]]]=qpsolve(Q,p,C,b,ci,cs,me)
```

A Tabela 12.7 apresenta os parâmetros necessários para a utilização dessa função.

Tabela 12.7 Parâmetros da função `qpsolve`.

Parâmetros	Significado
Q	Matriz simétrica definida positiva real n × n
p	Vetor coluna real n × 1
C	Matriz real (me + md) × n
b	Vetor coluna (me + md) × 1
ci	Vetor coluna de limites inferiores n × 1
cs	Vetor coluna de limites superiores n × 1
me	Número de restrições de igualdade

Exemplo 12.7

Descrição do problema

Minimizar $f(x) = 2x_1^2 + x_2^2 + x_1 x_2 + x_1 + x_2$

Sujeito a: $x_1 + x_2 = 1$
$x_1 \geq 0$
$x_2 \geq 0$

ou:

Minimizar $f(\mathbf{x}) = \begin{bmatrix} 1 & 1 \end{bmatrix} \begin{bmatrix} x_1 \\ x_2 \end{bmatrix} + \frac{1}{2} \begin{bmatrix} x_1 & x_2 \end{bmatrix} \begin{bmatrix} 4 & 1 \\ 1 & 2 \end{bmatrix} \begin{bmatrix} x_1 \\ x_2 \end{bmatrix}$

Sujeito a: $x_1 + x_2 = 1$
$x_1 \geq 0$

$$x_2 \geq 0$$

ou:

$$\text{Minimizar } f(\mathbf{x}) = \begin{bmatrix} 1 & 1 \end{bmatrix} \mathbf{x} + \frac{1}{2} \mathbf{x}^T \begin{bmatrix} 4 & 1 \\ 1 & 2 \end{bmatrix} \mathbf{x}$$

Sujeito a: $x_1 + x_2 = 1$
$x_1 \geq 0$
$x_2 \geq 0$

```
//Programa 12.7
//
//Programação quadrática
//
clear
clc

Q=[4 1; 1 2];
c=[1; 1];
b=[1];
A=[1 1];
ci=[0; 0];
cs=[[]; []];
[x,iact,iter,f]=qpsolve(Q,c,A,b,ci,cs,1);
disp('Solução')
disp('')
printf('Função objetivo = %f\n',f)
disp('x')
disp(x)
```

Resultados

```
Solução

Função objetivo = 1.875000

x

    0.25
    0.75
```

A solução é dada por:

$f(\mathbf{x}^*) = 1{,}875$

$$\mathbf{x}^* = \begin{bmatrix} 0{,}25 \\ 0{,}75 \end{bmatrix}$$

Exemplo 12.8

Descrição do problema

Considere o problema:

Minimizar $f(\mathbf{x}) = -8x_1 - 16x_2 + x_1^2 + 4x_2^2$

Sujeito a: $x_1 + x_2 \leq 5$
$x_1 \leq 3$
$x_1 \geq 0$
$x_2 \geq 0$

Neste exemplo, tem-se que:

$\mathbf{c}^T = [-8, \quad -16]$

$$\mathbf{Q} = \begin{bmatrix} 2 & 0 \\ 0 & 8 \end{bmatrix}$$

$$\mathbf{A} = \begin{bmatrix} 1 & 1 \\ 1 & 0 \end{bmatrix}$$

$$\mathbf{b} = \begin{bmatrix} 5 \\ 3 \end{bmatrix}$$

```
//Programa 12.8
//
//Programação quadrática
//
clear
clc

Q=[2 0; 0 8];
c=[-8; -16];
b=[5; 3];
```

```
A=[1 1; 1 0];
ci=[0; 0];
cs=[3; 1e20];
[x,iact,iter,f]=qpsolve(Q,c,A,b,ci,cs,0)
```

Resultados

```
 f  =

  - 31.
 iter  =

    2.
    0.
 iact  =

    2.
    0.
    0.
    0.
    0.
    0.
 x  =

    3.
    2.

Execução completada.
```

Os resultados mostram que a solução ótima é dada por:

$$\mathbf{x}^* = \begin{bmatrix} 3 \\ 2 \end{bmatrix}$$

e o valor da função objetivo $f(\mathbf{x}^*) = -31$. A restrição ativa é a restrição $x_1 \leq 3$, com o valor de x_1 dado pelo limite superior da restrição.

Exemplo 12.9 Produção anual em uma refinaria

Conceitos demonstrados

Produção de gasolina bruta e gasóleo que maximiza o lucro total anual.

Métodos numéricos utilizados

Solução de problema de programação linear e utilização da função `karmakar`.

Descrição do problema

Uma refinaria processa petróleo bruto, produzindo, em um esquema simplificado, dois subprodutos: gasolina bruta e gasóleo. Para obter gasolina bruta, o petróleo é submetido a três operações: destilação atmosférica, dessulfuração e reforma catalítica. Na obtenção do gasóleo, o petróleo é também submetido a três operações: destilação atmosférica, dessulfuração e craqueamento catalítico. Os reservatórios nos quais essas operações são processadas têm capacidades limitadas. Tem-se um reservatório especial para cada operação descrita anteriormente. As capacidades anuais dos quatro reservatórios são fornecidas no quadro a seguir:

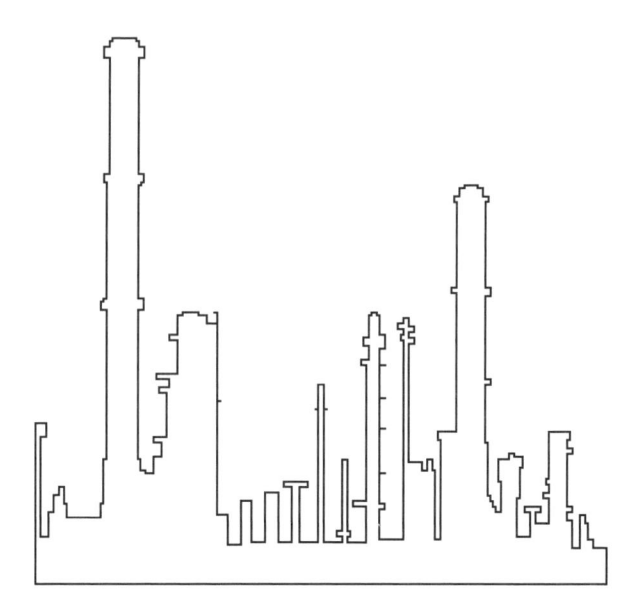

Figura 12.6 Refinaria de petróleo.

Reservatório	Gasolina bruta (t/ano)	Gasóleo (t/ano)
Destilação atmosférica	500000	600000
Dessulfuração	700000	500000
Reforma catalítica	400000	
Craqueamento catalítico		450000

Supondo que o lucro na venda de uma tonelada de gasolina bruta seja $7,00, e o de uma tonelada de gasóleo $5,00; deseja-se calcular a produção anual em toneladas de gasolina bruta e de gasóleo que maximiza o lucro total.

Caso se queira aumentar o lucro obtido, quais reservatórios deverão ser primeiramente expandidos?

Solução

Seja:

x_1 = gasolina bruta
x_2 = gasóleo

O problema é:

Maximizar lucro = $7x_1 + 5x_2$

Entretanto, na solução desse problema, algumas restrições que impõem limites devem ser obedecidas:

Destilação atmosférica: capacidade máxima V

500000	V
x_1	V_1

$$V_1 = \frac{x_1 V}{500000}$$

600000	V
x_2	V_2

$$V_2 = \frac{x_2 V}{600000}$$

$V_1 + V_2 \leq V$

$$\frac{x_1 V}{500000} + \frac{x_2 V}{600000} \leq V$$

$$\frac{x_1}{500000} + \frac{x_2}{600000} \leq 1$$

Analogamente, para a dessulfuração:

$$\frac{x_1}{700000} + \frac{x_2}{500000} \leq 1$$

$x_1 \leq 400000$

$x_2 \leq 450000$

$x_1 \geq 0, x_2 \geq 0,$

Assim, o problema completo fica:

Minimizar $f = -7x_1 - 5x_2$

Sujeito a:

$1,2x_1 + x_2 \leq 600000$ \hfill (1)

$x_1 + 1,4x_2 \leq 700000$ \hfill (2)

$x_1 \leq 400000$ \hfill (3)

$x_2 \leq 450000$ \hfill (4)

$x_1 \geq 0, x_2 \geq 0$

```
//Programa 12.9
//
//Refinaria de petróleo
//
clear
clc

Aeq=[];
beq=[];
c=[-7; -5];
A=[1.2 1; 1 1.4];
b=[600000; 700000];
lb=[0; 0];
ub=[400000; 450000];
rtolf=1d-8; //<--(default rtolf=1.d-5)
```

```
[xopt,fopt,exitflag,iter,yopt]=karmarkar(Aeq,beq,c,[],rtolf,[],[],[],A,
b,lb,ub)
```

Resultados

```
 yopt =

   ineqlin: [2x1 constant]
   eqlin: [0x0 constant]
   lower: [2x1 constant]
   upper: [2x1 constant]
 iter =

   82.
 exitflag =

   1.
 fopt =

   - 3400000.
 xopt =

   399999.98
   120000.02

 Execução completada.
```

$x_1 = 400000$
$x_2 = 120000$
$x_3 = 0$
$x_4 = 132000$
$x_5 = 0$
$x_6 = 330000$
$f = 340000$

Note que neste exemplo não foi usado valor default de `rtolf` (1.d-5), pois resultaria em uma solução errada. O valor de `rtolf` foi mudado para 1.d-8.

Com esse resultado, podemos conferir quais restrições são ativas, isto é, satisfeitas como igualdade.

$1,2x_1 + x_2 = 1,2(400000) + 120000 = 600000$

$x_1 + 1,4x_2 = 400000 + 1,4(120000) = 568000$

$x_1 = 400000$

$x_2 = 120000$

As restrições 1 e 3 são ativas, isto é, os limites dos reservatórios "prendem" o aumento dos lucros. Os outros dois reservatórios, cujas capacidades são limitadas pelas desigualdades 2 e 4, não atingiram suas capacidades máximas, isto é, possuem ainda folgas em suas capacidades. Portanto, devemos primeiramente expandir a capacidade do reservatório de destilação atmosférica e/ou de reforma catalítica.

Exemplo 12.10 Redução da poluição no rio

Conceitos demonstrados

Redução da poluição do rio por três unidades fabris.

Métodos numéricos utilizados

Solução de problema de programação linear. Utilização da função `karmakar`.

Descrição do problema

Uma companhia possui três unidades fabris próximas a um rio (1, 2 e 3). Cada uma emite dois tipos de poluentes (1 e 2). Se o resíduo de cada fábrica for tratado, a poluição do rio pode ser reduzida. Custa $15 para tratar uma tonelada de resíduo da fábrica 1, e cada tonelada tratada reduz a quantidade de poluente 1 em 0,10 tonelada e a quantidade de poluente 2 em 0,45 tonelada. Custa $10 para tratar uma tonelada de resíduo da fábrica 2, e cada tonelada tratada reduz a quantidade de poluente 1 em 0,20 tonelada e a quantidade de poluente 2 em 0,25 tonelada. Custa $20 para tratar uma tonelada de resíduo da fábrica 3, e cada tonelada tratada reduz a quantidade de poluente 1 em 0,40 tonelada e a quantidade de poluente 2 em 0,30 tonelada. A companhia pretende reduzir a quantidade de poluente 1 no rio em pelo menos 30 toneladas e de poluente 2 em 40 toneladas. Ache a solução de custo mínimo que reduza a poluição nas quantidades desejadas.

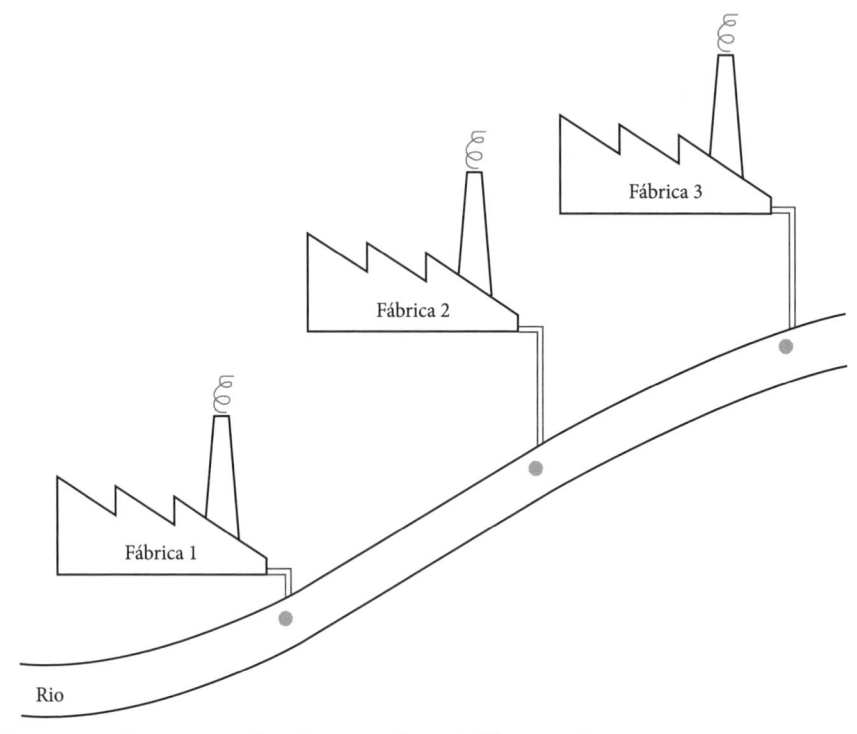

Figura 12.7 Lançamento de poluentes pelas três fábricas próximas ao rio.

Solução

Seja:

x_1 = quantidade de toneladas de resíduo da fábrica 1
x_2 = quantidade de toneladas de resíduo da fábrica 2
x_3 = quantidade de toneladas de resíduo da fábrica 3

Minimizar $f = 15x_1 + 10x_2 + 20x_3$

Sujeito a: $0,1x_1 + 0,2x_2 + 0,4x_3 \geq 30$
$0,45x_1 + 0,25x_2 + 0,3x_3 \geq 40$
$x_1 \geq 0, x_2 \geq 0, x_3 \geq 0$

```
//Programa 12.10
//
//Redução da poluição no rio
//
clear
clc

c=[15; 10; 20; 0; 0];
A=[0.1 0.2 0.4 -1 0; 0.45 0.25 0.3 0 -1];
b=[30; 40];
[xopt,fopt]=karmarkar(A,b,c)
```

Resultados

```
fopt  =

    1576.9368
 xopt  =

    7.6916974
    146.15465
    0.0007438
    0.0003967
    0.0001488

 Execução completada.
```

Exemplo 12.11 Compressor de três estágios

Conceitos demonstrados

Determinação das pressões intermediárias que minimizam o trabalho de um compressor.

Métodos numéricos utilizados

Solução de problema de programação não linear. Utilização da função `optim`.

Descrição do problema

O problema do compressor de três estágios é determinar as pressões intermediárias, p_2 e p_3, de modo que o custo em comprimir uma quantidade de gás desde p_1 (conhecida) até p_4 (conhecida) seja mínimo. Um esquema do diagrama de fluxo do compressor é mostrado na Figura 12.8.

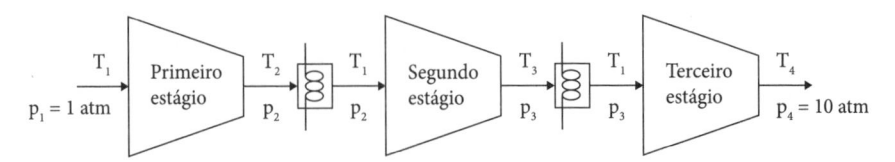

Figura 12.8 Compressor de três estágios.

O trabalho necessário para a compressão adiabática de um gás ideal, com refrigeração entre estágios até a temperatura de entrada, após cada compressão, é:

$$W = NRT\frac{k}{k-1}\left[\left(\frac{p_2}{p_1}\right)^{(k-1)/k} + \left(\frac{p_3}{p_2}\right)^{(k-1)/k} + \left(\frac{p_4}{p_3}\right)^{(k-1)/k} - 3\right]$$

em que N é a vazão molar, R é a constante dos gases, T é a temperatura de entrada, e k a relação dos calores específicos, C_p/C_v. Uma vez que N, R, T e k são constantes, essa equação reduz-se a:

$$W = A\left[\left(\frac{p_2}{p_1}\right)^b + \left(\frac{p_3}{p_2}\right)^b + \left(\frac{p_4}{p_3}\right)^b - 3\right]$$

Dados numéricos

Para o ar, k = 1,4 e, portanto, b = 0,286.
O problema de otimização transforma-se em:

$$\min W = \min_{p_2, p_3}\left[\left(\frac{p_2}{p_1}\right)^b + \left(\frac{p_3}{p_2}\right)^b + \left(\frac{p_4}{p_3}\right)^b - 3\right]$$

```
//Programa 12.11
//
//Compressor de três estágios
//
clear
clc
```

```
function f=compressorfun(x)
    global p1 p4 b
    p2=x(1)
    p3=x(2)
    f=(p2/p1)^b+(p3/p2)^b+(p4/p3)^b-3
endfunction

function [f, g, ind]=compressor(x, ind)
global p1 p4 b
    p2=x(1)
    p3=x(2)
    f=(p2/p1)^b+(p3/p2)^b+(p4/p3)^b-3
    g=numdiff(compressorfun,x)
endfunction

global p1 p4 b
p1=1;
p4=10;
k=1.4;
b=(k-1)/k;
x0=[3; 6];
[f,x]=optim(compressor,x0);
//Mostra os resultados
disp('Solução ótima')
disp(x,'x')
disp(f,'f')
```

Resultados

```
Solução ótima

 x

    2.1544347
    4.6415899

 f

    0.7355913

Execução completada.
```

Notação

b   Constante
k   Constante
N   Vazão molar

P	Pressão
R	Constante dos gases
T	Temperatura
W	Trabalho

Exemplo 12.12 Extração em corrente cruzada por estágio

Conceitos demonstrados

Determinação dos fluxos de solvente nos estágios de um processo de extração em corrente cruzada que maximizam o lucro da operação.

Métodos numéricos utilizados

Solução de problema de programação não linear. Utilização da função `optim`.

Descrição do problema

Um diagrama esquemático do processo em consideração é apresentado na Figura 12.9. O objetivo é separar dois componentes, A e B, presentes no fluxo de alimentação, por extração com dois solventes imiscíveis, C e D. No primeiro estágio o fluxo de alimentação é misturado com o solvente C e no segundo com D. Deixa-se então que o solvente e a alimentação se separem. O componente B se distribui entre as duas fases. A alimentação é enviada para o estágio seguinte e a fase do solvente, ou extrato, recolhida para venda. Deseja-se determinar as quantidades dos solventes para que o lucro da operação seja máximo.

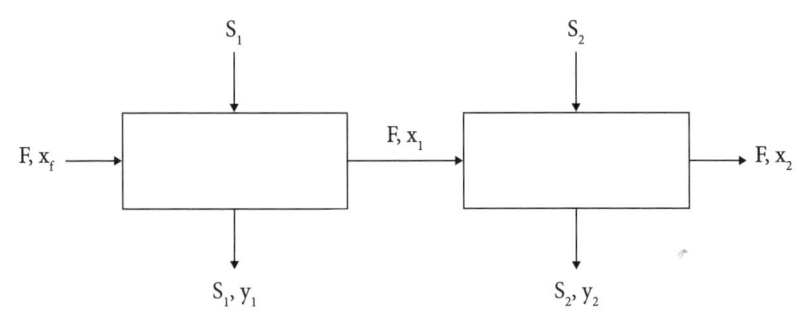

Figura 12.9 Extração em dois estágios.

	Solvente 1	Solvente 2
Custo	10 $/t	5 $/t
Equilíbrio	$y_1 = x_1$	$y_2 = x_2$

Dados numéricos

Dados da alimentação:

$F = 100$ t
$x_f = 1$ kg/t F

Relação termodinâmica:

$y_i = x_i$

Valor do produto:

$1000 e^{-x_2}$ $/t F

Solução

O objetivo é maximizar o lucro, ou seja:

$$\underset{S_1, S_2}{\text{Maximizar}} \text{ (valor do produto − custo do solvente)}$$

Assim, a função objetivo pode ser escrita como:

$$\underset{S_1, S_2, \ldots, S_N}{\text{Maximizar}} \; P = \sum_{i=1}^{N} \alpha S_i y_i - \beta S_i$$

Sujeito a:

$Fx_{i-1} = Fx_i + S_i y_i \qquad i = 1, 2, \ldots, N$

$y_i = x_i$

Usando o método da substituição direta, as restrições de igualdade podem ser usadas para eliminar tantas variáveis de otimização quantas forem o número de igualdades e, com isso, reduzir o número de variáveis de otimização. Com a eliminação das restrições de igualdade, o problema de otimização torna-se irrestrito, caso o problema inicial não apresente restrições de desigualdade.

```
//Programa 12.12
//
//Extração em corrente cruzada por estágio
//
clear
clc

function f=extracaofun(x)
    global F xf N
    y=x
    S(1)=F*(xf-x(1))/y(1)
    for i=2:N
        S(i)=F*(x(i-1)-x(i))/y(i)
    end
    P=F*1000*exp(-x(2))-10*S(1)-5*S(2)
    f=-P
endfunction

function [f, g, ind]=extracao(x, ind)
    global F xf N
    y=x
    S(1)=F*(xf-x(1))/y(1)
    for i=2:N
        S(i)=F*(x(i-1)-x(i))/y(i)
    end
    P=F*1000*exp(-x(2))-10*S(1)-5*S(2)
    f=-P
    g=numdiff(extracaofun,x)
endfunction

global F xf N
F=100;
xf=1;
N=2;
x0=[0.1 0.1]; //<--
[f,xopt]=optim(extracao,x0);
yopt=xopt;
Sopt(1)=F*(xf-xopt(1))/yopt(1);
for i=2:N
    Sopt(i)=F*(xopt(i-1)-xopt(i))/yopt(i);
end
P=F*1000*exp(-xopt(2))-10*Sopt(1)-5*Sopt(2)
disp('Solução')
disp(xopt,'     x(1)           x(2)')
disp(Sopt','     S(1)           S(2)')
disp(P,'Lucro')
```

Resultados

```
Solução
   x(1)           x(2)
   0.2748817      0.0377800
   S(1)           S(2)
   263.79287      627.58573
Lucro
   90516.621
```

Exemplo 12.13 Reconciliação de dados

Conceitos demonstrados

Determinação da vazão mássica de uma corrente num processo em estado estacionário a partir de várias medidas temporais de vazões mássicas de outras correntes do processo.

Métodos numéricos utilizados

Solução de problema de programação não linear. Utilização da função optim.

Descrição do problema

Para o processo esquematizado na Figura 12.10, as vazões que entram e saem de um processo são medidas periodicamente. Determine o valor da corrente A do processo utilizando três leituras horárias das correntes B e C assumindo operação em estado estacionário num ponto de operação fixo. O modelo do processo é dado pelo balanço de massa;

$$M_A + M_C = M_B$$

em que M é massa por unidade de tempo.

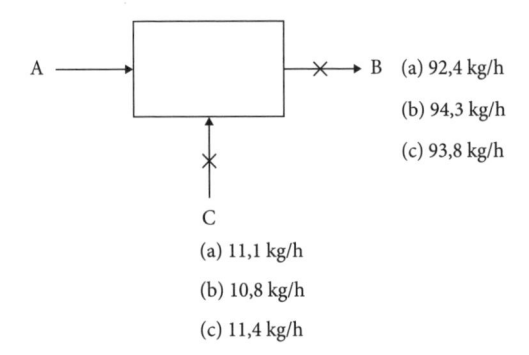

```
          A ──────▶ ┌─────┐ ──✗──▶ B    (a) 92,4 kg/h
                    │     │             (b) 94,3 kg/h
                    │     │             (c) 93,8 kg/h
                    └──▲──┘
                       ✗
                       C
                     (a) 11,1 kg/h
                     (b) 10,8 kg/h
                     (c) 11,4 kg/h
```

Figura 12.10 Esquema do processo do exemplo.

O problema de reconciliação de dados é determinar M_A, de modo que feche o balanço de massa no estado estacionário. O balanço pode ser reescrito como:

$$f = M_A + M_C - M_B$$

Se não houver erro nas medidas, então:

$$f = 0$$

Agora, considerando as três leituras, pode-se escrever a seguinte função:

$$f(M_A) = (M_A + 11,1 - 92,4)^2 + (M_A + 10,8 - 94,3)^2 + (M_A + 11,4 - 93,8)^2$$

Então, o problema é determinar o valor de M_A que minimiza essa função.

```
//Programa 12.13
//
//Reconciliação de dados
//
clear
clc

function f=medidasfun(MA)
    global MB MC
    f=0
    for i=1:3
        f=f+(MA+MC(i)-MB(i))^2
    end
endfunction

function [f, g, ind]=medidas(MA, ind)
    global MB MC
    f=0
```

```
    for i=1:3
        f=f+(MA+MC(i)-MB(i))^2
    end
    g=numdiff(medidasfun,MA)
endfunction

global MB MC
MB=[92.4; 94.3; 93.8];
MC=[11.1; 10.8; 11.4];
MA0=100;
[f,MA]=optim(medidas,MA0);
//Mostra os resultados
disp('Solução ótima')
disp('')
printf('Vazão da corrente C = %f kg/h\n',MA)
```

Resultados

```
Solução ótima

Vazão da corrente C = 82.400000 kg/h
```

O resultado $M_A = 82{,}4$ kg/h é consistente, pois $M_A \geq 0$.

Este é um exemplo bem simples de reconciliação de dados. Nas indústrias de processo, os problemas de reconciliação são bem mais complexos, que levam em conta a precisão dos instrumentos de medição e inclusive erros grosseiros.

Exemplo 12.14 Projeto de um reator isotérmico

Descrição do problema

Considere o projeto do reator isotérmico esquematizado na Figura 12.11 para produzir G lbmols/h de um produto B pela reação:

$$A \to B$$

em que a taxa de reação é dada por:

$$r_A = -kc_A^2$$

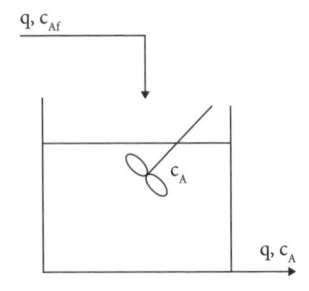

Figura 12.11 Esquema do reator CSTR isotérmico.

A taxa de produção desejada pode ser conseguida por:

1. Converter pequenas quantidades de material (matéria-prima de baixo valor) em reatores grandes (alto custo capital).
2. Converter grandes quantidades de material (matéria-prima de alto valor) em reatores pequenos (baixo custo capital).

Dados numéricos

Deseja-se determinar o volume do reator, taxa de alimentação e a conversão que correspondam ao sistema mais lucrativo para os seguintes valores:

$G = 75$ lbmols/h
$C_f = 0,60$ \$/lbmol de A
$C_V = 0,01$ \$/h.ft^3
$k = 1,2$ ft^3/lbmol.h
$c_{Af} = 1,0$ lbmol/ft^3

Solução

O lucro bruto do empreendimento é a diferença entre a receita pela venda do produto e o custo total.

$$P_r = C_B G - C_T$$

O problema é maximizar o lucro em função de q, V e c_A. Se a taxa de produção prevista G for constante, então a maximização do lucro é equivalente à minimização do custo total. O custo total é a soma dos custos diversos em que incorre o empreendimento.

$$C_t = C_V V + C_f q c_{Af}$$

A operação e as variáveis de projeto devem satisfazer o balanço material no reator e a taxa de produção especificada.

Balanço material no reator

$$q(c_{Af} - c_A) - kVc_A^2 = 0$$

Taxa de produção especificada

$$G = q(c_{Af} - c_A)$$

Assumindo-se que C_V, C_f, k, c_{Af} e G sejam todos especificados, a solução consiste em determinar q, V e c_A que minimizam o custo total do reator.

Têm-se 3 variáveis de projeto e 2 restrições, portanto, temos um grau de liberdade no sistema (isto é, apenas uma das variáveis de projeto é uma variável independente).

Usando o método da substituição direta, as duas restrições de igualdade podem ser usadas para eliminar duas das três variáveis de projeto e, com isso, reduzir o número de variáveis a apenas uma variável, e o problema de otimização torna-se irrestrito.

$$q(c_{Af} - c_A) - kVc_A^2 = 0 \Rightarrow V = \frac{q(c_{AF} - c_A)}{kc_A^2} = \frac{G}{kc_A^2}$$

$$G = q(c_{Af} - c_A) \Rightarrow q = \frac{G}{c_{AF} - c_A}$$

Assim, o custo total pode ser escrito como:

$$C_T = \frac{C_V G}{kc_A^2} + \frac{C_f G c_{Af}}{c_{Af} - c_A}$$

Note que as variáveis eliminadas são q e V pela utilização das duas restrições de igualdade, restando apenas a variável c_A. Portanto, na minimização de C_T não há mais restrições que devem ser satisfeitas. Dessa forma, podemos usar a função `fminsearch` para achar o valor mínimo de C_T.

```
//Programa 12.14
//
//Projeto de um reator isotérmico
//
clear
clc

function CT=custo(cA)
    global CV G k Cf cAf
    CT=CV*G/(k*cA^2)+Cf*G*cAf/(cAf-cA)
endfunction

global CV G k Cf cAf
G=75;       //lbmoles/h
Cf=0.6;     //$/lbmol de A
CV=0.01;    //$/h.ft3
k=1.2;      //ft3/lbmol.h
cAf=1;      //lbmol/ft3
cA0=0.5*cAf;
cA=fminsearch(custo,cA0);
q=G/(cAf-cA);
V=q*(cAf-cA)/(k*cA^2);
disp('Solução ótima'),disp('')
printf('cA = %f lbmol/ft3\n',cA)
printf('q = %f ft3/h\n',q)
printf('V = %f ft3\n',V)
```

Resultados

```
 Solução ótima


cA = 0.250000 lbmol/ft3
q = 100.000000 ft3/h
V = 1000.000000 ft3
```

O valor ótimo é $c_A = 0{,}25$ lbmol/ft³ e:

$$q = \frac{G}{c_{Af} - c_A} = \frac{75}{1 - 0{,}25} = 100 \text{ ft}^3/\text{h}$$

$$V = \frac{q(c_{Af} - c_A)}{kc_A^2} = \frac{100(1 - 0{,}25)}{(1{,}2)(0{,}25^2)} = \frac{75}{0{,}075} = 1000 \text{ ft}^3$$

É sempre prudente verificar se os resultados encontrados têm significado físico. Neste exemplo, o valor ótimo da concentração c_A é aceitável, pois se encontra dentro do intervalo $[0, c_{Af}]$.

Notação

c_{Af} Concentração média da alimentação (lbmol/ft³)
C_B Preço do produto ($/lbmol de B)
C_f Custo da matéria-prima ($/lbmol de A)
C_T Custo total de operação ($/h)
C_V Custo do reator (custo capital mais custo operacional) sobre uma base depreciada ($/ft³.h)
G   Taxa de produção (lbmol/h)
P_r Lucro do sistema ($/h)
q   Vazão volumétrica (ft³/h)
$C_f q c_{Af}$ Custo do reagente
$C_V V$ Custo do reator por unidade de tempo
V   Volume do reator (ft³)

Exemplo 12.15 Projeto de um reator não isotérmico

Descrição do problema

No exemplo do reator isotérmico, a constante de reação k era conhecida. Desde que esse parâmetro é função da temperatura, foi assumido implicitamente que a reação ocorre à temperatura da alimentação. Essa suposição é aproximadamente correta se:

- o calor de reação é pequeno;
- o material reagente é dissolvido em grande quantidade de solvente.

Examinando a expressão de custo total do reator isotérmico escrito em termos das variáveis de projeto independentes, dos parâmetros do sistema e das entradas,

$$C_T = \frac{C_V G}{k c_A^2} + \frac{C_f G c_{Af}}{c_{Af} - c_A}$$

mostra que o custo total diminui se a constante da taxa de reação k for aumentada. Este resultado já era esperado, pois da teoria de cálculo de reatores sabe-se que a maior conversão por unidade de volume para reações irreversíveis simples quando o reator opera isotermicamente corresponde à da máxima temperatura permissível.

Para atingir temperaturas maiores no reator, deve-se fornecer energia para o meio reacional. Isto pode ser feito por meio de um trocador de calor (serpentina) instalado no reator, como mostra a Figura 12.12.

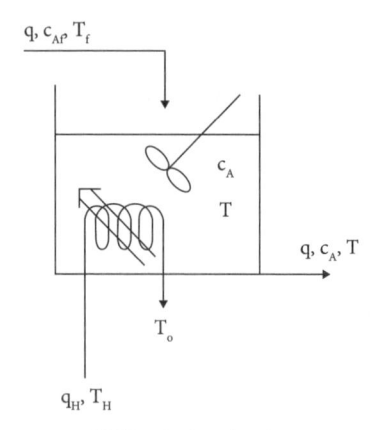

Figura 12.12 Esquema do reator CSTR não isotérmico.

No caso do reator não isotérmico, deve ser levado em consideração o projeto do trocador de calor e o próprio reator. Então, para uma dada produção, tem-se que quanto maior for o calor trocado, menor será o volume e, consequentemente, o custo do reator diminui. Porém, teremos um custo adicional devido ao trocador de calor, e quanto maior for o calor trocado, maior será a área desse trocador e, consequentemente, o custo do trocador aumenta.

$$\uparrow \underbrace{Q_H}_{\text{calor trocado}} \quad \downarrow \underbrace{V}_{\text{volume do reator}} \quad \downarrow \underbrace{C_V V}_{\text{custo do reator}} \quad \uparrow \underbrace{C_A A_H}_{\text{custo do trocador}}$$

Vamos supor que se deseje produzir G lbmol/h de produto pela reação [A → B], reação de primeira ordem com calor de reação ΔH Btu/lbmol A. Assume-se que o custo de separação seja desprezível e que o material reagente não possa ser reciclado.

Dados numéricos

Para os seguintes valores:

$C_A = 0{,}0979$ \$/cm².h
$C_H = 0{,}00002$ \$/g
$C_p \rho = 1{,}0$ cal/cm³.K
$E = 59800$ cal/gmol

$C_f = 0{,}0236$ \$/gmol
$C_V = 0{,}0148$ \$/L.h
$C_{pH} = 1{,}0$ cal/g.K
$\Delta H = -12900$ cal/gmol

$k_0 = 5{,}01 \times 10^{30}$ 1/s $G = 1285$ gmol/h
$T_f = 300$ K $T_H = 373$ K
$U = 1{,}0$ cal/cm².s.K $c_{Af} = 0{,}005$ gmol/cm³
$R = 1{,}987$ cal/gmol.K

Solução

Custo total do reator mais o sistema de troca térmica

$$C_T = C_v V + C_f q c_{Af} + C_A A_H + C_H q_H$$

Taxa de produção

$$G = q(c_{Af} - c_A)$$

Balanço material

$$q(c_{Af} - c_A) - kVc_A = 0$$

em que:

$$k = k_0 e^{-E/RT} \qquad \text{equação de Arrhenius}$$

Balanço de energia

$$qC_p\rho(T_f - T) - \Delta H kVc_A + Q_H = 0$$

Troca térmica

$$Q_H = q_H C_{pH}(T_H - T_o)$$

e

$$Q_H = UA_H \frac{T_H - T_o}{\ln\dfrac{T_H - T}{T_o - T}}$$

e

$$\text{LMTD} = \frac{T_H - T_o}{\ln \dfrac{T_H - T}{T_o - T}}$$

Aproximando a diferença de temperatura média logarítmica, LMTD, por $(T_{H,av} - T)$:

$$Q_H = UA_H(T_{H,av} - T)$$

com:

$$T_{H,av} = \frac{1}{2}(T_H + T_o)$$

Assim, a equação da troca térmica fica:

$$Q_H = UA_H \left[\frac{1}{2}(T_H + T_o) - T \right]$$

Pelos dados do problema, têm-se 9 variáveis (q, c_A, T, k, Q_H, q_H, T_0, A_H e V) e 6 equações. Portanto, o número de graus de liberdade é três. Usando o procedimento do método da substituição direta, podemos usar essas equações para calcular seis das nove variáveis e, com isso, transformamos o problema de otimização restrita em otimização irrestrita.

Têm-se 3 variáveis de projeto independentes (3 graus de liberdade) e o restante é calculado pelas equações de restrição.

Da equação da taxa de produção:

$$G = q(c_{Af} - c_A) \Rightarrow q = \frac{G}{c_{Af} - c_A}$$

Da equação do balanço material:

$$q(c_{Af} - c_A) - kVc_A = 0 \Rightarrow V = \frac{q(c_{Af} - c_A)}{kc_A} = \frac{G}{kc_A}$$

Da equação do balanço de energia:

$$qC_p\rho(T_f - T) - \Delta HkVc_A + Q_H = 0 \Rightarrow Q_H - \Delta HG + \frac{GC_p\rho(T_f - T)}{c_{Af} - c_A} = 0$$

ou:

$$Q_H = \Delta HG - \frac{GC_p\rho(T_f - T)}{c_{Af} - c_A}$$

Da equação de troca térmica:

$$Q_H = q_H C_{pH}(T_H - T_o) \Rightarrow q_H = \frac{Q_H}{C_{pH}(T_H - T_o)}$$

Da equação de projeto do trocador de calor:

$$Q_H = UA_H\left[\frac{1}{2}(T_H - T_o) - T\right] \Rightarrow A_H = \frac{2Q_H}{U(T_H + T_o - 2T)}$$

Substituindo todos esses resultados na equação do custo total, chega-se a:

$$C_T = \frac{C_V G}{kc_A} + \frac{C_f Gc_{Af}}{c_{Af} - c_A} + \frac{C_A 2Q_H}{U(T_H + T_o - 2T)} + \frac{C_H Q_H}{C_{pH}(T_H - T_o)}$$

ou:

$$C_T = \frac{C_V G}{kc_A} + \frac{C_f Gc_{Af}}{c_{Af} - c_A} + \left[\Delta HG - \frac{GC_p\rho(T_f - T)}{c_{Af} - c_A}\right]\left[\frac{2C_A}{U(T_H + T_o - 2T)} + \frac{C_H}{C_{pH}(T_H - T_o)}\right]$$

Usando a equação de Arrhenius para o k:

$$C_T = \frac{C_V G}{k_0 e^{-E/RT} c_A} + \frac{C_f Gc_{Af}}{c_{Af} - c_A} + \left[\Delta HG - \frac{GC_p\rho(T_f - T)}{c_{Af} - c_A}\right]\left[\frac{2C_A}{U(T_H + T_o - 2T)} + \frac{C_H}{C_{pH}(T_H - T_o)}\right]$$

A equação do custo total C_T agora é função apenas das variáveis c_A, T e T_o. O valor mínimo de C_T pode ser obtido utilizando-se a função `optim`.

```
//Programa 12.15
//
//Projeto de um reator não isotérmico
//
clear
clearglobal
clc

function CT=custofun(x)
    global CA Cf CH CV Cprho CpH E DeltaH k0 G k Tf TH U cAf R
    cA=x(1)
    T=x(2)
    To=x(3)
   q=G/(cAf-cA)      //(gmol/h)(cm3/gmol)=cm3/h
    k=k0*exp(-E/(R*T))      //1/s
    V=q*(cAf-cA)/(k*cA)      //(cm3/h)*(gmol/cm3)(s)(cm3/gmol)=cm3.s/h
        QH=-DeltaH*G-G*Cprho*(Tf-T)/(cAf-cA)           //(cal/gmol)(gmol/h)-
(gmol/h)(cal/cm3.K)K(cm3/gmol)=cal/h
    qH=QH/(CpH*(TH-To))      //(cal/h)(g.K/cal)(1/K)=g/h
    THav=(TH+To)/2
    //LMTD=(TH-To)/log((TH-T)/(To-T))      //<--dá muito problema
    AH=QH/(U*(THav-T))      //(cal/h)*(cm2.s.K/cal)/K=cm2.s/h
    V=V*0.001/3600      //L
    AH=AH/3600      //cm2
    CT=CV*V+Cf*q*cAf+CA*AH+CH*qH      //$/h
endfunction

function [f, g, ind]=custo(x, ind)
    global CA Cf CH CV Cprho CpH E DeltaH k0 G k Tf TH U cAf R
    cA=x(1)
    T=x(2)
    To=x(3)
    q=G/(cAf-cA)      //(gmol/h)(cm3/gmol)=cm3/h
    k=k0*exp(-E/(R*T))      //1/s
    V=q*(cAf-cA)/(k*cA)      //(cm3/h)*(gmol/cm3)(s)(cm3/gmol)=cm3.s/h
        QH=-DeltaH*G-G*Cprho*(Tf-T)/(cAf-cA)           //(cal/gmol)(gmol/h)-
(gmol/h)(cal/cm3.K)K(cm3/gmol)=cal/h
    qH=QH/(CpH*(TH-To))      //(cal/h)(g.K/cal)(1/K)=g/h
    THav=(TH+To)/2
    //LMTD=(TH-To)/log((TH-T)/(To-T))      //<--dá muito problema
    AH=QH/(U*(THav-T))      //(cal/h)*(cm2.s.K/cal)/K=cm2.s/h
    V=V*0.001/3600      //L
    AH=AH/3600      //cm2
    f=CV*V+Cf*q*cAf+CA*AH+CH*qH      //$/h
    g=numdiff(custofun,x)
endfunction

global CA Cf CH CV Cprho CpH E DeltaH k0 G k Tf TH U cAf R
CA=0.0979;      //$/cm2.h
Cf=0.0236;      //$/gmol
CH=0.00002;      //$/g
CV=0.0148;      //$/h.L
Cprho=1;      //cal/cm3.K
```

```
CpH=1;      //cal/g.K
E=59800;    //cal/gmol
DeltaH=12900;   //cal/gmol
k0=5.01e30;     //1/s
G=1285;     //gmol/h
Tf=300;     //K
TH=373;     //K
U=1;        //cal/cm2.s.K
cAf=0.005;  //gmol/cm3
R=1.987;    //cal/gmol.K
//Estimativa inicial
cA0=0.00143     //gmol/cm3
T0=360;     //K
To0=370     //K
x0=[cA0 T0 To0];
[f,xopt]=optim(custo,'b',[0;300;300],[1;373;373],x0,'qn','ar',100,100,
1e-6,1e-6,[1e-6;1e-6;1e-6])
cA=xopt(1)
T=xopt(2)
To=xopt(3)
q=G/(cAf-cA);       //cm3/h
k=k0*exp(-E/(R*T));     //1/s
V=q*(cAf-cA)/(k*cA);    //cm3.s/h
V=V*0.001/3600;         //L
QH=-DeltaH*G-G*Cprho*(Tf-T)/(cAf-cA);   //cal/h
qH=QH/(CpH*(TH-To));    //g/h
//LMTD=(TH-T0)/log((TH-T)/(To-T))
//AH=QH/(U*LMTD);   //cm2.s/h
THav=(TH+To)/2
AH=QH/(U*(THav-T))
AH=AH/3600;     //cm2
CT=CV*V+Cf*q*cAf+CA*AH+CH*qH
disp('Solução ótima'),disp('')
printf('cA = %f gmol/cm3\n',cA)
printf('T = %f K\n',T)
printf('To = %f K\n',To)
printf('q = %f cm3/s\n',q/3600)
printf('V = %f L\n',V)
printf('k = %f 1/h\n',k*3600)
printf('QH = %f cal/s\n',QH/3600)
printf('qH = %f g/s\n',qH/3600)
printf('AH = %f cm2\n',AH)
printf('CV*V = %f $/h\n',CV*V)
printf('CfqcAf = %f $/h\n',Cf*q*cAf)
printf('CA*AH = %f $/h\n',CA*AH)
printf('CH*qH = %f $/h\n',CH*qH)
printf('CT = %f $/h\n',CT)
```

Resultados

```
Solução ótima

cA = 0.001438 gmol/cm3
T = 368.997383 K
To = 369.978101 K
q = 100.214761 cm3/s
V = 13068.614625 L
k = 0.068368 1/h
QH = 2309.972901 cal/s
qH = 764.410991 g/s
AH = 927.079216 cm2
CV*V = 193.415496 $/h
CfqcAf = 42.571230 $/h
CA*AH = 90.761055 $/h
CH*qH = 55.037591 $/h
CT = 381.785373 $/h
```

Os valores ótimos encontrados são:

$T = 369$ K $\qquad T_o = 370$ K
$c_A = 0{,}00162$ gmol/cm³ $\qquad k = 0{,}044$ 1/h
$q = 380$ cm³/s $\qquad V = 17888$ l
$Q_H = 2729$ cal/s $\qquad q_H = 984$ g/s
$A_H = 1193$ cm² $\qquad C_V V = 264{,}7$ $/h
$C_f q c_{Af} = 44{,}9$ $/h $\qquad C_A A_H = 116{,}8$ $/h
$C_H q_H = 70{,}8$ $/h $\qquad C_T = 497{,}4$ $/h

Solução alternativa

Desde que na minimização de C_T em função das variáveis c_A, T e T_o não há mais restrições, podemos usar as condições necessárias de primeira ordem em que o gradiente da função objetivo é nulo num ponto extremo. Derivando C_T em relação a essas variáveis, temos:

$$\frac{\partial C_T}{\partial c_A} = 0 \Rightarrow \frac{C_V(c_{Af}-c_A)^2}{kc_A^2} = C_f c_{Af} + C_p \rho (T-T_f)\left[\frac{2C_A}{U(T_H+T_o-2T)} + \frac{C_H}{C_{pH}(T_H-T_o)}\right]$$

$$\frac{\partial C_T}{\partial T} = 0 \Rightarrow$$

$$\frac{C_V E}{kc_A RT^2} = -\left[(-\Delta H) + \frac{C_p\rho(T_f - T)}{c_{Af} - c_A}\right]\left[\frac{4C_A}{U(T_H + T_o - 2T)^2}\right]$$

$$+\frac{C_p\rho}{c_{Af} - c_A}\left[\frac{2C_A}{U(T_H + T_o - 2T)} + \frac{C_H}{C_{pH}(T_H - T_o)}\right]$$

$$\frac{\partial C_T}{\partial T_o} = 0 \Rightarrow \underbrace{\left[\Delta HG - \frac{GC_p\rho(T_f - T)}{c_{Af} - c_A}\right]}_{=Q_H \therefore \neq 0}\left[\frac{-2C_A}{U(T_H + T_o - 2T)^2} + \frac{C_H}{C_{pH}(T_H - T_o)^2}\right] = 0$$

$$\frac{-2C_A}{U(T_H + T_o - 2T)^2} + \frac{C_H}{C_{pH}(T_H - T_o)^2} = 0$$

$$C_H U(T_H + T_o - 2T)^2 = 2C_A C_{pH}(T_H - T_o)^2$$

Resolvendo essas três equações, c_A, T e T_o serão obtidos. O programa utiliza a função fsolve.

```
//Programa 12.15b
//
//Projeto de um reator não isotérmico
//
//Condições necessárias de primeira ordem
//
clear
clearglobal
clc

function f=fun(x)
global CA Cf CH CV Cprho CpH E DeltaH k0 G Tf TH U cAf R
cA=x(1);
T=x(2);
To=x(3);
k=k0*exp(-E/(R*T))
f(1)=-2*CA/(U*(TH+To-2*T)^2)+CH/(CpH*(TH-To)^2)
f(2)=Cf*cAf+Cprho*(T-Tf)*(2*CA/(U*(TH+To-2*T))+CH/(CpH*(TH-To)))-...
    CV*(cAf-cA)^2/(k*cA^2)
f(3)=(DeltaH-Cprho*(Tf-T)/(cAf-cA))*(4*CA/(U*(TH+To-2*T)^2))+...
        Cprho/(cAf-cA)*(2*CA/(U*(TH+To-2*T))+CH/(CpH*(TH-To)))-CV*E/
(k*cA*R*T^2)
endfunction

global CA Cf CH CV Cprho CpH E DeltaH k0 G Tf TH U cAf R
```

```
CA=0.0979;      //$/cm2.h
Cf=0.0236;      //$/gmol
CH=0.00002;     //$/g
//CV=0.0148;   //$/h.L
CV=0.0148/1000;     //$/h.cm3
Cprho=1;    //cal/cm3.K
CpH=1;   //cal/g.K
E=59800;    //cal/gmol
DeltaH=-12900;      //reação exotérmica, cal/gmol
//k0=3.01e30;   //1/s
k0=5.01e30*3600;    //1/h
G=1285;    //gmol/h
Tf=300;    //K
TH=373;    //K
U=1;    //cal/cm2.s.K
U=1*3600;    //cal/cm2.h.K
cAf=0.005;    //gmol/cm3
R=1.987;    //cal/gmol.K
x0=[0.001 365 370];
x=fsolve(x0,fun)
cA=x(1);
T=x(2);
To=x(3);
k=k0*exp(-E/(R*T));
f(1)=-2*CA/(U*(TH+To-2*T)^2)+CH/(CpH*(TH-To)^2);
f(2)=Cf*cAf+Cprho*(T-Tf)*(2*CA/(U*(TH+To-2*T))+CH/(CpH*(TH-To)))-...
    CV*(cAf-cA)^2/(k*cA^2);
f(3)=-(DeltaH+Cprho*(Tf-T)/(cAf-cA))*(4*CA/(U*(TH+To-2*T)^2))+...
        Cprho/(cAf-cA)*(2*CA/(U*(TH+To-2*T))+CH/(CpH*(TH-To)))-CV*E/
(k*cA*R*T^2);
disp('Gradiente da função objetivo')
disp(f)
q=G/(cAf-cA);      //cm3/h
k=k0*exp(-E/(R*T));    //1/h
V=q*(cAf-cA)/(k*cA);    //cm3
V=V*0.001;    //L
QH=DeltaH*G-G*Cprho*(Tf-T)/(cAf-cA);    //cal/h
qH=QH/(CpH*(TH-To));    //g/h
//LMTD=(TH-T0)/log((TH-T)/(To-T))
//AH=QH/(U*LMTD);    //cm2.s/h
THav=(TH+To)/2;    //K
AH=QH/(U*(THav-T));    //cm2
CT=CV*V*1000+Cf*q*cAf+CA*AH+CH*qH
disp('Solução ótima'),disp('')
printf('cA = %f gmol/cm3\n',cA)
printf('T = %f K\n',T)
printf('To = %f K\n',To)
printf('q = %f cm3/s\n',q/3600)
printf('V = %f L\n',V)
printf('k = %f 1/h\n',k*3600)
printf('QH = %f cal/s\n',QH/3600)
printf('qH = %f g/s\n',qH/3600)
printf('AH = %f cm2\n',AH)
```

```
printf('CV*V = %f $/h\n',CV*V*1000)
printf('CfqcAf = %f $/h\n',Cf*q*cAf)
printf('CA*AH = %f $/h\n',CA*AH)
printf('CH*qH = %f $/h\n',CH*qH)
printf('CT = %f $/h\n',CT)
```

Resultados

```
Gradiente da função objetivo

 - 8.103D-16
 - 5.572D-14
   0.1130095

Solução ótima


cA = 0.001438 gmol/cm3
T = 368.997360 K
To = 369.978084 K
q = 100.215116 cm3/s
V = 13068.565382 L
k = 246.123530 1/h
QH = 2309.995172 cal/s
qH = 764.414044 g/s
AH = 927.082872 cm2
CV*V = 193.414768 $/h
CfqcAf = 42.571381 $/h
CA*AH = 90.761413 $/h
CH*qH = 55.037811 $/h
CT = 381.785373 $/h
```

Notação

A_H Área de troca térmica (cm^2)
c_{Af} Concentração média da alimentação ($gmol/cm^3$)
C_A Custo da serpentina em base depreciada ($\$/cm^2.h$)
C_f Custo da matéria-prima ($\$/gmol$ de A)
$C_f q c_{Af}$ Custo do reagente
C_H Custo do fluido de aquecimento ($\$/g$)
C_p Calor específico ($cal/g°.C$)
C_T Custo total de operação ($\$/h$)
C_V Custo do reator (custo capital mais custo operacional) sobre uma base depreciada ($\$/L.h$)
$C_V V$ Custo do reator por unidade de tempo ($\$/h$)

E   Energia de ativação (cal/gmol)
G   Taxa de produção (gmol/h)
k_0 Fator de frequência (1/s)
P_r Lucro do sistema ($/h)
q   Vazão volumétrica (cm³/s)
q_H Vazão mássica do fluido de aquecimento (g/s)
Q_H Calor fornecido pelo trocador (cal/s)
R   Constante dos gases (1,987 cal/mol.K =1,987 Btu/lbmol. °R)
T_H Temperatura do fluido de aquecimento (K)
T_o Temperatura do fluido térmico na saída (K)
U   Coeficiente global de transporte de calor (cal/s.cm².K)
V   Volume do reator (litro)
ΔH   Calor de reação
ρ   Densidade do reagente e do produto (g/cm³)

Exemplo 12.16 Otimização de uma planta química sem reciclo

Conceitos demonstrados

Simulação e otimização de plantas químicas usando o método da substituição direta e também usando o método sequencial modular.

Métodos numéricos utilizados

Solução pelo método da substituição direta e uso da função optim, e solução e otimização usando o método das penalidades combinado com solução sequencial modular usando fminsearch.

Descrição do problema

Deverão ser produzidos 100 mols de B por hora, utilizando-se uma alimentação constituída por uma solução saturada de A com concentração $c_{Af} = 0{,}1$ mol/litro (Figura 12.13). A reação é:

$$A \to B$$

com velocidade $r_A = -kc_A$ e $k = 0{,}2 h^{-1}$.

O custo do reagente, na concentração $c_{Af} = 0{,}1$ mol/litro, é:

$C_A = \$0{,}50/\text{mol A}$

O custo do reator, incluindo instalações, equipamento auxiliar, instrumentação de controle, operários, depreciação etc., é:

$C_V = \$0{,}01/\text{h litro}$

Qual a capacidade do reator, a velocidade da alimentação e a conversão para que tenhamos condições ótimas de operação? Nessas condições, qual o custo unitário de B? Desprezar as quantidades de A não utilizadas.

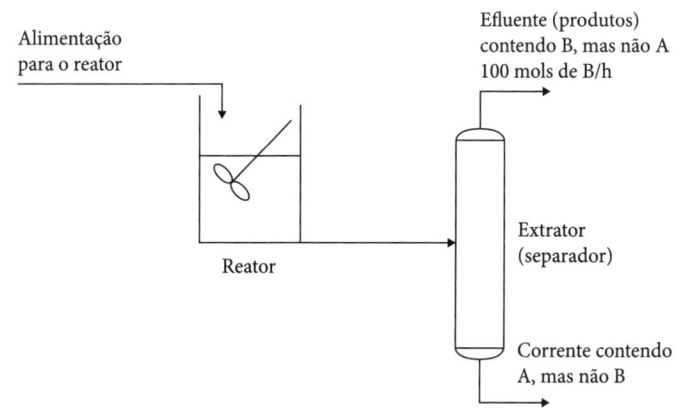

Figura 12.13 Planta química sem reciclo.

Solução

Trata-se de um problema de otimização no qual se deve decidir entre uma elevada conversão (baixo custo do reagente) num reator grande (elevado custo do equipamento) e uma baixa conversão num reator pequeno. A solução consiste em determinar e minimizar a expressão do custo total da operação. Tomando-se a base horária, o custo total será:

$$C_T = \begin{pmatrix} \text{volume} \\ \text{do reator} \end{pmatrix} \begin{pmatrix} \text{custo} \\ \overline{\text{h volume do reator}} \end{pmatrix} + \begin{pmatrix} \text{velocidade de} \\ \text{alimentação} \\ \text{do reagente} \end{pmatrix} \begin{pmatrix} \text{custo unitário} \\ \text{do reagente} \end{pmatrix}$$

Solução pelo método da substituição direta

A expressão do custo total é:

$$C_T = C_V V + C_A F c_{Af}$$

Para uma reação de primeira ordem,

$$F c_{Af} - F c_A - kV c_A = 0$$

$$F(c_{Af} - c_A) - kV c_A = 0$$

$$V = \frac{F(c_{Af} - c_A)}{k c_A}$$

levando-se em conta a velocidade de produção de B,

$$G = F(c_{Af} - c_A)$$

$$F = \frac{G}{c_{Af} - c_A}$$

pode-se eliminar F e estabelecer a expressão do custo total em função da variável independente c_A. Assim:

$$C_T = C_V \frac{F(c_{Af} - c_A)}{k c_A} + C_A F c_{Af}$$

$$C_T = C_V \frac{F(c_{Af} - c_A)}{k c_A} + C_A \frac{F(c_{Af} - c_A)}{c_{Af} - c_A} c_{Af}$$

$$C_T = C_V \frac{G}{k c_A} + C_A \frac{G}{c_{Af} - c_A} c_{Af}$$

$$C_T = C_V \frac{G}{k \frac{c_A}{c_{Af}} c_{Af}} + C_A \frac{G}{\frac{c_{Af} - c_A}{c_{Af}}}$$

Definindo X_A como:

$$X_A = \frac{Fc_{Af} - Fc_A}{Fc_{Af}}$$

$$X_A = \frac{c_{Af} - c_A}{c_{Af}}$$

$$c_A = c_{Af}(1 - X_A)$$

$$C_T = C_V \frac{G}{kc_{Af}(1-X_A)} + C_A \frac{G}{X_A}$$

A expressão final de C_T é função apenas de X_A.

```
//Programa 12.16a
//
//Solução da planta sem reciclo
//
clear
clc

function f=plantafun(x)
    global CV G CA k cAf
    f=CV*G/(k*cAf*(1-x))+CA*G/x
endfunction

function [f, g, ind]=planta(x, ind)
    global CV G CA k cAf
    f=CV*G/(k*cAf*(1-x))+CA*G/x
    g=numdiff(plantafun,x)
endfunction

global CV G CA k cAf
CV=0.01;
G=100;
CA=0.5;
k=0.2;
cAf=0.1;
x0=0.5;
[f,x]=optim(planta,x0);
XA=x;
CT=f;
cA=cAf*(1-XA);
F=G/(cAf-cA);
V=F*(cAf-cA)/(k*cA);
CTratioG=(CV*V+CA*F*cAf)/G;
//Mostra os resultados
disp('Solução ótima'),disp('')
printf('Conversão XA = %f\n',XA),printf('\n')
printf('Custo total CT = %f $\n',CT),printf('\n')
```

```
printf('Concentração cA = %f mol/litro\n',cA),printf('\n')
printf('Velocidade de alimentação F = %f litros/h\n',F),printf('\n')
printf('Capacidade do reator V = %f litros\n',V),printf('\n')
printf('Custo do produto CT/G = %f $/mol de B\n',CTratioG)
```

Resultados

```
 Solução ótima

Conversão XA = 0.500000

Custo total CT = 200.000000 $

Concentração cA = 0.050000 mol/litro

Velocidade de alimentação F = 2000.000007 litros/h

Capacidade do reator V = 9999.999966 litros

Custo do produto CT/G = 2.000000 $/mol de B
```

As condições ótimas são:

$X_A = 1/2$

$C_T = 200\ \$$

$c_A = 0{,}05$ mol/litro

$F = 2000$ litros/h

$V = 10000$ litros

$\dfrac{C_T}{G} = 2\ \$/\text{mol de B}$

Solução da otimização usando o método das penalidades combinado com solução sequencial modular

Método das penalidades

No método das penalidades define-se uma função auxiliar, que incorpora a função objetivo original e as restrições, convertendo-se o problema num processo de otimização sem restrições.

Seja um problema geral de minimização:

Minimizar f(**x**)

Sujeito a: **h**(**x**) = 0
$\qquad\quad$ **g**(**x**) $\leq$ 0

Uma função de penalidade muito utilizada é:

$$P(\mathbf{x},r) = f(\mathbf{x}) + \frac{r}{2}\sum_{j=1}^{m} h_j^2(\mathbf{x}) + \frac{r}{2}\sum_{j=1}^{r}[\min\{0, g_j(\mathbf{x})\}]^2$$

Uma outra função de penalidade é:

$$P(\mathbf{x},r) = f(\mathbf{x}) + \frac{r}{2}\sum |h_j(\mathbf{x})| + \frac{r}{2}\sum \max\{0, g_j(\mathbf{x})\}$$

A variável r é usualmente denominada fator de resposta. No método das penalidades inicia-se o processo com um valor baixo de r (digamos, r = 1) e determina-se x_1^* através de um processo de busca sem restrições. Em seguida, o valor de r é aumentado (fazendo, digamos, r = 10) e o processo de busca sem restrições é aplicado a partir do ponto x_1^* obtido anteriormente. Obtém-se, assim, o ponto x_2^* e assim sucessivamente. Ao se atingir um valor de r bastante elevado, no estágio i, o ponto x_i^* resultante será o ótimo procurado, dentro da precisão imposta ao problema.

A Figura 12.14 mostra a numeração das correntes do processo.

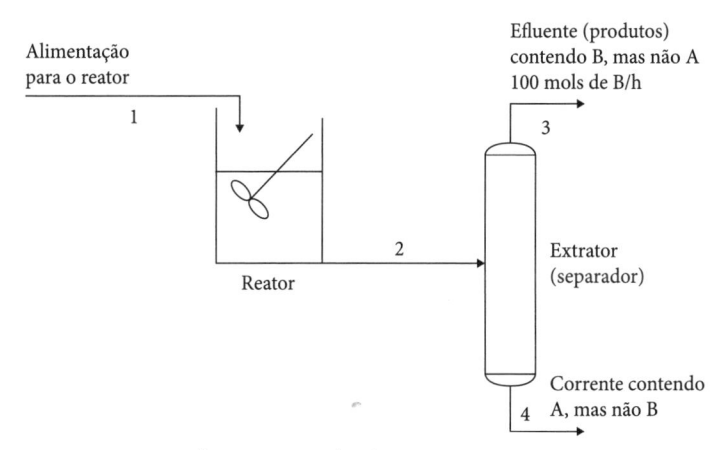

Figura 12.14 Numeração das correntes da planta.

Os componentes são numerados de acordo com o quadro a seguir:

Componente	Nº
A	1
B	2

Assim, o custo total é calculado por:

$$C_T = C_V V + C_A F_1 c_{11}$$

em que:

F_i Vazão volumétrica da corrente i, litro
c_{ij} Concentração molar do componente j na corrente i, mol/litro

Restrições:

$F_1 c_{11} - F_2 c_{22} = G$ especificação da produção
$c_{11} = 0{,}1$ mol/litro   concentração da alimentação

Reator

$F_1 = F_2$
$F_1 c_{11} = F_2 c_{21} + V k c_{21}$
$0 = F_2 c_{22} - V k c_{21}$

Separador

$F_2 = F_3 + F_4$
$F_2 c_{21} = F_4 c_{41}$
$F_2 c_{22} = F_3 c_{32}$

```
//Programa 12.16b
//
//Otimização de uma planta química sem reciclo
//
//Otimização pelo método das penalidades combinado com fminsearch
//
//Simulação pela abordagem sequencial modular
//
```

```
clear
clearglobal
clc

function p=planta(x)
    global S1 S2 S3 S4 CV CA cAf alfa G
    global r
    gama=x(1)
    S1(1)=x(2)
    //RECT
    S2(1)= (1-gama)*S1(1);
    S2(2)= S1(2)+gama*S1(1);
    //SEPR
    S3=alfa.*S2
    S4=S2-S3;
    //Função objetivo
    V=G/(k*cAf*(1-gama))
    f=CV*V+CA*S1(1)
    h=S3(2)-G
    p=f+r*h^2
endfunction

function xstar=penalt(n, x, step, eps)
    global r
    // r={1,5,10,50,100,500,1000,...}
  xk=x;
  norma=1e6;
  r=0.5;
  for i=1:20
    if norma>eps
       j=fix(i/2);
       j=2*j;
       if j==i
          r=r*5;
       else
          r=r*2;
       end
       xkp1=fminsearch(planta,xk);
       norma=(xkp1-xk)*(xkp1-xk)';
       xk=xkp1;
       xstar=xk;
    else
       break
    end
  end
endfunction

global S1 S2 S3 S4 k CV CA cAf alfa G
k=0.2;
cAf=0.1;
CV=0.01;
CA=0.5;
alfa(1)=0;
alfa(2)=1;
```

```
G=100;
//Dados da alimentação S1
S1(2)=0;
//Chute inicial
gama0=0.5;      //conversão
S110=100;     //moles/h
n=2;
x0=[gama0,S110];
step=[0.05;10];
eps=1e-8;
x=penalt(n,x0,step,eps);
gama=x(1);
S1(1)=x(2);

//RECT
S2(1)= (1-gama)*S1(1);
S2(2)= S1(2)+gama*S1(1);
//SEPR
S3=alfa.*S2
S4=S2-S3;

V=G/(k*cAf*(1-gama));
CT=CV*V+CA*G/gama;
cA=cAf*(1-gama);
F=G/(cAf-cA);
disp('Solução do projeto ótimo da planta química sem reciclo')
printf('\n\n')
printf('Custo total = %f $/h\n',CT);printf('\n')
printf('Conversão = %f\n',gama);printf('\n')
printf('Volume = %f litros\n',V);printf('\n')
printf('Concentração = %f mol/litro\n',cA);printf('\n')
printf('Vazão volumétrica = %f litros\n',F);printf('\n')
printf('Custo unitário de B = %f $/h\n',CT/G);printf('\n')
disp('Correntes');printf('\n')
printf('S1 = %f mol/h\n',sum(S1))
printf('S2 = %f mol/h\n',sum(S2))
printf('S3 = %f mol/h\n',sum(S3))
printf('S4 = %f mol/h\n',sum(S4))
printf('\n          Fluxo molar individual (mol/h)')
disp('Corrente A            B')
disp([[1 S1'];[2 S2'];[3 S3'];[4 S4']])
```

Resultados

```
 Solução do projeto ótimo da planta química sem reciclo


Custo total = 200.000000 $/h


Conversão = 0.500000
```

```
Volume = 9999.999261 litros

Concentração = 0.050000 mol/litro

Vazão volumétrica = 2000.000148 litros

Custo unitário de B = 2.000000 $/h


 Correntes

S1 = 199.999995 mol/h
S2 = 199.999995 mol/h
S3 = 99.999990 mol/h
S4 = 100.000005 mol/h

          Fluxo molar individual (mol/h)
  Corrente A         B

    1.    199.99999  0.
    2.    100.       99.99999
    3.    0.         99.99999
    4.    100.       0.
```

Corrente	Fluxo molar total (mol/h)	Fluxo molar de A (mol/h)	Fluxo molar de B (mol/h)
1	200,0	200,0	0,0
2	200,0	100,0	100,0
3	100,0	0,0	100,0
4	100,0	100,0	0,0

Exemplo 12.17 Otimização de uma planta química com reciclo

Conceitos demonstrados

Simulação e otimização de plantas químicas usando o método da substituição direta e também usando o método sequencial modular.

Métodos numéricos utilizados

Solução pelo método da substituição direta e uso da função `fsolve`, e solução e otimização usando a abordagem sequencial modular combinada com `fminsearch`.

Descrição do problema

Suponhamos que a fração de A não convertida possa ser recuperada por um processo de extração qualquer, e levada à concentração inicial c_{Af} mol/litro ao custo total de \$0,125/mol de A processado (Figura 12.15). Com esta recuperação de A num sistema de reciclagem, determinar as novas condições ótimas de operação e o novo custo unitário de B.

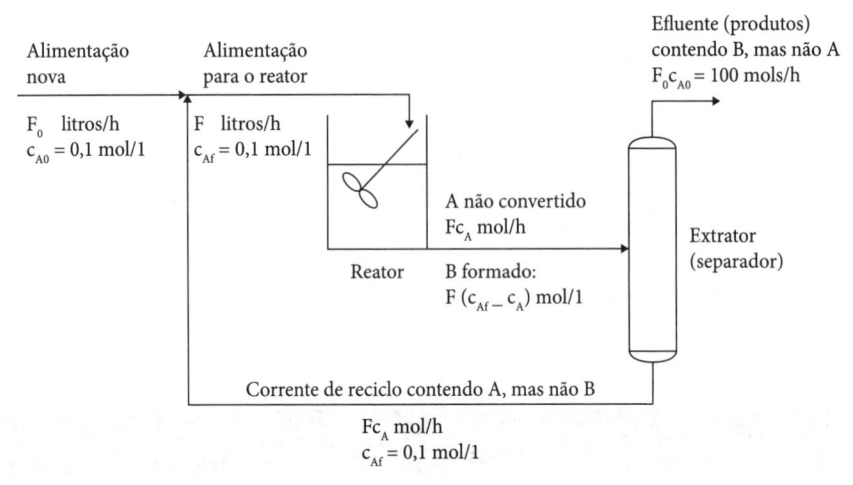

```
Alimentação         Alimentação                                  Efluente (produtos)
nova                para o reator                                contendo B, mas não A
                                                                 $F_0 c_{A0}$ = 100 mols/h
$F_0$ litros/h      F litros/h
$c_{A0}$ = 0,1 mol/l   $c_{Af}$ = 0,1 mol/l
                                     A não convertido
                                     $Fc_A$ mol/h                Extrator
                         Reator      B formado:                  (separador)
                                     $F(c_{Af} - c_A)$ mol/l

                    Corrente de reciclo contendo A, mas não B
                              $Fc_A$ mol/h
                              $c_{Af}$ = 0,1 mol/l
```

Figura 12.15 Planta química.

Solução

O custo horário total será:

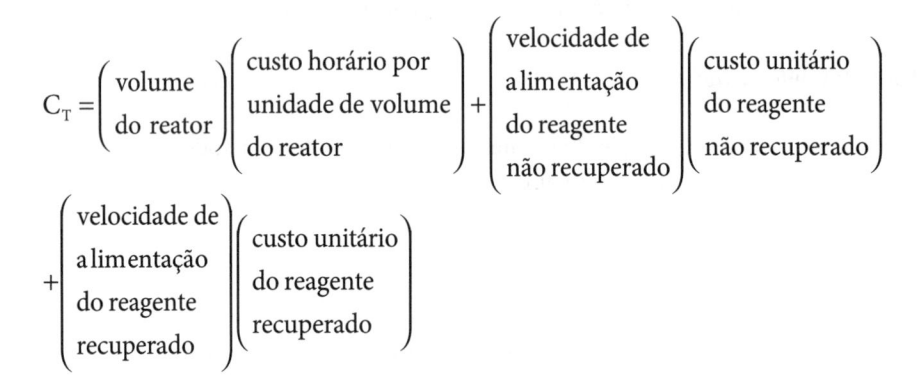

$$C_T = \begin{pmatrix} \text{volume} \\ \text{do reator} \end{pmatrix} \begin{pmatrix} \text{custo horário por} \\ \text{unidade de volume} \\ \text{do reator} \end{pmatrix} + \begin{pmatrix} \text{velocidade de} \\ \text{alimentação} \\ \text{do reagente} \\ \text{não recuperado} \end{pmatrix} \begin{pmatrix} \text{custo unitário} \\ \text{do reagente} \\ \text{não recuperado} \end{pmatrix}$$

$$+ \begin{pmatrix} \text{velocidade de} \\ \text{alimentação} \\ \text{do reagente} \\ \text{recuperado} \end{pmatrix} \begin{pmatrix} \text{custo unitário} \\ \text{do reagente} \\ \text{recuperado} \end{pmatrix}$$

Solução pelo método da substituição direta

Neste caso, a expressão do custo total é:

$$C_T = C_V V + C_A F_0 c_{A0} + C_R F c_A$$

Com a velocidade de alimentação do reator F, temos:

$$V = \frac{F(c_{Af} - c_A)}{k c_A}$$

Eliminando-se F por meio de um balanço material,

$$F_0 c_{A0} + F c_A = F c_{Af}$$

$$F c_{Af} - F c_A = F_0 c_{A0}$$

$$F(c_{Af} - c_A) = F_0 c_{A0}$$

$$F = \frac{F_0 c_{A0}}{c_{Af} - c_A}$$

a velocidade de produção de B é:

$$G = F(c_{Af} - c_A) \text{ ou } G = F_0 c_{A0}$$

Substituindo na expressão de F,

$$F = \frac{G}{c_{Af} - c_A}$$

a expressão do custo total pode ser escrita em função apenas da variável c_A. Assim,

$$C_T = C_V \frac{F(c_{Af} - c_A)}{k c_A} + C_A F_0 c_{A0} + C_R F c_A$$

$$C_T = C_V \frac{G}{k c_A} + C_A F_0 c_{A0} + C_R \frac{G}{c_{Af} - c_A} c_A$$

$$C_T = C_V \frac{G}{k\frac{c_A}{c_{Af}}c_{Af}} + C_A F_0 c_{A0} + C_R \frac{G}{\frac{c_{Af}-c_A}{c_A}}$$

Chamando

$$x = \frac{c_A}{c_{Af}}$$

assim, C_T fica:

$$C_T = C_V \frac{G}{kc_{Af}x} + C_A F_0 c_{A0} + C_R \frac{G}{1-x}$$

A condição ótima para o custo é obtida diferenciando e igualando a zero. Portanto:

$$\frac{\partial C_T}{\partial x} = 0 \Rightarrow \frac{-\frac{C_V G}{kc_{Af}}}{x^2} + \frac{C_R G}{(1-x)^2} = 0$$

A solução da equação em x fornecerá as condições ótimas de operação.

```
//Programa 12.17a
//
//Otimização de uma planta química com reciclo
//
clear
clearglobal
clc

function f=equation(x)
    global CV G k cAf CR
    f=-CV*G/(k*cAf)/x^2+CR*G/(1-x)^2
endfunction

global CV G k cAf CR
k=0.2;
cA0=0.1;
cAf=0.1;
CV=0.01;
CA=0.5;
CR=0.125;
G=100;
x0=0.5;
x=fsolve(x0,equation);
```

```
cA=x*cAf;
F=G/(cAf-cA);
gama=(cAf-cA)/cAf;
V=G/(k*cAf*(1-gama));
CT=CV*V+CA*G+CR*F*cA;
disp('Solução do projeto ótimo da planta química com reciclo')
printf('\n\n')
printf('Custo total = %f $/h\n',CT);printf('\n')
printf('Conversão = %f\n',gama);printf('\n')
printf('Volume = %f litros\n',V);printf('\n')
printf('Concentração = %f mol/litro\n',cA);printf('\n')
printf('Vazão volumétrica = %f litros\n',F);printf('\n')
printf('Custo unitário de B = %f $/h\n',CT/G)
```

Resultados

```
 Solução do projeto ótimo da planta química com reciclo

Custo total = 150.000000 $/h

Conversão = 0.333333

Volume = 7500.000000 litros

Concentração = 0.066667 mol/litro

Vazão volumétrica = 3000.000000 litros

Custo unitário de B = 1.500000 $/h
```

Os resultados são:

$$\frac{c_A}{c_{Af}} = 0,66$$

A conversão é dada por:

$$X_A = \frac{Fc_{Af} - Fc_A}{Fc_{Af}}$$

$$X_A = \frac{c_{Af} - c_A}{c_{Af}}$$

$$X_A = 0,33$$

A concentração no reator é:

$c_A = 0{,}066$ mol/litro

A velocidade de escoamento no reator é:

$$F = \frac{G}{c_{Af} - c_A}$$

$F = 3000$ litros/h

A capacidade do reator é:

$V = 7500$ litros

A velocidade da reciclagem é:

$F - F_0 = 3000 - 1000 = 2000$ litros/h

O custo do produto é:

$$\frac{C_T}{G} = \frac{C_V V + C_A F_0 c_{A0} + C_R F c_A}{G}$$

$$\frac{C_T}{G} = 1{,}5\$ / \text{mol de B}$$

Solução da otimização usando o método das penalidades combinado com solução sequencial modular

A Figura 12.16 mostra a numeração das correntes do processo.

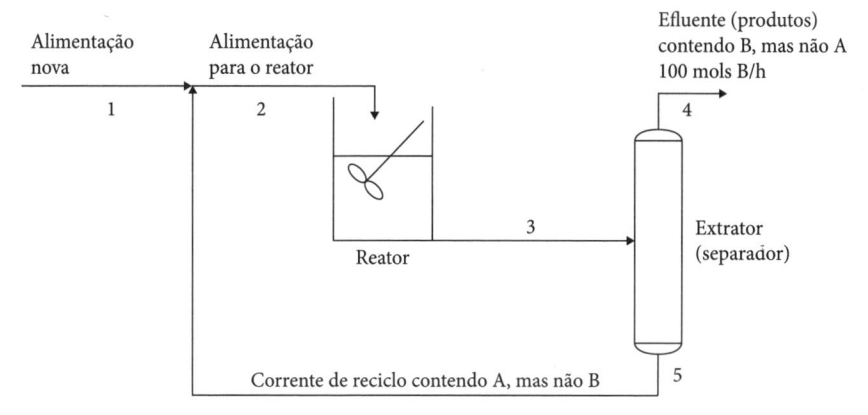

Figura 12.16 Numeração das correntes da planta.

$$C_T = C_V V + C_A F_1 c_{11} + C_R F_5 c_{51}$$

Balanços globais

A: $F_1 c_{11} = F_4 c_{41} - r_A V$

B: $F_1 c_{12} = r_A V - F_4 c_{42}$

$F_1 c_{12} = 0$

$F_4 c_{41} = 0$ e $F_4 c_{42} = 100$ kgmols/h (especificação da produção)

$\therefore F_1 c_{11} = 100$ kgmols/h

$c_{11} = 0,1$ mol/l

$F_1 = 1000$ l/h

Misturador

$F_1 + F_5 = F_2$
$F_1 c_{11} + F_5 c_{51} = F_2 c_{21}$
$F_1 c_{12} + F_5 c_{52} = F_2 c_{22}$
$F_1 c_{12} = 0$

Reator

$$F_2 = F_3$$
$$F_2 c_{21} = F_3 c_{31} + Vkc_{31}$$
$$F_2 c_{22} = F_3 c_{32} - Vkc_{31}$$

Separador

$$F_3 = F_4 + F_5$$
$$F_3 c_{31} = F_5 c_{51}$$
$$F_3 c_{32} = F_4 c_{42}$$
$$c_{51} = c_{11}$$

```
//Programa 12.17b
//
//Otimização de uma planta química com reciclo
//
//Otimização usando fminsearch
//
//Simulação pela abordagem sequencial modular
//
clear
clearglobal
clc

function f=planta(S5_)
    global S1 S2 S3 S4 S5 CV CA cAf alfa G
    global gama
    //Dados da alimentação
    S1(1)=100
    S1(2)=0
    //Corrente de reciclo S5
    //MIXR
    S2= S5_+S1
    //RECT
    S3(1)=(1-gama)*S2(1)
    S3(2)=S2(2)+gama*S2(1)
    //SEPR
    S4=alfa'.*S3
    S5=S3-S4
    //f(x)=0
    f=S5-S5_
endfunction

function f=fun(x)
    global k CV CA cAf CR G S1 S2 S3 S4 S5 gama
    gama=x;
    [S1,S2,S3,S4,S5]=plant(gama)
```

```
        V=G/(k*cAf*(1-gama));
        f=CV*V+CA*S1(1)+CR*S5(1);
endfunction

function [S1, S2, S3, S4, S5]=plant(gama)
    global alfa
    //Dados da alimentação
    S1(1)=100;
    S1(2)=0;
    //Chute inicial
    S5(1)=0;
    S5(2)=0;
    S5C=fsolve(S5,planta)
    //MIXR
    S2= S5C+S1;
    //RECT
    S3(1)= (1-gama)*S2(1);
    S3(2)= S2(2)+gama*S2(1);
    //SEPR
    S4=alfa'.*S3
    S5=S3-S4
endfunction

global k CV CA cAf CR alfa G S1 S2 S3 S4 S5 gama
k=0.2;
cAf=0.1;
CV=0.01;
CA=0.5;
CR=0.125;
G=100;
alfa=[0 1];
//conversão situa-se no intervalo [0 1]
gama0=0.5;
[gama,CT]=fminsearch(fun,gama0);
[S1,S2,S3,S4,S5]=plant(gama);

V=G/(k*cAf*(1-gama));
CT=CV*V+CA*S1(1)+CR*S5(1);
cA=cAf*(1-gama);
F=G/(cAf-cA);
disp('Solução do projeto ótimo da planta química com reciclo')
printf('\n\n')
printf('Custo total = %f $/h\n',CT);printf('\n')
printf('Conversão = %f\n',gama);printf('\n')
printf('Volume = %f litros\n',V);printf('\n')
printf('Concentração = %f mol/litro\n',cA);printf('\n')
printf('Vazão volumétrica = %f litros\n',F);printf('\n')
printf('Custo unitário de B = %f $/h\n',CT/G);printf('\n')
disp('Correntes');printf('\n')
printf('S1 = %f mol/h\n',sum(S1))
printf('S2 = %f mol/h\n',sum(S2))
printf('S3 = %f mol/h\n',sum(S3))
printf('S4 = %f mol/h\n',sum(S4))
```

```
printf('S5 = %f mol/h\n',sum(S5))
printf('\n          Fluxo molar individual (mol/h)')
disp('Corrente A           B')
disp([[1 S1'];[2 S2'];[3 S3'];[4 S4'];[5 S5']])
```

Resultados

```
 Solução do projeto ótimo da planta química com reciclo

Custo total = 150.000001 $/h

Conversão = 0.333301

Volume = 7499.633807 litros

Concentração = 0.066670 mol/litro

Vazão volumétrica = 3000.292997 litros

Custo unitário de B = 1.500000 $/h


 Correntes

S1 = 100.000000 mol/h
S2 = 300.029300 mol/h
S3 = 300.029300 mol/h
S4 = 100.000000 mol/h
S5 = 200.029300 mol/h

         Fluxo molar individual (mol/h)
 Corrente A              B

    1.    100.          0.
    2.    300.0293      0.
    3.    200.0293      100.
    4.    0.            100.
    5.    200.0293      0.
```

A solução do problema é dada por:

V = 7499,63 litros
C_T = 150,0 $

A Tabela 12.8 mostra os fluxos molares das correntes do processo.

Tabela 12.8 Fluxos molares das correntes do processo.

Corrente	Fluxo molar total (kgmol/h)	Fluxo molar de A (kgmol/h)	Fluxo molar de B (kgmol/h)
1	100,0	100,0	0
2	300,03	300,03	0
3	300,03	200,03	100,0
4	100,0	0	100,0
5	200,03	200,03	0

CAPÍTULO 13
Dinâmica e controle de processos

Neste capítulo, vamos apresentar alguns problemas de controle encontrados na engenharia e mostrar como podem ser resolvidos usando Scilab. Para conseguir um bom controle de algum processo, é preciso saber como o mesmo responde a variações nas suas entradas, ou seja, se responde de forma rápida ou lenta, se oscila ou não etc., de maneira que possamos agir eficientemente. Daí, a importância do conhecimento da dinâmica do processo a ser controlado.

13.1 DINÂMICA DE PROCESSOS

O primeiro passo no projeto de um sistema de controle é conhecer a dinâmica do processo, isto é, como a atuação em uma variável desse processo afeta a variável que se deseja controlar.

A descrição matemática das características dinâmicas de um sistema é denominada modelo matemático. Os modelos podem assumir formas muito diferentes. Dependendo do particular sistema e de certas circunstâncias, uma representação matemática pode ser mais conveniente do que outras representações. Por exemplo, para sistemas lineares invariantes no tempo de uma entrada e uma saída, a análise e o projeto de sistemas de controle são feitos usando-se funções de transferência, relação de entrada-saída do sistema. Para sistemas variantes no tempo, sistemas não lineares e sistemas de múltiplas entradas e múltiplas saídas, representação de sistemas por espaço de estados, cujo modelo matemático são as equações de estado baseadas no conceito de estado. Uma vez obtido o modelo matemático de um sistema, várias ferramentas analíticas ou por computador podem ser utilizadas para fins de análise e síntese.

O procedimento para determinar as soluções de problemas que possuam sistemas não lineares, em geral, é extremamente complicado. A resolução desse tipo de problema requer a elaboração de um programa de simulação dinâmica para se obter a solução, como será visto mais adiante em cima de alguns exemplos.

13.2 SISTEMAS LINEARES

Sistemas lineares são aqueles nos quais as equações do modelo são lineares. Uma equação diferencial é linear se os coeficientes são constantes ou apenas funções da variável independente. Para sistemas lineares, o princípio da superposição se aplica, isto é, se duas entradas forem aplicadas simultaneamente a um sistema linear, a resposta total será a soma das respostas individuais a cada uma das entradas separadamente.

$$u_1(t) \xrightarrow{Produz} y_1(t)$$

$$u_2(t) \xrightarrow{Produz} y_2(t)$$

$$\Rightarrow u_1(t) + u_2(t) \xrightarrow{Produz} y_1(t) + y_2(t)$$

em que:
u_1 Entrada 1
u_2 Entrada 2
y_1 Resposta à entrada 1
y_2 Resposta à entrada 2

Os sistemas dinâmicos que são representados por equações diferenciais, cujos coeficientes são constantes, são denominados sistemas lineares invariantes no tempo, e os sistemas que são representados por equações diferenciais, cujos coeficientes são funções de tempo, são denominados sistemas lineares variantes no tempo.

13.3 SISTEMAS LINEARES INVARIANTES NO TEMPO

Sistemas lineares invariantes no tempo podem ser representados no domínio do tempo por equações no espaço de estados, ou no domínio da transformada de Laplace, por funções de transferência.

Na primeira, a função tem como parâmetros as matrizes que definem o sistema linear no espaço de estados.

Equação de estado

$$\begin{bmatrix} \dot{x}_1 \\ \dot{x}_2 \\ \vdots \\ \dot{x}_n \end{bmatrix} = \begin{bmatrix} a_{11} & a_{12} & & a_{1n} \\ a_{21} & a_{22} & & a_{2n} \\ & & & \\ a_{n1} & a_{n2} & & a_{nn} \end{bmatrix} \begin{bmatrix} x_1 \\ x_2 \\ \vdots \\ x_n \end{bmatrix} + \begin{bmatrix} b_{11} & b_{12} & & b_{1r} \\ b_{21} & b_{22} & & b_{2r} \\ & & & \\ b_{n1} & b_{n2} & & b_{nr} \end{bmatrix} \begin{bmatrix} u_1 \\ u_2 \\ \vdots \\ u_r \end{bmatrix}$$

Equação de saída

$$\begin{bmatrix} y_1 \\ y_2 \\ \vdots \\ y_m \end{bmatrix} = \begin{bmatrix} c_{11} & c_{12} & & c_{1n} \\ c_{21} & c_{22} & & c_{2n} \\ & & & \\ c_{m1} & c_{m2} & & c_{mn} \end{bmatrix} \begin{bmatrix} x_1 \\ x_2 \\ \vdots \\ x_n \end{bmatrix} + \begin{bmatrix} d_{11} & d_{12} & & d_{1r} \\ d_{21} & d_{22} & & d_{2r} \\ & & & \\ d_{m1} & d_{m2} & & d_{mr} \end{bmatrix} \begin{bmatrix} u_1 \\ u_2 \\ \vdots \\ u_r \end{bmatrix}$$

Esse sistema pode ser representado de forma compacta usando notação matricial:

$\dot{x} = Ax + Bu$

$y = Cx + Du$

em que:
A = matriz de estado
B = matriz de entrada
C = matriz de saída
D = matriz de transmissão direta
x = vetor de estado
u = vetor de entrada
y = vetor de saída

A segunda forma tem como parâmetros o numerador e o denominador da função de transferência G(s), que relaciona uma entrada e uma saída e é definida como:

$$G(s) = \frac{\text{Transformada de Laplace da saída, na forma de desvio}}{\text{Transformada de Laplace da entrada, na forma de desvio}}$$

As variáveis desvios são definidas como a diferença entre a variável y e seu valor estacionário y_s, isto é:

$y' = y - y_s$

Em geral, ambos numerador e denominador da função de transferência são polinômios em s.

$$G(s) = \frac{\text{num}(s)}{\text{den}(s)}$$

Algumas relações entre a representação no domínio do tempo e no domínio de Laplace para y na forma de desvio são mostradas na Tabela 13.1.

Tabela 13.1 Transformada de Laplace.

Domínio do tempo	Domínio de Laplace
$y(t)$	$\bar{y}(s)$
$\dfrac{dy(t)}{dt}$	$s\bar{y}(s)$
$\dfrac{d^2y(t)}{dt^2}$	$s^2\bar{y}(s)$
$\int y(t)dt$	$\dfrac{1}{s}\bar{y}(s)$
Impulso unitário: $\delta(1) = 1$	1
Degrau unitário: $u(t)$	$\dfrac{1}{s}$

O Scilab possui diversos comandos para a análise, projeto e simulação de sistemas de controle linear por meio de técnicas baseadas em espaço de estados, na resposta em frequência ou no diagrama do lugar das raízes, dentre outras.

A função usada no Scilab para definir sistemas lineares é `syslin`. Dependendo de como o sistema linear é dado, as entradas dessa função são diferentes. Duas formas de usar essa função são:

Espaço de estados

```
[sl]=syslin(dom,A,B,C [,D [,x0] ])
```

Numerador e denominador de uma função de transferência

[sl]=syslin(dom,N,D)

Função de transferência

[sl]=syslin(dom,H)

Tabela 13.2 Entradas e saída da função syslin.

Entrada	Descrição
sl	Sistema linear
dom	String 'c' para sistema contínuo e 'd' discreto
A,B,C,D	Matrizes na representação no espaço de estados
x0	Vetor do estado inicial
N,D	Matrizes de polinômios
H	Matriz de razão de polinômios

Duas funções úteis em sistemas lineares são ss2tf e tf2ss. A primeira converte da representação no espaço de estados para função de transferência e a segunda, da função de transferência para a representação no espaço de estados.

[h]=ss2tf(sl)

sl=tf2ss(h)

Tabela 13.3 Entrada ou saída das funções ss2tf e tf2ss.

Entrada ou saída	Descrição
sl	Sistema linear
h	Matriz de transferência

13.4 RESPOSTA DE SISTEMAS LINEARES

No Scilab, podemos simular a resposta no tempo de sistemas lineares. Para isso, usamos as funções syslin e csim.

A função csim simula a resposta no tempo de um sistema linear definido pelo comando syslin e a forma de usá-la é:

y=csim(u,t,sl)

Tabela 13.4 Entradas ou saída da função `csim`.

Entrada ou saída	Descrição
sl	Sistema linear
t	Vetor especificando o tempo
u	Entrada do processo
y	Resposta do sistema linear

Exemplo 13.1 Resposta de sistema de primeira ordem ao degrau

Conceitos demonstrados

Resposta dinâmica de um processo de primeira ordem a uma variação degrau na entrada.

Métodos numéricos utilizados

Transformada de Laplace.

Descrição do problema

Considere o processo de primeira ordem dado pela função de transferência:

$$G_p(s) = \frac{1}{s+1}$$

Deseja-se saber como o processo responde quando a sua entrada sofre uma variação degrau unitário.

Solução

No Scilab, podemos simular a resposta desse processo ao degrau unitário. Inicialmente, definimos s como uma variável simbólica, daí podemos escrever a função de transferência G_p. Agora, podemos definir o sistema linear `sl` com o comando `syslin`. Finalmente, usamos a função `csim` para obter a resposta ao degrau unitário via o argumento `'step'`.

```
//Programa 13.1
//
//Resposta ao degrau unitário de um sistema de primeira ordem em malha
aberta
//
clear
clearglobal
clc
clf

s=poly(0,'s');      //ou s=%s;
t=0:0.1:5;

//Processo
Gp=1/(s+1);     //função de transferência
disp('Função de transferência Gp')
disp(Gp)

//Sistema linear
sl=syslin('c',Gp);    //definição do sistema linear
disp('Dados do sistema linear')
disp(sl)

//Resposta
y=csim('step',t,sl); );    //resposta ao degrau unitário
plot(t,y)
xlabel('t')
ylabel('y')
```

Resultados

```
Função de transferência Gp

    1
   -----
   1 + s

Dados do sistema linear

    1
   -----
   1 + s
```

A Figura 13.1 mostra a resposta ao degrau unitário e pode-se observar que a resposta é essencialmente completa após quatro unidades de tempo, isto é, atinge 98,2% do seu valor final.

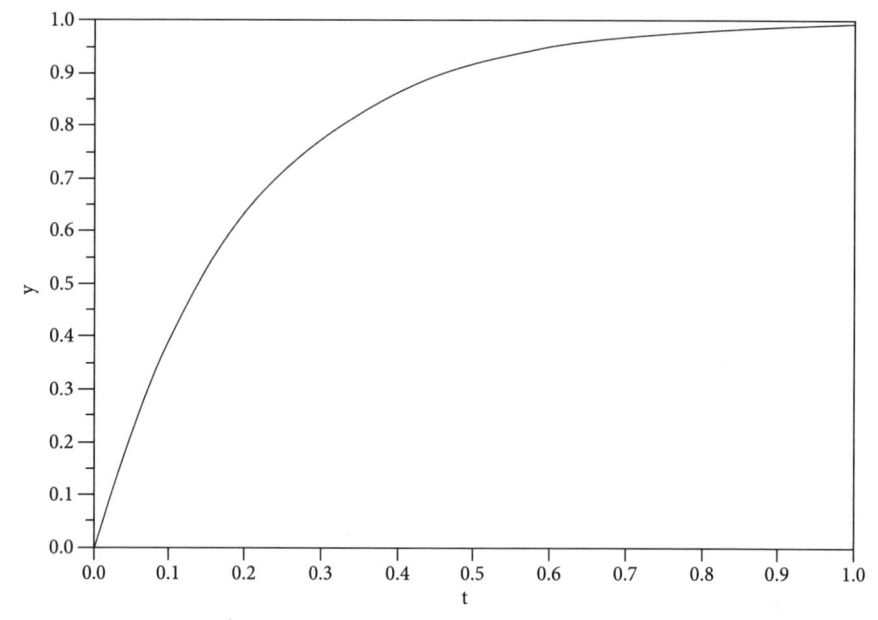

Figura 13.1 Resposta do sistema de primeira ordem a uma entrada degrau unitário.

Exemplo 13.2 Resposta de sistema de primeira ordem ao impulso

Conceitos demonstrados

Resposta dinâmica de um processo de primeira ordem ao impulso na entrada.

Métodos numéricos utilizados

Transformada de Laplace.

Descrição do problema

Considere o processo de primeira ordem dado pela função de transferência:

$$G_p(s) = \frac{1}{s+1}$$

Deseja-se saber como o processo responde quando a sua entrada sofre uma variação impulso unitário.

Solução

No Scilab, podemos simular a resposta desse processo ao impulso unitário. Inicialmente, definimos s como uma variável simbólica, daí podemos escrever a função de transferência G_p. Agora, podemos definir o sistema linear sl com o comando syslin. Finalmente, usamos a função csim para obter a resposta ao degrau unitário via o argumento 'impulse'.

```
//Programa 13.2
//
//Resposta ao impulso unitário de um sistema de primeira ordem em malha
aberta
//
clear
clearglobal
clc
clf

s=poly(0,'s');      //ou s=%s;
t=0:0.001:5;

//Processo
Gp=1/(s+1);       //função de transferência
sl=syslin('c',Gp);

//Resposta
y=csim('impulse',t,sl);   //resposta ao impulso unitário
plot(t,y)
xlabel('t')
ylabel('y')
```

Resultados

A resposta ao impulso unitário é mostrada na Figura 13.2. Note que a resposta cresce imediatamente para 1,0 e, após, decai exponencialmente.

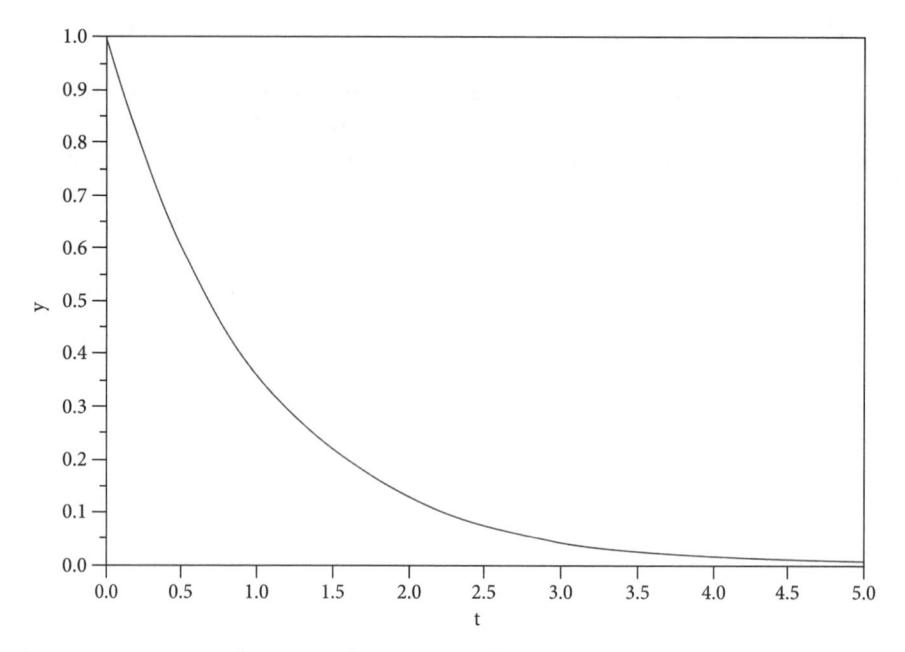

Figura 13.2 Resposta do sistema de primeira ordem a uma entrada impulso unitário.

Exemplo 13.3 Resposta de sistema de primeira ordem à rampa

Conceitos demonstrados

Resposta dinâmica de um sistema de primeira ordem à rampa na entrada.

Métodos numéricos utilizados

Transformada de Laplace.

Descrição do problema

Considere o processo de primeira ordem dado pela função de transferência:

$$G_p(s) = \frac{1}{s+1}$$

A entrada varia segundo uma rampa unitária t a partir de t = 0. Deseja-se saber como o processo responde quando a sua entrada varia de acordo com uma rampa unitária.

Solução

No Scilab, podemos simular a resposta desse processo à rampa unitária. Inicialmente, definimos s como uma variável simbólica, daí podemos escrever a função de transferência G_p. Agora, podemos definir o sistema linear sl com o comando syslin. Antes de chamar a função csim para obter a resposta, vamos calcular os valores da rampa e armazená-los no vetor u. Finalmente, podemos então usar csim para obter a resposta.

```
//Programa 13.3
//
//Resposta à rampa unitária de um sistema de primeira ordem em malha
aberta
//
clear
clearglobal
clc
clf

//Simulação de um sistema de primeira ordem em malha aberta
s=poly(0,'s');     //ou s=%s;
t=0:0.1:5;

//Processo
Gp=1/(s+1);     //função de transferência
sl=syslin('c',Gp);

//Entrada
u=t;    //rampa unitária

//Resposta
y=csim(u,t,sl);     //resposta à rampa unitária
plot(t,u,'b--',t,y,'b-')
xlabel('t')
ylabel('u, y')
legend('u','y',4);
```

Resultados

A resposta do sistema de primeira ordem e a entrada rampa são mostradas na Figura 13.3. Note que transcorrido um tempo suficiente, a saída é uma rampa idêntica à entrada rampa, com um atraso de tempo igual a 1,0.

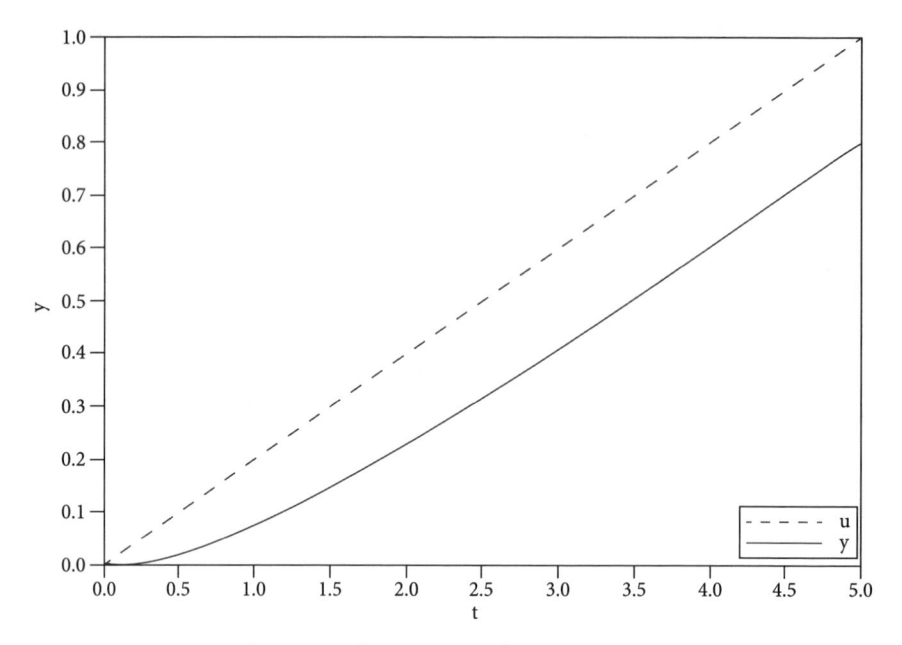

Figura 13.3 Resposta do sistema de primeira ordem a uma entrada rampa unitária.

Exemplo 13.4 Resposta senoidal de sistema de primeira ordem

Conceitos demonstrados

Resposta dinâmica de um processo de primeira ordem a uma variação senoidal na entrada.

Métodos numéricos utilizados

Transformada de Laplace.

Descrição do problema

Considere o processo de primeira ordem dado pela função de transferência:

$$G_p(s) = \frac{1}{s+1}$$

A entrada varia segundo uma onda senoidal sen(t) a partir de t = 0. Deseja-se saber como o processo responde quando a sua entrada varia de acordo com uma onda senoidal.

Solução

No Scilab, podemos simular a resposta desse processo a uma entrada senoidal. Inicialmente, definimos s como uma variável simbólica, daí podemos escrever a função de transferência G_p. Agora, podemos definir o sistema linear sl com o comando syslin. Antes de chamar a função csim para obter a resposta, vamos calcular os valores da onda e armazená-los no vetor u. Finalmente, podemos então usar csim para obter a resposta.

```
//Programa 13.4
//
//Resposta senoidal de um sistema de primeira ordem em malha aberta
//
clear
clearglobal
clc
clf

//Simulação de um sistema de primeira ordem em malha aberta
s=poly(0,'s');    //ou s=%s;
t=0:0.1:30;

//Processo
Gp=1/(s+1);    //função de transferência
sl=syslin('c',Gp);

//Entrada
u=sin(t);

//Resposta
y=csim(u,t,sl);
plot(t,u,'b--',t,y,'b-')
xlabel('t')
ylabel('u, y')
legend('u','y',4);
```

Resultados

A resposta do sistema de primeira ordem e a entrada senoidal são mostradas na Figura 13.4. Deve-se notar que, após transcorrido um tempo suficiente, a saída é uma onda senoidal com uma frequência igual à do sinal de entrada, a amplitude é menor que 1, ou seja, o sinal é atenuado, e a saída atrasa em relação à entrada por um ângulo constante.

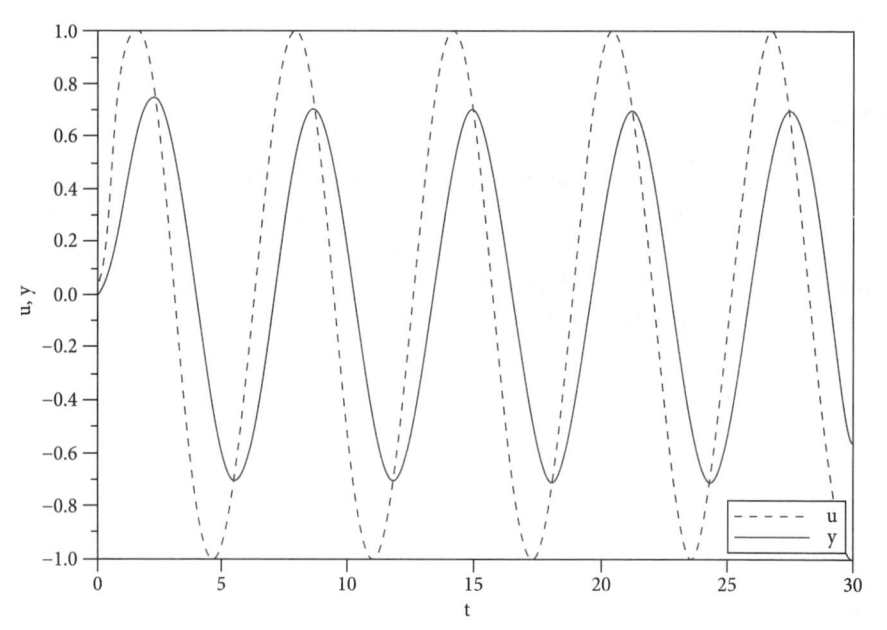

Figura 13.4 Resposta do sistema de primeira ordem a uma entrada senoidal de amplitude unitária.

Exemplo 13.5 Simulação de dois processos de primeira ordem em série

Conceitos demonstrados

Resposta dinâmica de dois processos de primeira ordem em série sem interação a uma variação degrau na entrada.

Métodos numéricos utilizados

Transformada de Laplace.

Descrição do problema

Este exemplo descreve como obter a resposta de um sistema composto de dois processos de primeira ordem em série sem interação. Sejam os dois processos dados por:

$$G_{p1}(s) = \frac{K_{p1}}{\tau_{p1}s+1}$$

$$G_{p2}(s) = \frac{K_{p2}}{\tau_{p2}s+1}$$

com:

$K_{p1} = 1$
$K_{p2} = 1$
$\tau_{p1} = 1$
$\tau_{p2} = 1$

Deseja-se obter a resposta ao degrau unitário desse sistema.

Solução

A função de transferência global do sistema é produto dessas duas funções de transferência:

$$G_o(s) = G_{p1}(s)G_{p2}(s)$$

$$G_o(s) = \frac{K_{p1}}{\tau_{p1}s+1} \frac{K_{p2}}{\tau_{p2}s+1}$$

No caso de sistemas com interação, a função de transferência global não pode ser obtida pelo simples produto das funções de transferência individuais.

```
//Programa 13.5
//
//Simulação de dois processos de primeira ordem em série sem interação
//
clear
clearglobal
clc
clf

s=poly(0,'s');    //ou s=%s;
t=0:0.1:10;
```

```
//Processo 1
Kp1=1;     //ganho do processo
taup1=1;   //constante de tempo
Gp1=Kp1/(taup1*s+1);   //função de transferência
disp('Função de transferência Gp1')
disp(Gp1)

//Processo 2
Kp2=1;     //ganho do processo
taup2=1;   //constante de tempo
Gp2=Kp1/(taup2*s+1);   //função de transferência
disp('Função de transferência Gp2')
disp(Gp2)

//Função de transferência global
Go=Gp1*Gp1
sl=syslin('c',Go);
disp('Função de transferência global Go')
disp(Go)

//Resposta
y=csim('step',t,sl);
plot(t,y)
xlabel('t')
ylabel('y')
```

Resultados

```
Função de transferência Gp1

     1
   -----
   1 + s

Função de transferência Gp2

     1
   -----
   1 + s

Função de transferência global Go

       1
   ---------
             2
   1 + 2s + s
```

A Figura 13.5 mostra a resposta da saída de um sistema composto de dois processos de primeira ordem em série sem interação. Note que a resposta é uma curva em forma de S.

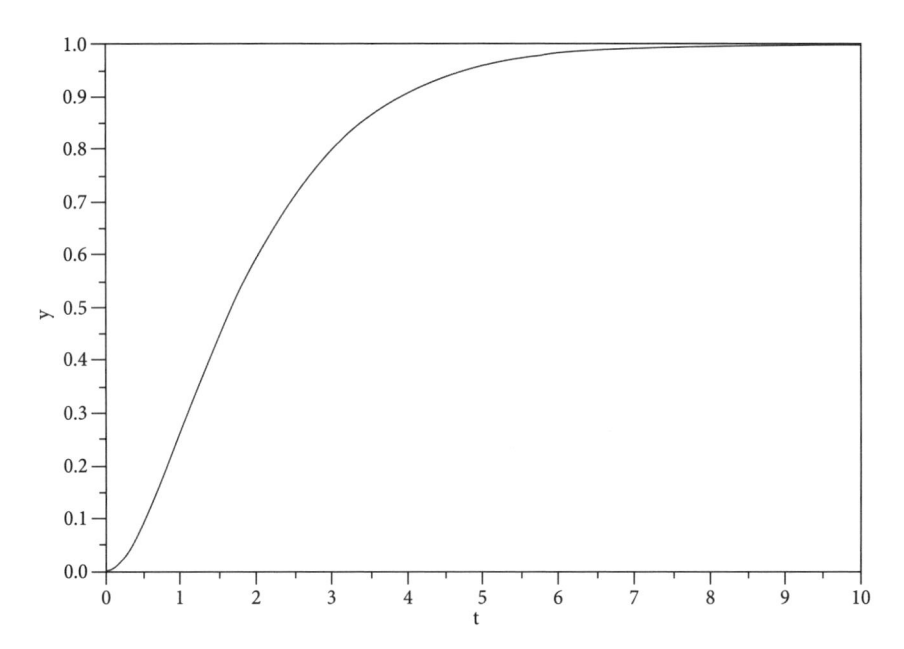

Figura 13.5 Curva de resposta ao degrau unitário.

Exemplo 13.6

Conceitos demonstrados

Resposta dinâmica de sistema linear a um impulso na entrada.

Métodos numéricos utilizados

Solução de sistema linear no espaço de estados.

Descrição do problema

Obter a resposta ao impulso unitário do seguinte sistema:

$$\begin{bmatrix} \dot{x}_1 \\ \dot{x}_2 \end{bmatrix} = \begin{bmatrix} 0 & 1 \\ -1 & -1 \end{bmatrix} \begin{bmatrix} x_1 \\ x_2 \end{bmatrix} + \begin{bmatrix} 0 \\ 1 \end{bmatrix} u$$

$$y = \begin{bmatrix} 1 & 0 \end{bmatrix} \begin{bmatrix} x_1 \\ x_2 \end{bmatrix} + [0]u$$

Podemos converter a representação desse sistema linear em espaço de estados para a representação em função de transferência.

```
//Programa 13.6
//
//Resposta ao impulso unitário
//
clear
clearglobal
clc
clf

//Sistema linear
//Matrizes no espaço de estado
A=[0 1;-1 -1];
B=[0;1];
C=[1 0];
D=[0];
sl=syslin('c',A,B,C,D);
disp('Espaço de estados')
disp(sl)

//Converter para função de transferência
G=ss2tf(sl);
disp('Função de transferência')
disp(G)

//Resposta
t=0:0.1:10;
y=csim('impulse',t,sl);

//Entrada
u=zeros(1,length(t));

plot(t,u,'b--',t,y,'b')
xlabel('t')
ylabel('y')
legend('u','y');
```

Resultados

```
Espaço de estados


        (1)     (state-space system:)
!lss  A   B   C   D   X0   dt  !

        (2) = A matrix =

    0.    1.
  - 1.  - 1.

        (3) = B matrix =

    0.
    1.

        (4) = C matrix =

    1.    0.

        (5) = D matrix =

    0.

        (6) = X0 (initial state) =

    0.
    0.

        (7) = Time domain =

  c

Função de transferência

           1
        ---------
              2
     1 + s + s
```

Os resultados mostram que o sistema corresponde a uma função de transferência de um sistema de segunda ordem,

$$G_p(s) = \frac{K_p}{\tau^2 s^2 + 2\zeta\tau s + 1}$$

que, no caso do exemplo, trata-se de um sistema de segunda ordem subamortecido:

$$G_p(s) = \frac{1}{s^2+s+1}$$

com constante de tempo τ = 1 e fator de amortecimento ζ = 0,5. Isso explica a oscilação da resposta ao impulso, como pode ser observado na Figura 13.6.

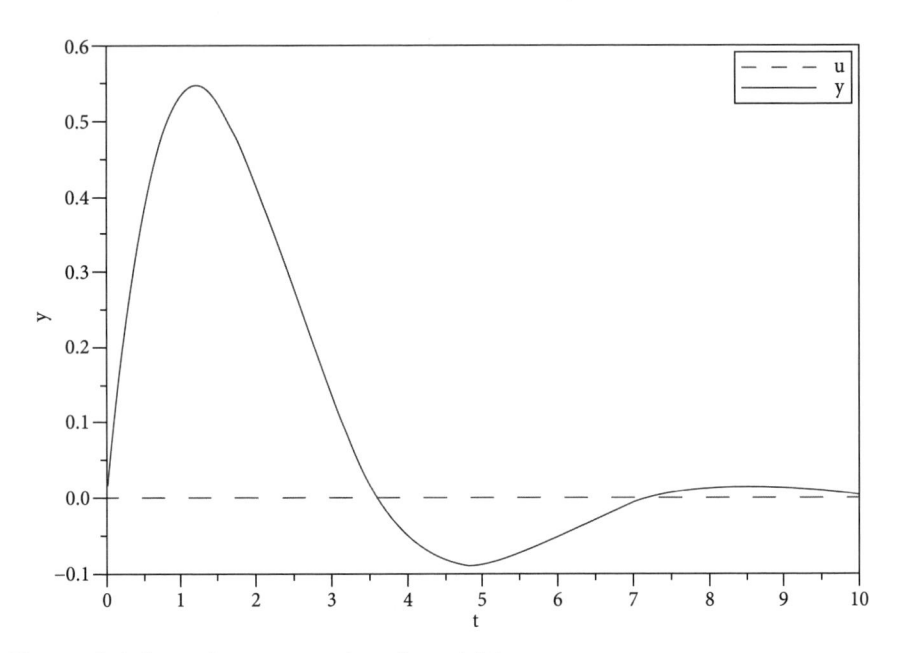

Figura 13.6 Curva de resposta ao impulso unitário.

Exemplo 13.7 Sistema de nível de líquido

Conceitos demonstrados

Resposta dinâmica de um sistema de nível de líquido a uma variação degrau na entrada.

Métodos numéricos utilizados

Solução de sistema linear no espaço de estados.

Descrição do problema

Um exemplo típico de processos que exibem comportamento dinâmico de primeira ordem é o sistema de nível de líquido. Considere o sistema mostrado na Figura 13.7, que consiste em um tanque de seção reta e uniforme de área, A, ao qual é adaptada uma resistência ao fluxo R, tal como uma válvula, uma tubulação ou vertedouro. Suponha que F, vazão volumétrica através da resistência, se relaciona com a altura de líquido h pela relação linear:

$$F = \frac{h}{R}$$

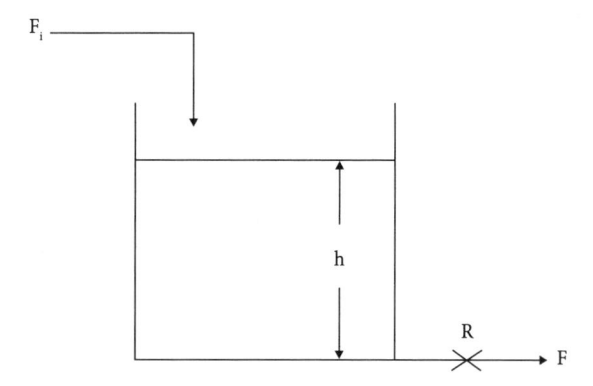

Figura 13.7 Sistema de nível de líquido.

Uma relação que apresenta esta relação linear entre a vazão de saída e a altura de líquido é chamada de resistência linear.

No tanque da Figura 13.7, deseja-se obter a característica dinâmica entre a vazão de entrada e o nível de líquido.

Dados numéricos

$A = 0,8 \text{ m}^2$
$F_{is} = 10 \text{ m}^3/\text{min}$
$R = 1,25 \text{ m}/(\text{m}^3/\text{min})$

Solução

Considerando o líquido de massa específica constante, o balanço de massa transiente no tanque fornece:

$$\frac{dV}{dt} = F_i - F$$

$$\frac{d(Ah)}{dt} = F_i - F$$

$$A\frac{dh}{dt} = F_i - F$$

Supondo que a vazão de saída é descarregada à atmosfera:

$$A\frac{dh}{dt} = F_i - \frac{h}{R}$$

$$A\frac{dh}{dt} + \frac{h}{R} = F_i$$

$$AR\frac{dh}{dt} + h = RF_i$$

Em controle de processos, comumente escrevemos as equações de estado em termos de variáveis desvios, definidas como:

$$y' = y - y_s$$

em que:
y = variável
y_s = valor da variável no estado estacionário
y' = variável desvio

A equação dinâmica do tanque no estado estacionário é:

$$h_s = RF_{is}$$

Assim, subtraindo a equação no estado estacionário da equação no regime transiente, resulta o balanço de massa em:

$$AR\frac{d(h-h_s)}{dt} + (h-h_s) = R(F_i - F_{is})$$

Desde que:

$$\frac{d(h-h_s)}{dt} = \frac{dh}{dt} - \underbrace{\frac{dh_s}{dt}}_{=0} = \frac{dh}{dt}$$

$$AR\frac{dh'}{dt} + h' = RF'_i$$

Note h'(0) = 0, e a equação pode ser rearranjada na forma padronizada de um sistema de primeira ordem, resultando em:

$$\tau_p \frac{dh'}{dt} + h' = K_p F'_i$$

Considerando as transformadas de Laplace de ambos lados da equação e a condição inicial nula, obtemos:

$$(\tau_p s + 1)\bar{h}'(s) = K_p \bar{F}'_i(s)$$

em que:
$\bar{h}'(s) = L\{h'(t)\}$

$\bar{F}'_i(s) = L\{F'_i(t)\}$

Se F_i é considerada a entrada e h a saída, a função de transferência do sistema é:

$$\frac{\bar{h}'(s)}{\bar{F}'_i(s)} = \frac{K_p}{\tau_p s + 1}$$

Portanto, a característica dinâmica do nível de líquido é de um sistema de primeira ordem.

Uma representação por espaço de estados para esse sistema pode ser obtida como se segue, observando que a equação diferencial para esse sistema é:

$$\tau_p \frac{dh'}{dt} + h' = K_p F'_i$$

ou usando a notação simplificada para a derivada temporal:

$$\tau_p \dot{h}' + h' = K_p F'_i$$

$$\dot{h}' + \frac{1}{\tau_p}h' = \frac{K_p}{\tau_p}F_i'$$

Definir variável de estado por:

$x = h'$

a variável de entrada por:

$u = F_i'$

e a variável de saída por:

$y = h' = x$

Então, obtemos:

$$\dot{x} = -\frac{1}{\tau_p}x + \frac{K_p}{\tau_p}u$$

$y = x$

Essas duas equações dão uma representação por espaço de estados do sistema quando F_i é considerado a entrada e h a saída.

```
//Programa 13.7
//
//Conversão entre a representação no espaço de estados para função de
transferência e vice-versa
//
//Sistema de nível de líquido
//
//h considerada saída e Fi considerada entrada
//
clear
clearglobal
clc
clf

s=poly(0,'s');      //ou s=%s;

A=0.8;      //m2
Fis=1;      //m3/min
R=1.25;     //m/(m3/min)
```

```
Kp=R;        //m/(m3/min)
taup=A*R;    //min

//Definir o sistema no espaço de estados
A_=-1/taup;      //matriz A
B_=Kp/taup;      //matriz B
C_=1;            //matriz C
sl=syslin('c',A_,B_,C_);
Gp=ss2tf(sl);
disp('Sistema linear')
disp('')
disp('Espaço de estados')
disp(sl)
disp('Função de transferência')
disp(Gp)

t=0:0.1:5;
h=csim('step',t,sl);
subplot(2,1,1)
plot(t,h)
xlabel('t (min)')
ylabel('h (m)')
title('Função de transferência')

clear sl
//Definir o sistema como função de transferência
N=Kp;         //numerador da função de transferência
D=taup*s+1;   //denominador da função de transferência
sl=syslin('c',N,D);   //definir o sistema linear
ss=tf2ss(sl);         //converter para o espaço de estados
h=csim('step',t,sl);  //resposta ao degrau unitário
subplot(2,1,2)
plot(t,h)
xlabel('t (min)')
ylabel('h (m)')
title('Espaço de estados')
```

Resultados

```
 Sistema linear


 Espaço de estados


        (1)    (state-space system:)

 !lss  A  B  C  D  X0  dt  !
```

```
           (2) = A matrix =
 - 1.

           (3) = B matrix =
   1.25

           (4) = C matrix =
   1.

           (5) = D matrix =
   0.

           (6) = X0 (initial state) =
   0.

           (7) = Time domain =
 c

 Função de transferência

   1.25
   ----
   1 + s
```

A função de transferência do sistema é:

$$\frac{\overline{h}'(s)}{\overline{F}_i'(s)} = \frac{1,25}{s+1}$$

As respostas transientes do sistema de nível de líquido utilizando as duas representações são mostradas na Figura 13.8. Deve-se notar que, independentemente da representação, as respostas devem ser iguais, pois o processo é o mesmo.

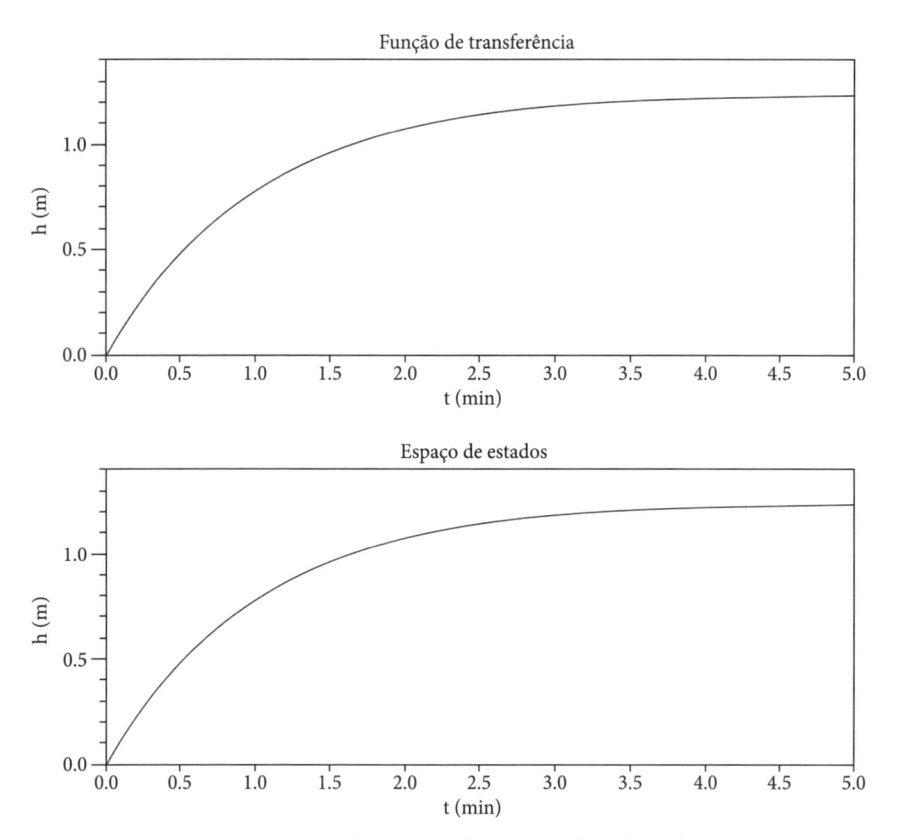

Figura 13.8 Resposta transiente do sistema de nível de líquido utilizando representações diferentes.

Exemplo 13.8 Sistema de nível de líquido com interação

Conceitos demonstrados

Resposta dinâmica de um sistema de nível de líquido com interação a uma variação degrau na entrada.

Métodos numéricos utilizados

Solução de sistema linear no espaço de estados.

Descrição do problema

Considere o sistema mostrado na Figura 13.9. Nesse sistema, os dois tanques interagem. Usando os símbolos definidos nessa figura, podemos obter as seguintes equações para esse sistema:

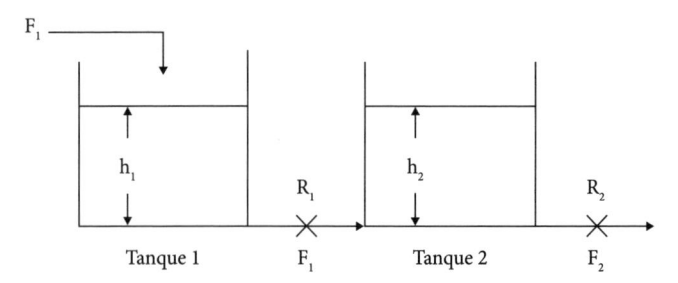

Figura 13.9 Sistema de nível de dois tanques em série com interação.

$$F_1 = \frac{h_1 - h_2}{R_1}$$

$$A_1 \frac{dh_1}{dt} = F_i - F_1$$

$$F_2 = \frac{h_2}{R_2}$$

$$A_2 \frac{dh_2}{dt} = F_1 - F_2$$

Para o sistema de dois tanques da Figura 13.9, deseja-se obter a característica dinâmica entre a vazão de entrada e o nível de líquido.

Solução

Em termos de variáveis desvios, as equações são:

$$F_1' = \frac{h_1' - h_2'}{R_1}$$

$$A_1 \frac{dh_1'}{dt} = F_i' - F_1'$$

$$F_2' = \frac{h_2'}{R_2}$$

$$A_2 \frac{dh_2'}{dt} = F_1' - F_2'$$

Se F_i é considerada a entrada e F_2 a saída, a função de transferência do sistema é:

$$\frac{\overline{F}_2'(s)}{\overline{F}_i'(s)} = \frac{1}{A_1 R_1 A_2 R_2 s^2 + (A_1 R_1 + A_2 R_2 + A_1 R_2)s + 1}$$

Uma representação por espaço de estados para esse sistema pode ser obtida como se segue, observando que a equação diferencial para esse sistema é:

$$A_1 R_1 A_2 R_2 \ddot{F}_2' + (A_1 R_1 + A_2 R_2 + A_1 R_2)\dot{F}_2' + F_2' = F_i'$$

ou:

$$\ddot{F}_2' + \left(\frac{1}{A_2 R_2} + \frac{1}{A_1 R_1} + \frac{1}{A_2 R_1}\right)\dot{F}_2' + \frac{1}{A_1 R_1 A_2 R_2} F_2' = \frac{1}{A_1 R_1 A_2 R_2} F_i'$$

Definir variáveis de estado por:

$$x_1 = F_2'$$

$$x_2 = \dot{F}_2'$$

a variável de entrada por:

$$u = F_i'$$

e a variável de saída por:

$$y = \overline{F}_2' = x_1$$

Então, obtemos:

$$\begin{bmatrix} \dot{x}_1 \\ \dot{x}_2 \end{bmatrix} = \begin{bmatrix} 0 & 1 \\ -\dfrac{1}{A_1 R_1 A_2 R_2} & -\left(\dfrac{1}{A_2 R_2} + \dfrac{1}{A_1 R_1} + \dfrac{1}{A_2 R_1}\right) \end{bmatrix} \begin{bmatrix} x_1 \\ x_2 \end{bmatrix} = \begin{bmatrix} 0 \\ \dfrac{1}{A_1 R_1 A_2 R_2} \end{bmatrix} u$$

$$y = \begin{bmatrix} 1 & 0 \end{bmatrix} \begin{bmatrix} x_1 \\ x_2 \end{bmatrix}$$

Essas duas equações dão uma representação por espaço de estados do sistema quando F_i é considerado a entrada e F_2 a saída.

```
//Programa 13.8a
//
//Conversão entre a representação no espaço de estados para função de
transferência e vice-versa
//
//Sistema de nível de líquido com interação
//
//F2 considerada saída e Fi considerada entrada
//
clear
clearglobal
clc
clf

s=poly(0,'s');    //ou s=%s;

A1=10;      //m2
A2=10;      //m2
Fis=20;     //m3/min
R1=0.1;     //m/(m3/min)
R2=0.35;    //m/(m3/min)

//Função de transferência Gp
Kp=1;       //m/(m3/min)
tau2=A1*R1*A2*R2;    //min
tau=sqrt(tau2);
zeta=(A1*R1+A2*R2+A1*R2)/(2*tau);
Gp=Kp/(tau2*s^2+2*zeta*tau*s+1);
disp('Função de transferência')
disp(Gp)

//Definir o sistema no espaço de estados
A_=[0 1; -1/(A1*R1*A2*R2) -(1/(A2*R2)+1/(A1*R1)+1/(A2*R1))];    //matriz A
B_=[0; 1/(A1*R1*A2*R2)];    //matriz B
C_=[1 0];    //matriz C
```

```
sl=syslin('c',A_,B_,C_);    //definir o sistema linear
Gp=ss2tf(sl);    //converter para função de transferência
disp('Sistema linear')
disp('')
disp('Espaço de estados')
disp(sl)
disp('Função de transferência')
disp(Gp)

t=0:0.1:30;
F2=csim('step',t,sl);    //resposta ao degrau unitário do sistema linear
subplot(2,1,1)
plot(t,F2)
xlabel('t (min)')
ylabel('F2 (m3/min)')
title('Espaço de estados')

clear sl

//Definir o sistema como função de transferência
N=Kp;    //numerador
D=tau2*s^2+2*zeta*tau*s+1;    //denominador
sl=syslin('c',N,D);    //definir o sistema linear
ss=tf2ss(sl);    //converter para o espaço de estados
disp('Sistema linear')
disp('')
disp('Espaço de estados')
disp(ss)
disp('Função de transferência')
disp(Gp)

F2=csim('step',t,sl);    //resposta ao degrau unitário do sistema linear
subplot(2,1,2)
plot(t,F2)
xlabel('t (min)')
ylabel('F2 (m3/min)')
title('Função de transferência')
```

Resultados

```
Função de transferência

         1
    -------------
              2
    1 + 8s + 3.5s

Sistema linear
```

```
 Espaço de estados


         (1)    (state-space system:)

!lss  A  B  C  D  X0  dt  !

         (2)  = A matrix =

    0.           1.
  - 0.2857143  - 2.2857143

         (3)  = B matrix =

    0.
    0.2857143

         (4)  = C matrix =

    1.   0.

         (5)  = D matrix =

    0.

         (6)  = X0 (initial state) =

    0.
    0.

         (7)  = Time domain =

 c

 Função de transferência

            0.2857143
   ------------------------
                          2
   0.2857143 + 2.2857143s + s

 Sistema linear


 Espaço de estados


         (1)    (state-space system:)

!lss  A  B  C  D  X0  dt  !
```

```
        (2) = A matrix =

  0.           0.5
- 0.5714286  - 2.2857143

        (3) = B matrix =

  0.
  0.5345225

        (4) = C matrix =

  1.069045    0.

        (5) = D matrix =

  0.

        (6) = X0 (initial state) =

  0.
  0.

        (7) = Time domain =

c

Função de transferência

              0.2857143
    ------------------------
                            2
    0.2857143 + 2.2857143s + s
```

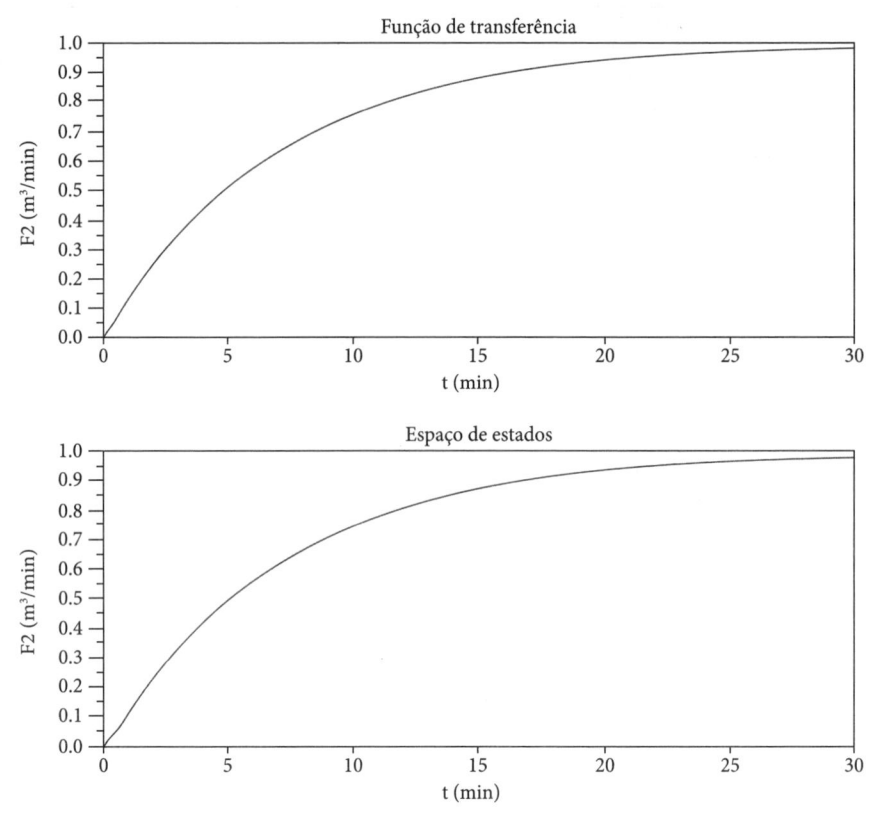

Figura 13.10 Resposta transiente da vazão de saída do tanque 2 utilizando representações diferentes.

Note que a representação por espaço de estados a partir de função de transferência não é única, tanto que as matrizes obtidas pelo Scilab não correspondem às do problema original.

Matrizes no espaço de estados originais

$$\mathbf{A} = \begin{bmatrix} 0 & 1 \\ -0,2857 & -2,2857 \end{bmatrix}$$

$$\mathbf{B} = \begin{bmatrix} 0 \\ 0,2857 \end{bmatrix}$$

$\mathbf{C} = \begin{bmatrix} 1 & 0 \end{bmatrix}$

Matrizes no espaço de estados

$$\mathbf{A} = \begin{bmatrix} 0 & 0{,}5 \\ -0{,}5714 & -2{,}2857 \end{bmatrix}$$

$$\mathbf{B} = \begin{bmatrix} 0 \\ 0{,}5345 \end{bmatrix}$$

$\mathbf{C} = \begin{bmatrix} 1{,}0690 & 0 \end{bmatrix}$

Se F_i é considerada a entrada e h_2 a saída, então obteremos uma diferente representação por espaço de estados. Vamos definir variáveis de estado por:

$x_1 = h_1'$

$x_2 = h_2'$

a variável de entrada por:

$u = F_i'$

e a variável de saída por:

$y = h_2' = x_2$

Então, a correspondente representação por espaço de estados pode ser obtida como se segue. Das equações de balanço de massa em cada tanque, obtemos:

$$A_1 \frac{dh_1}{dt} = F_i - \frac{h_1 - h_2}{R_1}$$

$$A_2 \frac{dh_2}{dt} = \frac{h_1 - h_2}{R_1} - \frac{h_2}{R_2}$$

ou:

$$\frac{dh_1}{dt} = -\frac{1}{A_1R_1}h_1 + \frac{1}{A_1R_1}h_2 + \frac{1}{A_1}F_i$$

$$\frac{dh_2}{dt} = \frac{1}{A_2R_1}h_1 - \left(\frac{1}{A_2R_1} + \frac{1}{A_2R_2}\right)h_2$$

Seguindo o mesmo procedimento, a representação por espaço de estados agora se torna:

$$\begin{bmatrix}\dot{x}_1\\\dot{x}_2\end{bmatrix} = \begin{bmatrix}-\frac{1}{A_1R_1} & \frac{1}{A_1R_1}\\\frac{1}{A_2R_1} & -\left(\frac{1}{A_2R_1}+\frac{1}{A_2R_2}\right)\end{bmatrix}\begin{bmatrix}x_1\\x_2\end{bmatrix} = \begin{bmatrix}\frac{1}{A_1}\\0\end{bmatrix}u$$

$$y = \begin{bmatrix}1 & 0\end{bmatrix}\begin{bmatrix}x_1\\x_2\end{bmatrix}$$

```
//Programa 13.8b
//
//Conversão entre a representação no espaço de estados para função de
transferência e vice-versa
//
//Sistema de nível de líquido com interação
//
//h2 considerada saída e Fi considerada entrada
//
clear
clearglobal
clc
clf

s=poly(0,'s');      //ou s=%s;

A1=10;      //m2
A2=10;      //m2
Fis=20;     //m3/min
R1=0.1;     //m/(m3/min)
R2=0.35;    //m/(m3/min)
//Função de transferência Gp
Kp=R2;      //m/(m3/min)
tau2=A1*R1*A2*R2;   //min
```

```
tau=sqrt(tau2);
zeta=(A1*R1+A2*R2+A1*R2)/(2*tau);
Gp=Kp/(tau2*s^2+2*zeta*tau*s+1);
disp('Função de transferência')
disp(Gp)

//Definir o sistema no espaço de estados
A_=[-1/(A1*R1)   1/(A1*R1); 1/(A2*R1)  -(1/(A2*R1)+1/(A2*R2))];     //matriz A
B_=[1/A1; 0];      //matriz B
C_=[0 1];     //matriz C
sl=syslin('c',A_,B_,C_);     //definir o sistema linear
Gp=ss2tf(sl);     //converter para função de transferência
disp('Sistema linear')
disp('')
disp('Espaço de estados')
disp(sl)
disp('Função de transferência')
disp(Gp)

t=0:0.1:30;
h2=csim('step',t,sl);     //resposta ao degrau unitário do sistema linear
subplot(2,1,1)
plot(t,h2)
xlabel('t (min)')
ylabel('h2 (m)')
title('Espaço de estados')

clear sl

//Definir o sistema como função de transferência
N=Kp;     //numerador
D=tau2*s^2+2*zeta*tau*s+1;     //denominador
sl=syslin('c',N,D);     //definir o sistema linear
ss=tf2ss(sl);     //converter para o espaço de estados
disp('Sistema linear')
disp('')
disp('Espaço de estados')
disp(ss)
disp('Função de transferência')
disp(Gp)

h2=csim('step',t,sl);     //resposta ao degrau unitário do sistema linear
subplot(2,1,2)
plot(t,h2)
xlabel('t (min)')
ylabel('h2 (m)')
title('Função de transferência')
```

Resultados

```
Função de transferência

        0.35
    ------------
                  2
    1 + 8s + 3.5s

Sistema linear


Espaço de estados


        (1)    (state-space system:)

!lss  A  B  C  D  X0  dt  !

        (2) = A matrix =

  - 1.    1.
    1.  - 1.2857143

        (3) = B matrix =

    0.1
    0.

        (4) = C matrix =

    0.    1.

        (5) = D matrix =

    0.

        (6) = X0 (initial state) =

    0.
    0.

        (7) = Time domain =

  c

Função de transferência

              0.1
    -------------------------
                           2
```

```
    0.2857143 + 2.2857143s + s

Sistema linear


Espaço de estados

       (1)    (state-space system:)
!lss  A  B  C  D  X0   dt  !

       (2) = A matrix =

   0.          0.5
 - 0.5714286  - 2.2857143

       (3) = B matrix =

   0.
   0.3162278

       (4) = C matrix =

   0.6324555    0.

       (5) = D matrix =

   0.

       (6) = X0 (initial state) =

   0.
   0.

       (7) = Time domain =

 c

Função de transferência

               0.1
    ------------------------
                         2
    0.2857143 + 2.2857143s + s
```

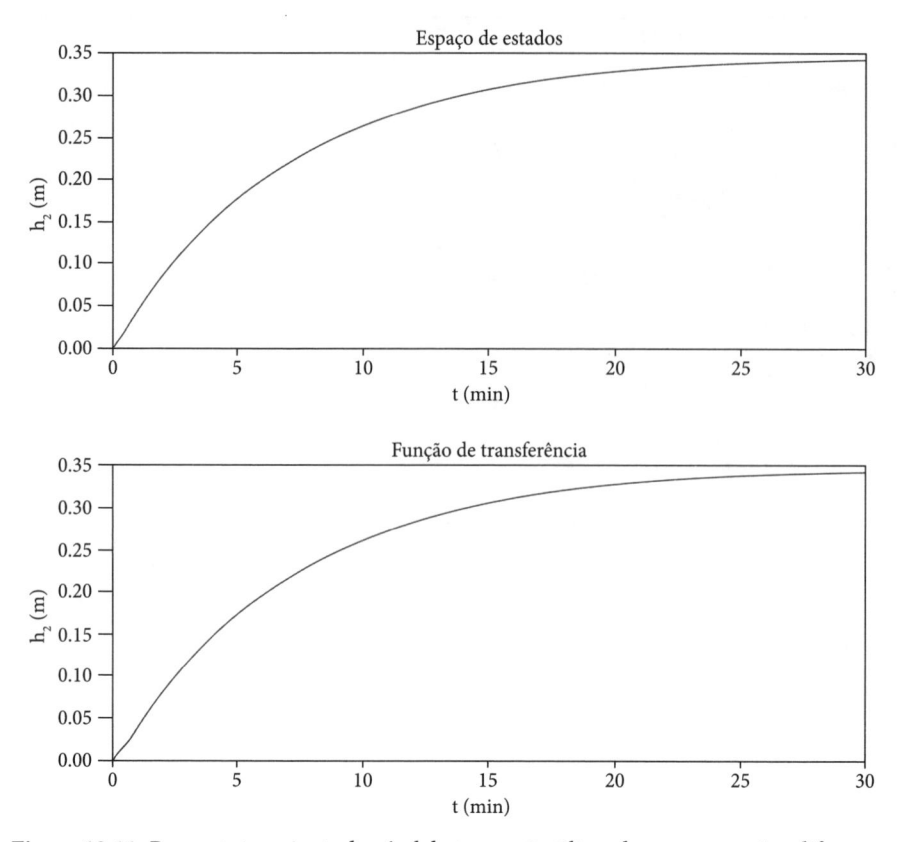

Figura 13.11 Resposta transiente do nível do tanque 2 utilizando representações diferentes.

Note que são possíveis muitas representações por espaço de estados para esse sistema.

Exemplo 13.9 Sistema de nível de líquido sem interação

Conceitos demonstrados

Resposta dinâmica de um sistema de nível de líquido sem interação a uma variação impulsional na entrada.

Métodos numéricos utilizados

Solução de sistema linear no espaço de estados.

Descrição do problema

O sistema de dois tanques mostrado na Figura 13.12 encontra-se em operação em regime estabelecido. No tempo t = 0, 10 m³ são lançados subitamente no primeiro tanque. Determine o desvio máximo do nível (metros) nos dois tanques e também o instante em que cada máximo ocorrerá.

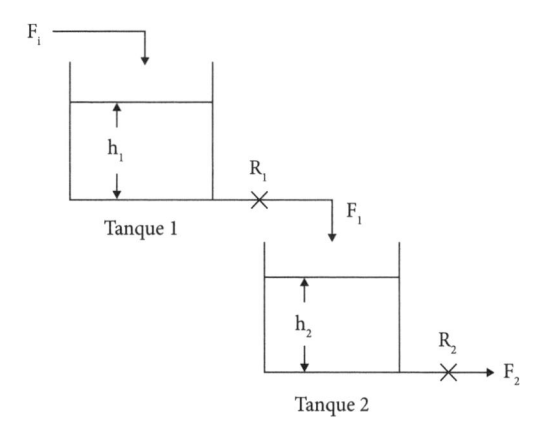

Figura 13.12 Sistema de nível de dois tanques em série sem interação.

Dados numéricos

$A_1 = A_2 = 10 \text{ m}^2$
$F_i = 20 \text{ m}^3/\text{min}$
$R_1 = 0,1 \text{ m}/(\text{m}^3/\text{min})$
$R_2 = 0,35 \text{ m}/(\text{m}^3/\text{min})$

Solução

Usando os símbolos definidos nessa figura, podemos obter as seguintes equações para esse sistema:

$$F_1' = \frac{h_1'}{R_1}$$

$$A_1 \frac{dh_1'}{dt} = F_i' - F_1'$$

$$F_2' = \frac{h_2'}{R_2}$$

$$A_2 \frac{dh_2'}{dt} = F_1' - F_2'$$

ou:

$$A_1 \frac{dh_1'}{dt} = F_i' - \frac{h_1'}{R_1}$$

$$A_2 \frac{dh_2'}{dt} = \frac{h_1'}{R_1} - \frac{h_2'}{R_2}$$

ou:

$$\frac{dh_1'}{dt} = -\frac{1}{A_1 R_1} h_1' + \frac{1}{A_1} F_i'$$

$$\frac{dh_2'}{dt} = \frac{1}{A_2 R_1} h_1' - \frac{1}{A_2 R_2} h_2'$$

Se F_i é considerada a entrada e h_2 a saída, então obteremos uma representação por espaço de estados. Vamos definir variáveis de estado por:

$x_1 = h_1'$

$x_2 = h_2'$

a variável de entrada por:

$u = F_i'$

e a variável de saída por:

$y = h_2' = x_2$

A representação por espaço de estados agora se torna:

$$\begin{bmatrix} \dot{x}_1 \\ \dot{x}_2 \end{bmatrix} = \begin{bmatrix} -\dfrac{1}{A_1R_1} & 0 \\ \dfrac{1}{A_2R_1} & -\dfrac{1}{A_2R_2} \end{bmatrix} \begin{bmatrix} x_1 \\ x_2 \end{bmatrix} = \begin{bmatrix} \dfrac{1}{A_1} \\ 0 \end{bmatrix} u$$

$$y = \begin{bmatrix} 1 & 0 \end{bmatrix} \begin{bmatrix} x_1 \\ x_2 \end{bmatrix}$$

```
//Programa 13.9
//
//Sistema de nível de líquido sem interação
//
//h2 considerada saída e Fi considerada entrada
//
clear
clearglobal
clc
clf

A1=10;      //m2
A2=10;      //m2
Fis=20;     //m3/min
R1=0.1;     //m/(m3/min)
R2=0.35;    //m/(m3/min)

//Definir o sistema no espaço de estados
A_=[-1/(A1*R1) 0; 1/(A2*R1) -1/(A2*R2)];     //matriz A
B_=[1/A1; 0];       //matriz B
C_=[1 1];    //matriz C
sl=syslin('c',A_,B_,C_);     //definir o sistema linear

t=0:0.001:30;
[y,x]=csim('impulse',t,sl);    //resposta ao impulso unitário do sistema
linear
h1=10*x(1,:);
h2=10*x(2,:);
subplot(2,1,1)
plot(t,h1)
xlabel('t (min)')
ylabel('h1 (m)')
subplot(2,1,2)
plot(t,h2)
xlabel('t (min)')
ylabel('h2 (m)')

[h1max,k]=max(h1);
disp('Desvio máximo do nível no primeiro tanque')
```

```
printf('t = %f min\n',t(k))
printf('h1_max = %f m\n',h1max)
[h2max,k]=max(h2);
disp('Desvio máximo do nível no segundo tanque')
printf('t = %f min\n',t(k))
printf('h2_max = %f m\n',h2max)
```

Resultados

```
 Desvio máximo do nível no primeiro tanque
t = 0.001000 min
h1_max = 0.999000 m

 Desvio máximo do nível no segundo tanque
t = 1.754000 min
h2_max = 0.605861 m
```

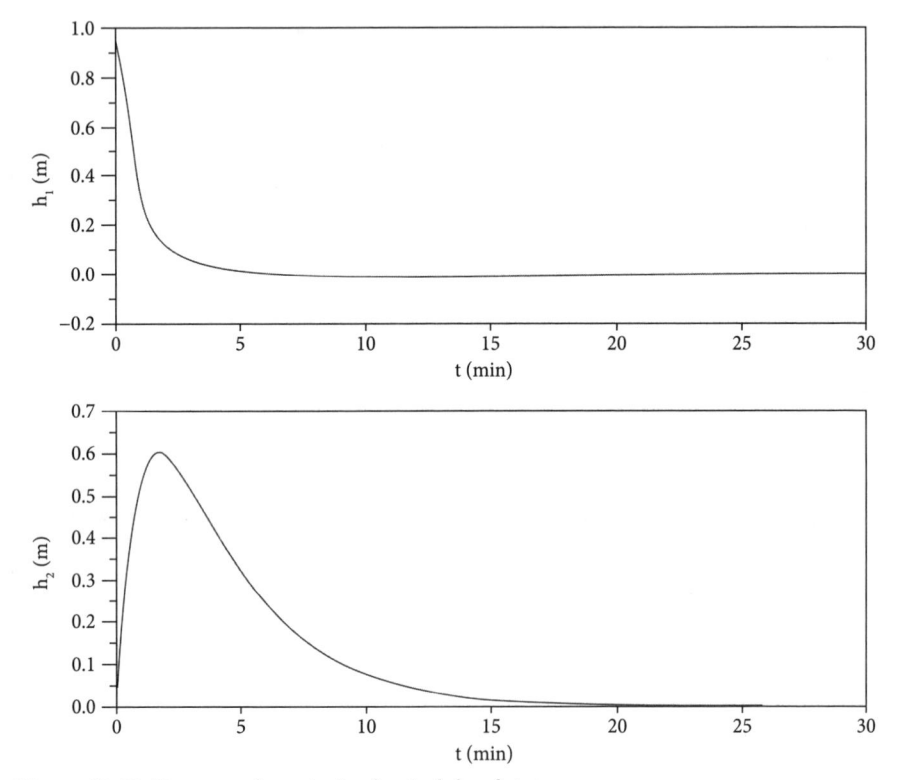

Figura 13.13 Resposta da variação de nível dos dois tanques.

Comentários

Teoricamente, o desvio máximo no primeiro tanque é de 1 m e ocorre no tempo zero.

Exemplo 13.10 Processo de diluição

Conceitos demonstrados

Resposta dinâmica de um processo de diluição a uma variação degrau na entrada.

Métodos numéricos utilizados

Solução de sistema linear no espaço de estados.

Descrição do problema

No processo de diluição da Figura 13.14, o volume do vaso é $V = 10$ m³, a vazão de sal concentrado é $F_i =$ m³/min, e a de sal diluído é $F = 2$ m³/min. Calcule o valor da concentração de sal na saída do vaso, sabendo que a concentração na entrada passa de $c_{is} = 200$ g/m³ a $c_i = 600$ g/m³ em $t = 0$.

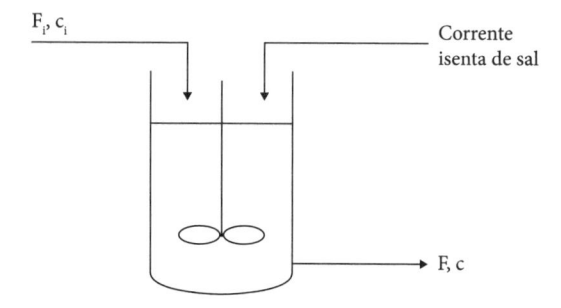

Figura 13.14 Tanque de diluição.

Solução

Um balanço de sal no tanque fornece:

$$V\frac{dc}{dt} = F_i c_i - Fc$$

$$V\frac{dc}{dt} + Fc = F_i c_i$$

$$\frac{V}{F}\frac{dc}{dt} + c = \frac{F_i}{F}c_i$$

No estado estacionário, tem-se:

$$c_s = \frac{F_i}{F}c_{is}$$

Agora, subtraindo a equação no estado estacionário da equação no regime transiente, resulta o balanço de sal em:

$$\frac{V}{F}\frac{d(c-c_s)}{dt} + (c-c_s) = \frac{F_i}{F}(c_i - c_{is})$$

Desde que:

$$\frac{d(c-c_s)}{dt} = \frac{dc}{dt} - \underbrace{\frac{dc_s}{dt}}_{=0} = \frac{dc}{dt}$$

$$\frac{V}{F}\frac{dc'}{dt} + c' = \frac{F_i}{F}c_i'$$

Note $c'(0) = 0$, e a equação pode ser rearranjada na forma padronizada de um sistema de primeira ordem, resultando em:

$$\tau_p \frac{dc'}{dt} + c' = K_p c_i'$$

τ_p é a constante de tempo e tem a dimensão de tempo; K_p é o ganho do processo.

Se c_i é considerada a entrada e c a saída, uma representação por espaço de estados para esse sistema pode ser obtida como se segue:

$$\frac{dc'}{dt} = -\frac{1}{\tau_p}c' + \frac{K_p}{\tau_p}c_i'$$

Definir a variável de estado por:

$x = c'$

a variável de entrada por:

$u = c_i'$

e a variável de saída por:

$y = c' = x_1$

Então, obtemos:

$$\dot{x} = -\frac{1}{\tau_p}x + \frac{K_p}{\tau_p}u$$

$y = x$

O ganho do processo é:

$$K_p = \frac{F_i}{F} = \frac{1}{2} = 0,5$$

e a constante de tempo é:

$$\tau_p = \frac{V}{F} = \frac{10}{2} = 5 \min$$

O valor inicial da concentração de saída é:

$F_i c_{is} = F c_s$

$1(200) = 2c_s$

$c_s = 100 \text{ g/m}^3$

A amplitude da variação da entrada é:

$\Delta(\text{entrada}) = 600 - 200 = 400 \text{ g/m}^3$

Isso significa que a concentração na entrada, em variável desvio, é dada por:

$c_i' = 400 \text{ g/m}^3$

O gráfico de c'(t) está representado na Figura 13.15. Pode-se notar que o valor final de 200 g/m³ corresponde ao valor calculado por:

$c'(\infty) = \Delta(\text{saída})$

$c'(\infty) = K_p \Delta(\text{entrada}) = (0,5)400 = 200 \text{ g/m}^3$

```
//Programa 13.10a
//
//Tanque de diluição
//
//c considerada saída e ci considerada entrada
//
clear
clearglobal
clc
clf

V=10;       //m3
F=2;        //m3/min
Fi=1;       //m3/min
cis=200;    //g/m3
ci=600;     //g/m3
cs=Fi*cis/F;    //g/m3

Kp=Fi/F;    //ganho do processo
taup=V/F;   //constante de tempo, min

//Definir o sistema no espaço de estados
A_=-1/taup;    //matriz A
B_=Kp/taup;    //matriz B
C_=1;          //matriz C
sl=syslin('c',A_,B_,C_);    //definir o sistema linear

t=0:0.1:30;    //tempo de simulação
[y,x]=csim('step',t,sl);    //resposta ao degrau unitário do sistema linear
cprime=400*y;    //c desvio
subplot(2,1,1)
plot2d(t,cprime,rect=[0,0,30,400])
xlabel('t (min)')
ylabel('cprime (g/m3)')
c=cprime+cs;    //c normal
subplot(2,1,2)
plot2d(t,c,rect=[0,0,30,400])
```

```
xlabel('t (min)')
ylabel('c (g/m3)')
```

Resultados

A Figura 13.15 mostra a resposta transiente do processo de diluição, sendo este um sistema de primeira ordem, do qual se conhece a dinâmica.

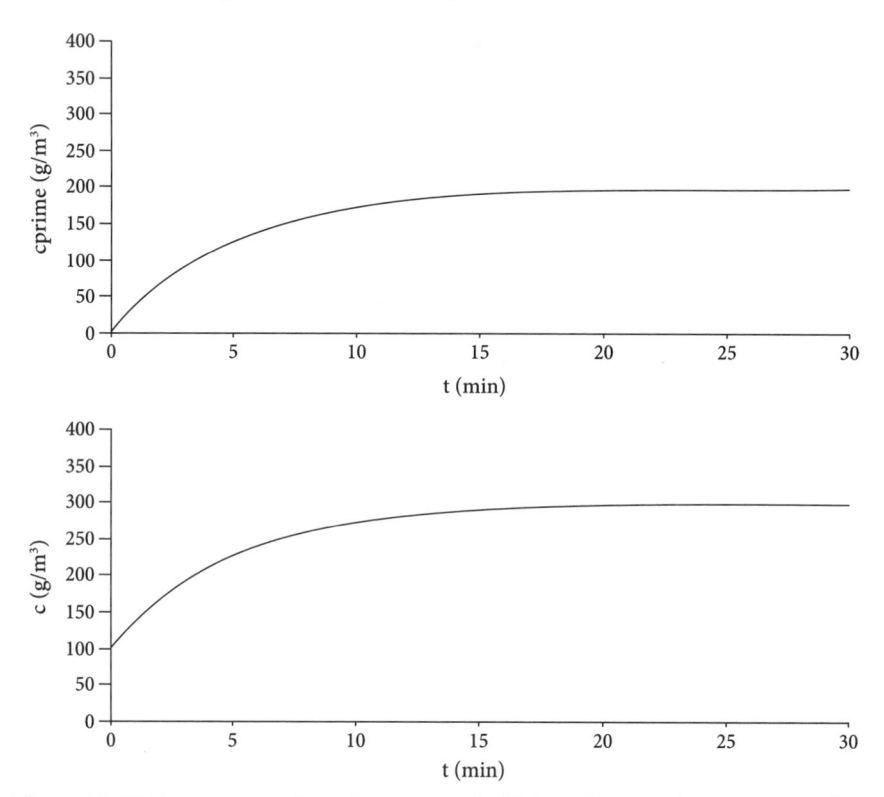

Figura 13.15 Resposta transiente do processo de diluição; (superior) concentração desvio; (inferior) concentração.

Solução alternativa

A simulação dinâmica de processos pode ser feita utilizando a função de integração `ode`. Para este exemplo, vamos resolver a equação do balanço de sal, não necessariamente em variáveis desvios.

$$\frac{dc}{dt} = -\frac{F}{V}c + \frac{F_i}{V}c_i$$

ou:

$$\frac{dc}{dt} = -\frac{1}{\tau_p}c + \frac{K_p}{\tau_p}c_i$$

com $c(0) = c_s = 100$ g/m^3 e $c_i(t) = 600$ g/m^3.

```
//Programa 13.10b
//
//Processo de diluição
//
clear
clearglobal
clc
clf

function dct=processo(t, c)
    global V F Fi ci
    dct=(Fi*ci-F*c)/V
endfunction

global V F Fi ci
V=10;      //m3
F=2;       //m3/min
Fi=1;      //m3/min
cis=200;   //g/m3
ci=600;    //g/m3
cs=Fi*cis/F;   //g/m3

Kp=Fi/F;   //ganho do processo
taup=V/F;  //constante de tempo, min

t=0:0.1:30;    //tempo de simulação
c=ode(cs,0,t,processo);   //c normal
subplot(2,1,1)
plot2d(t,c,rect=[0,0,30,400])
xlabel('t (min)')
ylabel('c (g/m3)')

cprime=c-cs;   //c desvio
subplot(2,1,2)
plot2d(t,cprime,rect=[0,0,30,400])
xlabel('t (min)')
ylabel('cprime (g/m3)')
```

Resultados

A Figura 13.16 mostra a mesma resposta transiente obtida de forma diferente.

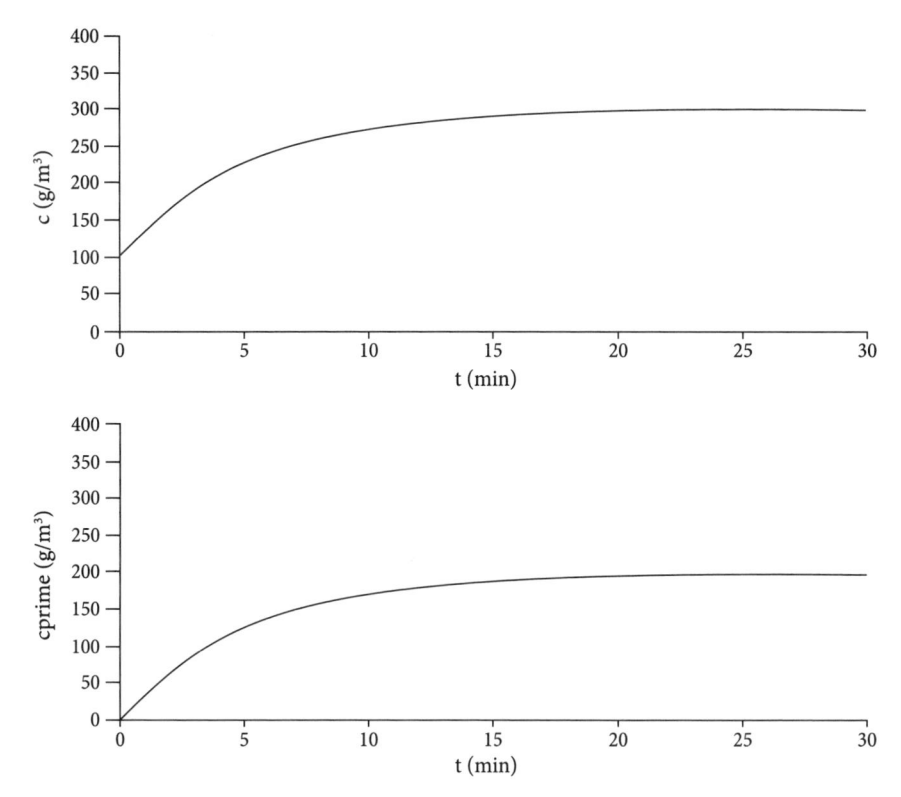

Figura 13.16 Resposta transiente do processo de diluição; (superior) concentração desvio; (inferior) concentração.

Exemplo 13.11

Conceitos demonstrados

Resposta dinâmica de um reator bioquímico a condições iniciais.

Métodos numéricos utilizados

Solução de equações diferenciais ordinárias usando a função ode.

Descrição do problema

Os reatores bioquímicos são usados para produzir inúmeros intermediários e produtos finais, incluindo fármacos, alimentos e bebidas. O modelo de reator bioquímico mais simples considera dois componentes: biomassa e substrato. Um exemplo é o sistema de tratamento de águas residuais, em que a biomassa é usada para degradar resíduos químicos (substrato), e outro exemplo é a fermentação, em que as células consomem açúcar e produzem álcool. Um esquema de reator bioquímico é mostrado na Figura 13.17. Assume-se que o reator seja perfeitamente agitado e o volume constante.

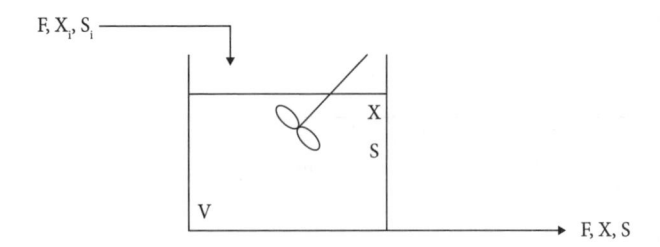

Figura 13.17 Reator bioquímico.

Os balanços materiais de biomassa e substrato são dados respectivamente por:

$$\frac{dX}{dt} = (\mu - D)X$$

$$\frac{dS}{dt} = D(S_i - S) - \frac{\mu X}{Y_{X/S}}$$

em que μ segue o modelo cinético proposto por Monod:

$$\mu = \frac{\mu_m S}{K_S + S}$$

Notação

A seguinte notação é usada:

D   Taxa de diluição definida como F/V
F   Vazão volumétrica

K_s Constante de Monod
S   Concentração de substrato
S_i Concentração de substrato na alimentação
X   Concentração de biomassa
$Y_{X/S}$ Fator de conversão de substrato em massa celular
μ Taxa de crescimento específico
μ_m Máxima taxa de crescimento específico

Dados numéricos

Os valores dos parâmetros são:

$D = 0{,}3\ h^{-1}$
$K_s = 0{,}12\ g/L$
$S_i = 4\ g/L$
$Y_{X/S} = 0{,}4$
$\mu_m = 0{,}53\ h^{-1}$

As condições iniciais são:

$X(0) = 1$
$S(0) = 1$

Solução

Trata-se de solução de duas equações diferenciais no tempo que podem ser resolvidas usando a função ode.

```
//Programa 13.11a
//
//Reator bioquímico
//
clear
clearglobal
clc

function dxt=processo(t, x)
    global D KS Si YXS mum
    X=x(1)
    S=x(2)
    mu=mum*S/(KS+S)
    dXt=(mu-D)*X
```

```
        dSt=D*(Si-S)-mu*X/YXS
    dxt=[dXt;dSt]
endfunction

//Dados
D=0.3;      //1/h
KS=0.12;    //g/L
Si=4;       //g/L
YXS=0.4;
mum=0.54;   //1/h

//Condições iniciais
X0=1;
S0=1;

//Simulação dinâmica do fermentador
t0=0;
t=0:0.1:30;
x0=[X0;S0];
x=ode(x0,t0,t,processo)
X=x(1,:);
S=x(2,:);
mu=mum*S./(KS+S);
scf(1);
clf
plot2d(t,X,rect=[0,0,30,2])
xlabel('t (min)')
ylabel('X (g/L)')
scf(2);
clf
plot2d(t,S,rect=[0,0,30,2])
xlabel('t (min)')
ylabel('S (g/L)')
scf(3);
clf
plot2d(t,mu,rect=[0,0,30,1])
xlabel('t (min)')
ylabel('mu (1/h)')
```

Resultados

As figuras 13.18-13.20 mostram a resposta do reator bioquímico à condição inicial, que não corresponde a uma solução de estado estacionário. Deve-se notar que a concentração de biomassa e a concentração de substrato convergem a uma solução de estado estacionário em que X = 1,5374 e S = 0,1565.

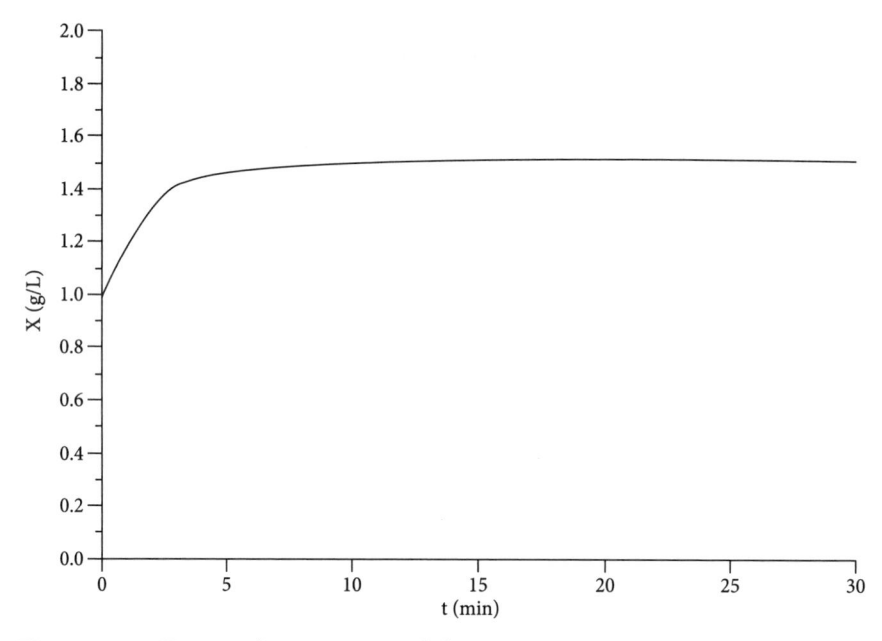

Figura 13.18 Variação de concentração de biomassa com o tempo.

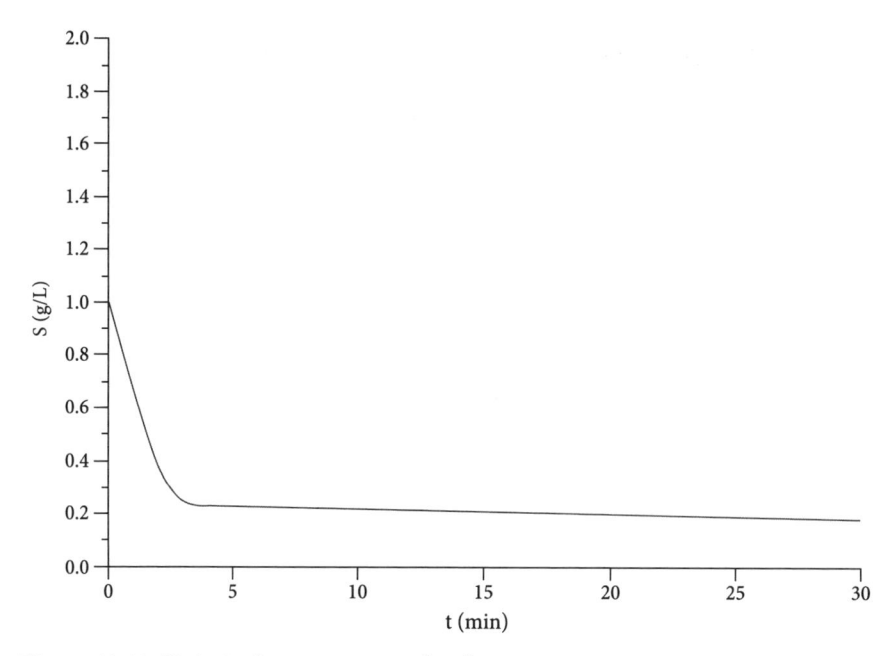

Figura 13.19 Variação de concentração de substrato com o tempo.

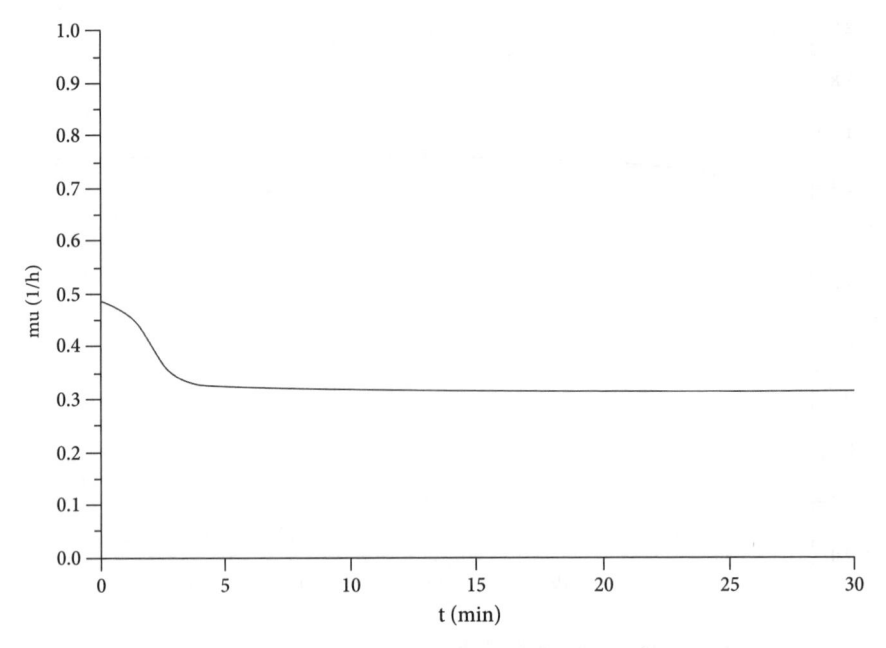

Figura 13.20 Variação da taxa de crescimento específico com o tempo.

Fica como exercício para o leitor simular o reator operando com condições iniciais diferentes:

X(0) = 0,75
S(0) = 2

e também com taxas de diluição diferentes:

D = 0,15 h^{-1} taxa de diluição baixa;
D = 0,45 h^{-1} taxa de diluição alta;
D = 0,60 h^{-1} lavagem (washout).

13.5 SISTEMAS DE CONTROLE LINEAR

Estritamente falando, os sistemas químicos, em sua maioria, são não lineares. No entanto, se a faixa de variações das variáveis do sistema não for ampla, então o sistema pode ser linearizado dentro de uma faixa de variação relativamente pequena das variáveis. Para sistemas lineares, o princípio da superposição se aplica. Os sistemas a que este princípio não se aplica são sistemas não lineares.

Exemplo 13.12

Conceitos demonstrados

Resposta dinâmica da malha de controle proporcional de um processo de terceira ordem.

Métodos numéricos utilizados

Transformada de Laplace.

Descrição do problema

A função de transferência de um processo é dada por:

$$G_p(s) = \frac{1}{(5s+1)(2s+1)(10s+1)}$$

Simule a resposta da malha de controle com controlador proporcional (P) cujo ganho proporcional $K_c = 6{,}19$ foi ajustado segundo o método de Cohen e Coon.

Solução

Da teoria de controle clássico, a função de transferência em malha fechada entre a variável controlada y e o set point y_{sp} é:

$$G_{sp}(s) = \frac{G_p(s)G_c(s)}{1 + G_p(s)G_c(s)}$$

A função de transferência do controlador proporcional é:

$$G_c(s) = K_c$$

Assim, podemos simular a resposta de y a uma variação degrau unitário em y_{sp}.

```
//Programa 13.12
//
//Simulação de uma malha de controle com controlador P
//
clear
clc
clf

//Simulação de um sistema de controle P
s=poly(0,'s');      //ou s=%s;
t=0:0.1:120;

//Processo
Gp=1/((5*s+1)*(2*s+1)*(10*s+1));

//Controlador P (Cohen-Coon)
Kc=6.19;    //ganho proporcional
Gc=Kc;      //função de transferência do controlador P

//Função de transferência em malha fechada (controle servo)
Gsp=Gp*Gc/(1+Gp*Gc);
sl=syslin('c',Gsp);

disp('Função de transferência do processo')
disp(Gp)
disp('Função de transferência em malha fechada')
disp(Gsp)
//Resposta em malha fechada
ysp=ones(1,length(t));    //setpoint
y=csim('step',t,sl);
plot(t,y,'b',t,ysp,'b--')
xlabel('t')
ylabel('y')
legend(['saida','setpoint'],1);
```

Resultados

```
Função de transferência do processo

              1
    -------------------
                 2      3
    1 + 17s + 80s + 100s

Função de transferência em malha fechada

              0.0619
    ----------------------
                       2    3
    0.0719 + 0.17s + 0.8s + s
```

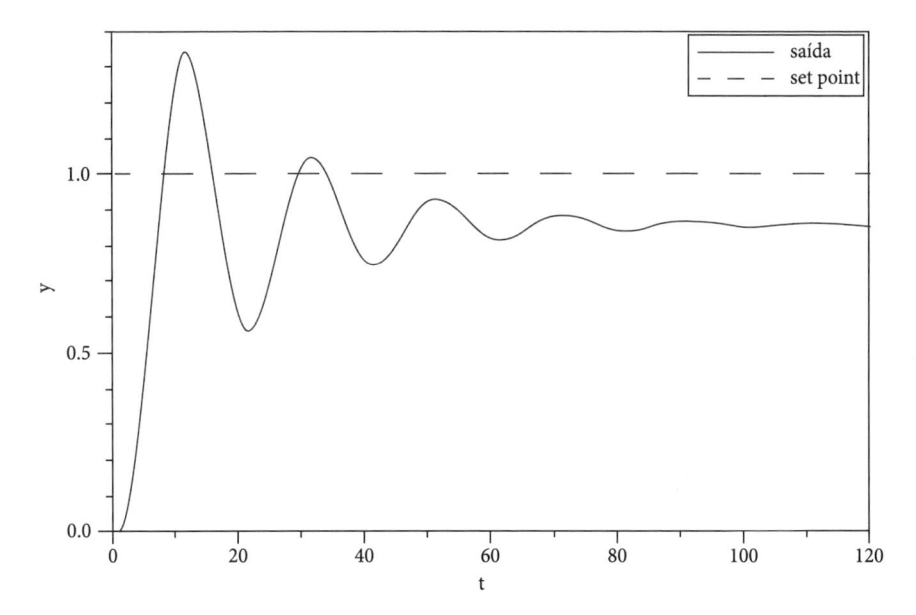

Figura 13.21 Resposta transiente da saída y a uma variação degrau unitário no set point y_{sp}.

A Figura 13.21 mostra que o comportamento de y é oscilatório e não consegue atingir o set point, que é 1. Esse desvio é chamado de erro em regime permanente ou offset. A presença de offset é característica dos controladores proporcionais.

Exemplo 13.13

Descrição do problema

A função de transferência de um processo é dada por:

$$G_p(s) = \frac{1}{(5s+1)(2s+1)(10s+1)}$$

Simule a resposta da malha de controle com controlador proporcional integral (PI) com ganho proporcional $K_c = 5{,}35$ e constante de tempo integral $\tau_I = 8{,}81$.

Solução

A função de transferência do controlador proporcional integral é:

$$G_c(s) = K_c\left(1 + \frac{1}{\tau_I s}\right)$$

Assim, podemos simular a resposta de y a uma variação degrau unitário em y_{sp}.

```
//Programa 13.13
//
//Simulação de uma malha de controle com controlador PI
//
clear
clc
clf

//Simulação de um sistema de controle PI
s=poly(0,'s');    //ou s=%s;
t=0:0.1:120;

//Processo
Gp=1/((5*s+1)*(2*s+1)*(10*s+1));

//Controlador P (Cohen-Coon)
Kc=5.35;    //ganho proporcional
tauI=8.81;    //tempo integral
Gc=Kc*(1+1/(tauI*s));    //função de transferência do controlador PI

//Função de transferência em malha fechada (controle servo)
Gsp=Gp*Gc/(1+Gp*Gc);
sl=syslin('c',Gsp);

disp('Função de transferência do processo')
disp(Gp)
disp('Função de transferência em malha fechada')
disp(Gsp)
//Resposta em malha fechada
ysp=ones(1,length(t));    //setpoint
y=csim('step',t,sl);

plot(t,y,'b',t,ysp,'b--')
xlabel('t')
ylabel('y')
legend(['saida','setpoint'],1);
```

Resultados

```
Função de transferência do processo
```

```
              1
      -------------------
                  2      3
      1 + 17s + 80s + 100s

Função de transferência em malha fechada

              0.0060726 + 0.0535s
      --------------------------------------
                                2      3    4
      0.0060726 + 0.0635s + 0.17s + 0.8s + s
```

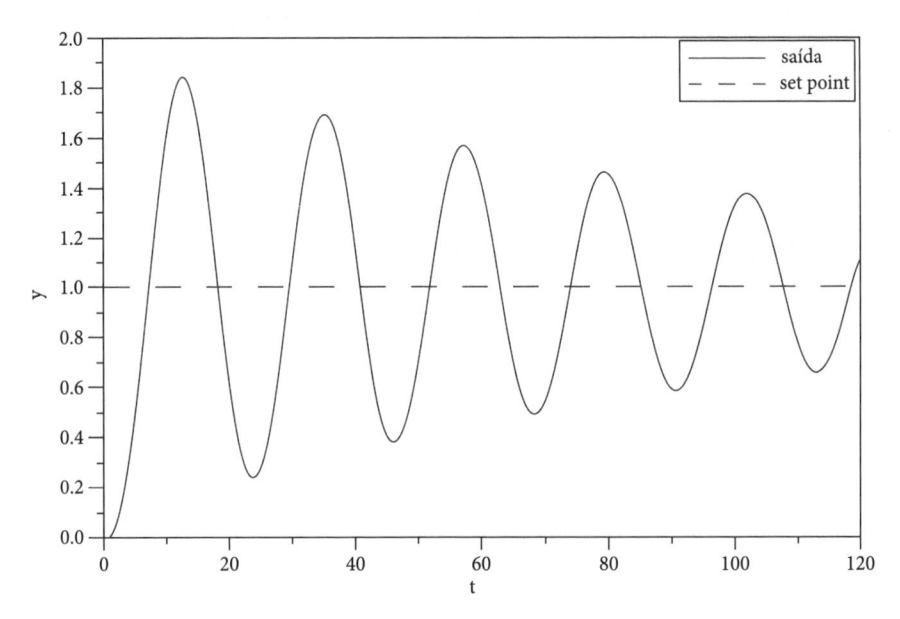

Figura 13.22 Resposta transiente da saída y a uma variação degrau unitário no set point y_{sp}.

A Figura 13.22 mostra que o comportamento de y é bastante oscilatório, mas consegue atingir o set point, que é 1, após um tempo muito grande. A vantagem em adicionar a ação integral é justamente eliminar o offset.

O ajuste dos parâmetros do controlador PI foi feito usando o método de Cohen e Coon.

Exemplo 13.14

Descrição do problema

A função de transferência de um processo é dada por:

$$G_p(s) = \frac{1}{(5s+1)(2s+1)(10s+1)}$$

Simule a resposta da malha de controle com controlador proporcional integral derivativo (PID), $K_c = 8{,}06$, $\tau_I = 8{,}25$ e $\tau_D = 1{,}27$.

Solução

A função de transferência do controlador proporcional integral derivativo (PID) é:

$$G_c(s) = K_c\left(1 + \frac{1}{\tau_I s} + \tau_D s\right)$$

Assim, podemos simular a resposta de y a uma variação degrau unitário em y_{sp}.

```
//Programa 13.14
//
//Simulação de uma malha de controle com controlador PID
//
clear
clc
clf

//Simulação de um sistema de controle PID
s=poly(0,'s');      //ou s=%s;
t=0:0.1:120;

//Processo
Gp=1/((5*s+1)*(2*s+1)*(10*s+1));

//Controlador PID (Cohen-Coon)
Kc=8.06;     //ganho proporcional
tauI=8.25;   //tempo integral
tauD=1.27;   //tempo derivativo
Gc=Kc*(1+1/(tauI*s)+tauD*s)  //função de transferência do controlador
PID

//Função de transferência em malha fechada (controle servo)
Gsp=Gp*Gc/(1+Gp*Gc);
sl=syslin('c',Gsp);

disp('Função de transferência do processo')
disp(Gp)
disp('Função de transferência em malha fechada')
disp(Gsp)
```

```
//Resposta em malha fechada
ysp=ones(1,length(t));     //setpoint
y=csim('step',t,sl);

plot(t,y,'b',t,ysp,'b--')
xlabel('t')
ylabel('y')
legend(['saida','setpoint'],1);
```

Resultados

```
Função de transferência do processo

              1
   -------------------
                 2      3
   1 + 17s + 80s  + 100s

Função de transferência em malha fechada

                                       2
       0.0097697 + 0.0806s + 0.102362s
   ----------------------------------------
                                  2            3    4
   0.0097697 + 0.0906s + 0.272362s  + 0.8s  + s
```

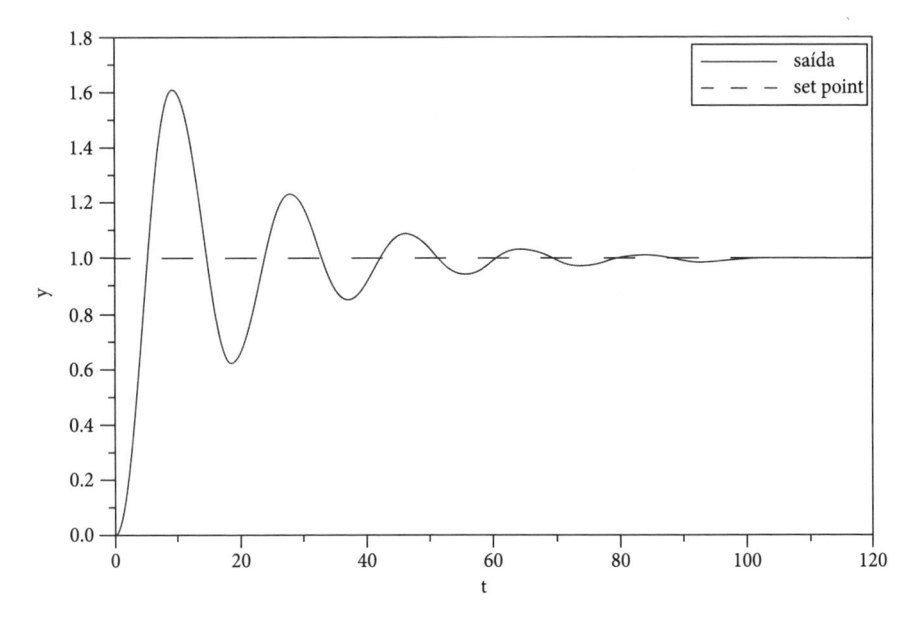

Figura 13.23 Resposta transiente da saída y a uma variação degrau unitário no set point y_{sp}.

A Figura 13.23 mostra que o comportamento de y é oscilatório e consegue atingir o set point, que é 1, após um tempo razoavelmente grande. A ação integral elimina o offset, mas provoca oscilação. A ação derivativa permite que sejam usados valores mais altos de K_c e, consequentemente, respostas mais rápidas.

O ajuste dos parâmetros do controlador PID foi feito usando o método de Cohen e Coon.

Podemos estudar o desempenho da malha de controle para diferentes valores dos parâmetros do controlador PID.

13.6 SISTEMAS DE CONTROLE NÃO LINEAR

Um sistema é não linear se a ele não se aplica o princípio da superposição. Os procedimentos para determinar as soluções de problemas que possuam sistemas não lineares, em geral, são extremamente complicados. Devido a esta dificuldade matemática inerente a sistemas não lineares, normalmente é necessário introduzir sistemas lineares equivalentes no lugar daqueles não lineares. Estes sistemas lineares equivalentes somente são válidos dentro de uma faixa limitada de operação. Uma vez que um sistema não linear é aproximado por um modelo matemático linear, as ferramentas lineares podem ser aplicadas para fins de análise e projeto. Caso não queiramos lançar mão deste procedimento de linearização, simulamos a malha de controle com o modelo não linear, como será visto nos exemplos a seguir.

Exemplo 13.15 Controle de um CSTR não isotérmico

Descrição do problema

Considere o reator CSTR com camisa de resfriamento na Figura 13.24. O reagente A é alimentado a uma vazão F_i, concentração molar c_{Ai} e temperatura T_i ao reator, em que ocorre a reação exotérmica A → B. A taxa de reação é dada pela seguinte relação:

$$r_A = k_0\,^{-E/RT} c_A$$

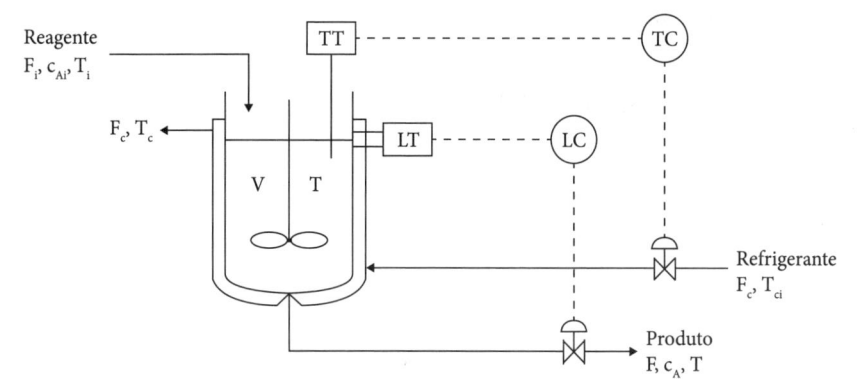

Figura 13.24 Reator CSTR com camisa de resfriamento.

em que c_A é a concentração molar de A no reator e T é a temperatura do reator. A corrente de produto é retirada a uma vazão F. Para remover o calor da reação, uma camisa de resfriamento envolve o reator. A água de resfriamento é alimentada à camisa a uma vazão F_c e temperatura T_{ci}. O volume de água na camisa V_c é constante. Assumindo que a temperatura em toda a camisa seja T_c, o calor trocado entre o processo com temperatura T e a água de resfriamento com temperatura T_c é dado por:

$$q = UA_t(T - T_c)$$

O modelo do processo detalhado é dado pelo seguinte sistema de equações diferenciais:

Balanço global

$$\frac{dV}{dt} = F_i - F$$

Balanço do componente A

$$\frac{d(Vc_A)}{dt} = F_i c_{Ai} - F c_A - V r_A$$

Balanço de energia no reator

$$\rho C_p \frac{d(VT)}{dt} = \rho C_p F_i T_i - \rho C_p F T - \Delta H_r V r_A - q$$

Balanço de energia na camisa

$$\rho_c C_{pc} V_c \frac{dT_c}{dt} = \rho_c C_{pc} F_{ci} T_{ci} - \rho_c C_{pc} F_c T_c + q$$

Um controlador de nível proporcional atua sobre a vazão de saída F para manter o volume do reator.

$$F = F_s + K_{c1} (V_{sp} - V)$$

Um segundo controlador proporcional manipula a vazão da água de resfriamento F_c à camisa:

$$F_c = F_{cs} + K_{c2}(T_{sp} - T)$$

Dados numéricos

A Tabela 13.5 fornece os valores dos parâmetros e no estado estacionário.

Tabela 13.5 Valores dos parâmetros e no estado estacionário.

Valores no estado estacionário	
$F_s = 40$ ft³/h	$V_s = 48$ ft³
$c_{Ais} = 0{,}50$ lbmol/ ft³	$c_{As} = 0{,}245$ lbmol/ ft³
$T_s = 600$ °R	$T_{cs} = 594{,}6$ °R
$F_{cs} = 49{,}9$ ft³/h	$T_{is} = 530$ °R
$T_{cis} = 530$ °R	
Valores dos parâmetros	
$V_c = 3{,}85$ ft³	$k_0 = 7{,}08 \times 10^{10}$ h⁻¹
$E = 30000$ Btu/lbmol	$R = 1{,}99$ Btu/lbmol.°R
$U = 150$ Btu/h.ft².°R	$A_h = 250$ ft²
$T_{ci} = 530$ °R	$\Delta H_r = -30000$ Btu/lbmol
$C_p = 0{,}75$ Btu/lb.°R	$C_{pc} = 1{,}0$ Btu/lb.°R
$\rho = 50$ lb/ft³	$\rho_c = 62{,}3$ lb/ft³
$K_{c1} = -10$ (ft³/h)/ft³	$K_{c2} = -4$ (ft³/h)/°R

Os valores negativos dos ganhos proporcionais ($K_c < 0$) dos dois controladores significam que são de ação direta, pois a vazão F aumenta com o aumento do volume V e a vazão F_c aumenta com o aumento da temperatura T.

Vamos considerar que no tempo igual a zero ocorram distúrbios na forma de variações em degrau na vazão de alimentação e na concentração da alimentação. O objetivo de controle regulatório é manter a variável controlada no valor desejado a despeito de perturbações no sistema. Assim, os valores desejados para o volume e a temperatura do reator devem ser os seus valores no estado estacionário.

$V_{sp} = 48$ ft^3 e $T_{sp} = 600$ °R

Solução

Nos balanços do componente A e de temperatura do reator, tem-se o produto entre duas variáveis. Uma maneira de eliminar esse produto é aplicar a regra da derivação de produto nas derivadas.

Para o termo $d(Vc_A)/dt$ no balanço do componente A:

$$\frac{d(Vc_A)}{dt} = V\frac{dc_A}{dt} + c_A\frac{dV}{dt}$$

$$\frac{d(Vc_A)}{dt} = V\frac{dc_A}{dt} + c_A(F_i - F)$$

$$\frac{d(Vc_A)}{dt} = V\frac{dc_A}{dt} + F_i c_A - F c_A$$

Substituindo esse resultado no balanço do componente A:

$$V\frac{dc_A}{dt} + F_i c_A - F c_A = F_i c_{Ai} - F c_A - V r_A$$

$$V\frac{dc_A}{dt} = F_i c_{Ai} - F_i c_A - V r_A$$

E da mesma forma para o termo $d(VT)/dt$ no balanço de energia do reator:

$$\frac{d(VT)}{dt} = V\frac{dT}{dt} + T\frac{dV}{dt}$$

$$\frac{d(VT)}{dt} = V\frac{dT}{dt} + T(F_i - F)$$

$$\frac{d(VT)}{dt} = V\frac{dT}{dt} + F_i T - FT$$

Substituindo esse resultado no balanço de temperatura do reator:

$$\rho C_p \left(V\frac{dT}{dt} + F_i T - FT \right) = \rho C_p F_i T_i - \rho C_p FT - \Delta H_r V r_A - q$$

$$\rho C_p V \frac{dT}{dt} + \rho C_p F_i T - \rho C_p FT = \rho C_p F_i T_i - \rho C_p FT - \Delta H_r V r_A - q$$

$$\rho C_p V \frac{dT}{dt} = \rho C_p F_i T_i - \rho C_p F_i T - \Delta H_r V r_A - q$$

```
//Programa 13.15
//
//Controle de um CSTR não isotérmico
//
clear
clearglobal
clc
clf

function dxt=processo(t, x)
    global Fs Vs cAis cAs Ts Tcs Fcs Ts
    global Vc k0 E R U Ah DeltaHr Cp Cpc rho rhoc
    global Fi cAi Ti Tci
    global Kc1 Kc2 Vsp Fcs Tsp
    V=x(1)
    cA=x(2)
    T=x(3)
    Tc=x(4)
    rA=k0*exp(-E/(R*T))*cA
    q=U*At*(T-Tc)
    F=Fs+Kc1*(Vsp-V)
    Fc=Fcs+Kc2*(Tsp-T)
    Fci=Fc;
    dVt=Fi-F
    dcAt=(Fi*cAi-Fi*cA-V*rA)/V
    dTt=(rho*Cp*Fi*Ti-rho*Cp*Fi*T-DeltaHr*V*rA-q)/(rho*Cp*V)
    dTct=(rhoc*Cpc*Fci*Tci-rhoc*Cpc*Fc*Tc+q)/(rhoc*Cpc*Vc)
    dxt=[dVt;dcAt;dTt;dTct]
endfunction

global Fs Vs cAis cAs Ts Tcs Fcs Ts
global Vc k0 E R U Ah DeltaHr Cp Cpc rho rhoc
global Fi cAi Ti Tci
global Kc1 Kc2 Vsp Fcs Tsp
```

```
//Parâmetros
Vc=3.85;      //ft3
k0=7.08e10;   //1/h
E=30000;      //Btu/lbmol
R=1.99;       //Btu/lbmol.oR
U=150;        //Btu/h.ft2.oR
At=250;       //ft2
DeltaHr=-30000;   //Btu/lbmol
Cp=0.75;      //Btu/lb.oR
Cpc=1;        //Btu/lb.oR
rho=50;       //lb/ft3
rhoc=62.3;    //lb/ft3

//Valores no estado estacionário
Fs=40;        //ft3/h
Vs=48;        //ft3
cAs=0.245;    //lbmol/ft3
Ts=600;       //oR
Tcs=594.59;   //oR
Fcs=49.9;     //ft3/h
cAis=0.5;     //lbmol/ft3
Tis=530;      //oR
Tcis=530;     //oR

//Parâmetros dos controladores
Kc1=-10;   //ganho do controlador 1 (ft3/h)/ft3
Kc2=-4;    //ganho do controlador 2 (ft3/h)/oR
Vsp=Vs;
Tsp=Ts;

//Condições iniciais
V0=Vs;
cA0=cAs;
T0=Ts;
Tc0=Tcs;
t0=0;

//Entradas
Fi=Fs;
cAi=cAis+0.05;   //variação degrau na composição de alimentação
Ti=Tis;       //oR
Tci=Tcis;     //oR

//Simulação
t=0:0.1:4;    //tempo de simulação
x0=[V0;cA0;T0;Tc0];
x=ode(x0,t0,t,processo);
V=x(1,:);
cA=x(2,:);
T=x(3,:);
Tc=x(4,:);

scf(1);
```

```
clf
plot2d(t,V,rect=[0,40,4,50])
xlabel('t (h)')
ylabel('V (ft3)')
scf(2);
clf
plot2d(t,cA,rect=[0,0.22,4,0.26])
xlabel('t (h)')
ylabel('lbmol/ft3')
scf(3);
clf
plot2d(t,T,rect=[0,590,4,610])
xlabel('t (h)')
ylabel('T (oR)')
scf(4);
clf
plot2d(t,Tc,rect=[0,590,4,600])
xlabel('t (h)')
ylabel('Tc (oR)')
```

Resultados

As figuras 13.25-13.28 mostram a resposta transiente do sistema de controle quando a concentração de alimentação c_{Ai} sofre uma variação degrau de amplitude 0,05 lbmol/ft³.

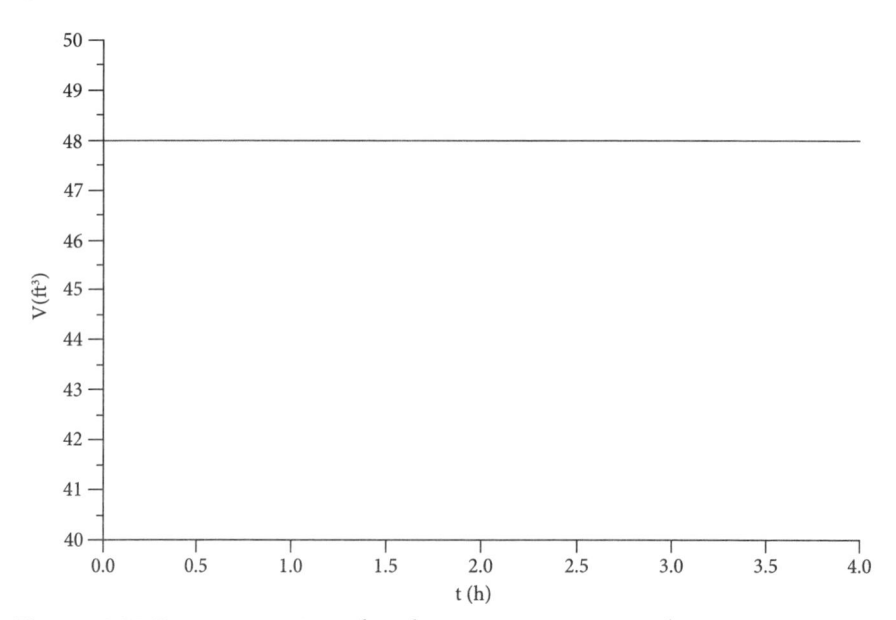

Figura 13.25 Resposta transiente do volume para uma variação degrau na concentração de A na alimentação.

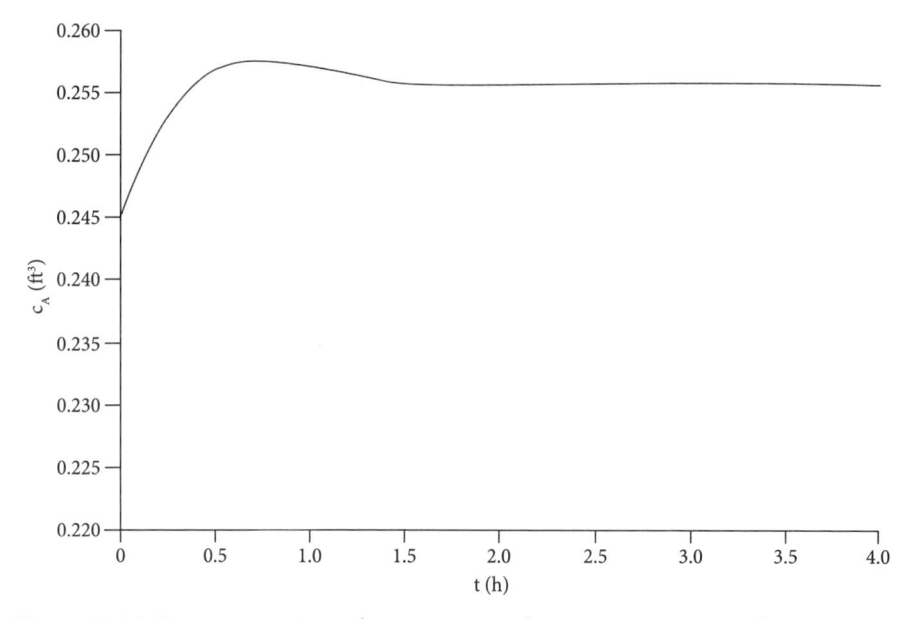

Figura 13.26 Resposta transiente da concentração de A para uma variação degrau na concentração de A na alimentação.

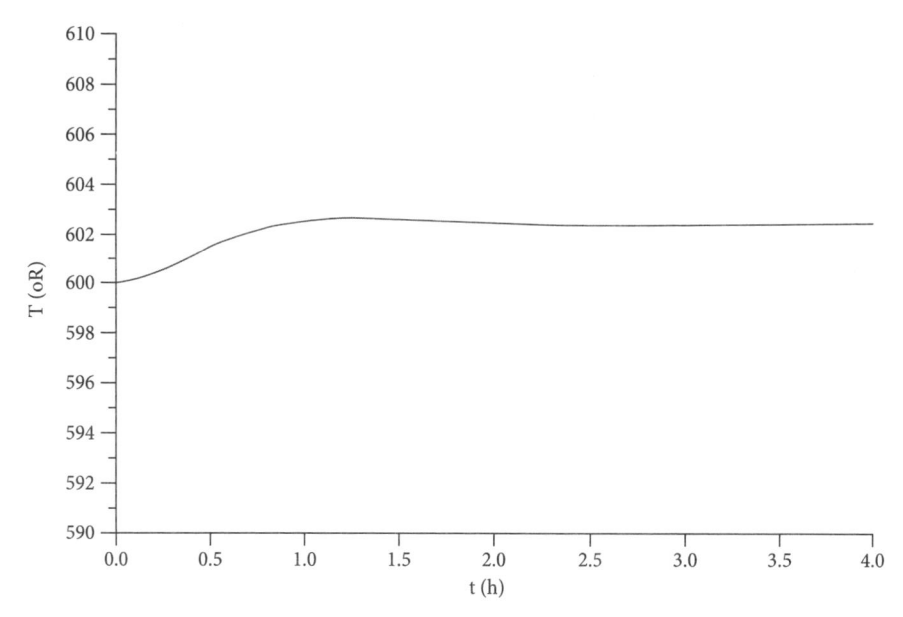

Figura 13.27 Resposta transiente da temperatura para uma variação degrau na concentração de A na alimentação.

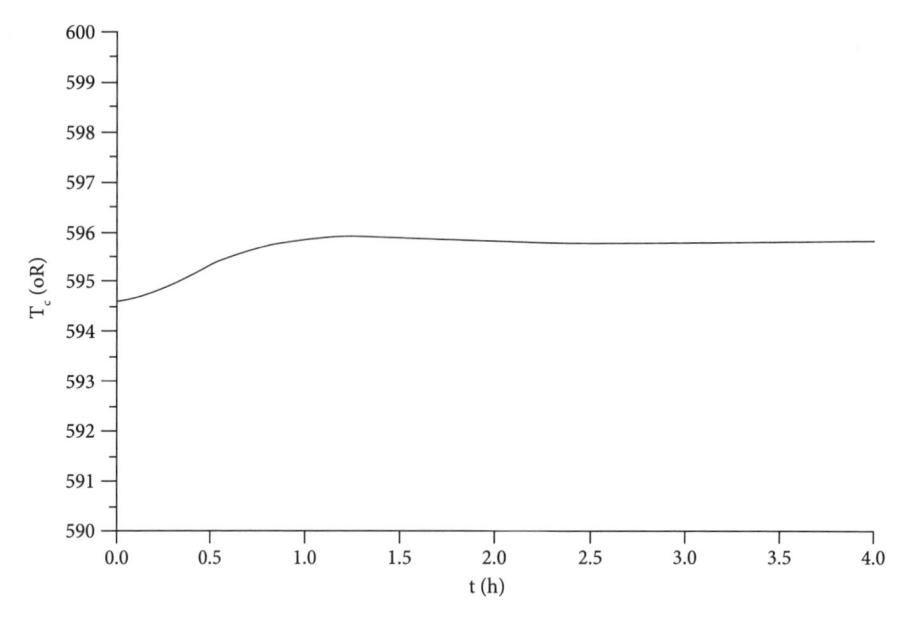

Figura 13.28 Resposta transiente da temperatura da camisa para uma variação degrau na concentração de A na alimentação.

A Figura 13.25 mostra que o volume não é afetado pela variação na concentração de alimentação, o que é esperado. Afetaria se houvesse variação na vazão de entrada. Variação na concentração de alimentação afeta a concentração no reator, que por sua vez afeta a taxa de reação e consequentemente o calor liberado pela reação, o que acaba afetando a temperatura do reator. Note que a temperatura T não consegue voltar ao seu valor desejado T_{sp}, apesar de estar sendo controlada. Essa diferença entre o valor desejado e o valor final da temperatura é chamada de erro em regime permanente ou offset. A presença de erro em regime permanente é uma característica do controle proporcional.

Notação

A_h	Área de troca térmica da camisa de resfriamento
c_A	Concentração de A no reator
c_{Ai}	Concentração de A na alimentação
c_{Ais}	Concentração de A na alimentação no estado estacionário
c_{As}	Concentração de A no reator no estado estacionário
C_p	Capacidade calorífica da mistura
C_{pc}	Capacidade calorífica da água
E	Energia de ativação

F	Vazão volumétrica do produto
F_c	Vazão volumétrica da água de resfriamento
F_{cs}	Vazão volumétrica da água de resfriamento no estado estacionário
F_i	Vazão volumétrica da alimentação
k_0	Fator pré-exponencial
K_c	Ganho proporcional
K_{c1}	Ganho proporcional do controlador da malha de controle do volume
K_{c2}	Ganho proporcional do controlador da malha de controle da temperatura
q	Calor removido pela camisa de resfriamento
r_A	Taxa de reação
R	Constante dos gases
T	Temperatura do reator
T_c	Temperatura da camisa
T_s	Temperatura do reator no estado estacionário
T_{sp}	Valor desejado (set point) para a temperatura
U	Coeficiente global de troca térmica
V	Volume da mistura no reator
V_c	Volume de água na camisa
V_{sp}	Valor desejado (set point) para o volume
ΔH_r	Calor de reação
ρ	Densidade da mistura
ρ_c	Densidade da água

Exemplo 13.16 Controle de uma coluna de destilação binária

Descrição do problema

O objetivo deste exemplo é fornecer uma rápida introdução à prática do controle de processos, por meio do exemplo do controle de uma coluna de destilação. Suponha que estejamos tentando controlar a coluna de destilação da Figura 13.29. Isso significa que desejamos que a coluna opere numa condição de regime estabelecido, ou numa condição muito próxima, apesar de perturbações nas variáveis independentes.

Normalmente, existe um objetivo de controle de importância principal. Como ilustração, considere imperativa a manutenção da pureza do destilado. Considere também que variações moderadas na composição dos produtos de fundo menos importantes são toleráveis. Em outros casos, somente a pureza do produto de fundo, ou possivelmente a pureza de ambos produtos, deve ser controlada cuidadosamente.

Na prática, não existe uma maneira fácil de evitar que as perturbações na composição da alimentação alcancem a coluna. As perturbações nessa composição afetarão certamente a composição do destilado e do produto de fundo, de modo que teremos que procurar esquemas de controle com realimentação para manter a pureza desses produtos.

O sistema de controle mostrado na Figura 13.29 é o multimalhas. A composição do destilado pode ser controlada pela variação da vazão de refluxo. Se a vazão de refluxo for aumentada, a pureza do destilado x_D será aumentada e vice-versa. No entanto, para se poder aumentar ou reduzir a vazão de refluxo, é preciso que haja um suprimento de destilado de reserva. Para tanto, colocamos um tanque acumulador na linha de topo que deixa o condensador. Um controlador de nível no acumulador ajusta a vazão do produto destilado, de modo a manter um nível constante de destilado no acumulador, conforme mostra a Figura 13.29.

A composição do produto de fundo pode ser controlada pela variação da vazão de vapor ao refervedor. Se a vazão de vapor for aumentada, a pureza do produto de fundo será aumentada, isto é, x_B diminui, e vice-versa.

A pressão da coluna pode ser controlada ajustando-se a vazão da água de refrigeração para o condensador de topo. O aumento dessa vazão reduz a pressão e vice-versa. O nível do refervedor pode ser mantido, ajustando-se a vazão de retirada dos produtos de fundo.

Para simplificar, vamos admitir que as malhas de controle de nível e de pressão sejam perfeitas, isto é, os níveis e a pressão são constantes. As duas malhas de composição são de ação proporcional e integral (PI).

Suposições:

- A quantidade de vapor em cada prato é desprezível.
- Os calores de vaporização dos dois componentes são aproximadamente iguais. Isto significa que quando um mol de vapor se condensa, ele vaporiza um mol de líquido.
- Coluna adiabática.
- A volatilidade relativa α dos dois componentes permanece constante ao longo da coluna.
- A eficiência dos pratos é de 100% (isto é, o vapor que deixa cada prato está em equilíbrio com o líquido).
- As dinâmicas do condensador e do refervedor são desprezíveis.
- A vazão molar de líquido em cada prato está relacionada com o volume de retenção no prato por uma relação simples.

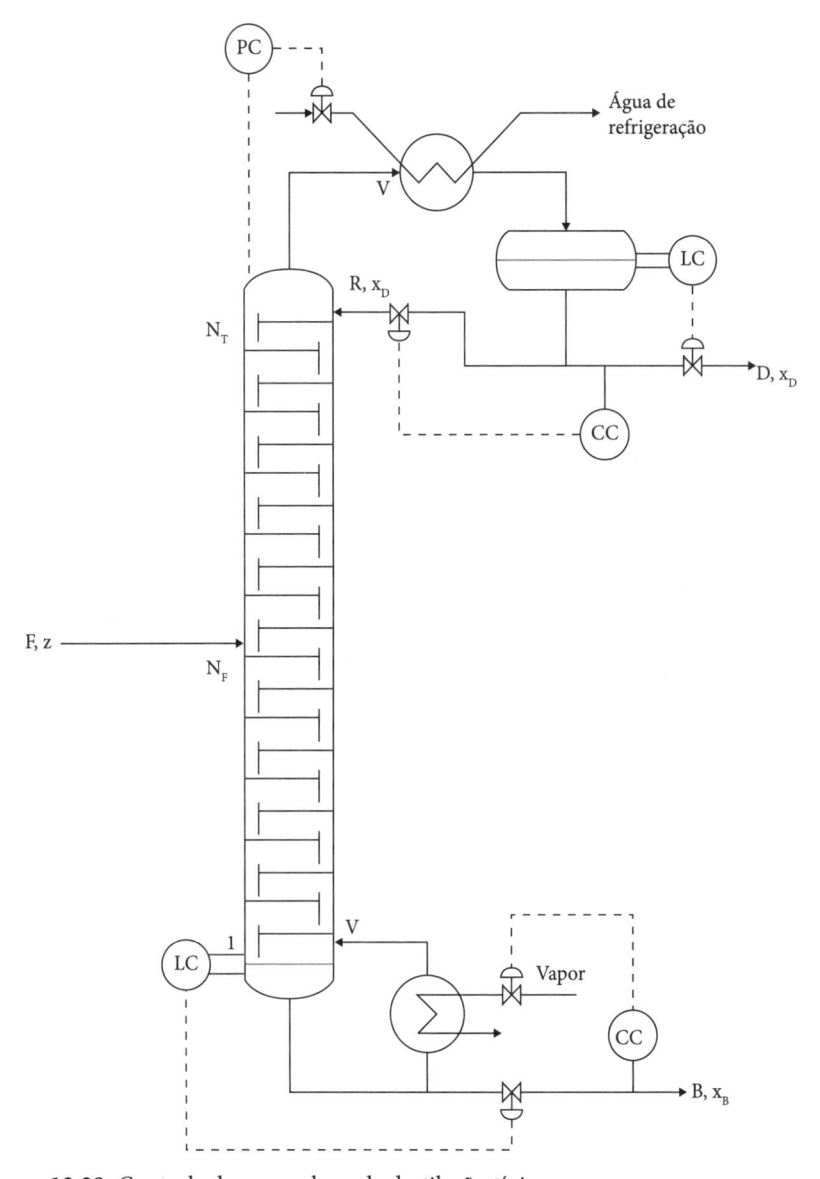

Figura 13.29 Controle de uma coluna de destilação típica.

Relação de equilíbrio líquido-vapor

$$y_n = \frac{\alpha x_n}{1+(\alpha-1)x_n}$$

Vazão de vapor em todos os pratos é a mesma

$$V = V_1 = V_2 = V_3 = \ldots = V_{NT}$$

A vazão de líquido é dada por uma relação simples entre o volume de retenção no prato M_n e a vazão de líquido que deixa o prato L_n.

$$L_n = L_{ns} + \frac{M_n - M_{ns}}{\beta}$$

Condensador e tanque acumulador

Balanço de massa total:

$$\frac{dM_D}{dt} = V - R - D$$

Balanço de componente (componente mais volátil):

$$\frac{d(M_D x_D)}{dt} = V y_{NT} - (R + D) x_D$$

Prato do topo (n = N_T)

Balanço de massa total:

$$\frac{dM_{NT}}{dt} = R - L_{NT}$$

Balanço de componente:

$$\frac{d(M_{NT} x_{NT})}{dt} = R x_D - L_{NT} x_{NT} + V y_{NT-1} - V y_{NT}$$

Próximo ao prato do topo (n = $N_T - 1$)

Balanço de massa total:

$$\frac{dM_{NT-1}}{dt} = L_{NT} - L_{NT-1}$$

Balanço de componente:

$$\frac{d(M_{NT-1}x_{NT-1})}{dt} = L_{NT}x_{NT} - L_{NT-1}x_{NT-1} + Vy_{NT-2} - Vy_{NT-1}$$

Prato n

Balanço de massa total:

$$\frac{dM_n}{dt} = L_{n+1} - L_n$$

Balanço de componente:

$$\frac{d(M_n x_n)}{dt} = L_{n+1}x_{n+1} - L_n x_n + Vy_{n-1} - Vy_n$$

Prato de alimentação (n = N_F)

Balanço de massa total:

$$\frac{dM_{NF}}{dt} = L_{NF+1} - L_{NF} + F$$

Balanço de componente:

$$\frac{d(M_{NF}x_{NF})}{dt} = L_{NF+1}x_{NF+1} - L_{NF}x_{NF} + Vy_{NF-1} - Vy_{NF} + Fz$$

Primeiro prato (n = 1)

Balanço de massa total:

$$\frac{dM_1}{dt} = L_2 - L_1$$

Balanço de componente:

$$\frac{d(M_1 x_1)}{dt} = L_2 x_2 - L_1 x_1 + V y_B - V y_1$$

Refervedor e fundo da coluna

Balanço de massa total:

$$\frac{dM_B}{dt} = L_1 - V - B$$

Balanço de componente:

$$\frac{d(M_B x_B)}{dt} = L_1 x_1 - V y_B - B x_B$$

Controladores

O refluxo e a vazão de vapor são calculados por controladores PI:

$$R = R_s + K_{c1}\left(e_{X_D} + \frac{1}{\tau_{I1}} \int_0^t e_{X_D}\, dt\right)$$

$$V = V_s + K_{c2}\left(e_{X_B} + \frac{1}{\tau_{I2}} \int_0^t e_{X_B}\, dt\right)$$

em que e é o desvio entre o valor desejado e a variável medida dado por:

$$e_{X_D} = x_{Dsp} - x_D$$

$$e_{X_B} = x_{Bsp} - x_B$$

Dados numéricos

$N_T = 20$
$N_F = 10$
$M_{Bs} = 100$ lbmols
$M_{Ds} = 100$ lbmols
$M_s = 10$ lbmols
$R_s = 128,01$ lbmols/min
$V_s = 178,01$ lbmols/min
$F = 100$ lbmols/min
$\beta = 0,1$ min
$\alpha = 2$
$x_{Bs} = 0,02$

$$\mathbf{x} = \begin{bmatrix} 0,035 \\ 0,05719 \\ 0,08885 \\ 0,1318 \\ 0,18622 \\ 0,24951 \\ 0,31618 \\ 0,37948 \\ 0,43391 \\ 0,47688 \\ 0,51526 \\ 0,56295 \\ 0,61896 \\ 0,68052 \\ 0,74345 \\ 0,80319 \\ 0,85603 \\ 0,89995 \\ 0,93458 \\ 0,96079 \end{bmatrix}$$

$x_{Ds} = 0,98$

Vamos simular a resposta em malha fechada da coluna a uma variação degrau na composição da alimentação de 0,05.

```
//Programa 13.16
//
//Simulação em malha fechada
//
//Controladores feedback manipulam R e V para controlar xD and xB
//Distúrbio é a composição da alimentação que varia de 0.50 para 0.55
//no tempo igual a zero
//
clear
clc
function xdot_=binary(t, x_)
    global alpha beta_ NT NF M0 MD0 MB0 L0 V0 R0 V R xDsp xBsp KcD KcB tauID tauIB

    xB=x_(1)
    M=x_(2:2:length(x_)-4)
    Mx=x_(3:2:length(x_)-3)
    xD=x_(length(x_)-2)
    erintD=x_(length(x_)-1)
    erintB=x_(length(x_))
    x=Mx./M

    //Hidráulica de líquido no prato e VLE
    for n=1:NT
        y(n)=alpha*x(n)/(1+(alpha-1)*x(n));
        L(n)=L0(n)+(M(n)-M0)/beta_;
    end
    yB=alpha*xB/(1+(alpha-1)*xB);

    //Dois controladores feedback PI
    //Malha de controle fechada
    errD=xDsp-xD;
    errB=xBsp-xB;
    R=R0+KcD*(errD+erintD/tauID);    //<--para a malha fechada, controle PI
    V=V0+KcB*(errB+erintB/tauIB);    //<--para a malha fechada, controle PI

    //Malha de controle aberta
    //R=R0       //<--para a malha aberta, variação degrau no refluxo
    //V=V0*1.01  //<--para a malha aberta, variação degrau no vapor gerado
    D=V-R
    B=L(1)-V

    //Calcula derivadas

    //Condensador e tanque acumulador
    xDdot=(V*y(NT)-(R+D)*xD)/MD0    //controlador de nível perfeito no tanque acumulador
```

```
    //Prato do topo
    Mdot(NT)=R-L(NT)
    Mxdot(NT)=R*xD-L(NT)*x(NT)+V*y(NT-1)-V*y(NT)

    //Próximo ao prato do topo
    Mdot(NT-1)=L(NT)-L(NT-1)
    Mxdot(NT-1)=L(NT)*x(NT)-L(NT-1)*x(NT-1)+V*y(NT-2)-V*y(NT-1)

    //Prato n
    for n=NF+1:NT-2
        Mdot(n)=L(n+1)-L(n)
        Mxdot(n)=L(n+1)*x(n+1)-L(n)*x(n)+V*y(n-1)-V*y(n)
    end

    //Prato de alimentação
    Mdot(NF)=L(NF+1)-L(NF)+F
    Mxdot(NF)=L(NF+1)*x(NF+1)-L(NF)*x(NF)+V*y(NF-1)-V*y(NF)+F*z

    //Prato n
    for n=2:NF-1
        Mdot(n)=L(n+1)-L(n)
        Mxdot(n)=L(n+1)*x(n+1)-L(n)*x(n)+V*y(n-1)-V*y(n)
    end

    //Primeiro prato
    Mdot(1)=L(2)-L(1)
    Mxdot(1)=L(2)*x(2)-L(1)*x(1)+V*yB-V*y(1)

    //Refervedor e base da coluna
     xBdot(1)=(L(1)*x(1)-V*yB-B*xB)/MB0    //controlador de nível per-
feito na base da coluna

    xdot_=xBdot
    xdot_(2:2:2*length(x))=Mdot
    xdot_(3:2:2*length(x)+1)=Mxdot
    xdot_(2*length(x)+2)=xDdot
    xdot_(2*length(x)+3)=errD
    xdot_(2*length(x)+4)=errB

endfunction

global alpha beta_ NT NF M0 MD0 MB0 L0 V0 R0 V R xDsp xBsp KcD KcB tauID
tauIB

//Valores dos parâmetros
NT=20;
NF=10;
MD0=100;
MB0=100;
M0=10;
R0=128.01;
V0=178.01;
```

```
F=100;
beta_=0.1;
alpha=2;

//Condições iniciais
xB=0.02;
x=[0.035
   0.05719
   0.08885
   0.1318
   0.18622
   0.24951
   0.31618
   0.37948
   0.43391
   0.47688
   0.51526
   0.56295
   0.61896
   0.68052
   0.74345
   0.80319
   0.85603
   0.89995
   0.93458
   0.96079];
xD=0.98;
xs=[xB;x;xD];

stage=1:length(xs);
scf(1);
clf
plot(xs,stage)
xlabel('x')
ylabel('Estágio')

//Dois controladores feedback PI ajustados pelo método do Cohen e Coon
KcD=2858;
KcB=-10558;
tauID=1.55;
tauIB=3.323;
erintD=0;
erintB=0;

//Distúrbio

//Set points
xDsps=0.98;
xBsps=0.02;
DeltaxDsp=0;    //variação degrau no setpoint de xD
DeltaxBsp=0;    //variação degrau no setpoint de xB
xDsp=xDsps+DeltaxDsp;
```

```
xBsp=xBsps+DeltaxBsp;

//Carga
zs=0.5;
Deltaz=0.05;    //<--para a malha fechada, variação degrau na composição
da alimentação
//Deltaz=0;   //<--para a malha aberta
z=zs+Deltaz;

//Condições iniciais
for n=1:NT
    M(n)=M0;
    Mx(n)=M(n)*x(n);
    L0(n)=R0+F;
    if n>NF
        L0(n)=R0;
    end
end

//Simulação
t0=0;
tf=60;
t=t0:0.5:tf;
x0_=xB;
x0_(2:2:2*length(x))=M;
x0_(3:2:2*length(x)+1)=Mx;
x0_(2*length(x)+2)=xD;
x0_(2*length(x)+3)=erintD;
x0_(2*length(x)+4)=erintB;
x_=ode(x0_,t0,t,binary);
[nr,nc]=size(x_);
xB=x_(1,:);
M=x_(2:2:nr-4,:);
Mx=x_(3:2:nr-3,:);
xD=x_(nr-2,:);
erintD=x_(2*length(x)+3,:);
erintB=x_(2*length(x)+4,:)
x=Mx./M;

//Gráficos
xDsp=xDsps*ones(1,length(t));
xBsp=xBsps*ones(1,length(t));
Rs=R0*ones(length(t),1);
Vs=V0*ones(length(t),1);

errD=xDsp-xD;
errB=xBsp-xB;
R=R0+KcD*(errD+erintD/tauID);   //<--para a malha fechada
V=V0+KcB*(errB+erintB/tauIB);   //<--para a malha fechada
//R=R0;    //<--para a malha aberta
//V=V*1.01;   //<--para a malha aberta
```

```
scf(2);
clf
plot2d(t',[xD;xDsp]',rect=[0,0.975,60,0.985])
xlabel('t, min')
ylabel('xD')
legend('xD','xDsp = 0,98');
title('KcD='+string(KcD)+' tauID='+string(tauID))
scf(3);
clf
plot2d(t',[xB;xBsp]',rect=[0,0.019,60,0.021])
xlabel('t, min')
ylabel('xB')
legend('xB','xBsp = 0,02');
title('KcB='+string(KcB)+' tauIB='+string(tauIB))
scf(4);
clf
plot(t,R,t,Rs)
xlabel('t, min')
ylabel('R')
legend('R','Rs = 128,01');
scf(5);
clf
plot(t,V,t,Vs)
xlabel('t, min')
ylabel('V')
legend('V','Vs = 178,01');

disp('t           xB          x10         xD          R           V')
disp([t(1:2:$)',xB(1:2:$)',x(10,1:2:$)',xD(1:2:$)',R(1:2:$)',V(1:2:$)'])
```

Resultados

O perfil da composição na coluna no estado estacionário é mostrado na Figura 13.30. As respostas transientes são mostradas nas figuras 13.31-13.34.

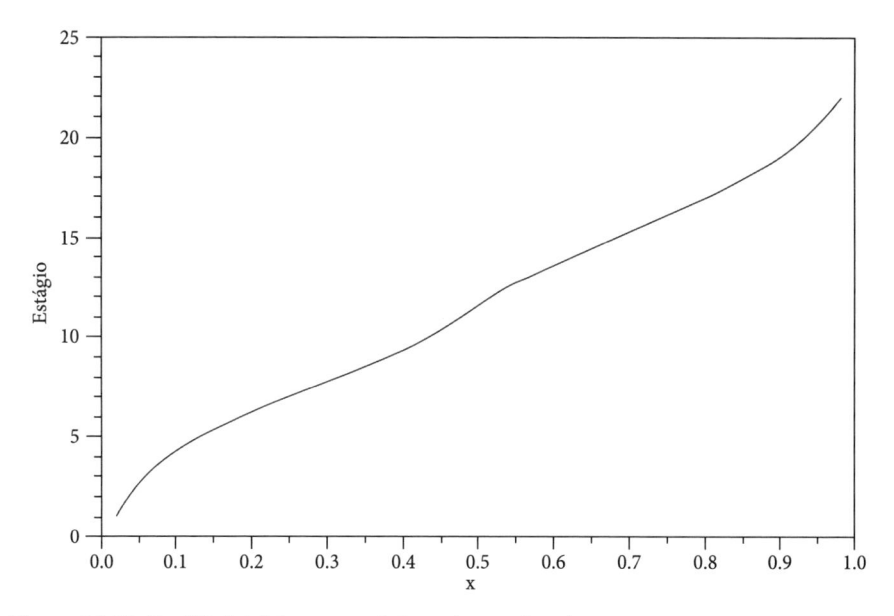

Figura 13.30 Perfil inicial da composição ao longo da coluna.

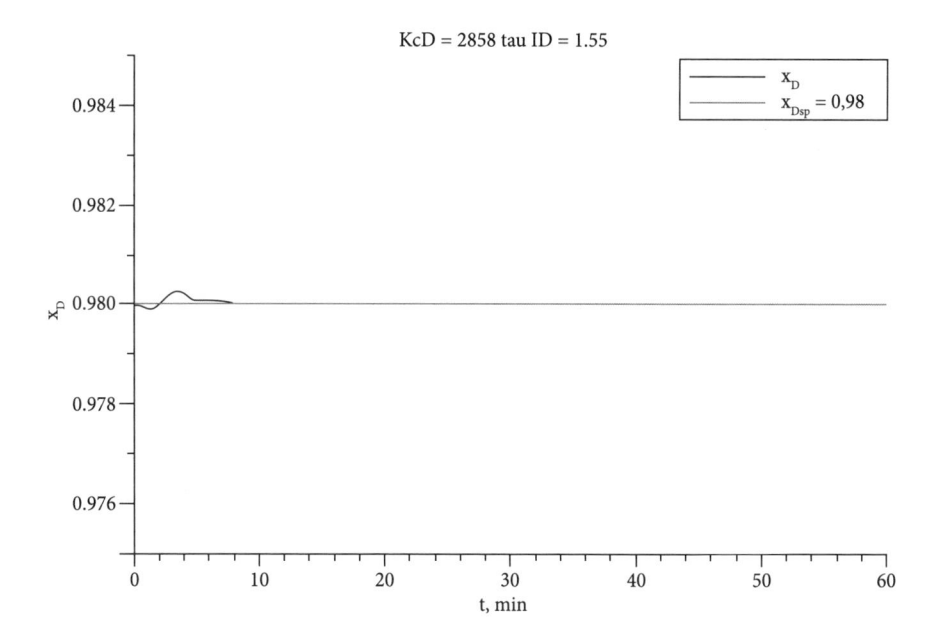

Figura 13.31 Resposta transiente à carga da composição do destilado x_D a uma variação degrau no refluxo R.

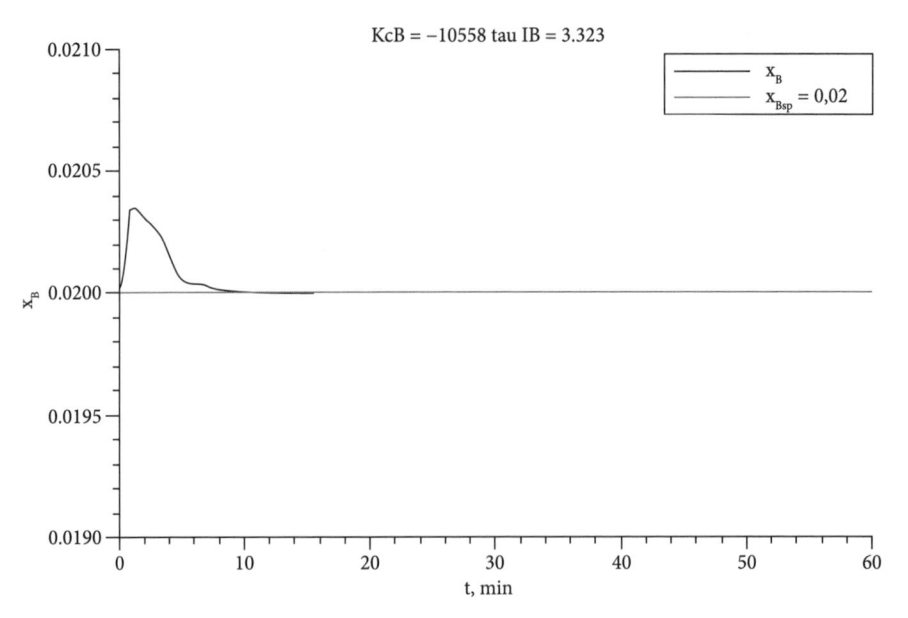

Figura 13.32 Resposta transiente à carga da composição do produto de fundo x_B a uma variação degrau no refluxo R.

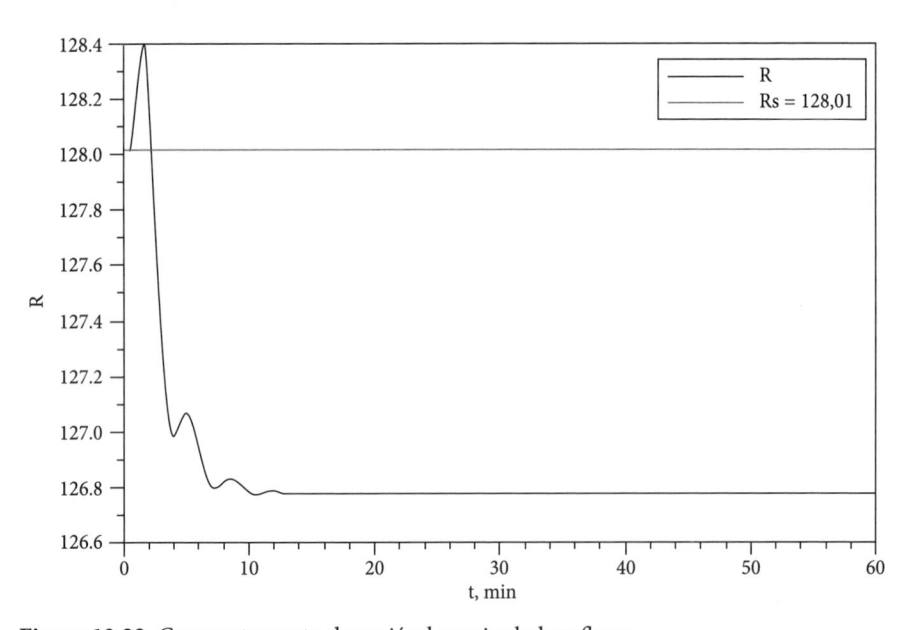

Figura 13.33 Comportamento da variável manipulada refluxo.

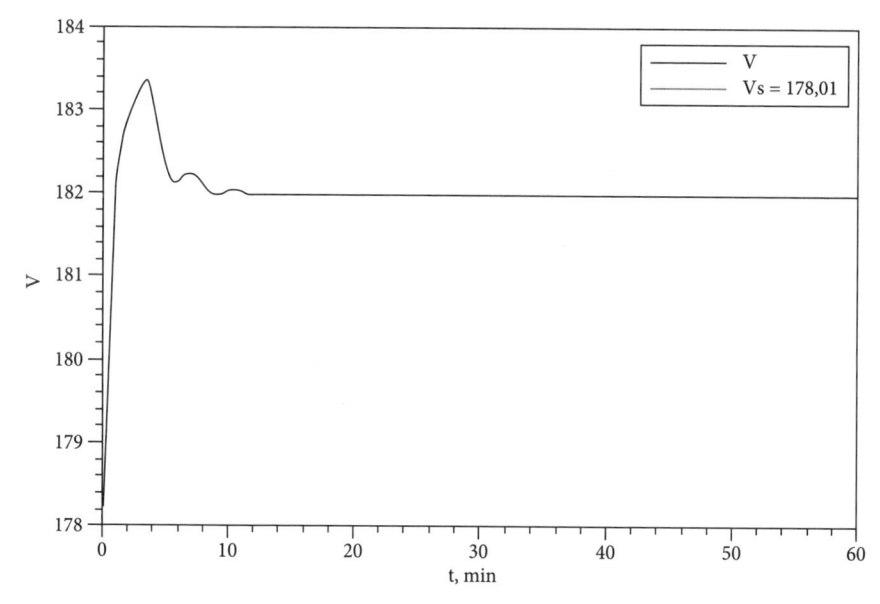

Figura 13.34 Comportamento da variável manipulada vazão de vapor.

Notação

B	Vazão do produto de fundo
D	Vazão do destilado
e	Desvio entre o valor desejado e a variável medida
F	Vazão da alimentação
K_c	Ganho do controlador feedback
L	Vazão de líquido
L_s	Vazão de líquido no estado estacionário
M	Volume de retenção retido no tanque
N_F	Prato de alimentação
N_T	Número de estágios
R	Vazão de refluxo
R_s	Vazão de refluxo no estado estacionário
V	Vazão de vapor
V_s	Vazão de vapor no estado estacionário
x	Composição do componente mais volátil na fase líquida
x_B	Composição do produto de fundo
x_{Bsp}	Valor desejado para o produto de fundo
x_D	Composição do destilado
x_{Dsp}	Valor desejado para o destilado

y   Composição do componente mais volátil na fase vapor
z   Composição da alimentação
α   Volatilidade relativa
β   Constante de tempo hidráulico, tipicamente entre 3 e 6 segundos
τ_1 Constante de tempo integral do controlador feedback

Exemplo 13.17 Sintonia de controladores numa coluna de destilação binária

Descrição do problema

Um método para ajustar os controladores é o método da curva de reação do processo. Ele foi proposto por Cohen e Coon, e consiste da aplicação, à malha de controle aberta, de pequenas perturbações em degrau na variável manipulada, registrando-se a curva da variável medida versus tempo. A curva de saída é chamada de curva de reação do processo.

A curva de reação do processo considera essencialmente que o sistema com a malha aberta se comporta como se tivesse uma função de transferência de primeira ordem com tempo morto (FOPDT), dada por:

$$G(s) = \frac{Ke^{-t_d s}}{\tau s + 1}$$

A aproximação da curva de reação do processo por uma função de transferência de primeira ordem com tempo morto pode ser obtida da seguinte maneira:

1) O ganho é simplesmente a variação da saída, após um tempo longo, dividida pela variação na entrada do processo.

2) O tempo morto é a quantidade de tempo, após a variação na entrada, antes que uma resposta significativa da saída seja observada.

3) A constante de tempo é o tempo que a saída leva para alcançar 63,2% da sua variação final descontado o tempo morto.

Existem outros métodos para a obtenção dos parâmetros de um sistema de primeira ordem com tempo morto a partir da curva de reação do processo, tais como o método da máxima derivada, o método de Smith e o método de Sundaresan e Krishnaswamy.

Para um processo representado por uma função de transferência de primeira ordem com tempo morto, Cohen e Coon deduziram as seguintes relações para o controlador PI:

$$K_c = \frac{1}{K}\frac{\tau}{t_d}\left(\frac{9}{10}+\frac{t_d}{12\tau}\right)$$

$$\tau_I = t_d\left(\frac{30+3t_d/\tau}{9+20t_d/\tau}\right)$$

Programa

O Programa 13.16 pode ser aproveitado para fazer a simulação em malha aberta. É só substituir as duas linhas que aparecem no programa:

```
R=R0+KcD*(errD+erintD/tauID);
V=V0+KcB*(errB+erintB/tauIB);
```

por:

```
R=R0*1.001;    //variação degrau no refluxo
V=V0;
```

no caso de variação na entrada R, ou por:

```
R=R0
V=V0*1.01;    //variação degrau no vapor gerado
```

no caso de variação na entrada V.

Isso é como se fosse abrir a malha na saída do controlador. Também a linha

```
Deltaz=0.05;
```

deve ser substituída por:

```
Deltaz=0;
```

para não haver influência de distúrbios. Os gráficos e as impressões também devem ser ajustados de acordo.

Resultados

Seguindo o método descrito anteriormente, as funções de transferência obtidas são:

$$G_{p11}(s) = \frac{x_D(s)}{R(s)} = \frac{0,008848e^{-0,50s}}{14,00s+1}$$

$$G_{p21}(s) = \frac{x_B(s)}{R(s)} = \frac{0,01035e^{-1,70s}}{12,60s+1}$$

$$G_{p12}(s) = \frac{x_D(s)}{V(s)} = \frac{-0,01321e^{-0,20s}}{15,20s+1}$$

$$G_{p22}(s) = \frac{x_B(s)}{V(s)} = \frac{-0,005719e^{-0,10s}}{6,70s+1}$$

ou:

$$\begin{bmatrix} x_D(s) \\ x_B(s) \end{bmatrix} = \begin{bmatrix} \dfrac{0,008848e^{-0,50s}}{14,00s+1} & \dfrac{-0,01321e^{-0,20s}}{15,20s+1} \\ \dfrac{0,01035e^{-1,70s}}{12,60s+1} & \dfrac{-0,005719e^{-0,10s}}{6,70s+1} \end{bmatrix} \begin{bmatrix} R(s) \\ V(s) \end{bmatrix}$$

As duas curvas de reação do processo a uma variação degrau no refluxo R são mostradas nas figuras 13.35 e 13.36. É mostrada também nessas duas figuras a curva da resposta da aproximação FOPDT para fins de comparação. Pode-se notar a boa proximidade entre as duas curvas.

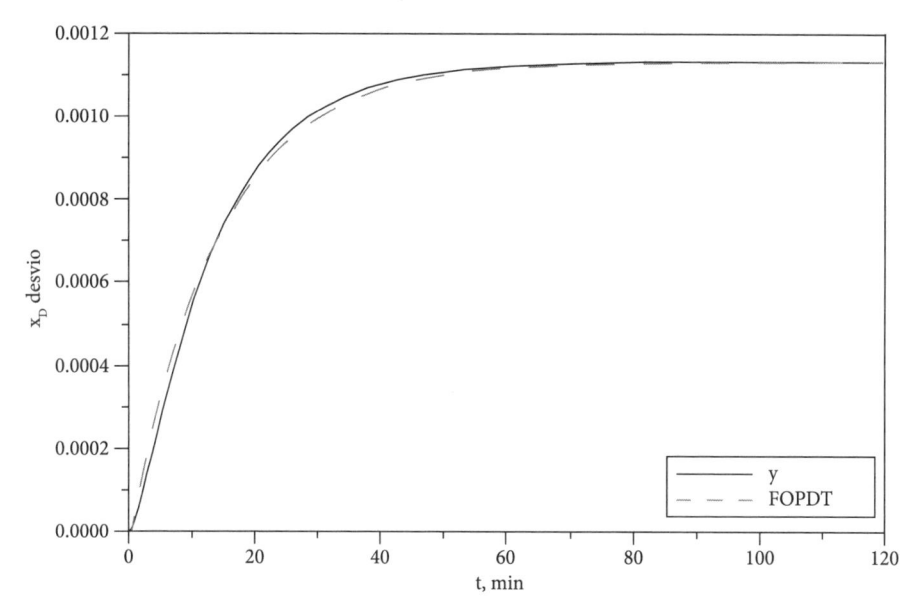

Figura 13.35 Resposta transiente da composição do destilado x_D a uma variação degrau de 0,001 no refluxo R.

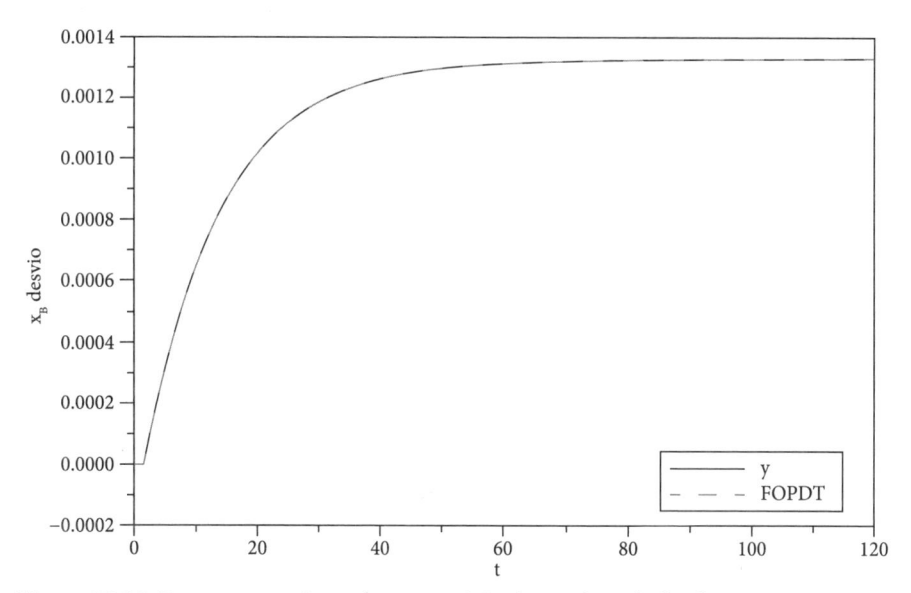

Figura 13.36 Resposta transiente da composição do produto de fundo x_B a uma variação degrau de 0,001 no refluxo R.

As curvas de reação do processo a uma variação degrau na vazão de vapor V são mostradas nas figuras 13.37 e 13.38. É mostrada também nessas duas figuras a curva da resposta da aproximação FOPDT para fins de comparação. Pode-se notar a boa proximidade entre as duas curvas.

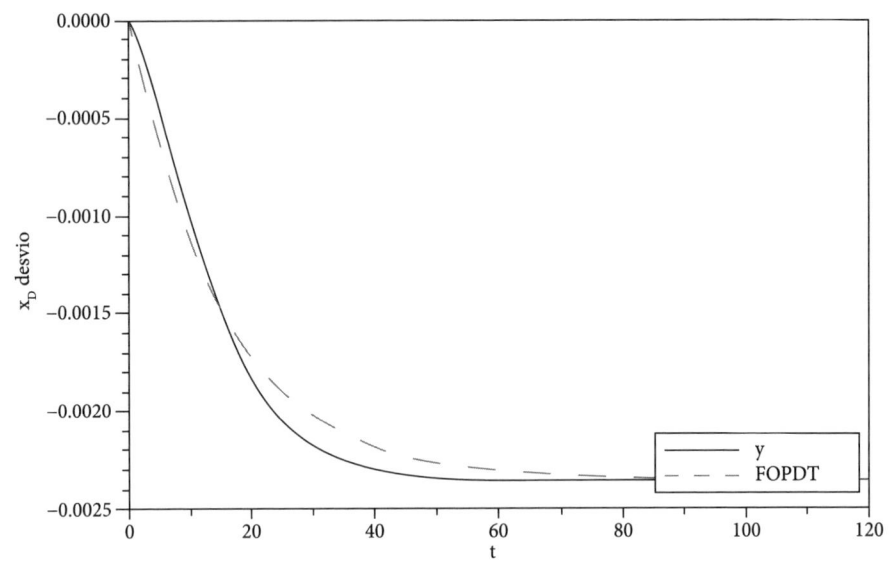

Figura 13.37 Resposta transiente da composição do destilado x_D a uma variação degrau de 0,01 na vazão de vapor V.

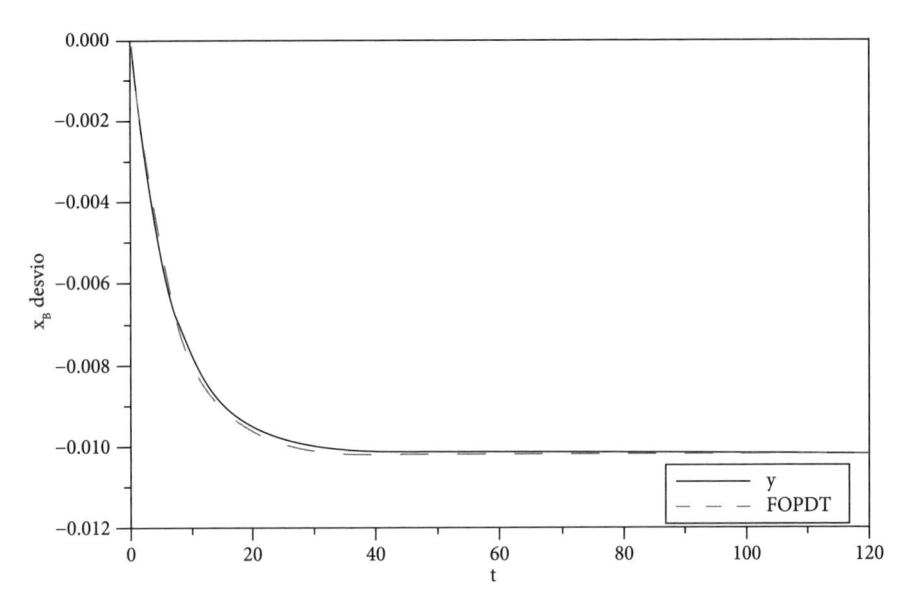

Figura 13.38 Resposta transiente da composição do produto de fundo x_B a uma variação degrau de 0,01 na vazão de vapor V.

Para os dois controladores de composição, os valores de K_c e τ_I ajustados pelas relações de Cohen e Coon usando as funções de transferência G_{p11} e G_{p22} são:

$K_{c,x_D-R} = 2858$ $\quad$ $\tau_{I,x_D-R} = 1{,}55$

$K_{c,x_B-V} = -10558$ $\quad$ $\tau_{I,x_B-V} = 0{,}323$

Referências bibliográficas

BADINO JR., A. C.; CRUZ, A. J. G. *Fundamentos de balanços de massa e energia*: um texto básico para análise de processos químicos. São Carlos: EdUFSCar, 2010.

BENNETT, C. O.; MYERS, J. E. *Fenômenos de transporte*: quantidade de movimento, calor e massa. São Paulo: McGraw-Hill, 1978.

BEQUETTE, B. W. *Process dynamics*: modeling, analysis and simulation. Nova Jérsei: Prentice Hall, 1998.

_____. *Process control*: modeling, design and simulation. Nova Jérsei: Prentice Hall, 2005.

BIEGLER, L. T.; GROSSMANN, I. E.; WESTERBERG, A. W. *Systematic methods of chemical process design*. Nova Jérsei: Prentice Hall, 1997.

BIRD, R. B.; STEWART, W. E.; LIGHTFOOT, E. N. *Transport phenomena*. 2. ed. Nova York: John Wiley & Sons, 2002.

CAMPBELL, S. L.; CHANCELIER, J. P.; NIKOUKHAH, R. *Modeling and simulation in Scilab/Scicos*. Nova York: Springer, 2006.

CARNAHAN, B.; LUTHER, H. A.; WILKES, J. O. *Applied numerical methods*. Nova York: John Wiley & Sons, 1969.

CONSTANTINIDES, A.; MOSTOUFI, N. *Numerical methods for chemical engineers with Matlab applications*. Nova Jérsei: Prentice Hall PTR, 1999.

CONVERSE, A. O. *Otimização*. São Paulo: EDUSP, 1977.

CUTLIP, M. B.; HWALEK, J. J.; NUTTALL, H. E.; SHACHAM, M.; BRULE, J.; WIDMANN, J.; HAN, T.; FINLAYSON, B.; ROSEN, E. M.; TAYLOR, R. A collection of ten numerical problems in chemical engineering solved by various mathematical software packages. *Computer Applications in Engineering Education*, p. 169-180, 1998.

CUTLIP, M. B.; SHACHAM, M. *Problem solving in chemical engineering with numerical methods*. Nova Jérsei: Prentice Hall PTR, 1999.

DANCKWERTS, P. V. Continuous flow systems: distribution of residence times. *Chem. Eng. Sci.*, v. 2, n. 1, 1953.

DAVIS, M. E. *Numerical methods & modeling for chemical engineers.* Nova York: John Wiley & Sons, 1984.

EDGAR, T. F.; HIMMELBLAU, D. M. *Optimization of chemical processes.* Nova York: McGraw-Hill, 1988.

EDGAR, T. F.; HIMMELBLAU, D. M.; LASDON, L. S. *Optimization of chemical processes.* 2. ed. Nova York: McGraw-Hill, 2001.

FELDER, R. M.; ROUSSEAU, R. W. *Elementary principles of chemical processes.* 3. ed. Nova York: John Wiley & Sons, 2000.

FINLAYSON, B. A. *The method of weighted residuals and variational principles.* Londres: Academic Press, 1972.

_____. *Nonlinear analysis in chemical engineering.* Nova York: McGraw-Hill, 1980.

_____. *Numerical methods for problems with moving fronts.* Seattle: Ravenna Park Publishing, 1992.

_____. *Introduction to chemical engineering computing.* Nova Jérsei: John Wiley & Sons, 2006.

FOGLER, H. S. *Elements of chemical reaction engineering.* 3. ed. Nova Jérsei: Prentice Hall, 1986.

FRANKS, R. G. E. *Modeling and simulation in chemical engineering.* Nova York: Wiley-Interscience, 1972.

GEANKOPLIS, C. J. *Transport processes and unit operations.* 3. ed. Nova Jérsei: Prentice Hall, 1993.

HIMMELBLAU, D. M. *Engenharia química*: princípios e cálculos. Rio de Janeiro: Prentice Hall, 1984.

HOLLAND, C. D. *Fundamentals and modeling of separation processes.* Nova Jérsei: Prentice Hall, 1975.

HOLMAN, J. P. *Transferência de calor.* São Paulo: McGraw-Hill, 1983.

HUGHES, W. F.; BRIGHTON, J. A. *Dinâmica dos fluidos.* São Paulo: McGraw-Hill, 1974.

INCROPERA, F. B.; WITT, D. P. *Fundamentals of heat and mass transfer.* 3. ed. Nova York: John Wiley & Sons, 1990.

JENSON, V. G.; JEFFREYS, G. V. *Mathematical methods in chemical engineering.* 2. ed. Nova York: Academic Press, 1977.

KREITH, F.; BOHN, M. S. *Princípios de transferência de calor.* São Paulo: Thomson, 2003.

KWONG, W. H. *Introdução ao controle de processos químicos com Matlab.* São Carlos: EdUFSCar, 2002. v. 1. (Série Apontamentos).

_____. *Introdução ao controle de processos químicos com Matlab*. São Carlos: EdUFSCar, 2002. v. 2. (Série Apontamentos).

_____. *Programação linear*: uma abordagem prática. São Carlos: EdUFSCar, 2013. (Série Apontamentos).

LAPIDUS, L. *Digital computation for chemical engineers*. Nova York: McGraw-Hill, 1962.

LEE, E. S. Quasi-linearization, non-linear boundary value problems and optimization. *Chem. Eng. Sci.*, v. 21, p. 183-194, 1966.

LEVENSPIEL, O. *Engenharia das reações químicas*: cinética química aplicada. São Paulo: Edgard Blücher, 1974. v. 1.

_____. *Engenharia das reações químicas*: cálculo de reatores. São Paulo: Edgard Blücher, 1974. v. 2.

MCCABE, W. L.; SMITH, J. C.; HARRIOT, P. *Unit operations of chemical engineering*. 5. ed. Nova York: McGraw-Hill, 1993.

MYERS, A. L.; SEIDER, W. D. *Introduction to chemical engineering and computer calculation*. Nova York: Prentice Hall, 1976.

NOVAES, A. G. *Métodos de otimização*: aplicações aos transportes. São Paulo: Edgar Blücher, 1978.

OGATA, K. *Engenharia de controle moderno*. Rio de Janeiro: Prentice Hall, 1993.

PERRY, R. H.; GREEN, D. W. *Perry's chemical engineers' handbook*. 8. ed. Nova York: McGraw-Hill, 2008.

PINTO, J. C.; LAGE, P. L. C. *Métodos numéricos em problemas de engenharia química*. Rio de Janeiro: E-papers, 2001.

PITTS, D. R.; SISSOM, L. E. *Fenômenos de transporte*: transmissão de calor, mecânica dos fluidos e transferência de massa. São Paulo: McGraw-Hill, 1981.

REKLAITIS, G. V. *Introduction to material and energy balances*. Nova York: John Wiley & Sons, 1983.

SEBORG, D. E.; EDGAR, T. F.; MELLICHAMP, D. A. *Process dynamics and control*. Nova York: John Wiley & Sons, 1989.

SHAMPINE, L. F.; GLADWELL, I.; THOMPSON, S. *Solving ODEs with Matlab*. Cambridge: Cambridge University Press, 2003.

SMITH, J. M.; VAN NESS, H. C. *Introdução à termodinâmica da engenharia química*. 3. ed. Rio de Janeiro: Guanabara Dois, 1980.

STEPHANOPOULOS, G. *Chemical process control*: an introduction to theory and practice. Nova Jérsei: Prentice Hall, 1984.

WEHNER, J. F.; WILHELM, R. H. Boundary conditions of flow reactor. *Chem. Eng. Sci.*, v. 6, p. 89-93, 1956.

Este livro foi impresso em maio de 2016 pela Intergraf Ind. Gráfica Eireli em São Bernardo do Campo/SP.